从新手到高手

杨继萍 等 / 编著

Oracle
从新手到高手

U0324761

清华大学出版社

北京

内 容 简 介

本书主要介绍使用Oracle 12c数据库对数据进行管理和应用的知识。本书共分为18章，介绍了Oracle数据库概述，Oracle的体系结构，实现数据库，SQL基础，SQL函数，PL/SQL编程，SQL*Plus数据库环境，设置表和表空间，管理表和表空间，存储过程、函数和程序包，索引，其他模式对象，管理控制与日志文件，视图、同义词和序列，数据安全管理，导入与导出，备份与恢复，数据库的高级应用等内容。书中每章都提供了实例练习，帮助读者掌握面向实际的应用知识。

本书图文并茂，秉承了基础知识与实例相结合的特点，内容精练易懂、结构清晰，案例经典，实用性强，适合数据库初学者、高职高专院校师生及计算机培训人员阅读，同时也是数据库应用与开发爱好者的有价值的参考书。

图书在版编目（CIP）数据

Oracle从新手到高手/ 杨继萍等编著. –北京：清华大学出版社，2019
　（从新手到高手）
　ISBN 978-7-302-51159-5

Ⅰ.①O… Ⅱ.①杨… Ⅲ.①关系数据库系统 Ⅳ.①TP311.138

中国版本图书馆CIP数据核字(2018)第210676号

责任编辑：陈绿春
封面设计：潘国文
责任校对：胡伟民
责任印制：李红英

出版发行：清华大学出版社
　　　　　网址：http://www.tup.com.cn，http://www.wqbook.com
　　　　　地址：北京清华大学学研大厦A座　　　邮　编：100084
　　　　　社总机：010-62770175　　　　　　　邮　购：010-62786544
　　　　　投稿与读者服务：010-62776969，c-service@tup.tsinghua.edu.cn
　　　　　质量反馈：010-62772015，zhiliang@tup.tsinghua.edu.cn

印 装 者：清华大学印刷厂
经　　销：全国新华书店
开　　本：188mm×260mm　　　印　张：30.75　　　字　数：870千字
版　　次：2019年4月第1版　　　印　次：2019年4月第1次印刷
定　　价：88.00元

产品编号：063667-01

Oracle数据库是当今世界上使用最广泛的数据库之一，也是最优秀的关系数据库管理系统，它以能够提供分布式信息的安全性、完整性、一致性，并具有很强的并发控制和恢复能力，以及管理超大规模数据库的能力而著称于世。在硬件允许的前提下，Oracle数据库能支持上万的用户，管理数百吉字节的数据，而且Oracle的跨平台性能非常好。

本书是一本典型的Oracle 12c数据库实例教程，由多位经验丰富的数据库管理和设计人员编著而成，立足于数据库管理行业，详细介绍Oracle数据库管理和设计的基础知识和操作流程。

1. 本书内容介绍

本书系统、全面地介绍了Oracle 12c数据库管理和设计的应用知识，每章都提供了丰富的实用案例，用来帮助读者巩固所学知识。本书共分为18章，内容概括如下。

第1章：全面介绍了Oracle数据库，包括数据库概述、关系数据库的基本理论、Oracle数据库与网络技术、Oracle应用机构、初识Oracle 12c等内容。

第2章：全面介绍了Oracle的体系结构，包括Oracle核心组件、逻辑存储结构、物理存储结构、实例的内存结构、实例的进程结构等内容。

第3章：全面介绍了实现数据库的方法，包括设置初始化参数、启动数据库与实例、数据库的特殊状态、管理监听器等内容。

第4章：全面介绍了SQL基础，包括SQL概述、使用SELECT语句、使用子查询、操作数据、Oracle中的事务处理等内容。

第5章：全面介绍了SQL函数，包括字符函数、数值函数、日期函数、转换与分组函数等内容。

第6章：全面介绍了PL/SQL编程，包括PL/SQL结构、条件语句、循环语句、游标的使用、异常处理等内容。

第7章：全面介绍了SQL*Plus数据库环境，包括SQL*Plus的基础命令、SQL*Plus的运行环境、SQL*Plus命令、格式化查询和缓冲区等内容。

第8章：全面介绍了设置表和表空间的方法，包括设置表空间、设置表、编辑表空间、编辑表等内容。

第9章：全面介绍了管理表和表空间的方法，包括管理表、管理数据文件、管理UNDO表空间等内容。

第10章：全面介绍了存储过程、函数和程序包的使用方法，包括存储过程、函数、触发器、程序包等内容。

第11章：全面介绍了索引的使用方法，包括索引概述、建立索引、修改索引、索引组织表等内容。

第12章：全面介绍了其他模式对象的使用方法，包括管理表分区与索引分区、外部表和临时表、簇与簇表等内容。

第13章：全面介绍了管理控制与日志文件的使用方法，包括管理控制文件、管理重做日志文件、管理归档文件、查看日志信息等内容。

第14章：全面介绍了视图、同义词和序列的使用方法，包括使用视图、使用序列、使用同义词、使用物化视图、应用对象视图等内容。

第15章：全面介绍了数据库安全管理的方法，包括管理用户、资源配置PROFILE、管理权限、管理角色等内容。

第16章：全面介绍了导入与导出的使用方法，包括EXPDP导出数据、IMPDP导入数据、SQL*Loader导入外部数据等内容。

第17章：全面介绍了备份与恢复的使用方法，包括RMAN概述、使用RMAN备份数据库、RMAN完全恢复、RMAN不完全恢复、维护RMAN等内容。

第18章：全面介绍了数据库的高级应用，包括可插拔数据库、自动化作业、闪回查询、本地动态SQL和DBMS_SQL、嵌套表和可变数组等内容。

2．本书主要特色

※ 系统全面，超值实用。全书提供了 30 个练习案例，通过示例分析和设计过程，讲解 Oracle 数据库管理与设计的应用知识。每章穿插大量提示、分析、注意和技巧等栏目，构筑了面向实际的知识体系。采用了紧凑的体例和版式，相同的内容下，篇幅缩减超过 30%，实例数量增加了 50%。

※ 串珠逻辑，收放自如。统一采用三级标题，灵活安排全书内容，摆脱了普通培训教程按部就班讲解的窠臼。每章都配有扩展知识点，便于用户查阅相应的基础知识。内容安排收放自如，方便读者学习。

※ 新手进阶，加深印象。全书提供了 65 个基础实用案例，通过示例分析、设计应用全面加深 Oracle 数据管理与设计的基础知识应用方法的讲解。

3．本书适用对象

参与本书编写的人员除了封面署名人员之外，还有于伟伟、王翠敏、冉洪艳、刘红娟、谢华、夏丽华、卢旭、吕咏、扈亚臣、程博文、方芳、房红、孙佳星、张彬、马海霞等。

本书从Oracle数据库管理与设计的基础知识入手，全面介绍了Oracle数据库管理与设计面向应用的知识体系。本书适合作为高职高专院校学生学习使用，也可作为数据库管理与设计用户深入学习Oracle的培训和参考资料。

由于水平有限，本书疏漏之处在所难免，欢迎读者朋友登录清华大学出版社的网站www.tup.com.cn与我们联系，帮助我们改进、提高。

本书相关素材请扫描封底的二维码进行下载。如果在下载过程中碰到问题，请联系陈老师，联系邮箱：chenlch@tup.tsing.edu.cn。

作 者
2019年1月

目录

第 18 章 数据库的高级应用 ················· 440

第 1 章

Oracle 数据库概述

本章内容

Oracle Database，又名 Oracle RDBMS，或简称 Oracle，是甲骨文公司的一款关系数据库管理系统软件，在数据库领域一直处于全球领先地位。Oracle 数据库系统是目前世界上流行的关系数据库管理系统，具有可移植性好、使用方便、功能强等特点，适用于各类大、中、小、微机环境。在本章中，将详细介绍一些数据库基础理论知识，并对 Oracle 数据库中提供的网格技术进行讲解，以协助用户高效率地使用 Oracle 数据库系统。

1.1 数据库概述

数据库是按照数据结构来组织、存储和管理数据的"仓库"。在日常工作中，我们经常需要把某些相关的数据放进"仓库"，并根据管理的需要进行相应的处理。

1.1.1 数据库基本概念

数据库是数据管理的新手段和技术，是计算机学科的重要分支。由于数据库具有数据结构化、最低冗余度、较高的程序与数据独立性、易于扩充、易于编制应用程序等优点，目前应用非常广泛。

1. 数据与信息

信息是客观事物属性的反映，是经过加工处理并对人类客观行为产生影响的数据表现形式。

数据是反映客观事物属性的记录，是信息的具体表现形式。数据包括文字、声音、图形等一切能被计算机接收且能被处理的符号。数据是事物特性的反映和描述，是符号的集合，也是各种抽象信息的具体化。

下面我们以"学生信息表"为例，通过学号、姓名、性别、年龄、系别、专业和年级等内容，来描述学生的在校特征：

（0411002　郑晓明　女　　　25　　　历史系 文学历史　　　04 专升本）

这里的学生记录就是信息。在数据库中，记录与事物的属性是对应的关系，其表现如下图所示。

属性→	学号	姓名	性别	年龄	系别	专业	年级
记录→	0411002	郑晓明	女	25	历史系	文学历史	04专升本

2. 数据库（Database，DB）

从上述内容中，我们可以理解数据库为存储在一起的相互有联系的数据集合。

而严格地说，数据库应具备以下特点：

※ 存储在一起的相关数据的集合。

※ 这些数据是结构化的，无有害的或不必要的冗余，并为多种应用服务。

※ 数据的存储独立于使用它的程序。

※ 对数据库插入新数据、修改和检索原有数据均能按一种公用的和可控的方式进行。

当某个系统中存在结构上完全分开的若干个数据库时，则该系统包含一个"数据库集合"。这是 J.Martin 给数据库下的一个比较完整的定义。

3. 数据库管理系统（Database Management System，DBMS）

数据库管理系统是一种操纵和管理数据库的大型软件，用于建立、使用和维护数据库。它对数据库进行统一的管理和控制，以保证数据库的安全性和完整性。

用户通过 DBMS 访问数据库中的数据，数据库管理员也通过 DBMS 进行数据库的维护工作。它提供多种功能，可使多个应用程序和用户用不同的方法在同时或不同时去建立、修改和询问数据库。主要包括以下 4 方面的功能。

- **数据定义功能**

DBMS 提供了数据定义语言（Data Definition Language，DDL），用户通过它可以方便地对数据库中的数据对象进行定义。

- **数据操纵功能**

DBMS 还提供了数据操纵语言（Data Manipulation Language，DML），用户可以使用 DML 操纵数据，实现对数据库的基本操作，如查询、插入、删除和修改等。

- **数据库的运行管理**

数据库在建立、运用和维护时，由数据库管理系统统一管理、统一控制，以保证数据的安全性和完整性。

- **数据库的建立和维护功能**

它包括数据库初始数据的输入、转换功能；数据库的转储、恢复功能；数据库的重组织功能和性能监视、分析功能等。这些功能通常是由一些实用程序完成的。

4. 数据库系统（Database System，DBS）

数据库系统是一个实际可运行的，为存储、维护和应用系统提供数据的软件系统，是存储介质、处理对象和管理系统的集合体。它通常由软件、数据库和数据管理员组成。

其中，软件主要包括操作系统、各种宿主语言、实用程序以及数据库管理系统。数据库

由数据库管理系统统一管理，数据的插入、修改和检索均要通过数据库管理系统进行。数据管理员（Database Administrator，DBA）负责创建、监控和维护整个数据库，使数据能被任何有权使用的人有效使用。数据库管理员一般是由业务水平较高、资历较深的人员担任。

1.1.2 数据库系统的特点

与人工管理和文件系统相比，数据库系统的特点主要有以下几个方面。

1. 数据结构化

数据结构化是数据库与文件系统的根本区别。在文件系统中，相互独立的文件的记录内部是有结构的。传统文件的最简单形式是等长同格式的记录集合。例如，一个学生人事记录文件，每个记录都有记录格式。

其中，前几项数据是学生都具有的共同信

息。如果采用等长记录形式存储学生数据，为了建立完整的学生档案文件，每个学生记录的长度必须等于信息量最多的记录的长度，因而会浪费大量的存储空间。

因此，可以将较长记录格式再进行拆分操作，以集合的形式建立新文件。

这样可以节省许多存储空间，灵活性也相对提高。但这样建立的文件还有局限性，因为这种结构上的灵活性只是针对一个应用而言的。

而数据结构化的目的，在于数据不再针对某一个应用，而是面向全组织，具有整体的结构化。不仅数据是结构化的，而且存取数据的方式也很灵活，可以存取数据库中的某一个数据项、一组数据项、一个记录或一组记录。而在文件系统中，数据的最小存取单位是"记录"。

因此，将学生不同的信息，按照表格的属性输入相关的内容。例如，在"学生信息"表中，输入学号、姓名、性别、出生日期、住址等内容。

学生信息

学号	姓名	性别	出生日期	住址
0709002	张兰	女	1986.2	天津市和平社区

学籍管理

学号	入学时间	院系	毕业时间	是否调剂
0709002	2006.9	计算机网络	2010.7	否

家庭成员记录

学号	与本人关系	姓名
0709002	父亲	张军庆
0709002	母亲	何娟

奖惩情况记录

学号	日期	奖惩内容
0709002	2007.1	一等奖学金

2. 数据的共享性高、冗余度低、易扩充

数据可以被多个用户、多个应用共享使用。数据共享可以大幅减少数据冗余，节约存储空间。数据共享还能够避免数据之间的不相容性与不一致性。

因为，原始采用人工管理或文件系统管理时，由于数据被重复存储，当不同的应用使用和修改不同的复制时，极容易导致同一数据复制的值不一样。所以，在数据库中数据共享，减少了由于数据冗余造成的不一致现象。

而且由于数据面向整个系统，因此，具有结构化的数据不仅可以被多个应用共享使用，还容易增加新的应用。这样数据库系统就具有较大的弹性，也易于扩充，并且可以适应不同用户的要求。

3. 数据独立性高

数据独立性是指，建立在数据的逻辑结构和物理结构分离的基础上，用户以简单的逻辑结构操作数据而无须考虑数据的物理结构，转换工作由数据库管理系统完成。数据独立性分为数据的物理独立和数据的逻辑独立。

- 数据的物理独立

物理独立是数据存取与程序的分离。也就是说，数据在磁盘上的数据库中怎样存储是由 DBMS 管理的，用户程序不需要了解，应用程序要处理的只是数据的逻辑结构，这样当数据的物理存储发生改变时，应用程序不用改变。

- 数据的逻辑独立

数据的使用与数据的逻辑结构相分离。也就是说，数据的逻辑结构改变时，用户程序可以不变。

4．数据由 DBMS 统一管理和控制

数据库是长期存储在计算机内的，并且有结构的共享式数据集合。它可以供多个用户使用，并且具有较小的冗余度和较高的数据独立性。

而 DBMS 在数据库建立、运用和维护时对数据库进行统一控制，以保证数据的完整性和安全性。另外，在多用户同时使用数据库时，进行并发控制，而发生故障后也可以对系统进行恢复。

所以，在 DBMS 中，提供了以下 4 方面的数据控制功能。

- 数据的安全性（Security）保护

数据的安全性保护是指保护数据以防止不合法使用导致的数据泄密和破坏，要求每个用户只能按规定对某些数据以某些方式进行使用和处理。

- 数据的完整性（Integrity）检查

数据的完整性指数据的正确性、有效性和相容性。完整性检查将数据控制在有效的范围内，或保证数据之间满足一定的关系。

- 并发（Concurrency）控制

当多个用户的并发进程同时存取、修改数据库时，可能会导致数据之间相互冲撞，从而得到错误的结果，或使数据库的完整性遭到破坏。因此，必须对多用户的并发操作加以控制和协调。

- 数据库恢复（Recovery）

计算机系统的硬件故障、软件故障、操作员的误操作，都会影响数据库中数据的正确性，甚至导致数据库部分或全部数据的丢失。

因此，DBMS 必须具有将数据库从错误状态恢复到正确状态的功能。数据库管理阶段应用程序与数据之间的对应关系如下图所示。

1.2　关系数据库的基本理论

关系数据库具有坚实的理论基础，这一理论有助于关系数据库的设计和用户对数据库信息需求的有效处理。它涉及的内容包括模式的基本知识、关系数据库的标准语言 SQL 和关系数据理论，在本节中将对这些内容做简要的介绍。

1.2.1 数据库系统与关系数据库

数据库系统是指一个计算机存储记录的系统，它需要特定的软件和一系列硬件支持，并且利用数据库系统能够存储大量的数据记录，支持用户进行检索和更新所需的信息。数据库系统通常在企业应用或科学研究中用于对大量数据进行存储和分析，从而为实际应用提供帮助。

数据库系统的硬件设备主要包括：

※ 二级存储设备，以及相关的 I/O 设备、设备控制器等：最常用的存储设备为磁盘，数据库系统利用存储设备为数据记录提供物理存储空间。

※ 处理器以及相应的内存：足够快的 CPU 和足够大的内存，用于支持数据库系统软件的运行。

在物理数据库（即物理存储数据的存储设备）与数据库用户之间具有一个中间层，这就是数据库软件，通常称为"数据库管理系统（DBMS）"。DBMS 是建立在操作系统的基础上的，对物理数据库进行统一的管理和控制。用户对数据库提出的访问请求都是由 DBMS 来处理的。DBMS 还提供了许多数据操作的实用程序。

DBMS 提供的基本功能为数据库用户屏蔽了数据库物理层的细节，使数据库管理员或者用户可以以更加高级的方式对物理数据进行管理和操作。另外，DBMS 通常也指某个特定厂商的特定产品。例如，Oracle 公司的 Oracle 11g 就是一个非常优秀的 DBMS。

实际上，数据库系统经历了由层次模型到网状模型，再由网状模型到关系模型的发展过程，当今的数据库大部分都是支持关系模型的关系数据库。

关系数据库模型主要由三部分组成。

※ 数据结构：在关系数据库中，只有一种数据结构——关系。简单地说，关系就是一张二维表，而关系数据库就由许多表的集合。

※ 关系操作：关系操作的特点就是集合操作方式，即操作的对象和结果都是集合。

※ 完整性规则：完整性规则用于限制能够对数据和数据对象进行的关系操作，提供对数据和数据结构的保护。

1.2.2 关系数据库的逻辑模型

在关系数据库的设计阶段，需要为其建立逻辑模型。关系数据库的逻辑模型可以通过实体和关系组成的图来表示，这种图表称为 E-R 图，使用 E-R 图表示的逻辑模型称为 ER 模型。一个典型的 ER 模型由三部分组成——实体、属性和联系。

1. 实体和属性

客观存在并可相互区分的事物称为"实体"。实体可以指实际的对象，也可以指某些概念，例如，一个雇员、一个职位都是实体。在 E-R 模型中，实体用矩形表示，矩形框内写明实体名，以区分现实世界中的其他对象。

每个实体由一组属性来表示，其中的某一部分属性可以唯一标识实例，如雇员编号。实体集是具有相同属性的实体集合，例如，学校所有教师具有相同的属性，因此教师的集合可以定义为一个实体集；而学生具有相同的属性，因此学生的集合可以定义为另一个实体集。

在数据库中，每个实体集都对应于一个表，实体集中的每个实体都是表中的一条记录，而实体的每个属性就是表中的一个字段。例如，企业中的雇员、职位和部门可以分别定义为 3 个实体集，这些实体集分别对应表 EMPLOYEES、JOBS 和 DEPARTMENTS。每个实体又具有它自己的属性，这些属性组成了表的字段。例如，雇员实体具有雇员编号、姓名、电话号码、职位、薪水、所属部门等属性。

2. 联系

实际应用中的实体之间是存在联系的，这种联系必须在逻辑模型中表示出来。在 E-R 模型中，联系用菱形表示，菱形框内写明联系名，并用无向边分别与有关实体连接，同时在无向边旁标注上联系的类型。两个实体之间的联系可以分为三类。

※　一对一：若对于某个实体集 A 中的每个实体，实体集 B 中至多有一个实体与之相关；反之亦然，则称实体集 A 与实体集 B 具有一对一的联系，记为 1:1。

※　一对多：若对于实体集 A 中的每个实体，实体集 B 中有多个实体与之相关；反过来，对于实体集 B 中的每个实体，实体集 A 中至多有一个实体与之相关，则称实体集 A 与实体集 B 有一对多的联系，记为 1:n。

※　多对多：若对于实体集 A 中的每个实体，实体集 B 中有多个实体与之相关；反过来，对于实体集 B 中的每个实体，实体集 A 中也有多个实体与之相关，则称实体集 A 与实体集 B 具有多对多的联系，记为 m:n。

例如，一个雇员只能属于一个部门，而一个部门可以同时对应于多个雇员，因此，雇员与部门之间具有一对多的联系，在 E-R 模型中的表示如下图所示。

通过逻辑设计，可以将 E-R 图表示的逻辑模型转换为具体 DBMS 处理的数据模型——关系表。从 E-R 模型向关系表转换时，所遵循的规则如下。

※　每个实体都要转换成一个关系表，它的属性为关系表的各个列。

※　一个 1:1 的联系可以转换为一个关系表，或者与任意一端的关系表合并。若独立转换为一个关系表，那么，两端关系表的键及联系的属性为该关系表的列；若与一端合并，那么，将另一端的键与联系的属性合并到该端。

※　一个 1:n 联系可以转换为一个关系表，或与 n 端的关系表合并。若独立转换为一个关系表，那么，两端关系表的键及联系的属性为关系表的列。

※　对于 m:n 的联系可以转换为一个关系表，两端关系表的键及联系的属性为关系表的列，而关系表的键为两端实体的键的组合。

例如，在上面的 E-R 模型中，可以将部门号合并到职工信息表中作为一个列。

1.2.3 关系数据库的设计规范

在关系数据库中，为了保证构造的表（关系）既能准确地反应现实世界，又有利于应用和具体的操作，还需要对构造的表进行规范，常用的规范化方法就是对关系应用不同的设计范式。在关系数据库中，在构建数据库时必须遵循一定的规则，这种规则就是范式。

关系数据库中的关系表必须满足一定的要求，即满足不同的范式。目前关系数据库有 6 种范式：第一范式（1NF）、第二范式（2NF）、第三范式（3NF）、第四范式（4NF）、第五范式（5NF）和第六范式（6NF）。满足最低要求的范式是第一范式（1NF）。在第一范式的基础上进一步满足更多要求的称为第二范式

（2NF），其余范式以此类推。一般来说，数据库只需满足第三范式（3NF）就足够了。下面将举例介绍第一范式（1NF）、第二范式（2NF）和第三范式（3NF）。

1. 第一范式（1NF）

在任何一个关系数据库中，第一范式（1NF）是对关系模式的基本要求，不满足第一范式（1NF）的数据库就不是关系数据库。

第一范式（1NF）是指数据库表中的每一列都是不可分割的基本数据项，同一列中不能有多个值。即实体的某个属性不能具有多个值，或者不能有重复的属性。如果出现重复的属性，就可能需要定义一个新的实体，新的实体由重复的属性构成，新实体与原实体之间为一对多关系。

在第一范式（1NF）中，表的每一行只包含一个实例的信息。例如，对于职工信息表，不能将职工信息都放在一列中显示，也不能将其中的两列或多列存入同一列中显示。职工信息表中每一行只表示一个职工的信息，一个职工的信息在表中只出现一次。

经过第一范式（1NF）后，数据库表中的字段都是单一的、不可再分的。这个单一属性由基本数据类型构成，包括整型、实数、字符型、逻辑型、日期型等。例如，下表所示的学生信息表是符合第一范式的。

学号	姓名	电话号码	年龄	课程名称	成绩	学分
1001	刘丽	0371-6862651	20	物理	80	2

而下表所示的学生信息表是不符合第一范式的。

编号	姓名	联系方式		年龄	课程名称	成绩	学分
		电话号码	电子邮件				

很显然，第一范式是任何关系数据库管理系统（DBMS）必须满足的基本条件，任何关系表中各列的数据类型都是基本的数据类型，不允许再进行分隔。

2. 第二范式（2NF）

第二范式（2NF）是在第一范式（1NF）的基础上建立起来的，即满足第二范式（2NF）必须先满足第一范式（1NF）。第二范式（2NF）要求数据库表中的每个实体，或者各个行必须可以被唯一地区分。为实现区分各行，通常需要为表加上一个列，以存储各个实体的唯一标识。职工信息表中加上了员工编号列，因为每个员工的员工编号是唯一的，因此每个员工可以被唯一区分。这个唯一属性列称为主关键字或主键、主码。

第二范式（2NF）要求实体的属性完全依赖于主关键字。所谓"完全依赖"，是指不能存在仅依赖主关键字一部分的属性，如果存在，那么这个属性和主关键字的这一部分应该分离出来形成一个新的实体，新实体与原实体之间是一对多的关系。为实现区分，通常需要为表加上一个列，以存储各个实例的唯一标识。简而言之，第二范式就是非主属性非部分依赖于主关键字。

假定上述学生信息表为表示学生选课信息，以（学号，课程名称）为组合关键字，则存在如下决定关系。

（学号，课程名称）→（姓名，联系电话，年龄，成绩，学分）

因为存在如下决定关系，所以这个关系表不满足第二范式。

> （课程名称）→（学分）
> （学号），（姓名，年龄）

即存在组合关键字中的部分字段决定非关键字的情况。由于不符合 2NF，因此这个学生选课关系表会存在如下问题。

- ※ 数据冗余：若同一门课程可以由 n 个学生选修，则"学分"重复 n 次；同样，若一个学生选修了 m 门课程，则姓名和年龄等列重复 m 次。
- ※ 更新异常：若调整了某门课程的学分，则关系表中所有行的"学分"值都要更新，否则会出现同一门课程，但学分不同的情况。
- ※ 插入异常：假设要开设一门新的课程，暂时还没有人选修。这样，由于没有"学号"关键字，因此课程名称和学分无法录入数据库。
- ※ 删除异常：假设一批学生已经完成课程的选修，这些选修记录就应该从关系表中删除。但是，与此同时，课程名称和学分信息也将被删除。

为克服上述问题，可以把上述关系表改为如下 3 个表。

- ※ 学生：Student（学号，姓名，年龄，电话号码）。
- ※ 课程：Course（课程名称，学分）。
- ※ 选课关系：SelectCourse（学号，课程名称，成绩）。

进行上述分解后，关系表就符合了第二范式，消除了数据冗余、更新异常、插入异常和删除异常。另外，所有单关键字的关系表都符合了第二范式，因为不可能存在组合关键字。

3. 第三范式（3NF）

满足第三范式（3NF）必须先满足第二范式（2NF）。第三范式要求关系表不存在非关键字列对任意候选关键字列的传递函数依赖。简而言之，第三范式要求一个关系表中不包含已在其他表中包含的非主关键字信息。

所谓"传递函数依赖"，就是指如果存在关键字 x 段决定非关键字段 y，而非关键字段 y 决定非关键字段 z，则称非关键字段 z 传递函数依赖于关键字 x。

例如，假定学生关系表 Student（学号，姓名，年龄，所在学院，学院地点，学院电话），该关系表的关键字为单一关键字"学号"，因此存在如下决定关系。

> （学号）→（姓名，年龄，所在学院，学院地点，学院电话）

这个关系表是符合 2NF 的，但是它不符合 3NF，因为存在如下决定关系。

> （学号）→（所在学院）→（学院地点，学院电话）

即存在非关键字列"学院地点"和"学院电话"对关键字段"学号"的传递函数依赖。该关系表也会存在数据冗余、更新异常、插入异常和删除异常的情况。因此，可以把学生关系表分解为如下两个表。

- ※ 学生：Student（学号，姓名，年龄，所在学院）。
- ※ 学院：Department（学院，地点，电话）。

这样关系表就符合了第三范式，消除了数据冗余、更新异常、插入异常和删除异常。

4．BCNF 范式

当第三范式消除了主关键列对候选关键列的部分和传递函数依赖，则称为 BCNF。举例说明，假设仓库管理关系表（仓库编号，存储物品编号，管理员编号，数量），并且规定一个管理员只在一个仓库工作，一个仓库可以存储多种物品。则这个关系表中存在如下决定关系。

```
（仓库编号，存储物品编号）→（管理员编号，数量）
（管理员编号，存储物品编号）→（仓库编号，数量）
```

所以，（仓库编号，存储物品编号）和（管理员编号，存储物品编号）都是仓库管理关系表的候选关键列，表中的唯一非关键列为"数量"，它是符合第三范式的。但是，由于存在如下决定关系。

```
（仓库编号）→（管理员编号）
（管理员编号）→（仓库编号）
```

即存在关键字段决定关键字段的情况，所以其不符合 BCNF 范式。它会出现如下异常情况。

- ※ 删除异常：当清空仓库删除"存储物品编号"和"数量"信息时，"仓库编号"和"管理员编号"信息也将被同时删除。
- ※ 插入异常：当仓库没有存储任何物品时，无法给仓库分配管理员。
- ※ 更新异常：如果仓库换了管理员，则表中所有行的管理员编号都要修改。

同样，可以将仓库管理关系表分解为两个关系表。

- ※ 仓库管理表：仓库 ID，管理员 ID。
- ※ 仓库信息表：仓库 ID，存储物品 ID，数量。

这样创建的关系表就符合了 BCNF 范式，消除了删除异常、插入异常和更新异常。

1.3 Oracle 数据库与网格技术

Oracle 数据库是 Oracle 公司出品的十分优秀的 DBMS，当前 Oracle DBMS 以及相关的产品几乎在全世界各个工业领域中都有应用。无论是大型企业中的数据库应用，还是中小型的联机事务处理业务，都可以找到成功使用 Oracle 数据库系统的典范。到目前为止，12C 是 Oracle 数据库的最新版本，它在前一版本的基础上对企业级网格计算进行了扩展，提供了众多支持企业网格计算的特性。

1.3.1 网格技术

超级计算机作为复杂科学计算领域的主宰，以其强大的处理能力著称。但以超级计算机为中心的计算模式存在明显的不足，由于它的造价极高，通常只有一些国家级的部门，如航天、气象等部门才有能力配置。而随着人们日常工作遇到的商业计算越来越复杂，人们越来越需要数据处理能力更强大的计算机。于是，人们开始寻找一种造价低廉而数据处理能力超强的计算模式，最终找到了答案——网格计算（Grid Computing）。

网格计算是伴随着互联网而迅速发展起来的，专门针对复杂科学计算的新型计算模式。这种计算模式是利用互联网把分散在不同地理位置的计算机组织成一个"虚拟的超级计算机"，其中每一台参与计算的计算机就是一个"节点"，而整个计算由成千上万个"节点"组成的"虚拟的一张网格"，所以这种计算方式叫"网格计算"。简而言之，网格计算就是把整个互联网整合成一台巨大的超级计算机，实现各种资源的全面共享。当然，网格并不一定要整合整个互联网，也可以构造地区性的网格。网格的根本特征不是它的规模，而是资源共享。

实际上，网格计算是分布式计算的一种，如果某项任务是分布式的，那么参与这项任务的一定不只是一台计算机，而是一个计算机网络，显然这种计算方式将具有很强的数据处理能力。这种组织方式有两个优势：一个是超强的数据处理能力；另一个是能充分利用网上的闲置处理能力。网格计算模式首先把要计算的数据分割成若干"小片"，然后由不同节点的计算机根据自己的处理能力下载一个或多个数据片断。这样，当节点的计算机空闲时，该节点的计算机就会处理下载的任务片断，这样一台计算机的闲置计算能力就被充分地调动起来了。

网格计算和标准的网络计算看起来全然不同。现在很多服务都是基于客户机/服务器模式来进行的。在这种模式中，通过确认客户检查其授权级别，决定客户可以在服务器上所做的操作来确保安全。而对于网格计算，客户机和服务器的功能划分远没有那么明确。在网格计算模式中，一台计算机可以要求另一台计算机去完成一项任务的同时，还为其他的计算机进行着一项任务，而用户不用考虑这些互动是通过怎样的途径来实现的。

关于网格计算的另一个重要概念就是它强

大的数据处理功能，它被设计成用来完成兆兆字节规模或更大规模的计算。

1.3.2　Oracle 网格体系结构

Oracle 10g/11g 中的 g 代表网格计算，Oracle 数据库作为第一个为企业级网格计算而设计的数据库，为管理信息和应用提供了最灵活的、成本最低的方式。例如，通过 Oracle 网格计算，可以在几个互联的数据库服务器网格上运行不同的应用。当应用需求增加时，数据库管理员能够自动为应用提供更多的服务器支持。网格计算使用最高端的负载管理机制，使应用能够共享多个服务器上的资源，从而提高数据处理能力、减少对硬件资源的需求、节省企业成本。

Oracle 数据库为支持企业网格计算，提供了以下特性。

※　使用低成本的硬件集群技术，提供高性能、大规模处理能力。

※　Oracle 具有高集成特性，通过分布式计算，使应用和数据能够位于网络的任何地方。

※　Oracle 提供了许多自动化功能，使单个管理员能够管理大量的服务器。

※　Oracle 提供较高的安全性，使用户能够在信任的机制上共享网格资源。

集群和网格之间存在一定的差异，集群是用于创建网格框架的一种技术，简单集群对于特定的应用提供静态资源。而网格可以包含多个集群，为不同应用和用户提供动态资源池。在网格服务器中，能够调度和移植应用，网格能够在不同的系统所有者之间共享资源。对于最高层的应用，网格计算被当作一种计算工具。简单地说，用户无须关心数据的存储位置以及由哪台计算机处理用户请求。

从服务器端来看，网格关注资源分配、信息共享和高可用性。资源分配使请求的资源能

够得到保证，防止请求未得到服务，而相关的
资源被闲置。信息共享保证用户和应用所需的
信息能够可用。高可用特性保证所有的数据和
计算能够提供更高的服务质量。

网格计算保证计算资源能够动态分配应用
程序，资源的分配是按照业务优先级和需求进
行分配的，Oracle 提供了许多特性支持计算资
源分配。

1. 真正应用集群（RAC）

RAC 是 Oracle 9i 数据库中采用的一项新
技术，也是 Oracle 数据库支持网格计算环境的
核心技术。它的出现解决了传统数据库应用中
面临的一个重要问题：高性能、高可伸缩性与
低价格之间的矛盾。RAC 技术通过 CPU 共享
和存储设备共享实现多节点之间的无缝集群，
用户提交的每一项任务被自动分配给集群中的
多台计算机执行，用户不必通过冗余的硬件来
满足高可靠性要求。另一方面，RAC 可以实现
CPU 的共享，即使普通服务器组成的集群也能
实现过去只有大型主机才能提供的高性能。

Oracle 11g 数据库使管理集群数据库变得
更加容易，其支持所有平台均可使用集成的集
群组件，它们的功能包括集群连接、消息和锁
定、集群控制和恢复及工作负载管理框架。集
成的集群组件消除了购买、安装、配置和支持
第三方集群组件的需求，从而使 Oracle RAC
变得更容易。自动负载管理简化了动态服务器

对负载的响应，可以定义规则，使之在正常工
作时和应对故障时自动为每个服务分配处理资
源，这些规则可以动态修改以满足不断变化的
业务需求。除了集群管理的改进以外，Oracle
数据库中的 RAC 还提供了在集群配置发生改
变时，向中间层自动通知事件的功能，于是
中间层能够立即进行例程故障切换或使用新例
程。这使终端用户能够在发生例程失败时继续
工作，而不会发生由于网络超时而引起的延迟。
如果有新例程可用，中间层能够立即启动该例
程的负载平衡连接。

2. 自动存储管理（ASM）

对于数据库而言，一个非常重要的资源就
是存储器。对于大型的数据库而言，要尽量获
得最大吞吐量，如果在磁盘存储器之间存放数
据可能是一个费时的过程。Oracle 数据库的自
动存储管理（ASM）解决了这些问题，ASM
为 Oracle 数据库提供全面的存储管理，不需要
文件系统和大容量磁盘管理。ASM 自动向所
有磁盘散布数据，以最小的管理成本提供最高
的 I/O 吞吐率。

3. Oracle 资源管理器

虽然 Oracle 数据库在很大程度上是自动管
理数据库，但是使用 Oracle 资源管理器，资源
管理员能够控制如何为用户分配 Oracle 资源。

1.4 Oracle 应用结构

在安装、部署 Oracle 11g 数据库时，需要根据硬件平台和操作系统的不同，采取不同的结构，
下面介绍几种常用的应用结构。

1.4.1 多数据库的独立宿主结构

这种应用结构在物理上只有一台服务器，服务器上有一个或多个硬盘。但是在功能上却是多
个逻辑数据库服务器、多个数据库，如下图所示。

这种应用结构由多个数据库服务器、多个数据库文件组成，也就是在一台计算机上装两个版本的 Oracle 数据库（如 Oracle 10g、Oracle 11g）。尽管它们在同一台计算机上，但无论是内存结构、服务器进程、数据库文件等都不是共享的，它们各自都有自己的内存结构、服务器进程和数据库文件。

对于这种情况，数据库的文件要尽可能地存储在不同的硬盘的不同路径下，由于每个逻辑服务器都要求分配全局系统区内存和服务器后台进程，因此对硬件要求较高。

1.4.2　客户机 / 服务器结构

在客户机 / 服务器结构中，数据库服务器的管理和应用分布在两台计算机上，客户机上安装应用程序和连接工具，通过 Oracle 专用的网络协议（SQL *Net）建立和服务器的连接，发出数据请求。服务器上运行数据库，通过网络协议接收连接请求，将执行结果回送客户机。客户机 / 服务器结构如下图所示。

在同一个网络中可以有多台物理数据库服务器、多台物理客户机。在一台物理数据库服务器上可以安装多种数据库服务器，或者一种数据库服务器的多个数据库例程。Oracle 支持多主目录，允许在一台物理数据库服务器上同时安装 Oracle 10g 和 Oracle 11g，它们可以独立存在于两个不同的主目录中。

客户机 / 服务器结构的主要优点如下：

※　客户机、服务器可以选用不同的硬件平台，服务器（一个或几个）配置要高，客户机（可能是几个、几十个、上百个）配置可低些，从而降低成本。

※　客户机、服务器可以选用不同的操作系统，因此可伸缩性好。

※　应用程序和服务器程序分别在不同的计算机上运行，从而减轻了服务器的负担。

※　具有较好的安全性。

※　可以进行远程管理，只要有通信网络（包括局域网和互联网），即可对数据库进行管理，这也就是 Oracle 数据库的管理器 OEM 所要实现的功能。

1.4.3 分布式结构

分布式结构是客户机 / 服务器结构的一种特殊类型。在这种结构中，分布式数据库系统在逻辑上是整体的，但在物理上分布在不同的计算机网络中，通过网络连接在一起。网络中的每个节点可以独立处理本地数据库服务器中的数据，执行局部应用，也可以存取、处理多个异地数据库服务器中的数据，执行全局应用。

各数据库相对独立，总体上又是完整的，数据库之间通过 SQL*Net 协议连接。因此异种网络之间也可以互联。操作系统和硬件平台的可伸缩性好，可以执行对数据的分布式查询和处理，网络可扩展性好，实现局部自治与全局应用的统一。分布式结构如下图所示。

其中，局部数据库管理系统负责创建和管理局部数据，执行局部应用和全局应用的子查询；而全局数据库管理系统则负责协调各个局部数据库管理系统，共同完成全局事务的执行，并保证全局数据库执行的正确性和全局数据的完整性；通信管理则负责实现分布在网络中各个数据库之间的通信；局部数据库存放了全局数据的部分信息；全局数据字典则存放了全局数据库在各服务器上的存放情况。

分布式数据库管理系统的数据在物理上是分布存储的，即数据存放在计算机网络上不同的局部数据库中；而在逻辑上，数据之间有语义上的联系，属于一个系统。访问数据的用户既可以是本地用户，也可以是通过网络连接的远程用户。

1.5 初识 Oracle 12c

Oracle 数据库系统是一种通用的数据库系统，具有完整的数据管理功能。同时，它也是目前最流行的客户机 / 服务器 (CLIENT/SERVER) 或 B/S 体系结构的数据库之一。

1.5.1 Oracle 数据库概述

Oracle 数据库系统是美国 ORACLE（甲骨文）公司提供的以分布式数据库为核心的一组软件产品，是目前最流行的客户机 / 服务器 (CLIENT/SERVER) 或 B/S 体系结构的数据库之一，也是目前世界上使用最广泛的数据库管理系统。

1. Oracle 简介

Oracle 数据库作为一个通用的数据库系统，具有完整的数据管理功能；作为一个关系数据库，它是一个完备关系的产品；而作为一个分布式数据库，它则可以实现分布式处理功能。

Oracle 数据库的最新版本为 Oracle Database 12c，该版本引入了一个新的多承租方架构，使用该架构可轻松部署和管理数据库云。除此之外，该版本还提供了一些创新特性，可最大限度地提高资源的使用率和灵活性。例如，该版本软件可快速整合多个数据库，并通过 Automatic Data Optimization 和 Heat Map 以更高的密度压缩数据并对数据进行分层。这些新技术加上在可用性、安全性和大数据支持方面的增强功能，使 Oracle 12c 成为私有云和公有云部署的理想平台。

在 Oracle9i 版本之前，甲骨文公司便已将数据库产品广泛移植到了不同的平台上，截至 2015 年 1 月，Oracle 10g/11g/12c 版本可以支持以下的操作系统和硬件。

※ Apple Mac OS X Server:PowerPC

※ HP HP-UX:PA-RISC,Itanium

※ HP Tru64 UNIX:Alpha

※ HP OpenVMS: Alpha, Itanium

※ IBM AIX5L:IBM POWER

※ IBM z/OS:zSeries

※ Linux:x86,x86-64, PowerPC, zSeries, Itanium

※ Microsoft Windows: x86, x86-64, Itanium

※ Sun Solaris:SPARC, x86, x86-64

2. Oracle 特点和优点

随着 Oracle 产品的不断完善，其特点和优点也越来越明显。在优点方面，Oracle 具有可用性强、可扩展性强、数据安全性强以及稳定性强等优点。而在特点方面，Oracle 产品则具有下列 4 个方面的优点。

- **完整的数据管理功能**

① 数据的大量性。

② 数据保存的持久性。

③ 数据的共享性。

④ 数据的可靠性。

- **完备关系的产品**

① 信息准则：关系型 DBMS 的所有信息都应在逻辑上使用一种方法。

② 保证访问的准则。

③ 视图更新准则：视图对应表中的数据变化时，其对应的视图中的数据也会随之一起变化。

④ 数据物理性独立准则。

⑤ 数据逻辑性独立准则。

- **分布式处理功能**

Oracle 数据库具备分布式处理能力，其分布式数据库由 oraclerdbms、SQL*Net、SQL*CONNECT 和其他非 Oracle 的关系型产品构成。

- **实现数据仓库操作**

在 Oracle 数据库中，可以轻松实现数据库的操作。

3. Oracle 12c 版本

Oracle 12c 针对不同的人群开发了企业版、标准版和标准 1 版，每种版本的具体说明如下。

※ Enterprise Edition（企业版）：企业版为数据库功能最全、扩展性最好的版本，例如包含闪回数据库功能。

※ Standard Edition（标准版）：标准版提供了企业版的一个功能子集，包含了小业务中所需要的功能，以及集群服务。

※ Standard Edition One（标准 1 版）：

该版本提供了与标准版完全相同的功能，但不包含 RAC 类的企业版功能，其应用可以完全兼容企业版。

1.5.2 安装 Oracle 12c

随着新版本的发布，Oracle 的安装程序也越来越简单，用户只需要解压下载文件便可以执行安装了。在 Windows 和 Linux 服务器上安装 Oracle 的过程类似，用户只需要执行 setup.exe 安装程序，系统便会加载并初步检验系统配置，并进行下一步安装。

然后，在弹出的【配置安全更新】选项卡中，禁用【我希望通过 My Oracle Support 接收安全更新】复选框，并单击【下一步】按钮。

此时，系统会弹出【未指定 My Oracle Support 用户名/电子邮件地址】对话框，单击【是】按钮即可。

在弹出的【选择安装选项】选项卡中，选中【创建和配置数据库】选项，并单击【下一步】按钮。

此时，在弹出的选项卡中，选中【桌面类】选项，并单击【下一步】按钮。

在弹出的选项卡中，选中【创建新 Windows 用户】选项，分别在【用户名】、【口令】和【确认口令】文本框中输入相关内容，并单击【下一步】按钮。

在弹出的选项卡中，输入【全局数据库名】和【管理口令】，并单击【下一步】按钮。该处的密码设置需要高强度，包括大小写字母和数字。

此时，系统会弹出选项卡，检查安装需求和环境。

Oracle 的安装时间较长，需要用户耐心等待。等安装到创建数据库实例时，会自动弹出 Database Configuration Assistant 对话框。

上一步检查没有出现问题后，会自动进入下一个选项卡，单击【安装】按钮，便可以安装 Oracle 了。需要注意的是，在安装过程中最好关闭 "360 安全卫士" 或其他杀毒软件。

成功安装数据库实例之后，会弹出有关口令管理的对话框，在该对话框中显示了一些数据库的基础信息和进入地址。单击【口令管理】按钮，准备设置登录口令。

在弹出的【口令管理】对话框中，显示了需要锁定或解锁的账户。在此，用户可以使用系统内的账户和口令，也可以自定义账户或口令，设置完成后单击【确定】按钮后返回安装窗口。

安装完成后，会显示安装地址，单击【关闭】按钮即可。

Oracle 安装完成后，会在系统中进行服务注册，此时需要保证 OracleOraDB-12Home1TNSListener 和 OracleServiceORCL 服务器为启动状态。

1.5.3 Oracle 12c 的新特性

相对于旧版本软件来讲，Oracle 12c 新增了一些新特性，这些新特性可以使开发人员、数据库管理员和最终用户能够更好地控制数据的存储、处理和检索。

Oracle 12c 中的新特性主要包括内存选件、开发者工具、大数据 SQL 功能及多租户等。

1. 数据库内存选件（In-Memory Option）

在 Oracle 12c 中，正式引用了基于内存和列式计算的 In-Memory Option（简称 IMO）。IMO 的特效可以使用内存中的列存处理实现下列 4 个目标。

※ 增快 SQL 全表扫描处理速度：该功能可以将 SQL 全表扫描的处理速度增加 10~100 倍，对于简单的扫描可以达到每秒扫描 10 亿行数据，而对于简单的连续过滤谓词的少量数据的扫描速度也可以达到每秒 1 亿行的速度。

※ 增快复杂 SQL 的处理速度：该功能可以提高 10 倍或更多倍在绝大多数场景中的处理速度，其聚集、排序和分组的速度也会随之增加。

※ 增快事务处理速度：该功能可以提高 DML 操作——单行 DML 和批量 DML 的运行速度，其中单行的处理速度主要来源于降低 10 倍的索引维护。

※ 应用程序的完全透明化：该功能对于应用程序可以完全透明化，类似于 OLTP 压缩。所有的 Oracle 特性均可以与 in-memory option 一起工作，包括 partitioning、indexes、text indexes 等，而不会存在明确的数据类型或存储类的限制。

2. Oracle JSON 文档存储

Oracle 12c 还具有支持 Oracle JSON 文档的存储功能，客户可以在 Oracle 关系型数据库中存储 JSON 文档数据，同时还可以使用 SQL 或 REST 接口对 JSON 文档数据进行查询。

3. 多租户（Multienant）功能改进

Oracle 12c 还对多租户（Multienant）功能进行了一系列的改进，简化了云端的数据整合，称为"多租户数据库"。也就是说，改进后的该功能可以在云平台上，将不同的租户整合到一个大的 CDB 数据库中运行，而彼此之间的数据（PDB）与应用可以完全隔离。

4．属性聚类功能

Oracle 12c 新增了属性聚类（Attribute Clustering）功能，该功能可以确保数据库中相应列以最接近的方式进行存储，以加快数据的访问速度。

5．快速资源调配功能

Oracle 12c 新增了快速资源调配（Rapid Home Provisionign）功能，该功能可以简化数据库维护、升级以及云环境下多租户数据库的资源调配等操作。

除了上述 5 个重要新特性之外，Oracle 12c 还具有下列新特性。

※ Oracle Pluggable Database：Oracle 12c 中的 Oracle PDB 体系结构是由一个容器数据库（CDB）和多个可组装式数据库（PDB）构成的，而 PDB 包含独立的系统表空间和 SYSAUX 表空间等，并共享 CDB 的控制文件、日志文件和 UNDO 表空间。

※ 数据优化：Oracle 12c 新增了 ILM（数据生命周期管理）功能，添加了"数据库热图"（Database heat map），可以在视图中查看数据的利用率，并可自动实现数据的在线压缩和数据分级。

※ 增强了统计信息：Oracle 12c 的动态统计信息增加到了第 11 层，使动态统计数据的收集功能更加强大。除此之外，还增加了混合统计信息功能、数据加载过程收集统计信息的功能，以及增加了临时表的会话私有统计信息功能。

※ PL/SQL 性能增强：Oracle 12c 中通过 WITH 语句在 SQL 中定义函数的方法增强了 PL/SQL 性能，该功能类似于在匿名块中定义过程。

※ 改进了多种数据类型的长度限制：Oracle 12c 放宽了多种数据类型的长度限制，增加了 VARCHAR2、NVARCHAR2 和 RAW 类型的长度到 32K。

※ 行模式匹配：该功能类似于分析函数功能，可以在行间对数据进行匹配判断并进行计算。

1.5.4　Oracle 12c 管理工具

安装 Oracle 12c 后，便可以着手创建数据库了。但在创建数据库之前，还需要了解一些常用的 Oracle 管理工具，这既是对安装结果的验证，也是对 Oracle 数据库操作的基础。

1．Oracle Enterprise Manager

Oracle Enterprise Manager（OEM）提供了基于 Web 界面的、可用于管理单个 Oracle 数据库的工具。由于 Oracle Enterprise Manager 采用基于 Web 的应用，它对数据库的访问也采用了 HTTP/HTTPS 协议，即使用三层结构访问 Oracle 数据库系统。

在成功安装 Oracle 后，OEM 也同时安装完毕。使用 Oracle 12c OEM 时只需要启动浏览器，输入 OEM 的 URL 地址（如 https://localhost:5500/em/login），然后在打开的浏览器中输入用户名和口令，并单击【登录】按钮。

在弹出的浏览器页面中，用户就可以体验

Oracle 12c 的数据库功能了。

　　由于 OEM 以图形化方式提供用户对数据库的操作，避免了学习大量命令的麻烦，因此，对于初学者而言，最常用的操作方法就是通过 OEM 对数据库进行操作。但是，通过在 SQL*Plus 中运行相应的命令，可以更好地理解 Oracle 数据库。

2．SQL*Plus

　　在 Oracle 数据库系统中，用户对数据库的操作主要是通过 SQL*Plus 工具来实现的。SQL*Plus 作为 Oracle 的客户端工具，可以建立位于相同服务器上的数据库连接，或者建立位于网络中不同服务器的数据库连接。SQL*Plus 工具可以满足 Oracle 数据库管理员的大部分需求。

　　执行【开始】|【程序】|【SQL*Plus】命令，打开 SQL*Plus 的登录界面，输入相应的用户名和口令（如 SYSTEM，这是由用户在创建数据库时指定的）后，按 Enter 键，SQL*Plus 将连接数据库。

　　用户也可以在【运行】窗口中输入 CMD 命令，打开命令提示窗口，并在窗口中输入 SQLPLUS 命令启动 SQL*Plus 工具，运行该命令的语法如下。

```
sqlplus [username]/[password] [@server] [ as sysdba | as sysoper]
```

　　其中，username 用于指定数据库用户名；password 用于指定用户口令；@server 用于指定网络服务名；as sysdba 表示以 sysdba 特权登录。当连接本地数据库时，不需要提供网络服务名。

3．DBCA（创建数据库）

如果在安装 Oracle 数据库服务器系统时，选择仅安装 Oracle 数据库服务器软件，而不创建数据库，在这种情况下要使用 Oracle 系统还必须创建数据库。如果在系统中已经存在 Oracle 数据库，为了使 Oracle 数据库服务系统充分利用服务器的资源，建议不要在该计算机上再创建一个数据库。

DBCA（Database Configuration Assistant）是 Oracle 提供的一个具有图形化用户界面的工具，数据库管理员（DBA）通过它可以快速、直观地创建数据库。DBCA 中内置了几种典型数据的模板，通过使用数据库模板，用户只需要做很少的操作就能够完成数据库的创建工作。

使用 DBCA 创建数据库时只需要执行【开始】|【程序】|【Database Configuration Assistant】命令，打开如下对话框，根据 DBCA 的提示逐步进行设置，即可根据相应的配置创建数据库。

第 2 章
Oracle 的体系结构

本章内容

数据库的体系结构是从某个角度来分析数据库的组成和工作过程，以及数据库管理和组织数据的方法。而 Oracle 是基于 B/S 模式的关系型数据库管理系统（RDBMS），其体系结构由逻辑结构、物理结构和实例 3 部分组成。对于初学者而言，体系结构与基本理论的学习会涉及大量的新概念和术语，掌握这些概念和术语对于以后的学习会非常有帮助。在本章中，将通过介绍 Oracle 数据库的物理和逻辑存储方式，以及 Oracle 实例和数据库的组成等基础内容，为后面操作 Oracle 数据库奠定基础。

2.1　Oracle 核心组件

　　数据字典是 Oracle 数据库的核心组件，在详细了解数据库的核心组件之前，还需要先来了解一下 Oracle 体系结构的基础内容。

2.1.1　Oracle 体系结构概述

　　完整的 Oracle 数据库系统通常由两部分组成——实例（INSTANCE）和数据库（DATABASE）。数据库是一系列物理文件的集合（数据文件、控制文件、联机日志、参数文件等）；实例则是一组 Oracle 后台进程 / 线程以及在服务器分配的共享内存区。

　　实例和数据库有时可以互换使用，不过二者的概念完全不同。实例和数据库之间的关系是：数据库可以由多个实例装载和打开，而实例可以在任何时间点装载和打开一个数据库。准确地讲，一个实例在其生存期中最多只能装载和打开一个数据库，如果想再打开其他数据库，必须先丢弃这个实例，并创建一个新的实例。

　　数据库的主要功能是保存数据，实际上可以将数据库看作存储数据的容器。数据库的存储结构也就是数据库存储数据的方式，Oracle 数据库的存储结构分为逻辑存储结构和物理存储结构，这两部分是相互独立但又密切相关的。逻辑存储结构主要用于描述在 Oracle 内部的组织和管理数据的方式，而物理存储结构则用于描述在 Oracle 外部，即操作系统中组织和管理数据的方式。

　　Oracle 对逻辑存储结构和物理存储结构的管理是分别进行的，两者之间不直接影响。因此 Oracle 的逻辑存储结构能够适用于不同的操作系统平台和硬件平台，而不需要考虑物理实现方式。

　　在启动 Oracle 数据库服务器时，实际上是在服务器的内存中创建一个 Oracle 实例（即在服务器内存中分配共享内存并创建相关的后台进程），然后由这个实例来访问和控制磁盘中的数据文件。下图以最简单的形式展示了 Oracle 实例和数据库。Oracle 有一个很大的内存块，称为系统全局区（SGA）。

　　当用户连接数据库时，实际上是连接到实例中，由实例负责与数据库通信，然后再将处理结构返回给用户。

　　Oracle 数据库服务器的后台进程的数量与其工作模式密切相关。Oracle 服务器处理请求有两种最常见的方式，分别是专用服务器连接和共享服务器连接。在专用服务器连接下，Oracle 数据库会为每个用户请求分配一个专用服务器进程为其提供服务，当用户请求结束后，对应的服务器进程也相应地被终止。如果同时存在大量的用户请求，则需要同等数量的服务器进程提供服务。

而在共享服务器连接下，Oracle 数据库始终保持一定数量的服务器进程，用户的请求首先被连接一个称为"调度程序"的特殊服务进程，然后由调度程序为用户分配一个服务器进程为其提供服务。这意味着只需要使用很少的服务器进程，便可以为多个用户进程提供服务。

2.1.2 数据字典

数据字典是 Oracle 数据库的核心组件，它由一系列对于用户而言是只读的基础表和视图组成，它保存了关于数据库本身以及其中存储的所有对象的基本信息。可以认为数据字典记录了数据库实例自身的重要信息。

对数据字典的管理和维护由 Oracle 系统负责，任何数据库用户都无法对数据字典中的内容进行修改，但是数据库用户可以查看数据字典中的内容。为了方便用户查看数据字典中的信息，数据字典中的信息也是通过表和视图的形式组织起来的，数据字典和视图都保存在 SYSTEM 表空间中。

数据字典中的信息，实际上是保存在基本表中的，并且只有 Oracle 系统才有权读取和写入基础表。基础表中存储的信息通常是经过加密处理的。视图是一种虚拟表，它本身并不包含数据，其中的数据是经过处理后的基本表中的数据。数据字典中视图的作用是将表中的各种信息进行分类，以方便用户获取其中的数据。大多数情况下，用户可以通过数据字典视图来获取与数据库相关的信息，而不需要访问数据字典表。

在 Oracle 实例运行期间，需要从数据字典表中读取信息，用于判断用户要访问的对象是否存在等信息。同时，Oracle 还不断地向数据字典表中写入数据，以反映用户对数据库以及数据库中保存的各对象所做的修改。例如，用户创建了一个表，这时系统将在数据字典中记录该表的结构信息和存储信息等。

对于数据库用户而言，数据字典中的视图好像一本关于当前 Oracle 数据库的参考手册，可以通过 SELECT 语句查询。数据库用户由于权限不同，所能访问的数据字典视图的数量和类型也不同。用户使用的数据字典视图大致可以分为三类，并且各种类型的视图以不同名称的前缀表示。这三类数据字典视图介绍如下。

※ USER 视图：USER 视图就是以 USER_ 字符为名称前缀的数据字典视图。每个数据库用户都有一组属于自己的视图，在 USER 视图中包含了属于该用户的所有对象的信息。

※ ALL 视图：ALL 视图就是以 ALL_ 字符为名称前缀的数据字典视图。ALL 数据字典视图是 USER 视图的扩展，在 ALL 视图中记录了属于该用户的所有对象的信息，以及该用户可以访问的属于其他用户的对象信息。

※ DBA 视图：DBA 视图就是以 DBA_ 字符为名称前缀的数据字典视图。在 DBA 数据字典视图中记录了全部数据库对象的信息。

在数据库实例的整个运行过程中，Oracle 会始终在数据字典中维护一系列的"虚拟"表，在其中记录与数据库活动相关的性能统计信息，这些虚拟表称为"动态性能表"。

动态性能表不是固定的表，它是在 Oracle 实例启动时动态创建的，并向其中写入信息；而当 Oracle 关闭时，动态性能表将被丢弃。所有的动态性能表的名称都是以 V$ 为开头的。Oracle 自动在动态性能表的基础上创建一个视图，这些视图称为"动态性能视图"。

例如，动态性能视图 V$SGA 记录了系统全局存储区 SGA 的信息，通过查询该动态性能视图，用户可以获取当前数据库实例的全局存储区 SGA 的信息。

```
SQL> select name,value from v$sga;

NAME                      ALUE
-------------------       ----------
Fixed Size                1333312
Variable Size             310380480
Database Buffers          58720256
Redo Buffers              6201344
```

2.2 逻辑存储结构

　　数据库的逻辑结构是从逻辑的角度分析数据库的构成，即创建数据库后形成的逻辑概念之间的关系。在逻辑上，Oracle 将保存的数据划分为一个个小单元来存储和维护，高一级的存储单元由一个或多个低一级的存储单元组成。Oracle 的逻辑存储单元从小到大依次为：数据块（DATA BLOCKS）、盘区（EXTENT）、段（SEGMENTS）和表空间（TABLE SPACES），下图显示了各逻辑单位之间的关系。

　　由上图可知，Oracle 数据库由多个表空间组成，而表空间又由许多段组成，段由多个盘区组成，盘区又由多个数据块组成。

2.2.1 数据块

　　数据块是 Oracle 用来管理存储空间的最小单元，也是执行数据库输入输出操作时的最小单位。相应地，操作系统执行输入输出操作的最小单位为一个操作系统块的大小。在操作系统中，执行 I/O 操作是以操作系统块为单位的，而在 Oracle 中，执行的 I/O 操作以 Oracle 数据块为单位。

　　Oracle 块的大小是操作系统块大小的整数倍。以 Windows NT 操作系统为例，NTFS 格式的磁盘分区一般为 4KB，因此 Oracle 块的大小为 8KB 等。数据块的标准大小由初始化参数 DB_BLOCK_SIZE 确定，具有标准大小的块称为标准块。Oracle 支持在同一个数据库中使用多种大小的块，与标准块大小不同的块称为非标准块。

　　可以通过查询 V$PARAMETER 数据字典，获得参数 DB_BLACK_SIZE 的值，该参数值同时也是数据块的尺寸，例如：

```
SQL> select name,value
  2  from v$parameter where name ='db_block_size';

NAME                                    VALUE
----------------------------            ----------------------------
db_block_size                           8192
```

在数据块中可以存储各种类型的数据，如表数据、索引数据、簇数据等。无论数据块中存放何种类型的数据，块都具有相同的结构，下图列出一个 Oracle 块的基本结构。

数据块的各组成部分分别介绍如下。

※ 块头部：块头部包含块中一般的属性信息，如块的物理地址、块所属的段的类型（如数据段、索引段、回退段等）。

※ 表目录：如果块中存储的数据是表数据（表中一行或多行记录），则表目录中存储关于该表的相关信息。

※ 行目录：如果块中存储的数据为表数据（表中的一行或多行记录），则在行目录中保存这些记录的相关信息。

※ 空闲空间：空闲空间是块中尚未使用的存储空间。当向数据块中添加新数据时，将减小空闲空间。

※ 行空间：行空间是块中已经使用的存储空间，在行空间中存储了数据库对象的数据。例如，表中的一行或多行记录。

块头部、表目录和行目录共同组成块的头部信息区。块的头部信息区中并不存放实际的数据库数据，它只起到引导系统读取数据的作用。因此，如果头部信息区被损坏，则整个数据块将失效，数据块中存储的数据将丢失。而空闲空间和行空间则共同构成块的存储区，空闲空间和行空间的总和就是块的总容量。

2.2.2 盘区

盘区是由一系列物理上连续存放的数据块所构成的 Oracle 存储结构，由一个或多个数据块组成一个盘区，而一个或多个盘区组成一个段。当一个段中的所有空间被使用后，系统将自动为该段分配一个新的盘区。盘区是 Oracle 存储分配的最小单位。

在 Oracle 中创建带有实际存储结构的数据库对象时，Oracle 将为对象分配相应的盘区，以构成一个段来提供存储空间。当段中已经分配的区写满后，Oracle 将为段分配一个新的区，以便容纳更多的数据库。

2.2.3 段

段是由一系列区组成的，它也不再是存储空间的分配单位，而是一个独立的逻辑存储结构。对于具有独立存储结构的对象，它的数据全部存储在保存它的段中。一个段只属于一个特定的数据库对象，每当创建一个具有独立段的数据库对象时，Oracle 将为它创建一个段。例如，在 Oracle 中创建表时会为它分配若干个区，以组成表的数据段。

在 Oracle 中，不同类型的数据库对象拥有不同类型的段。根据段中存放的数据库对象类型，可以将段分为几种类型：数据段、索引段、临时段、回退段和 LOB 段。

1. 数据段

在数据段中保存的是表中的记录。在用户创建表的同时，Oracle 系统将为表创建数据段。Oracle 中所有未分区的表都使用一个段来保存数据。

当表中的数据增加时，数据段也将变大，数据段的增大过程是通过添加新盘区实现的。在表空间中创建了多少个表，相应地，在该表空间中就有同量的数据段，并且数据段的名称与它对应的表名相同。

2. 索引段

在索引段中保存的是索引中的索引信息。在使用 CREATE INDEX 语句创建索引，或者在定义约束是自动创建索引的同时，Oracle 将为索引创建它的索引段。

3. 临时段

当用户执行查询等操作时，Oracle 可能会需要使用到一些临时存储空间，用于临时保存解析过的查询语句，以及在排序过程中产生的临时数据。Oracle 会自动在专门用于存储临时数据的表空间为操作分配临时段。

在执行如下几种类型的 SQL 语句时，Oracle 都会在临时表空间中为语句操作分配一个临时段。

※ CREATE INDEX
※ SELECT …ORDER BY
※ SELECT DISTINCT
※ SELECT … GROUP BY
※ SELECT … UNION
※ SELECT … INTERSECT
※ SELECT … MINUS

如果经常需要执行上面类型的语句，最好调整 SORT_AREA_SIZE 初始化参数来增大排序区，使排序操作尽量能够在内存中完成，以获得更好的性能。

当操作执行完毕后，为该操作分配的临时段将被释放。当带有排序的操作十分频繁时，临时段的分配和释放也将十分频繁，因此为了提高性能，Oracle 创建了一个独立的临时表空间，并在其中存放临时段，这样可以避免与其他表空间争用存储空间。

4. 回退段

回退段用于保存回退条目，Oracle 将用户修改前的值保存在回退条目中。利用这些信息，用户可以撤销未提交的操作，Oracle 则可以利用回退段来维护数据库的读写一致性，并能够在实例崩溃时进行恢复。

在 Oracle 11g 中，回退也称为"撤销管理"，并且不需要为数据库创建多个回退段，也不需要管理回退段，只需要创建一个撤销表空间。对回退段的管理由 Oracle 自动完成，就是自动撤销管理。

5. LOB 段

如果表中含有如 CLOB 和 BLOB 等大对象类型数据时，系统将创建 LOB 段以存储相应的大型对象数据。LOB 段独立于保存表中其他数据的数据段。

2.2.4 表空间

表空间是在 Oracle 中用户可以使用的最大的逻辑存储结构，用户在数据库中建立的所有内容都被存储在表空间中。Oracle 使用表空间将相关的逻辑结构组合在一起，表空间在物理上与数据文件相对应，每个表空间是由一个或多个数据文件组成的，一个数据文件只可以属于一个表空间，这是逻辑与物理的统一。所以存储空间在物理上表现为数据文件，而在逻辑上表现为表空间。数据库管理员可以创建若干个表空间，也可以为表空间增加或删除数据文件。表空间通过数据文件来扩大，表空间大小等于构成该表空间的所有数据文件大小之和。

由于表空间物理上对应了操作系统的一个或多个数据文件，因此在表空间中创建的对象，在物理上可以有如下两种存储方式。

※ 若表空间只对应一个数据文件，该表空间中所有的对象都存储在这个数据文件中。

※ 若表空间对应于多个数据文件，Oracle 可将一个对象存储在该表空间的任意一个数据文件中。事实上，Oracle 可以将同一个对象的数据分布在表空间的多个数据文件中。

在创建数据库时，Oracle 会自动创建一些默认的表空间，其中除了用于存储用户数据的普通表空间外，在一个数据库中还会存在 3 种类型的表空间：SYSTEM 表空间、撤销表空间和临时表空间。这三种表空间的创建、维护与管理都与普通的用户表空间不同，在本节中将分别进行简单介绍。

1．SYSTEM 表空间

在每个数据库中，都有一个名为 SYSTEM 的表空间，即系统表空间。该表空间是在创建数据库时自动创建的，在 SYSTEM 表空间中存有如下信息。

※ 在 SYSTEM 表空间中存储数据库的数据字典和内部系统表基表。数据字典是一组保存数据库自身信息的内部系统表和视图。

※ 在 SYSTEM 表空间中存储所有 PL/SQL 程序的源代码和解析代码，包括存储过程、函数、包和触发器等。在需要保存大量 PL/SQL 程序的数据库中，应当设置足够大的 SYSTEM 表空间。

※ 在 SYSTEM 表空间中存储数据库对象（如视图、对象类型说明、同义词和

序列）的定义。当在数据库中创建一个新的对象时，对象的实际数据可以存储在其他表空间中，但对象的定义信息却保存在 SYSTEM 表空间中。

通过使用如下的语句，可以查看数据库中数据字典的信息。

```
select * from dict
```

查看内部系统表的 SQL。

```
select * from v$fixed_view_
definition
```

数据库管理员 DBA 对数据库系统中的数据字典必须有一个很深刻的了解，必须准备一些基础的 SQL 语句，通过这些 SQL 语句可以立即了解系统的状况和数据库的状态。大量的读取操作、少量的写入操作是该表空间的一个显著的特点。

因此 SYSTEM 表空间对于 Oracle 数据库而言是至关重要的。一般在 SYSTEM 表空间中只应该保存属于 SYS 模式的对象，即与 Oracle 自身相关的数据，而用户的对象和数据都应当保存在非 SYSTEM 表空间中。另外，在 Oracle 10g 和 11g 中，Oracle 新增了表空间 SYSAUX，以此作为 SYSTEM 表空间的辅助表空间，SYSAUX 表空间一般不用于存储用户数据，并由 Oracle 系统内部自动维护。

2．撤销表空间

撤销表空间是特殊的表空间，它专门用来在自动撤销管理方式下存储撤销信息，即回退信息。当数据库进行更新、插入、删除等操作时，新的数据被更新到原来的数据文件中，而旧的数据就被放到撤销段中。如果数据需要回滚，那么可以从撤销段将数据再复制到数据文件中，来完成数据的回退。在系统恢复时，撤销段可以用来撤销没有被提交的数据，解决系统的一致性问题。

除了撤销段外，在撤销表空间中不能建立任何其他类型的段，即任何数据库用户都不能在撤销表空间中创建数据库对象（如表、索引

等）。在撤销表空间中，存在大量的写入操作，而只有少量的读取操作。

数据库管理员可以为数据库创建多个撤销表空间，但是每个数据库实例最多只能使用一个撤销表空间。在使用 DBCA 创建数据库时，一般会自动建立一个默认的撤销表空间 UNDOTBS。在建立数据库后，也可以根据需要创建其他的撤销表空间，并设置数据库实例所使用的撤销表空间。

3．临时表空间

在实例运行过程中，Oracle 必须使用一些临时空间来保存 SQL 语句在执行过程中所产生的临时数据。在 Oracle 11g 中，系统为所有数据库用户指定了一个专门的临时表空间 TEMP。在使用 DBCA 创建数据库时，会自动建立默认的临时表空间 TEMP。此外，在数据库已经建立以后，也可以使用 CREATE TEMPORARY TABLESPACE 语句来创建其他的临时表空间。

在临时表空间中，同一个实例中的所有 SQL 语句的排序操作将共享使用一个排序段。排序段在执行第一条具有排序操作的 SQL 语句时被创建，在实例关闭时被释放。

2.3 物理存储结构

与逻辑存储结构相比，物理存储结构相对简单并且更容易理解，但是物理存储结构并不是独立存在的，它与数据库逻辑存储结构之间有着不可分割的联系。从整体上看，Oracle 的数据在逻辑上存储在表空间中，而在物理上存储在表空间所对应的数据文件中。数据库逻辑结构与物理结构中的数据文件有着十分密切的联系，如下图所示。

数据库物理存储结构主要包括 3 类物理文件：数据文件、控制文件和重做日志文件。除此之外，Oracle 数据库还具有一些参数文件。

2.3.1 数据文件

数据库中的数据在物理上保存在若干个操作系统文件中，这些操作系统文件就是数据文件。一个表空间在物理上对应一个或多个数据文件，而一个数据文件只能属于一个表空间。数据文件是操作系统文件，Oracle 通过表空间创建数据文件，从硬盘中获取存储数据所需的物理存储空间，一个数据文件只能属于唯一的表空间。

在存取数据时，Oracle 数据库首先从数据文件中读取数据，并存储在内存中的数据缓冲区中。当用户查询数据时，如果查询的数据不在数据缓冲区中，这时 Oracle 数据库则启动相应的进程从数据文件中读取数据，并保存到数据缓冲区中。当用户修改数据时，用户对数据的修改保存在数据缓冲区中，然后由 Oracle 的相应后台进程将数据写入数据文件中。这样的存取方式减少了磁盘的 I/O 操作，提高了系统的响应性能。

在为数据库创建表空间时，Oracle 将同时创建该表空间的数据文件。当用户在表空间中创建数据库对象时，用户是无法指定使用哪一个数据文件来进行存储的，只能由 Oracle 负责为数据库对象选择一个数据文件，并在其中分配物理存储空间。一个数据库对象的数据可以全部保存在一个数据文件中，也可以分布存放在同一个表空间的多个数据文件中。

随着不断在表空间中创建和更新数据库对象，表空间对应的数据文件中的物理存储空间将被消耗殆尽，这时就需要为表空间分配更多的物理存储空间。数据文件的大小在创建时确定。当表空间中的物理存储空间不足时，可以通过 3 种方式来增加存储空间。

※ 为表空间追加新的数据文件。

※ 通过手工方式扩大现有的数据文件。

※ 配置数据文件为自动增长方式，当数据文件需要更多的存储空间时，Oracle 会自动增大数据文件。

可以通过如下方式查看数据文件。

```
SQL> select name from v$datafile;

NAME
-----------------------------------------
D:\APP\MANAGER\ORADATA\ORCL\SYSTEM01.DBF
D:\APP\MANAGER\ORADATA\ORCL\SYSAUX01.DBF
D:\APP\MANAGER\ORADATA\ORCL\UNDOTBS01.DBF
D:\APP\MANAGER\ORADATA\ORCL\USERS01.DBF
D:\APP\MANAGER\ORADATA\ORCL\EXAMPLE01.DBF
```

从以上代码可以看出，数据文件大致可以分为以下几类。

※ 系统数据文件：系统数据文件 SYSTEM01.DBF 和 SYSAUX01.DBF 存放了系统表和数据字典，一般不放用户的数据，但是用户脚本，如过程、函数、包等却是保存在数据字典中的。

※ 撤销段文件：撤销段文件 UNDOTBS01.DBF 对应撤销表空间。如果数据库进行对数据的修改，那么就必须使用撤销段，撤销段用来临时存放修改前的数据。撤销段通常都放在一个单独的表空间中（撤销表空间），避免表空间碎片化，这个表空间包含的数据文件就是撤销段数据文件。

※ 用户数据文件：用户数据文件 USERS01.DBF 和 EXAMPLE01.DBF 用于存放用户数据。

其中，EXAMPLE01.DBF 文件存放了示例方案中的数据。

需要注意，上面并没有显示临时表空间所对应的临时数据文件。因为临时数据文件是一类比较特殊的数据文件，临时数据文件的信息只能通过数据字典视图 DBA_TEMP_FILE 和动态性能视图 V$TEMPFILE 来查看，而不能像普通数据文件一样通过 DBA_DATA_FILES 和 V$DATAFILE 视图查看。

```
SQL> select name from v$tempfile;

NAME
-------------------------------------------------------
D:\APP\MANAGER\ORADATA\ORCL\TEMP01.DBF
```

2.3.2 控制文件

数据库控制文件是一个很小的二进制文件，其中包含了关于数据库物理结构的重要信息。通过在加载数据库时读取控制文件，Oracle 才能找到自己所需的操作系统文件（数据文件、重做日志文件等）。

控制文件对于数据库的成功启动和正常运行是至关重要的，在加载数据库时，实例必须先找到数据库的控制文件。如果控制文件正常，实例才能加载并打开数据库。但是，如果控制文件中记录了错误的信息，或者实例无法找到一个可用的控制文件，数据库将无法加载，当然也无法打开。

在数据库运行的过程中，Oracle 会不断更新控制文件中的内容，因此控制文件必须在整个数据库打开期间始终保持可用状态。如果由于某种原因导致控制文件不可用，数据库将会崩溃。

每个数据库必须至少拥有一个控制文件，一个数据库虽然可以同时拥有多个控制文件，但是一个控制文件只能属于一个数据库。在数据库的控制文件中包含关于该数据库物理结构的信息，控制文件中的主要信息包括：数据库的名称、检查点信息、数据库创建的时间戳、所有的数据文件、重做日志文件、归档日志文件信息和备份信息等。

有了控制文件中的这些信息，Oracle 便可以确定哪些文件属于数据文件了，例如现在的重做日志文件，由于它们是系统的启动和运行的基本条件，因此也属于数据文件。这些都是系统启动和运行的基本条件。由于控制文件非常重要，因此一般采用多个复本的方式来保护控制文件，或采用 RAID 来保护控制文件。控制文件的丢失，将使数据库的恢复变得很复杂。控制文件信息可以从 V$CONTROLFILE 中查询获得。

```
SQL> select name from v$controlfile;
NAME
-------------------------------------------------------
D:\APP\MANAGER\ORADATA\ORCL\CONTROL01.CTL
D:\APP\MANAGER\ORADATA\ORCL\CONTROL02.CTL
D:\APP\MANAGER\ORADATA\ORCL\CONTROL03.CTL
```

提示：

控制文件中的内容只能由 Oracle 本身来修改，任何数据库管理员都不能直接编辑控制文件中的内容。

2.3.3 其他文件

除了上述 3 种类型的文件外，Oracle 还提供了一些其他类型的文件，如参数文件、归档日志文件、跟踪和密码文件等。本节将对这些文件进行简单介绍。

1. 归档日志文件

Oracle 利用重做日志文件记录对数据库所做的修改，但是重做日志文件是以循环方式使用的，在重新写入重做日志文件时，原来保存的信息将被覆盖。如果能够将所有的重做记录永久地保留下来，就可以完整地记录数据库的全部修改过程，可以通过对重做日志文件进行归档来实现。

在重做日志文件被覆盖之前，Oracle 能够将已经写满的重做日志文件，通过复制操作系统文件的方式保存到指定的位置。保存下来的重做日志文件的集合称为"归档重做日志"，复制的过程称为"归档"。

Oracle 数据库可以运行在两种模式中——归档模式和不归档模式。只有数据库处于归档模式下，系统才会对重做日志文件执行归档操作，归档操作由后台进程 ACRn 自动完成。当数据库运行在归档模式下，归档重做日志文件会占用大量的硬盘空间。也就是说，数据库在归档模式下是以牺牲硬盘空间的方式来获取数据的安全性的。

2. 参数文件

在 Oracle 数据库系统中，参数文件包含了数据库的配置信息。数据库实例在启动之前，Oracle 数据库系统首先会读取这些参数文件中设置的参数，并根据初始化参数文件中设置的参数来配置实例的启动。

参数文件包括文本参数文件和服务器参数文件两种类型。在 Windows 平台中，服务器参数文件的名称格式为 SPFILE<SID>.ora，文本参数的名称格式为 init<SID>.ora，其中 SID 为数据库实例名。

用户可以通过如下 3 种方法查看数据库中的参数值。

※ 查看 init<SID>.ora 文件：该参数文件是以文本形式存储参数的，用户可以直接打开该参数文件查看数据库参数。

※ 查询视图 V$PARAMETER：可利用该动态性能视图来确定参数的默认值是否修改过，以及是否可以用 alter system 和 alter session 命令修改。

提示：

应该特别注意 ISMODIFIED、ISDEFAULT、ISADJUSTED、ISSYS_MODIFIABLE 和 ISSES__MODIFIABLE 列中的值。

※ 使用 SQL 命令：使用 *Plus 的 show parameter 命令可查看。

用户通过修改 init<SID>.ora 文件，可以修改所有的参数，但是必须关闭数据库，然后再重启数据库实例才能生效。另外，也可以使用 ALTER SYSTEM、ALTER SYSTEM DE-FERRED 和 ALTER SESSION 命令修改参数，修改参数后无须重新启动实例即可立即生效，但是这样不能修改所有参数。

3. 密码文件

在 Oracle 数据库系统中，用户如果要以特权用户身份（INTERNAL、SYSDBA、SYSOPER）登录 Oracle 数据库，可以使用两种身份验证方法——使用与操作系统集成的身份验证和使用 Oracle 数据库的密码文件进行身份验证。因此，对密码文件的管理可以控制授权用户从远端或本地登录 Oracle 数据库系统。

Oracle 密码文件的默认存放位置在 %ORACLE_HOME% \ Database 目录下，

密码文件为 pwd<SID>.ora，其中 SID 代表数据库实例名。数据库管理员也可以根据需要，使用工具 ORAPWD.exe 手工创建密码文件，命令格式如下。

```
C:\>ORAPWD FILE=<FILENAME> PASSWORD=<PASSWORD> ENTRIES=<MAX_USERS>
```

各命令参数的含义为：

※　FILENAME：密码文件名。

※　PASSWORD：设置 INTERNAL ／ SYS 账户的口令。

※　MAX_USERS：密码文件中可以存放的最大用户数，对应于允许以 SYSDBA ／ SYSOPER 权限登录数据库的最大用户数。

创建密码文件后，需要设置初始化参数 REMOTE_LOGIN_PASSWORDFILE 来控制密码文件的使用状态。在 Oracle 数据库实例的初始化参数文件中，此参数控制着密码文件的使用及其状态。该参数的取值包括：

※　NONE：指示 Oracle 系统不使用密码文件，特权用户的登录通过操作系统进行身份验证。

※　EXCLUSIVE：指示只有一个数据库实例可以使用此密码文件。

※　SHARED：指示多个数据库实例可以使用此密码文件。在此设置下只有 INTERNAL ／ SYS 账户能被密码文件识别，即使文件中存在其他用户的信息，也不允许他们以 SYSOPER ／ SYSDBA 的权限登录。

当初始化参数 REMOTE_LOGIN_PASSWORDFILE 设置为 EXCLUSIVE 时，系统允许除 INTERNAL ／ SYS 以外的用户以管理员身份从远端或本地登录到 Oracle 数据库系统，并执行数据库管理工作。但是，这些用户名必须存在于密码文件中，这样系统才能识别它们。无论是在创建数据库实例时自动创建的密码文件，还是使用 ORAPWD.exe 手工创建的密码文件，都只包含 INTERNAL ／ SYS 用户的信息。为此，在实际操作中，可能需要向密码文件中添加或删除其他用户账户。

要进行此项授权操作，需使用 SYSDBA 权限连接数据库，并且初始化参数 REMOTE_LOGIN_PASSWORDFILE 必须被设置为 EXCLUSIVE。具体操作步骤如下。

①　创建相应的密码文件。

②　修改初始化参数 REMOTE_LOGIN_PASSWORDFILE ＝ EXCLUSIVE。

```
SQL> show parameter remote_login_passwordfile;
NAME                              TYPE           VALUE
--------                          --------       ------
remote_login_passwordfile         string         EXCLUSIVE
```

③　使用 SYSDBA 权限登录。

```
SQL> connect sys/password as sysdba;
已连接。
```

④　向用户授予 SYSOPER 和 SYSDBA 权限。

```
SQL> grant sysdba to hr;
授权成功。
```

⑤　现在，用户 HR 可以以管理员身份登录数据库系统了。

```
SQL> connect hr/hr as sysdba
已连接。
```

收回权限的语句为：REVOKE SYSDBA FROM user_name。

可以通过查询视图 V$PWFILE_USERS 来获取拥有 SYSOPER ／ SYSDBA 系统权限的用户的信息，表中 SYSOPER ／ SYSDBA 列的取值 TRUE ／ FALSE，表示此用户是否拥有相应的权限。

```
SQL> select * from v$pwfile_users;

USERNAME              SYSDB        SYSOP         SYSAS
--------------        -------      -------       -------
SYS                   TRUE         TRUE          FALSE
HR                    TRUE         FALSE         FALSE
```

4. 预警日志文件

预警日志文件记录了数据库启动、关闭和一些重要的出错信息，这些信息是按照时间顺序存放的。通过使用预警日志文件，数据库管理员可以查看 Oracle 的内部错误和数据块损坏的错误，还可以监视特权用户的操作，以及监视数据库物理结构的改变。

预警日志文件的位置由初始化参数 BACKGROUND_DUMP_DEST 确定，名称为 alert<SID>.log，其中 SID 为实例名，并且其信息由服务器进程和后台进程（DBWR、LGWR）写入。例如：

```
SQL> select value from v$parameter
  2  where name ='background_dump_dest';
VALUE
-------------------------------------
d:\app\manager\diag\rdbms\orcl\orcl\trace
```

因为预警日志文件所记载的消息和错误是按照时间顺序存放的，所以当查看预警日志文件时应从文件尾部查看。由于随着时间的推移，预警日志文件会越来越大，DBA 应该定期删除预警日志文件。

5. 后台或用户跟踪文件

后台进程跟踪文件用于记录后台进程的警告或错误消息，每个后台进程都有相应的跟踪文件。后台进程跟踪文件的位置由初始化参数 BACKGROUND_DUMP_DEST 确定，名称格式为 <SID>_<processname>_<SPID>.trc。

用户进程跟踪文件用于记载与用户进程相关的信息，它主要用于跟踪 SQL 语句。通过用户进程跟踪文件，可以诊断 SQL 语句的性能，并为调整 SQL 语句提供支持。同样，用户进程跟踪文件的位置由初始化参数 USER_DUMP_DEST 确定，名称格式为 <SID>_ora_<SPID>.trc。

2.4　实例的内存结构

内存结构是 Oracle 数据库体系结构中最重要的部分之一，内存也是影响数据库性能的主要因素。在 Oracle 数据库中，服务器内存的大小将直接影响数据库的运行速度，特别是多个用户连接数据库时，服务器必须有足够的内存支持，否则有的用户可能连接不到服务器，或查询速度明显下降。

实例的内存结构从总体上看可以分为两部分：SGA 区（系统全局区，System Global Area）和 PGA 区（程序全局区，Program Global Area）。SGA 区位于系统的共享内存段中，因此 SGA 区中的数据可以被所有的服务和后台进程共享；PGA 区中保存的是某个服务进程私有的数据和控制信息，它是非共享内存。Oracle 中每个服务进程都拥有自己的 PGA 区。

2.4.1　系统全局区

系统全局区 SGA 是由一组内存结构组成的，它是由所有用户进程共享的一块内存区域。如果多个用户连接同一个数据库实例，则实例的 SGA 区中的数据可被多个用户共享。在数据库实例启动时，SGA 的内存被自动分配；当数据库实例关闭时，SGA 被回收。SGA 区中主要包含这些内存结构：数据缓存区、共享池、重做日志缓存、大型池和 Java 池等结构。需要注意，Oracle 8i 使用静态内存管理，即 SGA 内存区是预先在参数中配置好的，数据库启动时就按这些配置来进行内在分配，Oracle 10g 和 11g 引入了动态内存管理，即在数据库运行过程中，内存大小可以在线修改与自动配置。

1. 数据缓冲区

数据缓冲区（Database Buffer Cache）用于存放最近访问的数据块信息。当用户向数据库请求数据时，如果所需的数据已经位于数据缓冲区，则 Oracle 将直接从数据缓冲区提取数据并返回给用户，而不必再从数据文件中读取数据。

数据缓冲区为所有用户所共享。当用户第一次执行查询或修改数据操作时，后台将所需的数据从数据文件中读取出来，并装入数据缓冲区。当其他用户或该用户再访问相同的数据时，Oracle 就不必再从数据文件中读取数据，而可以直接将数据缓存区中的数据返回给用户。由于访问内存的速度要比访问硬盘快许多倍，这样可以极大地提高数据库对用户请示的响应速度。

数据缓冲区由许多大小相同的缓存块组成，这些缓存块的大小与数据块的大小相同。根据缓存块是否被使用，可以将数据缓存区中的缓存块分为如下三类。

※ 脏缓存块：脏缓存块中保存的数据为已经被修改过的数据，这些数据需要重新被写入数据文件。当一条 SQL 语句对某些缓存块中的数据进行修改后，这些缓存块将被标记为"脏"，然后等待后台进程 DBWR 写回数据文件，永久地保留更改结果。

※ 空闲缓存块：空闲缓存块中不包含任何数据，它们在等待后台进程或服务器进程向其中写入数据。当 Oracle 从硬盘的数据文件中读取数据后，将会寻找空闲缓存块来容纳这些数据。

※ 命中缓存块：命中缓存块是那些正在被用户访问的缓存块，这些缓存块将被保留在数据缓冲区中，不会被移出内存。

Oracle 通过两个列表来管理数据缓冲区中的缓存块，这两个列表分别是写入列表（DIRTY）和最近最少使用列表（LRU）。这两个列表的作用如下。

※ 最近最少使用列表（LRU 列表）：LRU 列表包含所有的空闲缓存块、命中缓存块以及脏缓存块。LRU 列表使用 LRU 算法，将数据缓冲中那些最近一段时间内访问次数最少的缓存块移出缓冲区，这样可以保证最频繁使用的块被保留在内存中，而将不必要的数据移出缓冲区。

※ 写入列表（脏缓存块）：脏缓存块列表包含那些已经被修改，并且需要重新写入数据文件的缓存块。

可以将 LRU 列表看作一个队列，那些最近最频繁使用的缓存块位于队列的头部，而最近最少使用的缓存块被放置在队列的尾部。当某个进程访问某个缓存块时，这个缓存块将被移动到 LRU 列表的头部。被访问的缓存块不断地移动到头部，LRU 列表中的其他不经常被访问的脏缓存块将逐渐向 LRU 尾部移动。

当某个用户进程需要访问某些数据块时，Oracle 首先在数据缓冲区中查找，如果该进程所需要的数据块已经位于数据缓冲区中，Oracle 将直接从内存中读取数据并返回给用户，这种情况称为"缓存命中"。反之，如果在数据缓冲区中找不到所需的数据块，Oracle 必须先从数据文件中将所需的数据块复制到缓存中，然后再从缓存中读取它并返回给用户，这种情况称为"缓存失败"。

如果发生缓存失败，则在将数据文件中的数据复制到缓冲区之前，必须先找到空闲缓存块以容纳新的数据块。Oracle 将从 LRU 列表中查找空闲缓存块，如果没有空闲块，则将 LRU 列表中的脏缓存块移入脏缓存块列表中。当脏缓存块列表超过一定长度时，再由后台进程 DBWR 将脏缓存块中的数据写入磁盘数据文件，重新刷新数据缓冲区，最后再将磁盘数据文件中的数据读出并存入数据缓冲区。

在 Oracle8i 以前的版本中，数据缓存的大小由 DB_BLOCK_SIZE 和 DB_BLOCK_BUFFERS 两个参数决定，其中 DB_BLOCK_SIZE 参数用于决定数据块的大小；而 DB_BLOCK_BUFFERS 参数用于设置数据缓冲区所包含的缓存块的数量。这样，数据缓冲区的大小就为这两个参数的乘积。在 Oracle 9i 后，数据缓存的大小可以直接由 DB_CACHE_SIZE 参数指定。

数据缓冲区对数据库的存取速度有直接的影响。如果数据缓冲区设置得过小，则缓存失败的概率将增大，这将影响数据库的响应速度，特别是用户较多时尤为明显。因此，如果能够使用更大的数据库缓存，就可以明显提高数据库的访问性能。但是系统的物理内存是有限的，如果将有限的物理内存全部分配给数据库缓存，则会影响操作系统和数据库其他方面的性能。因此，在调整数据缓冲区时，需要权衡利弊，设置适当的数据缓冲区大小。

2. 共享池

共享池是 SGA 区中的一系列内存结构，用于缓存 SQL 或 PL/SQL 语句、数据字典、资源锁以及其他控制结构相关的数据。在共享池中主要包括：库缓存、数据字典缓存，以及用于存储并行操作信息和控制结构的缓存。

在 Oracle 11g 中，可以通过使用 ALTER SYSTEM 命令修改 SHARED_POOL_SIZE 参数，动态改变共享池的尺寸。例如：

```
SQL> alter system set shared_pool_size=10m;
系统已更改。
```

下面对共享池的主体库缓存和数据字典缓存区进行介绍。

- **库缓存**

库缓存区用于存放最近执行过的 SQL 语句和 PL/SQL 程序代码信息，以提高 SQL 语句或 PL/SQL 程序的执行效率。当提交一条 SQL 语句时，Oracle 首先在共享池的库缓冲区内进行搜索，查看相同的 SQL 语句是否已经被解析并执行。如果存在，Oracle 将利用缓冲区中的 SQL 语法分析结果和执行计划来执行该语句，而不必重新解析。使用缓冲区中的解析代码，可以明显提高 SQL 语句和 PL/SQL 程序的执行速度。

库缓存中主要包括共享 SQL 工作区和私有 SQL 工作区两个结构。每条被缓存的 SQL 语句都被分成两部分，分别存放在共享 SQL 工作区和私有 SQL 工作区中。共享 SQL 工作区中存放着 SQL 语句的语法分析结果和执行计划，如果以后其他用户执行类似的 SQL 语句，则可以利用共享 SQL 工作区中已缓存的信息，这样可以提高语句执行的速度。Oracle 在执行一条新的 SQL 语句时，将为它在共享 SQL 工作区中分配空间。分配空间的大小取决于 SQL 语句的复杂程度，如果共享区中已经没有空闲空间，Oracle 则会利用 LRU 算法移除最近最少使用的 SQL 语句，以释放更多的空闲空间。

私有 SQL 工作区中存放着 SQL 语句中的绑定变量、环境和会话参数等信息，这些信息是执行该语句的用户私有信息，其他用户即使执行相同的 SQL 语句，也不能使用这些信息。

- **数据字典缓存**

在数据库的运行过程中，Oracle 会频繁对数据字典和视图进行访问。为了提高访问效率，Oracle 在共享池的数据字典缓冲区中保存了最常用的数据字典信息，如数据库用户的账户信息、数据库的结构信息等。

3. 重做日志缓存区

重做日志缓存区是位于 SGA 区中的一个缓存区，用于缓存在对数据进行修改的操作过程中生成的日志信息。当重做日志缓冲区中的日志信息达到一定的数量时，由日志写入进程 LGWR 就会将日志信息写入重做日志文件。

重做日志缓存区是一个循环缓存区，在使用时从顶端向底端写入数据，当到达日志缓冲区的底端时，再返回到缓冲区的起始点循环写入。

日志缓冲区的大小由 LOG_BUFFER 参数指定，该参数也可以在数据库运行过程中动态修改。相对于数据缓存区而言，重做日志缓存区的大小对数据库性能的影响较小，通常较大的重做日志缓存区能减少重做日志文件的 I/O 次数，比较适合长时间运行的、会产生大量记录的操作。

4. 大型池

大型池是 SGA 区中可选的一个内存结构。数据库管理员可以根据实际的需要决定是否在 SGA 区中创建大型池。在执行某些特定类型的操作时，可能会需要在内存中使用大量的缓存，这些操作包括：

　　※　数据库的备份或恢复操作。

　　※　执行具有大量排序操作的 SQL 语句。

　　※　执行并行化的数据库操作。

如果没有在 SGA 区中创建大型池，则上述操作所需的缓存空间将在共享池或 PGA 中分配。由于这些操作将占用大量的缓存空间，因此会影响共享池或 PGA 的使用效率。

大型池的大小通过 LAGE_POOL_SIZE 参数定义，在 Oracle 9i 之前，为了改变大型池的尺寸，必须修改参数文件并重新启动数据库。从 Oracle 9i 开始，数据库管理员可以使用 ALTER SYSTEM 命令动态改变大型池的尺寸。例如：

```
SQL> alter system set large_pool_size=20m;
系统已更改。
SQL> show parameter large_pool_size;
NAME                    TYPE          VALUE
---------------         -----------   -----
large_pool_size         big integer   20M
```

5. Java 池

Java 池（Java pool）是 Oracle 8.1.5 版本中增加的，目的是支持在数据库中运行 Java 程序。如果使用 Java 编写一个存储过程，Oracle 会在处理代码时使用 Java 池的内存。JAVA_POOL_SIZE 参数用于确定为所有 Java 代码和数据分配的 Java 池的内存量。

2.4.2 程序全局区

程序全局区（PGA）是保存特定服务进程的数据和控制信息的内存结构，这个内存结构是非共享的，只有服务进程本身才能够访问它自己的 PGA 区。每个服务进程都有它自己的 PGA 区，各个服务进程 PGA 区的总和即为实例的 PGA 区的大小。

PGA 区是每个服务进程所拥有的一块非共享内存区域，它不属于实例的内存结构，而应当看作进程结构的一部分。PGA 的内容与结构和数据库的连接模式有关，在专用服务器模式和共享服务器模式下，PGA 有着不同的结构和内容。一般情况下，PGA 区都由私有 SQL 工作区和会话内存区组成。

1. 私有 SQL 工作区

当一个用户连接数据库时，将在实例中创建一个会话。SQL 工作区中包含绑定变量，以及 SQL 语句运行时的内存结构等信息。多条相同的 SQL 语句只会建立一个共享 SQL 工作区，但是可以对应于多个私有 SQL 工作区；如果多个用户执行一条相同的 SQL 语句，则每个用户都会为自己的会话创建一个私有 SQL 工作区，而使用同一个共享 SQL 工作区来保存共享信息。因此，多个私有 SQL 工作区可能关联到同一个共享 SQL 工作区。将一个私有 SQL 工作区与对应的共享 SQL 工作区合并在一起，就可以获得一条 SQL 语句的完整缓存数据。

> **提示：**
>
> 共享 SQL 工作区位于 SGA 区的共享池中。

每个会话的私用 SQL 工作区可以分为两部分——静态区和动态区。静态区中的内容在会话过程中会保持不变，直到会话结束时静态区才被释放；而动态区中的内容在会话过程中是不断变化的，一旦 SQL 语句执行完毕，动态区就会被释放。

通常 Oracle 在开始执行 SQL 语句时创建动态区。对于 INSERT、UPDATE 和 DELETE 语句来说，一旦语句执行完毕，动态区将被立即释放。而对于 SELECT 语句而言，Oracle 将等到所有的查询结果都被返回才会释放动态区。

在执行比较复杂的查询时，经常需要在 PGA 中创建一个比较大的动态区，用来专门执行如下必须在内存中进行的操作。

※ 排序：包括使用 ORDER BY、GROUP BY 等子句的查询语句。

※ 连接：包括各种连接查询语句。

※ 集合运算：包括使用 union、interset、minus 等运算符的查询语句。

在手动管理 PGA 区的情况下，数据库管理员需要设置 sort_area_size、hash_area_size、create_bitmap_area_size 等初始化参数来控制 PGA 区中各种类型的 SQL 工作区的大小。

但如何为这些参数设置一个合理的值是非常困难的，因为用户将执行哪些类型的 SQL 语句，以及这些 SQL 语句在执行过程的行为和状态往往是难以准确预料的。因此，在 Oracle 9i 后，引入了一个新的参数 PGA_AGGREGATE_TARGET，以实现自动管理 PGA。这样只需要为 PGA_AGGREGATE_TARGET 参数指定一个值，Oracle 就会将该值作为所有 SQL 工作区大小总和的限制，在这个限制的基础上，Oracle 会为各个进程自动设置 PGA 区大小。

2. 会话内存区

会话内存区用于保存用户会话的变量（登录信息），以及其他与会话相关的信息。如果数据库处于共享服务器连接模式下，会话内存区将位于 SGA 区而不是 PGA 区，因为会话信息会被所有的共享服务进程所使用。

如果数据库处于专用服务器连接模式下，会话内存区将保存在为这个会话提供服务的专用服务进程的 PGA 区中。因为这时只有该服务进程需要使用该会话的会话信息。

2.5 实例的进程结构

进程是操作系统中一个独立的可以调度的活动，用于完成指定的任务。进程与程序的区别在于前者是一个动态概念，后者是一个静态实体。程序仅是指令的有序集合，而进程则强调执行过程。进程可以动态创建，当完成任务后即会消亡。

在 Oracle 系统工作过程中，主要涉及如下 3 类进程。

※ 用户进程：在用户连接数据库时会创建一个用户进程。用户进程执行的是一个应用程序或 Oracle 工具程序的代码，以完成用户指定的任务。用户进程不是实例的组成部分。

※ 服务器进程：这些进程根据客户的请求来完成工作。

※ 后台进程：这些进程随数据库而启动，用于完成各种维护任务，如将数据块写入磁盘进程 DBWR、维护在线重做日志进程 LGWR、清理异常中止的进程等。

下图展示了服务器进程、用户进程和后台进程之间的关系。

2.5.1 用户进程

当用户执行一个 Oracle 应用程序时，或者启动一个 Oracle 工具时（如 SQL*Plus），Oracle 将创建一个用户进程来执行相应的用户任务。与用户进程相关的有两个概念——连接和会话。

连接是一个用户进程与数据库实例之间的一条通信路径，这条通信路径通过操作系统平台中的进程之间的通信机制或网络连接来实现；会话则是一个用户到数据库的指定连接，例如当一个用户启动 SQL*Plus，并输入正确的用户名和密码连接一个数据库后，就为该用户创建了一个会话。会话在用户连接实例的过程中始终存在，直到用户断开连接或终止应用程序为止。

可以看出，会话是通过连接来建立的。同一个用户可以通过建立多个连接来创建到 Oracle 数据库的多个会话。例如，一个用户可以使用同一个账户启动多个 SQL*Plus 程序来对数据库进行操作。可以在 SQL*Plus 中查询动态性能视图 V$SESSION 来查看实际的会话。

```
SQL> connect system/admin
已连接。
SQL> select username,sid,serial#,server,status
  2  from v$session
  3  where username=USER;
USERNAME        SID    SERIAL#        SERVER         STATUS
-----           ----   -----          -----          -----
SYSTEM          130    66             DEDICATED      ACTIVE
```

2.5.2 服务器进程

服务器进程就是代表用户会话完成工作的进程，应用向数据库发送的 SQL 语句就是由这些进程接收并执行的。在 Oracle 数据库中可以同时存在两种类型的服务器进程：一种是专用服务器进程，一个专用服务进程只能为一个用户进程提供服务；另一种是共享服务进程，一个共享服务进程可以为多个用户进程提供服务。

专用服务器进程和共享服务器进程的任务是相同的。

※ 解析并执行用户所提交的 SQL 语句。

※ 在 SGA 区的数据缓存区中搜索用户进程所访问的数据；如果数据不在缓存中，则需要从硬盘数据文件中读取所需的数据，再将其复制到缓存中。

※ 将数据返回给用户进程。

2.5.3 后台进程

Oracle 实例包括两部分：SGA 和一组后台进程。在任意时刻，Oracle 数据库可以处理多个并发用户请求，进行复杂的数据操作，与此同时还要维护数据库系统使其始终具有良好的性能。为了完成这些任务，Oracle 具有一组后台进程保证数据库运行所需的实际维护任务。

可以使用一个 V$BGPROCESS 视图查看所有可能的 Oracle 后台进程，下图展示了有一个中心用途的 Oracle 后台进程。

启动实例时并不会看到所有这些进程，有一些进程只有在特殊情况下才会存在。例如，当数据库在归档模式下，则会启用归档进程 ARCn；如果运行了 Oracle RAC，这种 Oracle 配置允许一个集群中不同计算机上的多个实例装载并打开相同的物理数据库，这时就会启动 LMD0、LCKn、LMON 和 LMSn 等进程，只有 DBWR、LGWR、CKPT、SMON 和 PMON 等进程是实例所必需的。本节将介绍 Oracle 实例中常见的一些后台进程。

1. DBWR（数据写进程）

数据写进程 DBWR 负表将缓存区中的数据写入数据文件，它是管理缓存区的一个 Oracle 后台进程。当数据缓存区中某个缓冲块的数据被修改时，它被标志为"弄脏"。DBWR 的主要任务是将"弄脏"的缓存块的数据写入磁盘，使缓冲区保持"干净"。需要注意，只有在满足一定的条件时，DBWR 进程才开始成批地将脏缓存块写入数据文件，这样做能够尽量避免 DBWR 进程与其他进程之间发生 I/O 冲突，并且减少数据库执行物理 I/O 操作的次数。

另外，DBWR 进程也不是将所有的脏缓存块写入数据文件，因为脏缓存块一旦被写入数据文件，它将被标记为空闲缓存块，其中保存的数据将丢失。如果随后立即有其他的用户进程需要访问脏缓存块中以前所保存的数据，Oracle 需要重新到数据文件中读取数据。为了避免这样的缓存失败，可以通过 LRU 算法解决这个问题，将那些经常被访问的脏缓存块继续保留在缓存中，而将最近未被访问过的缓存块标记为"冷缓存块"，DBWR 进程只将那些同时被标记为"脏"和"冷"的缓存块写入数据文件。

只有发生下列情况时，DBWR 进程才开始将脏缓存块写入数据文件。

※　当用户进程执行 INSERT 和 UPDATE 等操作时，会首先将插入的数据写入数据缓存。在这个过程中，如果 Oracle 在数据缓存的 LRU 列表中搜索了一定数量的缓存块后，仍然

没有找到可用的空闲缓存块，DBWR
进程被启动。由 DBWR 进程将脏缓存
块写入数据文件，以获得更多的空闲
缓存块。

※ 当出现检查点时，LGWR 将通知
DBWR 进行写操作。

※ 当将缓存区的脏数据块移入脏列表
时，如果脏列表达到临界长度时，将
通知 DBWR 将脏数据块写入数据文
件。该临界长度为初始化参数 DB_
BLOCK_WRITE_BATCH 的 50%。

※ 若出现超时（3s 内未被启动），
DBWR 进程将被启动。

DBWR 进程的启动时间对整个 Oracle 数
据库的性能有很大影响。如果 DBWR 进程过
于频繁地启动，将降低整个系统的 I/O 性能。
但如果 DBWR 进程间隔很久才启动一次，则
会对数据库恢复等方面带来不利的影响。

一个 Oracle 实例至少要有一个 DBWR 进
程，初始化参数 DB_WRITE_PROCESSES 可
以设置 DBWR 进程的个数。如果仅使用一
个 DBWR 进程无法满足系统的需要，可以设
置多个 DBWR 进程，则进程的名称分别为
DBW0、DBW1、DBW2 等。但是 DBWR 进程
的数量不应当超过系统处理器的数量，否则多
余的 DBWR 无法发挥作用，反而耗费系统资源。

2. LGWR（日志写进程）

日志写进程 LGWR 负责将重做日志缓冲
区中的信息写入磁盘日志文件组。数据库在运
行时，如果对数据进行了修改就会产生日志信
息，日志信息首先保存在日志缓冲区中。当日
志信息达到一定数量时，由 LGWR 将日志数
据写入日志文件组。

由于日志缓冲区是一个循环缓冲区，因此
在 LGWR 将日志缓冲区的日志数据写入日志
文件组时，Oracle 还能将新的日志信息写入日
志缓存区。由于 LGWR 进程写入重做日志文

件的速度要快于 Oracle 写入重做日志缓存的速
度，因此能够保证重做日志缓存中始终有足够
的空闲空间。

LGWR 进程并不是随时都在运行，只有下
述情况之一发生时，LGWR 进程才开始将日志
缓冲区中的数据写入日志文件组。

※ 用户提交当前事务。

※ 日志缓冲区被写满 1/3。

※ DBWR 进程将脏缓存块写入数据
文件。

※ 每隔 3s 即发生一次超时，出现超时将
启动 LGWR。

如果日志文件组包含多个日志成员，则
LGWR 进程将日志信息同时写入一个日志文件
组的多个日志成员文件中。如果组中一个成员
文件已经损坏，LGWR 进程可将日志信息继续
写入该组的其他文件中，以免影响数据库的正
常运行。

Oracle 使用快速提交机制，即将事务提交
首先写入日志文件组，但是其修改的数据可以
还没有写入数据文件。如果事务的提交记录和
重做信息都被写入重做日志文件，这样即使发
生数据库崩溃，事务对数据库所做的更改也不
会丢失，因为这可以通过相应的日志信息来
恢复。

在 LGWR 执行日志切换时，它会生成一
个检查点，而该检查点将通知 DBWR 将脏缓
存块从缓存区写入数据文件中。这是很重要的，
因为 LGWR 开始向另一个日志文件组写入日
志时，可能需要覆盖另一个日志文件组中的日
志信息，如果这些日志信息是一个事务留下
的，而 LGWR 进程不在覆盖日志文件前通知
DBWR 将脏数据块写入数据文件，则这时如果
数据库发生故障，将无法对其进行恢复。

3. CKPT（检查点进程）

"检查点"就是一个事件，当该事件发生
时，数据缓存中的脏缓存块将被写入数据文件

中，同时系统对数据库的控制文件和数据文件进行更新，以记录当前数据库的状态。在通常情况下，检查点是在日志切换时产生的。检查点可以保证所有被修改过的缓存块都被写入数据文件，此时数据库处于一个完整的状态。如果数据库崩溃，则只需要将数据库恢复到上一个检查点时刻即可，这样可以缩短数据库恢复所需的时间。

CKPT 进程负责执行两个任务。

※　检查点进程 CKPT 负责将检查点更新到控制文件。

※　启动 DBWR 进程，将脏缓存块写入数据文件。

数据库管理员可以根据实际的情况为检查点选择一个合适的执行间隔。如果检查点执行间隔太短，将会产生过多的磁盘 I/O 操作；反之，如果检查点执行的间隔过长，则数据库恢复将耗费太多的时间。Oracle 数据库提供了 3 个与检查点相关的初始化参数：一个是 LOG_CHECKPOINT_TIMEOUT 参数，该参数决定执行一个检查点的时间间隔，这样每到一定的时间，无论数据库中是否有操作，都将产生检查点；另一个参数是 LOG_CHECKPOINT_INTERVAL，该参数决定执行一个检查点时需要填写的日志文件块数，即每产生多少个日志数据，系统产生一个检查点；LOG_CHECKPOINT_TO_ALERT 参数用于设置是否将检查点信息记录到警告日志中。通过将检查点信息记录到警告日志中，可以便于数据库管理员确定检查点是否按所需频率出现。

4. ARCn（归档进程）

Oracle 数据库有两种运行模式：归档和非归档模式。如果数据库运行在非归档模式下，则日志文件在切换时将被直接覆盖，而不会产生归档日志，如下图所示。

当数据库运行在归档模式下时，如果发生日志切换，则启动归档进程 ARCn，并将已写满的重做日志文件复制到指定的存储设备中，以避免已经写满的重做日志文件被覆盖，如下图所示。

如果要启动 ARCn 进程，则需要数据库运行在归档模式下。ARCn 进程启动后，数据库将具有自动归档功能。在默认情况下，实例启动时只会启动一个归档进程 ARC0。当 ARC0 进程在归档一个重做日志文件时，任何其他进程都无法访问这个重做日志文件。由于重做日志文件是循环使用的，如果 LGWR 进程要使用的下一个重做日志文件正在进行归档，数据库将被挂起，直到该重做日志文件归档完毕为止。因此，为了加快重做日志文件的归档速度，避免发生等待，LGWR 进程会根据需要自动启动更多的归档进程。

5. SMON（系统监视进程）

系统监视进程 SMON 在数据库实例启动时负表对数据库进行恢复操作。如果数据库非正常关闭，则当下次启动数据库实例时，SMON 进程将根据重做日志文件对数据库进行恢复。除此之外，SMON 进程还负责回收临时表空间或临时段中不再使用的存储空间，以及合并各个表空间中空闲的空间碎片。

SMON 进程除了会在数据库实例启动时执行一次外，在数据库实例运行期间，它会被定期唤醒，检查是否有工作需要它来完成。如果其他进程需要使用 SMON 进程的功能，则系统将随时启动 SMON 进程。

6．PMON（进程监视进程）

进程监视进程 PMON 主要用于清除失效的用户进程，释放用户进程所占用的资源。如 PMON 将回退未提交的工作，并释放分配给失败进程的 SGA 资源。

在某些情况下，用户与 Oracle 数据库的连接可能会非正常终止。例如，用户可能在没有从数据库中正常退出时就关闭了其客户端程序，或者由于网络突然中断而造成一个数据库连接非正常终止。在这些情况下，Oracle 将启动 PMON 进程来启动清除中断或失败的用户进程，释放该进程所使用的系统资源。

除此之外，PMON 进程还会周期性地检查调度程序和服务进程的状态，如果它们失败，PMON 将尝试重新启用它们，并释放它们所占用的各种资源。与 SMOP 进程类似，PMON 进程在数据库实例运行期间会被定期唤醒，以检查是否有工作需要它来完成。如果其他进程需要使用 PMON 进程完成某些任务，则 PMON 进程将会随时被启动。

7．RECO（恢复进程）

恢复进程 RECO 负责在分布式数据库环境中自动恢复那些失败的分布式事务。在分布式数据库系统中包含多个数据库实例，它们就像一个实例一样运行，其中任何一个实例都可以修改其他数据库中的数据。分布式数据库系统允许在多个数据库中进行数据修改，RECO 进程负责查找分布在网络中的进程，帮助修复由于通信故障而失败的修改过程。RECO 进程不断尝试所需的连接，使分布式系统更快地从通信故障中恢复过来。

8．Dnnn（调度进程）

当用户进程连接数据库实例后，需要一个服务进程为其提供服务，数据库为用户进程提供服务的方式称为"数据库操作模式"。Oracle 数据库具有两种操作模式：专用服务器操作模式和共享服务器操作模式。

在专用服务器操作模式中，Oracle 为每个连接数据库实例的用户进程启动一个专门的服务进程。专用服务器操作模式的结构如下图所示。

　　如上图所示，在专用服务器操作模式下，用户进程与服务器进程数的比例是 1:1。这样，如果同一时刻有大量用户进程连接数据库，数据库实例必须创建相同数目的服务进程。当用户进程大部分时间为空闲时，数据库的效率比较低。因为在用户进程空闲期间，对应的服务器进程始终存在。因此，专用服务器操作模式一般应用于"在线事务处理（OLTP）"应用环境中，例如售票系统等。

　　与专用服务器操作模式不同，共享服务器操作模式可以实现只运行少量的服务器进程，由少量的服务进程为大量用户进程提供服务。在共享服务器操作模式下，在数据库实例启动同时也将启动一定数量的服务进程，在调度进程 Dnnn 的调度下为任意数量的用户进程提供服务。共享服务器操作模式的结构如下图所示。

　　由上图可以看出，调度进程 Dnnn 是位于用户进程与共享服务进程之间的关键进程，它负责将用户进程分配给空闲的服务进程，并将处理后的结果返回给用户进程。在一个数据库实例中，可以同时运行多个调度进程，每种网络协议至少要建立一个调用进程。数据库管理员可以根据实际的情况增加或删除调度进程。当启动多个调度进程时，各调度进程的名称依次为 D000、D001、…、Dnnn。

第 3 章

实现数据库

本章内容

Oracle 数据库系统由实例和数据库两部分组成，为确保客户端能够访问 Oracle 数据库系统，还需要在服务器端启动实例并打开数据库，也就是启动 Oracle 数据库系统。另外，在启动 Oracle 数据库的过程中，其启动过程也是分步骤进行的，包括启动实例、加载数据库和打开数据 3 部分。在本章中，将详细介绍实现数据库功能的一系列操作。

3.1 设置初始化参数

初始化参数用于设置实例和数据库的特征。通过设置初始化参数，不仅可以定义例程和数据库特征，还可以定义许多其他特征和限制。例如，通过使用初始化参数，可以定义 SGA 尺寸、设置数据库名称、定义用户和进程限制、定义控制文件、跟踪文件和警告日志的位置等。在 Oracle 数据库中，初始化参数是存储在参数文件中的，启动实例和打开数据库时都必须提供相应的参数文件。

3.1.1 常用的初始化参数

Oracle 提供了 200 多个初始化参数，并且多数初始化参数都具有默认值。使用 Oracle 数据库时，只需要根据特定需求设置相应的参数即可，并且多数参数都可以保留默认值。其中，Oracle 数据库的一些常用初始化参数的具体描述，如下表所示。

参数	说明
db_name	该参数用于定义数据库名称
db_domain	该参数用于指定数据库在分布式网络环境中的逻辑位置。设置该参数时，应该将其设置为网络域名。该参数和 DB_NAME 共同构成了全局数据库名
instance_name	该参数用于指定实例的唯一名称，主要用于在 RAC 环境中标识同一个数据库的不同例程。在单实例数据库系统中，其值应与 DB_NAME 保持一致
service_names	该参数用于指定客户连接实例时，可以使用的一个或多个服务名称，默认值为 DB_NAME.DB_DOMAIN
db_name	该参数用于定义数据库名称
db_domain	该参数用于指定数据库在分布式网络环境中的逻辑位置。设置该参数时，应该将其设置为网络域名。该参数和 DB_NAME 共同构成了全局数据库名
instance_name	该参数用于指定实例的唯一名称，主要用于在 RAC 环境中标识同一个数据库的不同例程。在单实例数据库系统中，其值应与 DB_NAME 保持一致
service_names	该参数用于指定客户连接实例时，可以使用的一个或多个服务名称，默认值为 DB_NAME.DB_DOMAIN
control_files	该参数用于指定一个或多个控制文件名。当指定多个控制文件时，名称之间用逗号隔开。需要注意，设置该参数时，最多可以指定 8 个控制文件
db_block_size	该参数用于指定 Oracle 数据库缓存区的大小
db_cache_size	该参数用于指定标准数据高速缓存的尺寸，在标准 Oracle 块上的读写操作会使用标准数据高速缓存
shared_pool_size	该参数用于指定共享池的尺寸
log_buffer	该参数用于指定重做日志缓存区的尺寸
sga_max_size	该参数用于指定 SGA 的最大尺寸
java_pool_size	该参数用于指定 Java 池的尺寸。如果在数据库中安装了 Java 虚拟机，必须设置该参数，并且其值不要低于 20M
large_pool_size	该参数用于指定大缓存池的尺寸
remote_login_passwordfile	该参数用于指定特权用户的验证方式，其取值可以是 NONE、SHARED 或 EXCLUSIVE。其中，NONE 表示使用 OS 验证特权用户；SHARED 表示多个数据库可以共用同一个密码文件；EXCLUSIVE 表示密码文件只能用于单个数据库
undo_management	该参数用于指定 UNDO 管理模式，其取值为 AUTO 或 MANUAL。设置为 AUTO 时，表示使用撤销表空间管理回退数据；设置为 MANUAL 时，表示使用回滚段管理回退数据
undo_tablespace	该参数用于指定启动实例时使用的撤销表空间名。需要注意，该参数指定的撤销表空间必须是已经存在的撤销表空间
background_dump_dest	该参数用于指定预警文件和后台进程跟踪文件所在的目录
user_dump_dest	该参数用于指定服务器进程跟踪文件所在的目录
processes	该参数用于指定连接 Oracle 的并发用户进程的最大个数
nls_date_format	指定使用的默认日期格式。该参数的值可以是包含在双引号内的任何有效的日期格式掩码。例如 MMM/DD/YYYY

3.1.2 初始化参数文件

传统上，Oracle 在启动实例时将读取本地的一个文本文件，并利用从中获取的初始化参数对实例和数据库进行设置，这个文本文件称为"初始化参数文件"（简称为 PFILE）。如果要对初始化参数进行修改，必须先关闭数据库，然后在初始化参数文件中进行编辑，并重新启动数据库使修改生效。

从 Oracle 8i 开始，许多初始化参数都成了动态参数，也就是说可以在数据库运行期间利用 ALTER SYSTEM（或 ALTER SESSION）语句来修改初始化参数，并且不需要重新启动数据库，修改后即可立即生效。但是使用 ALTER SYSTEM 语句对初始化参数进行的修改并不能保存在初始化参数文件中。因此，在下一次启动数据库时，Oracle 依然会使用初始化参数文件中的参数对实例进行设置。如果要永久性地修改某个初始化参数，数据库管理员必须通过手动方式对初始化参数文件进行编辑，这就为初始化参数的管理带来了困难。

因此，从 Oracle 9i 开始提供了服务器端初始化参数文件（简称 SPFILE）。服务器端初始化参数文件是一个二进制格式的文件，它始终存放在数据库服务器端。这样如果在数据库的任何一个实例中使用 ALTER SYSTEM 语句对初始化参数进行修改，在默认情况下都会被永久地记录在服务器端初始化参数文件中。这样，当下一次启动数据库时，这些修改会自动继续生效。因此，不必对初始化参数文件进行手动编辑，就能保证在数据库运行过程中对初始化参数的修改不会丢失。

> **提示：**
>
> 服务器端初始化参数文件是一个二进制格式文件，尽管能打开它并查看其中的内容，但是任何用户都不应当手工对其中的内容进行编辑，否则实例将无法启动。

在启动数据库时必须提供一个初始化参数文件，因为在启动数据库时，它将按照如下顺序寻找初始化参数文件。

① 首先检查是否使用 SPFILE 参数，指定了服务器端初始化参数文件。

② 然后再检查是否使用了 PFILE 参数，指定了文本初始化参数文件。

③ 如果没有使用 SPFILE 参数和 PFILE 参数，则在默认位置寻找默认名称的服务器端初始化参数文件。

④ 如果没有找到默认服务器端初始化参数文件，则在默认位置寻找默认名称的文本初始化参数文件。

3.1.3 创建初始化参数文件

如果当前实例正在使用 SPFILE，那么使用 ALTER SYSTEM 命令将无法修改某些初始化参数，如 DB_NAME。为了修改这些初始化参数，必须建立 PFILE，并且手工修改该 PFILE 文件的相应参数。可以使用 CREATE PFILE 命令建立文本参数文件，其语法如下：

```
create pfile [='pfile_name'] from spfile [='spfile_name']
```

　　其中，PFILE_NAME 用于指定 PFILE 的文件全名；SPFILE_NAME 用于指定 SPFILE 的文件全名，如果不指定 PFILE 文件名，则会在默认路径下建立默认的 PFILE；如果不指定 SPFILE 文件，则会使用当前实例正在使用的 SPFILE 文件。需要注意，只有特权用户才能执行 CREATE PFILE 命令。

```
C:\ >sqlplus sys/password as sysdba

SQL*Plus: Release 11.1.0.6.0 - Production on 星期三 3 月 12 10:54:05 2008
Copyright (c) 1982, 2007, Oracle.  All rights reserved.

连接：
Oracle Database 11g Enterprise Edition Release 11.1.0.6.0 - Production
With the Partitioning, OLAP, Data Mining and Real Application Testing
options

SQL> create pfile from spfile;
文件已创建。
```

　　因为 SPFILE 易于管理，并且可以对其进行备份，所以 Oracle 建议使用 SPFILE。使用 PFILE 修改了某些初始化参数后，为了将 PFILE 转换为 SPFILE，可以使用 CREATE SPFILE 命令建立服务器参数文件，语法如下。

```
create spfile [='spfile_name'] from pfile [='pfile_name']
```

　　其中，SPFILE_NAME 用于指定 SPFILE 文件全名；PFILE_NAME 用于指定 PFILE 文件全名，如果不指定 SPFILE 文件名，则会在默认路径下建立 SPFILE；如果不指定 PFILE 文件名，则使用默认的 PFILE 文件。需要注意，只有特权用户才能执行 CREATE SPFILE 命令。

提示：

在执行 CREATE SPFILE 命令时不需要启动实例，如果已经启动了实例，并且实例已经使用了一个服务器端初始化参数文件，则新建的服务器端初始化参数文件不能覆盖正在使用的那个文件。

```
C:\>sqlplus sys/password as sysdba
SQL*Plus: Release 11.1.0.6.0 - Production on 星期三 3 月 12 11:14:10 2008
Copyright (c) 1982, 2007, Oracle.  All rights reserved.

连接：
Oracle Database 11g Enterprise Edition Release 11.1.0.6.0 - Production
With the Partitioning, OLAP, Data Mining and Real Application Testing
options

SQL> create spfile from pfile;
create spfile from pfile
*
第 1 行出现错误：
ORA-32002：无法创建已由实例使用的 SPFILE
```

　　启动实例时，既可以使用 PFILE，也可以使用 SPFILE。当实例处于运行状态时，如果要确定实例使用的参数文件类型，首先应以特权用户登录，然后显示初始化参数 SPFILE 的值。例如：

```
SQL> conn sys/password as sysdba
已连接。
SQL> show parameter spfile
```

```
NAME            TYPE            VALUE
-----           ----            ------
spfile          string          D:\APP\MANAGER\PRODUCT\11.1.0\
DB_1\Database\SPFILEORCL.ORA
```

如果 VALUE 存在返回值，则表示实例正在使用 SPFILE；如果 VALUE 没有任何返回结果，则表示实例正在使用 PFILE。

3.1.4 显示和设置初始化参数文件

为了在 SQL*Plus 中显示初始化参数，可以使用 SHOW PARAMETER 命令。该命令会显示初始化参数的名称、类型和参数值。

为了显示所有初始化参数的位置，可以直接执行 SHOW PARAMETER 命令。例如：

```
SQL>show parameter
NAME                       TYPE            VALUE
---------                  -------         -------
db_writer_processes        integer         1
dbwr_io_slaves             integer         0
ddl_lock_timeout           integer         0
dg_broker_config_file1     string          D:\APP\MANAGER\PRODUCT\11.1.0\
DB_1\Database\DR1ORCL.DAT
dg_broker_config_file2     string          D:\APP\MANAGER\PRODUCT\11.1.0\
DB_1\Database\DR2ORCL.DAT
dg_broker_start            boolean         FALSE
...
```

SHOW PARAMETER 命令也可以显示特定的初始化参数。为了显示特定初始化参数的名称、类型和参数值，可以在 SHOW PARAMETER 命令后指定参数名。例如：

```
SQL> show parameter db_block_size

NAME            TYPE            VALUE
---------       ---------       ---------
db_block_size   integer         8192
```

当使用 SHOW PARAMETER 命令显示初始化参数信息时，只能显示参数名、类型和参数值，为了取得初始化参数的详细信息，应该查询动态性能视图 V$PARAMETER。例如：

```
SQL> select isses_modifiable,issys_modifiable,ismodified
  2  from v$parameter where name='sort_area_size';

ISSES   ISSYS_MOD       ISMODIFIED
-----   ---------       ---------
TRUE    DEFERRED        FALSE
```

ISSES_MODIFIABLE 用于标识初始化参数是否可以使用 ALTER SESSION 命令进行修改，当取值为 TRUE 时表示可以修改；取值为 FALSE 则表示不可以修改。iSSYS_MODIFIABLE 用于标识初始化参数是否可以使用 ALTER SYSTEM 命令进行修改，取值 IMMEDIATE 时表示可以直接修改；取值为 DEFERRED 时表示需要使用带有 DEFERRED 的选项进行修改；取值为 FALSE 时表示不能进行修改。ISMODIFIED 用于标识该初始化参数是否已经被修改，取值为 MODIFIED 时表示使用 ALTER SESSION 进行了修改；SYSTEM_MOD 表示使用 ALTER SYSTEM 命令进行了修改；FALSE 表示未进行修改。

　　静态参数是指只能通过修改参数文件而改变的初始化参数；动态参数是指在数据库运行时可以使用 ALTER SESSION 或 ALTER SYSTEM 命令动态改变的初始化参数。下面的命令将显示系统的静态参数。

```
SQL> select name from v$parameter
  2  where isses_modifiable='FALSE';

NAME
-----------------------------------------------------------------
lock_name_space
processes
sessions
resource_limit
license_max_sessions
license_sessions_warning
cpu_count
instance_groups
event
sga_max_size
pre_page_sga
shared_memory_address
hi_shared_memory_address
use_indirect_data_buffers
lock_sga
shared_pool_size
large_pool_size
java_pool_size
...
```

　　动态参数是指在数据库运行过程中，可以动态修改的初始化参数。修改动态参数可以使用 ALTER SESSION 命令，也可以使用 ALTER SYSTEM 命令。这两者之间的区别：ALTER SESSION 是对会话的设置，会话结束后就失效了；ALTER SYSTEM 修改的是数据库系统的配置，是全局性质。

　　在使用 ALTER SYSTEM 语句时，可以在 SET 子句中通过 SCOPE 选项来设置 ALTER SYSTEM 语句的影响范围。所谓"影响范围"，也就是 ALTER SYSTEM 语句对参数的修改是仅对当前实例有效的，还是永久有效的。

　　SCOPE 选项的取值如下：

※　scope=memory：对参数的修改仅记录在内存中。对于动态初始化参数，更改将立即生效，并且由于修改不会记录在服务器端初始化参数文件中，在下次启动数据库时，仍然会使用修改前的参数设置。对于静态参数，则不能使用该选项。

※　scope=spfile：对参数的修改仅记录在服务器端初始化参数文件中。该选项同时适用于动态参数与静态参数。修改后的参数只有在下一次启动数据库时，更改后才会生效。

※　scope=both：对参数的修改将同时记录在内存和服务器端初始化参数文件中。对于动态初始化参数，在更改后将立即生效，并且在下一次启动数据库时，将使用修改后的参数设置。对于静态参数，则不能使用这个选项值。在执行 ALTER SYSTEM 命令时，Oracle 默认将 SCOPE 选项设置为 BOTH。

> **提示：**
>
> 在修改静态初始化参数时，只能将 SCOPE 选项设置为 SPFILE。

在修改动态初始化参数时，还可以指定 DEFERRED 关键字，这样对参数所做的修改将延迟到新的会话产生时才生效。如果数据库没有使用服务器端初始化参数文件，在 ALTER SYSTEM 语句中将 SCOPE 选项设置为 SPFILE 或 BOTH 将会产生错误。

例如，利用下面的语句，对动态初始化参数 LOG_CHECKPOINT_INTERVAL 进行修改，修改结果不仅在当前实例中有效，而且还将记录在服务器端初始化参数文件中。

```
SQL> alter system set log_checkpoint_interval=50;
系统已更改。
```

如果要修改静态参数，则必须将 SCOPE 选项设置为 SPFILE。例如，修改静态初始化参数 DB_FILES。

```
SQL> alter system set db_files=100 scope=spfile;
系统已更改。

SQL> alter system set db_files=200 scope=memory;
alter system set db_files=200 scope=memory
                                     *
第 1 行出现错误：
ORA-02095：无法修改指定的初始化参数
```

3.2 启动数据库与实例

由于 Oracle 数据库的启动过程是分步进行的，因此数据库可以以多种模式启动。不同的启动模式之间能够相互切换。此外，除以正常方式启动数据库外，还能够将数据库设置为受限状态或只读状态，以满足特殊管理工作的需要。

3.2.1 启动数据库的步骤

由于实例是 Oracle 用来管理数据库的一个实体，因此在启动数据库时将在内存中创建与该数据库所对应的实例。

1. 创建并启动与数据库对应的实例

在启动实例时，将为实例创建一系列后台进程和服务进程，并且在内存中创建 SGA 区等内存结构。在实例启动的过程中只会使用到初始化参数文件，数据库是否存在，对实例的启动并没有影响。如果初始化参数设置有误，实例将无法启动。

2. 为实例加载数据库

加载数据库时实例将打开数据库的控制文件，并从控制文件中获取数据库名称、数据文件的位置和名称等关于数据库物理结构的信息，为打开数据库做好准备。如果控制文件损坏，则实例将无法加载数据库。在加载数据库阶段，实例并不会打开数据库的物理文件——数据文件和重做日志文件。

3. 将数据库设置为打开状态

打开数据库时，实例将打开所有处于联机状态的数据文件和重做日志文件。如果在控制文件中列的任何一个数据文件或重做日志文件无法正常打开，数据库将返回错误信息，这时需要进行数据库恢复。

只有将数据库置为打开状态后，数据库才能处于正常的运行状态，这时普通用户才能访问数据库。在很多情况下，启动数据库时并不是直接完成上述 3 个步骤，而是逐步完成的，然后执行必要的管理操作，最后再使数据库进入正常的运行状态。

例如，如果需要重命名数据库中的某个数据文件，而数据库当前正处于正常启动状态，可能还会有用户正在访问该数据文件中的数据，因此无法对数据文件进行更改。这时必须将数据库关闭，并进入加载状态，但不打开状态，这样将断开所有用户的连接，然后再对数据文件进行重命名，完成操作后再重新打开数据库供用户使用。因此，数据库管理员需要根据不同的情况决定以不同的方式启动数据库，并且还需要在各种启动状态之间进行切换。

在启动实例之前，首先需要启动 SQL*Plus 并连接 Oracle。具体步骤如下：

① 在命令提示符窗口中输入如下命令，以不连接数据库的方式启动 SQL*Plus。

```
C:\>sqlplus /nolog

SQL*Plus: Release 12.1.0.2.0 - Production on 星期一 9 月 11 16:17:01 2017
Copyright (c) 1982, 2014, Oracle.  All rights reserved.
```

② 以 SYSDBA 身份连接 Oracle。

```
SQL> connect system/admin as sysdba
已连接。
```

3.2.2 启动模式

由上面的介绍可知，数据库和实例的启动过程可以分为 3 个步骤：启动实例、加载数据库和打开数据库。数据库管理员可以根据实际情况，以不同的模式启动数据库。启动数据库所使用的 STARTUP 命令格式如下：

```
startup [nomount | mount | open | force][resetrict] [pfile=filename]
```

其中，NOMOUNT 选项用于指定启动实例；MOUNT 选项用于指定启动例程并装载数据库；OPEN 选项用于指定启动例程、装载并打开数据库，这也是默认的选项；FORCE 选项用于指定终止实例并重新启动数据库；RESETRICT 用于指定以受限会话方式启动数据库；PFILE 则用于指定启动实例时所使用的文本参数文件。

数据库实例在启动时必须读取一个初始化参数文件，以便从初始化参数文件中获得有关实例的参数配置信息。当在 STARTUP 语句启动数据库时，通过 PFILE 参数指定一个服务器端初始化参数文件或文本初始化参数文件。如果在 STARTUP 语句中没有指定 PFILE 参数，则 Oracle 首先读取默认位置的服务器端初始化参数文件 SPFILE，如果没有找到默认服务器端初始化参数文件，Oracle 则将继续读取默认位置的文本初始化参数文件。下面将详细介绍如何使用 STARTUP 语句启动数据库到各种启动模式。

1. 启动实例不加载数据库（NOMOUNT 模式）

这种启动模式只会创建实例，但并不加载数据库，Oracle 仅为实例创建各种内存结构和服务进程，不会打开任何数据文件。当要执行下列维护工作时，必须在 NOMOUNT 启动模式下进行：

※ 创建新数据库。

※ 重建控制文件。

进入这种启动模式需要使用带有 NOMOUNT 子句的 STARTUP 语句。下面显示了在 SQL*Plus 中启动数据库进入 NOMOUNT 模式的过程。

```
SQL> shutdown immediate
数据库已经关闭。
已经卸载数据库。
ORACLE 例程已经关闭。
SQL> startup nomount
ORACLE 例程已经启动。

Total System Global Area        376635392 bytes
Fixed Size                      1333312 bytes
Variable Size                   310380480 bytes
Database Buffers                58720256 bytes
Redo Buffers                    6201344 bytes
```

在启动 NOMOUNT 模式下，只能访问那些与 SGA 区相关的数据字典视图，包括 V$PARAMETER、V$SGA、V$PROCESS 和 V$SESSION 等，这些视图中的信息都是从 SGA 区获取的，与数据库无关。

2. 加载数据但不打开数据库（MOUNT 模式）

这种启动模式将为实例加载数据库，但却保持数据库的关闭状态，这在进行一些特定的数据库维护工作时十分必要。

在执行下列维护工作时必须在 MOUNT 启动模式下进行。

※ 重命名数据文件。

※ 添加、删除或重命名重做日志文件。

※ 执行数据库完全恢复操作。

※ 改变数据库的归档模式。

加载数据库时需要打开数据库控制文件，但数据文件和重做日志文件都无法进行读写，用户也就无法对数据库进行操作。进入这种启动模式需要使用 MOUNT 子句的 STARTUP 语句。下面显示了在 SQL*Plus 中启动数据库进入 MOUNT 模式的过程。

```
SQL> startup mount
ORACLE 例程已经启动。

Total System Global Area        376635392 bytes
Fixed Size                      1333312 bytes
Variable Size                   310380480 bytes
Database Buffers                58720256 bytes
Redo Buffers                    6201344 bytes
数据库装载完毕。
```

在启动到 MOUNT 模式下，只能访问到那些与控制文件相关的数据字典视图，包括 V$THREAD、V$CONTROLFILE、V$Database、V$DATAFILE 和 V$LOGFILE 等，这些视图中的信息都是从控制文件中获取的。

3. 打开数据库（OPEN 模式）

这是正常启动模式，用户要对数据库进行操作时，数据库必须处于 OPEN 启动模式。进入这种启动模式可以使用不带任何子句的 STARTUP 语句。下面展示了在 SQL*Plus 中启动数据库进入 OPEN 模式的过程。

```
SQL> startup
ORACLE 例程已经启动。

Total System Global Area        376635392 bytes
Fixed Size                      1333312 bytes
Variable Size                   310380480 bytes
Database Buffers                58720256 bytes
Redo Buffers                    6201344 bytes
数据库装载完毕。
数据库已经打开。
```

4. 强制启动数据库

在某些情况下，使用上述各种启动模式可能都无法成功启动数据库，这时需要强行启动数据库。强制启动数据库时需要使用带有 FORCE 子句的 STARTUP 语句，例如：

```
SQL> startup force;
ORACLE 例程已经启动。

Total System Global Area        376635392 bytes
Fixed Size                      1333312 bytes
Variable Size                   310380480 bytes
Database Buffers                58720256 bytes
Redo Buffers                    6201344 bytes
数据库装载完毕。
数据库已经打开。
```

3.2.3　转换启动模式

在进行某些特定的管理和维护操作时，需要使用某种特定的启动模式来启动数据库。但是当管理或维护操作完成后，需要改变数据库的启动模式。例如，为一个未加载数据库的实例加载数据库，或者将一个处于未打开状态的数据库设置为打开状态等。

在数据库的各种启动模式之间进行切换需要使用 ALTER Database 语句。下面分别介绍在不同的情况下，如何利用 ALTER Database 语句来改变数据库的启动模式。

1. 实例加载数据库

在执行一些特殊的管理和维护操作时，需要进入 NOMOUNT 启动模式。完成操作后，可以使用如下语句为实例加载数据库，并切换到 MOUNT 启动模式。

```
SQL> startup nomount
ORACLE 例程已经启动。

Total System Global Area   376635392 bytes
Fixed Size                 1333312 bytes
```

```
Variable Size            310380480 bytes
Database Buffers         58720256 bytes
Redo Buffers             6201344 bytes
SQL> alter Database mount;

数据库已更改。
```

2. 打开数据库

为实例加载数据库后，数据库可能仍然处于关闭状态。为了使用户能够访问数据库，可以使用如下语句打开数据库，即切换到 OPEN 启动模式。

```
SQL> alter Database open;

数据库已更改。
```

数据库设置为打开状态后，用户即可以正常方式访问数据库了。

3. 切换受限状态

在正常启动模式下（OPEN 启动模式），可以选择将数据库设置为非受限状态和受限状态。在受限状态下，只有具有管理权限的用户才能访问数据库。当需要进行如下数据库维护操作时，必须将数据库置于受限状态。

※ 执行数据导入或导出操作。

※ 暂时拒绝普通用户访问数据库。

※ 进行数据库移植或升级操作。

当打开的数据库被设置为受限状态时，只有同时具有 CREATE SESSION 和 RESTRICTED SESSION 系统权限的用户才能够访问。具有 SYSDBA 和 SYSOPER 系统权限的用户也有权连接受限状态的数据库。

可以使用如下的语句启动数据库，将数据库启动到受限状态的 OPEN 模式。

```
SQL> startup restrict
ORACLE 例程已经启动。

Total System Global Area    376635392 bytes
Fixed Size                  1333312 bytes
Variable Size               310380480 bytes
Database Buffers            58720256 bytes
Redo Buffers                6201344 bytes
数据库装载完毕。
数据库已经打开。
```

如果在完成管理操作后需要将数据库恢复为非受限状态，可以使用 ALTER SYSTEM 语句来改变数据库的状态。例如：

```
SQL> alter system disable restricted session;

系统已更改。
```

如果在数据库运行过程中需要由非受限状态切换到受限状态，同样可以通过 ALTER SYSTEM 语句来实现。例如：

```
SQL> alter system enable restricted session;
```

系统已更改。

提示：

在进入受限状态后，系统中仍然可能会存在活动的普通用户会话。

4．切换只读状态

在正常启动状态下，默认的数据库处于读写状态。此时用户不但能够从数据库中读取数据，而且还可以修改已有的数据库对象或创建新的数据库对象。在必要时，可以将数据库设置为只读状态。当数据库处于只读状态时，用户只能查询数据库，但是不能以任何方式对数据库对象进行修改。

提示：

处理只读状态的数据库能够保证数据文件和重做日志文件中的内容不被修改，但是并不限制那些不会写入数据文件与重做日志文件的操作。

可以使用 ALTER Database 语句在数据库运行过程中切换为只读模式，例如：

```
SQL> startup mount
ORACLE 例程已经启动。

Total System Global Area        376635392 bytes
Fixed Size                        1333312 bytes
Variable Size                   310380480 bytes
Database Buffers                 58720256 bytes
Redo Buffers                      6201344 bytes
数据库装载完毕。
SQL> alter Database open read only;

数据库已更改。
```

同样可以利用 ALTER Database 语句重新将数据库设置为读写模式。例如：

```
SQL> alter Database open read write;

数据库已更改。
```

3.3 关闭数据库与实例

与数据库的启动相对应，关闭数据库时也是分步骤进行的。在关闭数据库与实例时，需要使用一个具有 SYSDBA 权限的用户账户连接 Oracle，然后使用 SHUTDOWN 语句执行关闭操作。

3.3.1 数据库的关闭步骤

与启动数据库实例的 3 个步骤相同，关闭数据库与实例也可以分为 3 步：关闭数据、实例卸载数据库、最后终止实例。

当关闭数据库时，Oracle 会将日志缓存中的重做日志记录到重做日志文件，并且将数据缓存中被修改的数据写入数据文件，然后再关闭所有的数据文件和重做日志文件。这时数据库的控制文件仍然处于打开状态，但是由于数据库已经处于关闭状态，用户也将无法访问数据库。

关闭数据库后，实例才能够卸载数据库。这时，数据库的控制文件已经被关闭，但是实例仍然存在。

最后是终止实例，实例所拥有的所有后台进程和服务进程都将被终止，内存中的 SGA 区被回收。

在 SQL*Plus 中可以使用 SHUTDOWN 语句关闭数据库，SHUTDOWN 语句可以带有不同的子句，以控制数据库关闭的方式，其语法格式如下：

```
shutdown [normal | transactional | immediate | abort]
```

3.3.2 关闭方式

Oracle 数据库的关闭方式包括正常关闭（NORMAL）、立即关闭（IMMEDIATE）、事物关闭（TRANSACTIONAL）和终止关闭（ABOPT）4 种方式。

1. 正常关闭方式（NORMAL）

如果对关闭数据库的时间没有限制，通常会使用正常方式来关闭数据库。使用带有 NORMAL 子句的 SHTUDOWN 语句将以正常方式关闭数据库，下面显示了在 SQL*Plus 中以正常方式关闭的过程。

```
SQL> shutdown normal
数据库已经关闭。
已经卸载数据库。
ORACLE 例程已经关闭。
```

在以正常方式关闭数据库时，Oracle 将执行如下操作。

※ 阻止任何用户建立新的连接。

※ 等待当前所有正在连接的用户主动断开连接，已经连接的用户能够继续当前的操作。

※ 一旦所有的用户都断开连接，则立即关闭、卸载数据库，并终止实例。

以正常方式关闭数据库时，Oracle 并不会断开当前用户的连接，而是等待当前用户主动断开连接。因此，在使用 SHUTDOWN NORMAL 语句关闭数据库时，应该通知所有在线的用户尽快断开连接。

2. 立即关闭方式（IMMEDIATE）

立即关闭方式能够在尽可能短的时间内关闭数据库。以立即方式关闭数据库时，Oracle 将执行如下操作。

※　阻止任何用户建立新的连接，同时阻止当前连接的用户开始任何新的事务。

※　任何未提交的事务均被回退。

※　Oracle 不再等待用户主动断开连接，而是直接关闭、卸载数据库，并终止实例。

需要以立即方式关闭数据库时，只需要使用带 IMMEDIATE 子句的 SHUTDOWN 语句，例如：

```
SQL> shutdown immediate
数据库已经关闭。
已经卸载数据库。
ORACLE 例程已经关闭。
```

在立即关闭方式下，Oracle 不仅会立即中断当前用户的连接，而且会强行终止用户的当前事务，并将未完成的事务回退。与正常方式类似，以立即方式关闭数据库后，在下次启动数据库时不需要进行任何恢复操作。

提示：

如果存在太多的未提交事务，则立即方式仍然会耗费很长的时间。这时如果需要快速关闭数据库，可以使用 SHUTDOWN ABORT 语句。

3. 事务关闭方式（TRANSACTIONAL）

事务方式介于正常关闭方式与立即关闭方式之间，能够在尽可能短的时间内关闭数据库，同时能够保证当前所有的活动事务都可以被提交。使用事务方式关闭数据库时，Oracle 将等待所有未提交的事务完成后，再关闭数据库。

使用带有 TRANSACTIONAL 子句的 SHUTDOWN 语句，将以事务方式关闭数据库，例如：

```
SQL> shutdown transactional
数据库已经关闭。
已经卸载数据库。
ORACLE 例程已经关闭。
```

事务方式关闭数据库时，Oracle 将执行如下操作。

※　阻止任何用户建立新的连接，同时阻止当前连接的用户开始任何新的事务。

※　等待所有未提交的活动事务提交完毕，然后立即断开用户的连接。

※　关闭、卸载数据库，并终止实例。

事务关闭方式既能保证用户不会丢失当前工作的信息，又可以尽可能快地关闭数据库。因此，事务关闭数据库方式也是最常用的数据库关闭方式。

4. 终止关闭方式（ABORT）

如果上述 3 种关闭方式都无法关闭数据库，说明数据库产生了严重的错误，这时只能使用终止方式来关闭数据库。终止关闭方式将丢失一部分数据信息，会对数据库的完整性造成损害。因此，当重新启动实例并打开数据库时，后台进程 SMON 会执行实例恢复操作。一般情况下，应当尽量避免使用这种方式来关闭数据库。

使用带有 ABORT 子句的 SHUTDOWN 语句可以以终止方式关闭数据库，例如：

```
SQL> shutdown abort
ORACLE 例程已经关闭。
```

以终止方式关闭数据库时，Oracle 将执行如下操作。

※ 阻止任何用户建立新的连接，同时阻止当前连接的用户开始任何新的事务。

※ 立即终止当前正在执行的 SQL 语句。

※ 任何未提交的事务均不被回退。

※ 立即断开所有用户的连接，关闭、卸载数据库，并终止实例。

3.4 数据库的特殊状态

静默状态和挂起状态是两种特殊的数据库状态。当数据库处理静默状态时，只有 SYS 和 SYSTEM 用户能够在数据库中进行操作。当数据库处于挂起状态时，数据库 I/O 操作都会被暂停。利用这两种数据库状态，数据库管理员可以完成一些特殊的管理和维护操作。

3.4.1 静默状态

在静默状态下，只有具有管理员权限的用户才能在数据库中执行查询、更新操作，运行 PL/SQL 程序时，任何非管理员用户都不能在数据库中执行任何操作。

在数据库运行过程中，执行如下的语句将进入静默状态。

```
SQL> alter system quiesce restricted;
系统已更改。
```

执行上述语句后，数据库将等待所有正在运行的非管理员用户会话主动终止，同时不再允许开始任何新的非管理员用户会话。当所有的非管理员用户的活动会话都被暂停后，ALTER SYSTEM QUICESCE RESTRICTED 语句执行完毕，这时数据库被认为处于静默状态。

由于等待所有的非管理员用户会话都终止可能需要很长一段时间，因此，在这个过程中如果执行 ALTER SYSTEM 语句的会话被意外终止，则进行静默状态的操作将被撤销，已经暂停的会话将被恢复。

如果数据库处理静默状态，则可以执行如下语句，将静默状态恢复为正常状态。

```
SQL> alter system unquiesce;

系统已更改。
```

可以通过使用动态性能视图 V$INSTANCE 来查询当前数据库是否处于静默状态。在 V$INSTANCE 视图中的 ACTIVE_STATUS 字段显示了数据库当前的活动状态。

※ NORMAL：正常状态，即非静默状态。

※ QUIESCING：正在进入静默状态，仍然存在活动的非管理员用户会话。

※ QUIESCED：静默状态。

在下面的示例显示了如何改变和查询数据库的静默状态。

```
SQL> alter system quiesce restricted;
系统已更改。

SQL> select instance_name,active_state from v$instance;

INSTANCE_NAME          ACTIVE_ST
----------             ---------
orcl                   QUIESCED

SQL> alter system unquiesce;
系统已更改。

SQL> select instance_name,active_state from v$instance;

INSTANCE_NAME          ACTIVE_ST
--------               ---------
orcl                   NORMAL
```

3.4.2 挂起状态

当数据库处于挂起状态时，数据库所有的物理文件（控制文件、数据文件和重做日志文件）的 I/O 操作都被暂停，这样能够保证数据库在没有任何 I/O 操作的情况下进行物理备份。挂起状态与静默状态的区别是：挂起状态并不禁止非管理员用户进行数据库操作，只是暂停所有用户的 I/O 操作。

> **提示：**
>
> 当数据库进入静默状态时，不能通过复制物理文件的方法来对数据库进行备份，因为静默状态中数据文件仍然处于读写状态，只能在数据库关闭状态或挂起状态下才能对数据库物理文件进行复制操作。

在数据库进入挂起状态时，当前的所有 I/O 操作能够继续进行，但是所有新提交的 I/O 操作不会执行，而是被放入一个等待队列中。一旦数据库恢复到正常状态，这些 I/O 操作将从队列中取出并继续执行。

挂起数据库操作可以通过 ALTER SYSTEM 语句完成，例如：

```
SQL> alter system suspend;
系统已更改。
```

如果要将数据库从挂起状态中恢复，可以使用如下语句：

```
SQL> alter system resume;
系统已更改。
```

可以通过使用动态性能视图 V$INSTANCE 来查询当前数据库是否处于挂起状态。动态性能视图 V$INSTANCE 中的 Database_STATUS 字段显示了数据库当前的活动状态。

SUSPENDED：挂起状态。

ACTIVED：正常状态。

下面的示例显示了如何改变和查询数据库的挂起状态：

```
SQL> alter system suspend;
系统已更改。

SQL>select Database_status from v$instance;

Database_STATUS
-----------------
SUSPENDED

SQL> alter system resume;
系统已更改。

SQL> select Database_status from v$instance;

Database_STATUS
-----------------
ACTIVE
```

3.5 管理监听器

Oracle 监听器（listener）是一个非常重要的数据库服务组件，具有监听客户端请求、注册实例服务、为客户端请求分配 Server Process 等功能，在整个 Oracle 体系结构中扮演着重要的角色。

3.5.1 查看监听器状态

监听器在操作系统中可以直接运行，在 Windows 系统中，打开【运行】对话框，输入 lsnrctl，单击【确定】按钮，进入监听器控制窗口。

此时，系统会直接显示 lsnrctl 窗口，并显示进入信息，其进入代码如下所示。

```
LSNRCTL for 64-bit Windows: Version 10.1.0.2.0 - Production on 11-9 月 -2017
14:46:05
 3:04

Copyright (c) 1991, 2014, Oracle.  All rights reserved.

欢迎来到 LSNRCTL, 请输入 "help" 以获得信息。

LSNRCTL>
```

输入 help 命令，可以获取有关监听器的操作信息，如若想查看当前的监听器状态，则需要输入 status 命令，输入后将显示下列代码。

```
LSNRCTL> status
```

```
正在连接 (DESCRIPTION=(ADDRESS=(PROTOCOL=TCP)(HOST=localhost)(PORT=1521)))
LISTENER 的 STATUS
------------------------
别名      LISTENER
版本      NSLSNR for 64-bit Windows: Version 12.1.0.2.0 — Production
启动日期    11-9 月 -2017 11:17:54
正常运行时间     0 天 3 小时 34 分 39 秒
跟踪级别         off
安全性     ON: Local OS Authentication
SNMP      OFF
监听程序参数文件              E:\app\ran\product\12.1.0\dbhome_1\network\admin\
listener.ora
监听程序日志文件              E:\app\ran\diag\tnslsnr\miao\listener\alert\log.xml
监听端点概要 ...
(DESCRIPTION=(ADDRESS=(PROTOCOL=tcp)(HOST=127.0.0.1)(PORT=1521)))
(DESCRIPTION=(ADDRESS=(PROTOCOL=ipc)(PIPENAME=\\.\pipe\EXTPROC1521ipc)))
(DESCRIPTION=(ADDRESS=(PROTOCOL=tcps)(HOST=miao)(PORT=5500))(Security=(my_
wallet_directory=E:\APP\RAN\admin\orcl\xdb_wallet))(Presentation=HTTP)
(Session=RAW))

服务摘要 ..
服务 "CLRExtProc" 包含 1 个实例。
  实例 "CLRExtProc", 状态 UNKNOWN, 包含此服务的 1 个处理程序 ...
服务 "orcl" 包含 1 个实例。
  实例 "orcl", 状态 READY, 包含此服务的 1 个处理程序 ...
服务 "orclXDB" 包含 1 个实例。
  实例 "orcl", 状态 READY, 包含此服务的 1 个处理程序 ...
服务 "pdborcl" 包含 1 个实例。
  实例 "orcl", 状态 READY, 包含此服务的 1 个处理程序 ...
命令执行成功
```

提示:

用户可以使用 stop 命令来停止监听器,使用 start 命令来启动监听器,以及使用 reload 命令重新加载文件和 SID 信息。

3.5.2 配置监听器

Oracle 12c 数据库为用户提供了用于配置监听器的 Net Manager 功能,运用该功能不仅可以添加和删除监听器,而且还可以查看当前的监听器。

1. 查看监听器

执行【开始】|【程序】|【Net Manager】命令,打开 Oracle Net Manager 窗口,该窗口用于查看当前监视器、创建监视器和删除监视器等操作。

• 查看监听器位置

在该窗口中展开【本地】级联菜单,选择【监听程序】选项下的监听名称,即可在左侧的窗口中查看该监听器的相关信息。

在该选项卡中，可以配置一个或多个监听位置地址，监听程序会在所配置的地址中等待客户机的连接。而【协议】选项用于设置地址协议，包括 TCP/IP、使用 SSL 的 TCP/IP、IPC、NMP 等协议。

- **查看一般参数**

单击上方的按钮，在弹出的列表中选择【一般参数】选项，在弹出的界面中查看该监视器的参数设置。

在【一般信息】选项卡中，主要显示了配置监听器的一般参数，包括下列 3 个选项。

※ 监听程序名称：用于显示监听程序的名称。

※ 选项：该选项组中的"在关闭时保存配置"选项，表示在关闭时可以永久保存由监听程序控制实用程序 SET 命令所做出的任何更改；而"运行时间管理"选项则表示限制监听程序运行时的管理。

※ SNMP 联系信息：可输入任意文本，一般由客户机的用户或管理员的联系信息组成，该文本会被写入 snmp.ora 文件，供 Oracle Enterprise Manager 使用。

在【事件记录和跟踪】选项卡中，主要用于启用监听程序的事件记录和跟踪。

在该选项卡中，常用的选项包括下列两项。

※ 启用事件记录：用于禁用或启用监听程序上的事件记录，启用该复选框则可以激活【日志文件】选项，用于指定日志信息的位置。

※ 启动跟踪：用于禁用或启用监听程序上的跟踪功能，启用该复选框可以激活【跟踪级别】和【跟踪文件】选项，而【跟踪级别】选项包括【用户】、【管理员】和【支持】选项。

在【验证】选项卡中，主要用于配置监听程序的安全性。当选中【不需要监听程序操作口令】选项时，将禁止对任何管理员进行验证；当选中【需要监听程序操作口令】选项时，则启用对某些管理员的验证功能，并需要在【口令】文本框中输入验证口令。

> **提示：**
>
> Oracle Net 允许为每个监听程序配置一个口令。

· 查看数据库服务

单击上方的按钮,在弹出的级联菜单中选择【数据库服务】选项,该选项卡主要用于指定监听程序必须接收连接请求的数据库。

用户只需单击下方的【添加数据库】按钮,便可添加数据库;而单击【删除数据库】按钮,则可删除已有的数据库。

该选项卡中所包含的选项的具体说明,如下所述。

※ 全局数据库名:用于输入初始化参数文件中的 SERVICE_NAMES 参数值或 DB_NAME 和 DB_DOMAIN 参数值提供的数据库名和域名。

※ Oracle 主目录:用于输入 Oracle 数据库主目录的位置。

※ SID:用于输入实例的 Oracle 系统标识符。

· 查看其他服务

单击上方的按钮,在弹出的级联菜单中选择【其他服务】选项,在该选项卡中可指定监听程序将为其接收连接请求的非数据库服务。

该选项卡中各选项的具体含义如下所述。

※ 全局服务名称:用于输入该服务的服务名和域名。

※ 程序名:用于输入可执行的程序名。

※ 程序参数零:用于输入内部的第一个参数,常作为代用程序名。

※ 程序参数:用于输入应在启动服务时传送的命令行参数。

※ 环境:用于输入启动服务之前必须设置的任何环境变量,其指定格式为 environment_variable=values,其变量以逗号进行分隔。

※ SID:用于输入服务程序名或 Oracle 系统标识符。

※ Oracle 主目录:用于输入可执行程序的位置。

2. 新建监听器

在 Oracle Net Manager 窗口中,展开【本地】级联菜单,选择【监听程序】选项,然后,单击左侧的【创建】 ✚ 按钮。

在弹出的【选择监听程序名称】对话框中,设置监听程序名称,单击【确定】按钮。

此时,单击窗口右侧的【添加地址】按钮,添加监听地址,配置其他监听参数之后,便可以进行监听了。

3. 删除监听器

在 Oracle Net Manager 窗口中，展开【本地】级联菜单，选择【监听程序】选项下的 LISTEMER1 选项，单击左侧的【删除】按钮，在弹出的对话框中单击【是】按钮即可。

3.5.3 配置本地命名

在 Oracle Net Manager 窗口中，还可以查看和创建本地命名。

1. 查看本地命名

在 Oracle Net Manager 窗口中，展开【本地】级联菜单，选择【服务命名】选项，在该选项中包含了两个服务命名。

选择 orcl 服务命名，在窗口右侧可以查看该命名的参数设置情况。

在【服务标识】选项组中，主要包括下列 5 个选项。

※ 服务名：用于输入配置连接 Oracle8i 或更高版本的数据库服务时的服务名。

※ SID：用于显示 Oracle 8 数据库的 Oracle 系统标识符（SID）。

※ 连接类型：用于设置服务器的连接类型，包括专用服务器、共享服务器和池中服务器。

※ 使用 Oracle 8 发行版 8.0 兼容标识：启用该复选框可以使用 Oracle 8 兼容标识。

※ 高级：用于配置高级的 CONNECT_DATA 参数。

而在【地址配置】选项组中，则包含了下列 4 个选项。

※ 协议：用于设置监听地址的协议。

※ 主机名：用于指定监听程序的主机名称。

※ 端口号：用于指定监听的端口号。

※ 高级协议参数：用于显示或隐藏为地址指定 I/O 缓冲区空间限制的设置，【发送缓冲区大小总计】选项用于指定会话发送操作的缓冲区空间，单位是字节；而【接收缓冲区大小总计】

选项用于指定会话接收操作的缓冲区空间，单位是字节。

※ **＋**按钮：用于创建新的协议地址。

※ **✕**按钮：用于删除所选的地址选项卡及地址信息。

※ **◀**按钮：用于上移协议地址。

※ **▶**按钮：用于下移协议地址。

※ 高级：用于配置多个地址选项。

2．创建本地命名

在 Oracle Net Manager 窗口中，展开【本地】级联菜单，选择【服务命名】选项，然后，单击左侧的【创建】**＋**按钮。

在弹出的【网络服务名向导：欢迎使用】对话框中，设置网络服务名，并单击【下一步】按钮。

在弹出的【网络服务名向导，第 2 页（共5 页）：协议】对话框中，选择服务名的协议类型，并单击【下一步】按钮。随后，根据提示进行响应的设置即可。

在弹出的【网络服务名向导，第 3 页（共5 页）：协议设置】对话框中，设置主机名和端口号，并单击【下一步】按钮。

在弹出的【网络服务名向导，第 4 页（共5 页）：服务】对话框中，设置服务器名称，并单击【下一步】按钮。

最后，测试服务名并单击【完成】按钮，完成创建服务名的操作。

提示：

选择服务名，单击左侧的【删除】按钮，即可删除服务名。

第4章

SQL 基础

本章内容

SQL 全称为结构化查询语言（Structured Query Language），是一种数据库查询和程序设计语言，也是数据库脚本文件的扩展名，主要用于存取数据以及查询、更新和管理关系数据库系统。SQL 语言具有功能丰富、简洁易学、使用灵活等优点，是目前关系数据库重要的操作语言之一，深受计算机用户和计算机工业的青睐。本章将详细介绍 SQL 语言的基础知识，包括子查询、事务处理、操作数据等内容。

4.1 SQL 概述

　　SQL 语言是高级的非过程化编程语言，允许用户在高层数据结构上工作，可以使用相同的结构化查询语言作为数据输入域管理的接口。SQL 语言的影响已经超出数据库领域，得到其他领域的重视和采用，如人工智能领域的数据检索、第四代软件开发工具中嵌入 SQL 语言等。

4.1.1 SQL 简介

　　SQL 是最重要的关系数据库操作语言，由于该语言语句可以嵌套，因此该语言具有极大的灵活性和强大的功能。

　　1986 年 10 月，美国国家标准协会对 SQL 进行规范后，以此作为关系式数据库管理系统的标准语言（ANSI X3. 135-1986），1987 年得到国际标准组织的支持，成为国际标准。不过各种通行的数据库系统在其实践过程中都对 SQL 规范做了某些编改和扩充。所以，实际上不同数据库系统之间的 SQL 不能完全相互通用。

1. SQL 语句结构

　　SQL 语言基本上独立于数据库本身，是一种交互式查询语言，允许用户直接查询、存储数据。虽然 SQL 不是完整的程序语言，但它可以嵌入另一种语言，也可以借用 VB、C、JAVA 等语言，通过调用级接口（CALL LEVEL INTERFACE）直接发送到数据库管理系统。因此，SQL 基本上是域关系演算，但它可以实现关系代数操作。

　　SQL 的语句结构包括下列 6 部分。

※　数据查询语言：该语句又称为"数据检索语句"，用以从表中获得数据，确定数据怎样在应用程序中给出。

※　数据操作语言：该语句又称为动作查询语言，包括用于添加、修改和删除表中行的动词 INSERT、UPDATE 和 DELETE。

※　事务处理语言：该语句能确保被 DML 语句影响的表的所有行及时得以更新，包括 BEGIN TRANSACTION、COMMIT 和 ROLLBACK。

※　数据控制语言：该语句通过 GRANT 或 REVOKE 获得许可，确定单个用户和用户组对数据库对象的访问。

※　数据定义语言：该语句属于动作查询的一部分，包括动词 CREATE 和 DROP，主要用于在数据库中创建新表或删除表，以及为表加入索引等。

※　指针控制语言：该语句包括 DECLARE CURSOR、FETCH INTO 和 UPDATE WHERE CURRENT，用于对一个或多个表单独行的操作。

2. SQL 语言特点

　　SQL 语言基本上独立于数据库本身、使用的计算机、网络、操作系统，基于 SQL 的 DBMS 产品可以运行在从个人机、工作站到基于局域网、小型机和大型机的各种计算机系统上，具有良好的可移植性。除此之外，SQL 语言还具有下列语言特点。

※　一体化：SQL 集数据定义 DDL、数据操纵 DML 和数据控制 DCL 于一体，可以完成数据库中的全部工作。

※　使用方式灵活：SQL 语言既可以直接以命令方式交互使用，也可以嵌入 C、C++、FORTRAN、COBOL、JAVA 等主语言中使用。

※　非过程化：SQL 语言只提操作要求，

不必描述操作步骤，也不需要导航。

※ 简单易学好用：在 ANSI 标准中，只包含了 94 个英文单词，核心功能只用 6 个动词，语法接近英语口语。

4.1.2 编写规则

SQL 也属于一种语言，在编写过程中拥有自己独特的规则。

1. 大小写规则

一般情况下，SQL 语言不区分大小写，既可以使用大写格式和小写格式，也可以使用大小写混合格式。例如，下面的语句：

```
SELECT empno,ename,sex,job,deptno FROM employee
```

又例如，下面的语句：

```
select empno,ename,sex,job,deptno from employee
```

上面的两个语句的区别在于大小写方面，但上面两个语句在功能上完全相同，没有任何区别。同样的道理，语句中的对象名也可以使用大写或小写，以及大小写混合书写。

但是 SQL 在检查文本数值时会区分大小写，也就是在检查文本数值是否相等的情况下区分大小写。例如，tony 和 TONY 便表示完全不同的值，其返回的结果也不尽相同。

一般在书写 SQL 代码时，为了增强其可读性，可以遵循约定的大小写规则。例如，SQL 命令和字句使用大写格式，而 SQL 代码列表使用小写格式等。

2. 语句标识

SQL 语言通常放在一行内显示，如果一行内显示不完，可以放置在多行内。此时，为了便于阅读还需要对多行语句进行缩进或跳格。

另外，在 SQL*Plus 中，SQL 语言使用分号标识结束。用户还可以通过下列方法，提高 SQL 语言的可读性和逻辑性。

※ 使用空格：在编写赋值语句时，在等号两边使用空格分隔，可提供更好的语言标记区分。

※ 使用缩进：对于比较长的语句，可通过使用缩进的方法，提高语句的逻辑层次的表达力。

※ 使用垂直空白：可以使用垂直空白来提高关键字与参数的区分能力。

※ 使用分组：可以使用分组对语句进行段落划分。

4.2 使用 SELECT 语句

用户对表或视图的操作是通过 SQL 语句来实现的，SQL 语句是一种标准的结构化查询语言。在众多的 SQL 语句中，使用频率最高的是 SELECT 语句，该语句主要用于检索数据。虽然在前面已经使用了一些 SELECT 语句，但是这些使用是零散的、不完整的。因此，在这里将对 SELECT 语句进行系统的、完整的介绍。

4.2.1　检索单表数据

检索单表数据是指从单个表中检索数据，检索的结果都来源于同一个表中，检索单表数据是检索数据最基础的操作。

在检索数据的过程中，既可以检索所有的列，也可以检索部分列。在检索数据时，数据将按照 SELECT 子句后面指定列的顺序显示。如果使用星号"*"，则表示检索所有的列，这时数据将按照定义表时指定列的顺序显示数据。

在下面的示例，将检索 EMP 表中的所有列和指定列。

① 以 SCOTT/TIGER 身份连接数据库。

```
SQL> sconnect scott/tiger
已连接。
```

> **提示：**
>
> Oracle 12c 中，如果在安装过程中安装了 PDB 选项，在创建或使用已创建的用户名或角色时，需要在用户名和角色前面添加 C## 符号。

② 使用 SELECT 语句检索 EMP 表中的所有数据。在该检索中，使用星号代表所有的列名称。

```
SQL> column ename format a8
SQL> column mgr format 9999
SQL> column sal format $9999.9
SQL> column comm format 9999.0
SQL> column deptno format 99
SQL> select * from emp;

EMPNO   ENAME  JOB    MGR   HIREDATE     SAL     COMM   DEPTNO
-----   -----  ----   ---   ---------    ---     ----   ------
7369    SMITH  CLERK  7902  17-12 月 -80  $800.0  20
...
已选择14 行。
```

③ 使用 SELECT 语句检索 ENAME 列名。注意，在该检索中，检索列的顺序与列的定义顺序是不同的。

```
SQL> select empno,ename,job,sal,deptno
  2  from emp;

EMPNO        ENAME        JOB          SAL        DEPTNO
----------   --------     ---------    --------   ------
7369         SMITH        CLERK        $800.0     20
  ...
7934         MILLER       CLERK        $1300.0    10

已选择14 行。
```

在 Oracle 系统中，有一个标识行中唯一数据的行标识符，行标识符的名称为 ROWID。

行标识符 ROWID 是 Oracle 数据库内部使用的数据，其长度为 18 个数字，包含了该行数据在 Oracle 数据库中的物理地址。虽然使用 DESCRIBE 命令无法查看到 ROWID 的存在，但是可以在 SELECT 语句中检索该列。由于该列并不是在表中定义的列，所以该列也称为"伪列"。

例如，下面的语句检索 EMP 表中的 ROWID、EMPNO 和 ENAME 列等数据。

```
SQL> select empno,ename,rowid
  2  from emp;

EMPNO    ENAME   ROWID
-----    -----   ------------------
7369     SMITH   AAAQ+jAAEAAAAAeAAA
...
7934     MILLER  AAAQ+jAAEAAAAAeAAN

已选择 14 行。
```

在使用 SELECT 语句检索表中的数据时，还可以执行加、减、乘和除运算。另外，在 SELECT 语句中不仅可以执行单独的数学运算，还可以执行单独的日期运算，以及执行与列名关联的运算。

在执行运算时，经常使用系统提供的 DUAL 表，DUAL 表的结构和数据如下：

```
SQL> desc dual
 名称              是否为空？      类型
 ----------       --------       -------------
 DUMMY                           VARCHAR2(1)

SQL> select * from dual
  2  /

D
---
X
```

DUAL 表只包含了一列一行数据，列名为 DUMMY（中文含义为哑巴、样品等），数据类型为 VARCHAR2(1)。一行数据为 X。该表本身的结构和数据并不重要，但是基于该表可以执行一些基于表的运算。

实际上，为了使结果更好理解，用户经常会为这些列指定别名。另外，在定义表时，为了简单起见，列名经常是一些缩写形式，阅读这样的列名感觉上有些困难。因此，为列名指定一个描述性的别名，可以使阅读检索结果更加方便。

例如，下面的示例分别为 EMP 表的各个列指定了中文别名。

```
SQL> select ename as "姓名",job as "职位",hiredate as "工作日期",sal as "薪金"
  2  from emp;

姓名      职位     工作日期        薪金
---      ---     -------        -----------
SMITH    CLERK   17-12 月 -80    800
...
MILLER   CLERK   23-1 月 -82     1300

已选择 14 行。
```

在为列指定别名时，关键字 AS 是可选的。例如，下面的语句就省略了关键字 AS。

```
SQL> select ename  "姓名",job  "职位",hiredate  "工作日期",sal  "薪金"
  2  from emp;
```

在检索数据时，有时会需要将检索出来的数据合并起来，以满足实际需求。例如，在 HR 用户模式中，职工的姓名是分别存储在 FIRST_NAME 和 LAST_NAME 列中的。如果希望以"姓名"的完整方式显示这些数据，就可以使用连接运算符"‖"将两个列连接在一起。通常为提高这种连接运算的可读性，在连接两个列后为其指定一个别名。

例如，下面以 HR 身份连接数据库，并查询其中的职工信息表。

```
SQL> connect hr/hr
已连接。
SQL> select first_name || ' ' || last_name "姓名",phone_number "联系电话",salary
"薪金"
  2  from employees;


姓名                      联系电话                薪金
---                      -------                ----------
Donald OConnell          650.507.9833           2600
Douglas Grant            650.507.9844           2600
...
```

在执行字符连接运算时，应该根据需要在两个字符表达式之间插入一个分隔符，以防止将这两个字符表达式完全连接在一起，影响检索结果的可读性。

在检索数据时，还有一个点需要注意，表中的空值既不表示空字符串，也不表示数字 0，而是表示没有值，是一个未知值。只有在允许为空的列中才会出现空值。在 Oracle 中，可以使用 NVL( ) 函数为空值提供一个指定的显示值，NVL( ) 函数的使用方法如下：

```
nvl(column_name,displayed_message)
```

其中，如果 COLUMN_NAME 列为空值，那么就在空值相应的位置上显示 DISPLAYED_MESSAGE 指定的字符。例如：

```
SQL> connect scott/tiger
已连接。
SQL> select ename,job,sal,nvl(comm,'0')
  2  from emp
  3  where deptno=30;

ENAME           JOB            SAL           NVL(COMM,'0')
----------      ---------      ----------    -------------
ALLEN           SALESMAN       1600          300
WARD            SALESMAN       1250          500
MARTIN          SALESMAN       1250          1400
BLAKE           MANAGER        2850          0
TURNER          SALESMAN       1500          0
JAMES           CLERK          950           0
已选择 6 行。
```

在 SELECT 语句中，还可以使用关键字 DISTINCT，限制在检索结果中显示那些不重复的数据。该关键字用在 SELECT 子句中列的列表前面。例如，下面的语句使用 DISTINCT 关键字检索 EMP 表中所有职工的职务种类。

```
SQL> select distinct job
  2  from emp;
```

4.2.2 过滤数据

在 SELECT 语句中可以使用 WHERE 子句过滤数据，只检索那些满足过滤条件的数据。当表中的数据非常多时，这种过滤操作是非常有意义的。通过过滤数据，可以从大量的数据中获取自己所需要的数据。

1．比较运算符

在 WHERE 子句中可以使用比较运算符实现过滤数据，这样只有满足比较条件的数据行才会被检索出来，不满足比较条件的数据行则不会被检索出来。可以在 WHERE 子句中使用的比较运算符如下表所示。

比较运算符	说明	比较运算符	说明
=	等于	<=	小于或等于
<> 或 !>	不等于	>=	大于或等于
<	小于	any	使用清单中的任何一个值来比较
>	大于	all	使用清单中的所有值来比较

当使用字符串和日期数据进行比较时，应注意要符合下面的规则。

※　字符串和日期必须使用单引号标识。

※　字符串数据是区分大小写的。

※　日期数据的格式是敏感的，默认的日期格式是 DD-MON-YY。

在下面的示例，将练习如何使用比较运算符过滤数据。

①　以 SCOTT 身份连接数据库。

②　使用 SELECT 语句检索 EMP 表，要求工作编号为 7521。

```
SQL> select ename,job,hiredate,sal
  2  from emp
  3  where empno=7521;

ENAME          JOB            IREDATE             SAL
----------     --------       -----------         -------
WARD           SALESMAN       22-2 月 -81         1250
```

③　使用 SELECT 语句检索 EMP 表，要求职位为 CLERK、ANALYST 中的任何一个，这时可以使用 ANY 比较运算符。

```
SQL> select ename,job,hiredate,sal
  2  from emp
  3  where job=any('CLERK','CLERK','ANALYST');

ENAME     JOB       HIREDATE        SAL
-----     ---       --------        ----------
SMITH     CLERK     17-12 月 -80    800
SCOTT     ANALYST   19-4 月 -87     3000
ADAMS     CLERK     23-5 月 -87     1100
JAMES     CLERK     03-12 月 -81    950
FORD      ANALYST   03-12 月 -81    3000
MILLER    CLERK     23-1 月 -82     1300
```

已选择 6 行。

2. SQL 运算符

使用 SQL 运算符可以基于字符串的模式匹配、值的列表、值的范围和是否空值等情况来过滤数据。在 Oracle 中，可以使用的 SQL 运算符如下表所示。

运算符	说明
like	按照指定的模式匹配
in	匹配值的清单
between	匹配范围内的值
is null	与空值匹配
is nan	与非数值匹配

在上表中的 SQL 运算符也可以与 NOT 运算符取反处理。例如，NO LIKE、NOT LIKE、NOT BETWEEN 和 IS NOT NULL 等。如果 LIKE 为真，则 NOT LIKE 为假。

可以在 WHERE 子句中使用 LIKE 运算符指定将要匹配的字符串模式。在这种模式中，下画线 "_" 代表任意一个字符，百分号 "%" 代表任意数量字符。例如，'A%' 表示以字母 A 开头的任意长度的字符串，'DB_' 表示 3 个字符长且两个字符是 DB 的字符串。

例如，下面的示例使用 LIKE 运算符过滤数据，要求显示职工姓名中第一个字符是 S 的职工信息。

```
SQL> select empno,ename,job,sal
  2  from emp
  3  where ename like 'S%';

EMPNO           ENAME          JOB            SAL
-------         -----          ---            ----------
7369            SMITH          CLERK          800
7788            SCOTT          ANALYST        3000
```

如果在模式中包含了实际的下画线或斜杠，则可以使用 ESCAPE 关键字来指定该字符是实际数据，而不是匹配标记。

例如，下面的示例添加了一行包含下画线 "_" 的数据，为了显示新添加的数据，使用 EXCAPE 关键字指定了一个转义字符 "\"，这样转义字符后的下画线就不再表示匹配标记了。

```
SQL> insert into emp(empno,ename,job,mgr,sal)
  2  values(8000,'atg_fn','manager',7698,1300);

已创建 1 行。

SQL> select empno,ename,job,sal
  2  from emp
  3  where ename like '%\_%' escape '\';

EMPNO      ENAME      JOB        SAL
-----      -----      ---        ----------
8000       atg_fn     manager    1300
```

使用 IN 运算符可以检索在指定列表中的数据，例如，过滤条件 EMPNO IN(7369,7521,7789) 表示检索工作编号是 7369、7521 或者 7789 的职工信息。NOT IN 正好与 IN 相反，例如，EMPNO NOT IN(7369,7521,7789) 表示检索工作编号除 7369、7521 或者 7789 之外的职工信息。但是，如果在 NOT IN 条件中包括了 NULL 值，那么 NOT IN 总是返回一个空值。

```
SQL> select empno,ename,job,sal
  2  from emp
  3  where empno in (7369,7521,7789);

EMPNO     ENAME        JOB          SAL
-----     -----        ---          ----------
7369      SMITH        CLERK        800
7521      WARD         SALESMAN     1250

SQL> select empno,ename,job,sal
  2  from emp
  3  where empno not in (7369,7521,7789,null);

未选定行
```

使用 BETWEEN 运算符可以在指定范围内搜索数据。例如，如果希望检索薪金为 1000 到 2000 之间的职工信息，那么可以使用 BETWEEN 运算符。需要注意的是，BETWEEN 运算符仅适用于那些可以指定范围的数字数据。

例如，使用 BETWEEN 运算符检索指定薪金范围内的职工信息。

```
SQL> select empno,ename,job,sal
  2  from emp
  3  where sal between 1500 and 2000;
```

3. 逻辑运算符

前面介绍的过滤条件都是单一的条件，如果希望写出复杂的过滤条件，那么，必须使用逻辑运算符，以便把简单的条件组合起来。在 Oracle 系统中，可以使用的逻辑运算符如下表所示。

运算符	说明
and	与，当两个条件为真时，结果为真
or	或，当两个条件中有一个为真时，结果为真
not	取反，当条件为真时，结果为假；当条件为假时，结果为真

实际上，BETWEEN 运算符的条件可以写成使用 AND 逻辑运算符连接起来的两个简单条件。例如，条件 SAL BETWEEN 1500 AND 2000 等价于 SAL>=1500 AND SAL<=2000。

```
SQL> select empno,ename,job,sal
  2  from emp
  3  where sal>=1500 and sal<=2000;

EMPNO     ENAME        JOB          SAL
-----     -----        ---          ----------
7499      ALLEN        SALESMAN     1600
7844      TURNER       SALESMAN     1500
```

在使用逻辑运算符连接多个简单条件时，还需要注意运算符的优先级问题。对于逻辑运算符，优先级由高到低的顺序为 NOT、AND 和 OR。即先进行 NOT 取反运算，然后再进行 AND 与运算，最后再进行 OR 或运算符。

在复合条件中，优先级越高的运算符将优先执行。如果优先级相同，则按照条件的先后顺序执行。如果复合条件中包括了括号，那么括号内的优先级高于括号外的。例如，在下面的示例，将检索职工所属部门编号为 20，并且职位为 MANAGER 或 SALESMAN 的职工信息。

```
SQL> select empno,ename,job,sal
  2  from emp
  3  where job in('MANAGER','SALESMAN')
  4        and deptno=20;

EMPNO    ENAME       JOB         SAL
-----    -----       ---         ----------
7566     JONES       MANAGER     2975
```

4.2.3 排序数据

在前面介绍的数据检索技术中，只是把数据库中的数据直接取出来。这时，结果集中数据的排列顺序是由数据的物理存储顺序所决定的。这种存储顺序比较混乱，并且可以不符合用户的各种业务需求，因此需要对检索到的结果集进行排序。在 SELECT 语句中，可以使用 ORDER BY 子句对检索的结果集进行排序。

添加 ORDER BY 子句后 SELECT 语句的语法规则如下。

```
select  column _list
from   table_name
where  condition
order by order_expression [ASC｜DESC],order_expression [ASC｜DESC],…
```

其中，ORDER_EXPRESSION 表示将要排序的列名或由列组成的表达式；关键字 ASC 指定按照升序排列，这也是默认的排列顺序，关键字 DESC 指定按照降序排列。

在排序过程中，可以同时对多个列进行排序。如果是按照多个列进行排序，那么列之间的顺序非常重要。在这种情况下，系统首先按照第一个列进行排序，如果第一个列相同，则按照第二个列进行排序，以此类推。

在下面的示例，将使用 ORDER BY 子句对检索到的数据进行排序。

① 以 SCOTT 身份连接系统。

② 使用 SELECT 语句检索 EMP 表中的信息，并且按照职工的薪金 SAL 列和姓名 ENAME 列进行升序排序。

```
SQL> select ename,job,sal
  2  from emp
  3  order by sal,ename;

ENAME         JOB         SAL
-----         ---         ----------
SMITH         CLERK       800
...
KING          PRESIDENT   5000

已选择14行。
```

③ 在 ORDER BY 子句通过指定列的位置，指定进行排序的列。

```
SQL> select ename,job,sal
  2  from emp
  3  where deptno=30
  4  order by 3;

ENAME            JOB           SAL
-----            ---           ----------
JAMES            CLERK         950
WARD             SALESMAN      1250
MARTIN           SALESMAN      1250
TURNER           SALESMAN      1500
ALLEN            SALESMAN      1600
BLAKE            MANAGER       2850

已选择 6 行。
```

提示：

这里使用的位置是根据 SELECT 子句后面出现的列表达式的顺序确定的。

4.2.4 多表检索

在实际应用中，经常会碰到需要检索的数据存在于两个或两个以上的表中。这时就需要使用 SELECT 语句执行多表检索。多表检索操作比单表检索复杂得多。为了更好地理解多表检索操作，需要理解表的别名、笛卡尔积、内连接、外连接、自然连接和交叉连接等概念。

1. 表的别名

在多表查询时，如果多个表之间存在同名的列，则必须使用表名来限定列引用。例如，在 SCOTT 模式中，EMP 和 DEPT 表中都存在 DEPTNO 列，在进行多表检索时就是根据该列连接两个表。

然而，随着查询变得越来越复杂，语句会由于每次限定列时输入表名而变得冗长乏味。因此，SQL 语言提供了另一种机制——表别名。表的别名是在 SELECT 语句中为表定义的临时性名称，以简化对表的引用。

下面的示例将使用表别名来实现多表的检索。

① 以 SCOTT 身份连接系统。

② 使用 SELECT 语句检索 EMP 和 DEPT 表，查询属于某一个部门的职工信息。在该检索中，没有使用表的别名，因此在 WHERE 子句中需要使用表的全名对列进行限定。

```
SQL> select ename 姓名,job 职位,sal 薪金,dname 部门
  2  from emp,dept
  3  where emp.deptno=dept.deptno
  4    and dept.dname='SALES';

姓名             职位           薪金          部门
```

```
---                     ---                 ---             --------------
ALLEN                   SALESMAN            1600            SALES
WARD                    SALESMAN            1250            SALES
MARTIN                  SALESMAN            1250            SALES
BLAKE                   MANAGER             2850            SALES
TURNER                  SALESMAN            1500            SALES
JAMES                   CLERK               950             SALES

已选择 6 行。
```

③ 使用 SELECT 语句查询 EMP 和 DEPT 表，同样查询属于某一个部门的职工信息。只是在该 SELECT 语句中为每个表指定了别名，并通过不同的列别名引用表。EMP 表的别名为 E，而 DEPT 表的别名为 D。为表定义别名后，在 SELECT 语句的任何地方都可以使用 E 和 D 引用相应的表。

```
SQL> select e.ename 姓名,e.job 职位,e.sal 薪金,d.dname 部门
  2  from emp e,dept d
  3  where e.deptno=d.deptno
  4    and d.dname='SALES';

姓名                     职位                 薪金             部门
----                    ---                 ----            --------------
ALLEN                   SALESMAN            1600            SALES
WARD                    SALESMAN            1250            SALES
MARTIN                  SALESMAN            1250            SALES
BLAKE                   MANAGER             2850            SALES
TURNER                  SALESMAN            1500            SALES
JAMES                   CLERK               950             SALES

已选择 6 行。
```

为更好地理解表别名的工作过程，在这里有必要介绍一下 SELECT 语句中各子句执行的顺序。在 SELECT 语句的执行顺序中，FROM 子句是最先执行的，而 SELECT 子语是最后执行的。这样一旦在 FROM 子句中指定了表别名，当限定引用列时，其他所有子句都可以使用表的别名。需要注意的是，一旦为表指定了别名，则必须在整个剩余语句中使用表的别名，并且不再允许使用表原来的名称，否则，将出现 ORA-00904 错误。

提示：

在多表检索中，由于需要频繁地使用表名称限定指定的列名称，因此表的别名应该尽可能简单。大多数表的别名是由一个或两个字母组成的，但是，表的别名也应该具有描述性，为求与其他表的别名明显区分。

2．内连接

内连接是指满足连接条件的连接操作，也是通常所说的连接操作。也就是说，在内连接的检索结果中，都是满足连接条件的数据。因此，内连接的检索结果就是笛卡尔积中满足连接条件的子集。

内连接的语法形式如下：

```
select column_list
from table_name1 [inner] join table_name2
```

```
on join_condition;
```

其中，COLUMN_LIST 表示将要检索的列名列表，通常情况下，这些列名来自两个不同的表中。TABLE_NAME1 和 TABLE_NAME2 表示将要连接的表名称。INNER JOIN 关键字表示内连接，其中 INNER 关键字是可选的。ON JOIN_CONDITION 用于指定连接的条件。

例如，下面的示例将通过内连接检索 EMP 和 DEPT 表。

① 以 SCOTT 身份连接系统。

② 使用 SELECT 语句检索 EMP 和 DEPT 表。这两个表之间的连接是内连接，其连接条件是两个表中的 DEPTNO 列。

```
SQL> select e.ename,e.job,e.sal,d.deptno,d.dname
  2  from emp e join dept d
  3  on e.deptno=d.deptno;

ENAME            JOB           SAL          DEPTNO        DNAME
-----            ---           ---          ------        ------------
CLARK            MANAGER       2450         10            ACCOUNTING
...
MARTIN           SALESMAN      1250         30            SALES

已选择14 行。
```

③ 使用 SELECT 语句检索 EMP 和 DEPT 表。但是，不使用 INNER JOIN 表示内连接，也不通过 ON 指定连接条件，而是通过 WHERE 子句指定连接条件。

```
SQL> select e.ename,e.job,e.sal,d.deptno,d.dname
  2  from emp e,dept d
  3  where e.deptno=d.deptno;
```

3. 外连接

在外连接中，如果某个表中的数据不满足条件，而又希望出现在检索结果中，那么，可以使用外连接。外连接的特点是某些不满足连接条件的数据也可以出现在连接结果中。

根据外连接检索结果中包含的数据，外连接可以分为左外连接、右外连接和全外连接。左外连接表示在结果中不仅包含了满足条件的数据，而且还包含了连接左边的左表；在右边接中，结果包含了不满足条件的右表中的数据；如果左表和右表中不满足连接条件的数据都出现在结果中，那么这种连接是全外连接。

提示：

在连接语句中，JOIN 关键字左边的表称为"左表"，而右边的表称为"右表"。

外连接的语法和内连接的语法规则相似，区别在于外连接中用 LEFT OUTER JOIN、RIGHT OUTER JOIN 或 FULL OUTER JOIN 关键字，而不使用 INNER JOIN 关键字。其中 OUTER 是可选的。例如，左边接可以使用 LEFT JOIN 代替 LEFT OUTER JOIN。

理解不同类型外连接之间的区别的最好方法是看各自的查询结果。在下面的示例，将分别演示内边接以及各种外连接之间的区别。

① 以 SCOTT 身份连接系统。

② 使用 SELECT 语句检索 EMP 和 DEPT 表，在这两个表之间执行左外连接。由于 EMP 表位于 LEFT JOIN 关键字的左边，所以 EMP 表中的所有数据都将显示出来。

```
SQL> insert into emp(empno,ename,job,sal)
  2  values(8000,'ATG','CLERK',950);
已创建 1 行。

SQL> select e.ename,e.job,e.sal,d.deptno,d.dname
  2  from emp e left join dept d
  3  on e.deptno=d.deptno;

ENAME            JOB          SAL          DEPTNO        DNAME
-----            ---          ---          ------        ----------
MILLER           CLERK        1300         10            ACCOUNTING
...
ALLEN            SALESMAN     1600         30            SALES

已选择 15 行。
```

从查询结果中可以看出，左边接的查询结果中不仅包括内连接的检索结果，还包括了新添加数据，尽管该行在 DEPT 表中没有匹配的行。由于新添加行在 DEPT 表中没有匹配的行，所以 EMP 表中的 DEPTNO 和 DNAME 列以 NULL 值表示。

③ 使用 SELECT 语句检索 EMP 和 DEPT 表，在这两个表之间执行右外连接。由于 DEPT 表位于 RIGHT JOIN 关键字的右边，所以 DEPT 表中所有的数据都将显示出来。

```
SQL> select e.ename,e.job,e.sal,d.deptno,d.dname
  2  from emp e right join dept d
  3  on e.deptno=d.deptno;

ENAME            JOB          SAL          DEPTNO        DNAME
-----            ---          ---          ------        ----------
KING             RESIDENT     5000         10            ACCOUNTING
...
WARD             SALESMAN     1250         30            SALES
                                           40            OPERATIONS

已选择 15 行。
```

④ 使用 SELECT 语句检索 EMP 和 DEPT 表，在这两个表之间执行全外连接。

```
SQL> select e.ename,e.job,e.sal,d.deptno,d.dname
  2  from emp e full join dept d
  3  on e.deptno=d.deptno;

ENAME            JOB          SAL          DEPTNO        DNAME
-----            ---          ---          ------        --------------
ATG              CLERK        950
SMITH            CLERK        800          20            RESEARCH
...
FORD             ANALYST      3000         20            RESEARCH
MILLER           CLERK        1300         10            ACCOUNTING
                                           40            OPERATIONS

已选择 16 行。
```

提示：

在外连接中，用户需要特别注意两个表的位置。

4．自然连接

与内连接的功能相似，在使用自然连接检索多个表时，Oracle 会将第一个表中的那些列与第二个表中具有相同名称的列进行连接。在自然连接中，用户不需要明确指定进行连接的列，系统会自动完成这一任务。

下面的 SELECT 语句将使用自然连接连接 EMP 和 DEPT 表。

```
SQL> select empno,ename,job,sal,deptno,dname
  2  from emp natural join dept
  3  where dname='SALES';

EMPNO     ENAME       JOB           SAL         DEPTNO        DNAME
-----     -----       ---           ---         ------        --------
7900      JAMES       CLERK         950         30            SALES
7499      ALLEN       ALESMAN       1600        30            SALES
7698      BLAKE       MANAGER       2850        30            SALES
7654      MARTIN      SALESMAN      1250        30            SALES
7844      URNER       SALESMAN      1500        30            SALES
7521      WARD        SALESMAN      1250        30            SALES

已选择6行。
```

自然连接的实际应用性较差，因为它需要连接的各个表之间必须具有相同名称的列。这将会强制设计者将要连接的表设计为具有相同名称的列，并且不能够让表中的其他列具有相同的名称。假如 EMP 和 DEPT 表中都有一个表示地址的 ADDRESS 列，则在进行自然连接时，Oracle 会尝试使用 DEPTNO 和 ADDRESS 列进行连接。

5．交叉连接

交叉连接实际上就是指没有连接条件的连接。实际上，这种连接的结果就是笛卡尔积的结果。

交叉连接的语法形式如下。

```
select column_list
from table_name1 cross join table_name2;
```

在上面的语法中，CROSS JOIN 关键字表示执行交叉连接。使用交叉连接检索表时，虽然会得到一个无实际用处的笛卡尔积。但是，可以通过在其中使用 WHERE 子句，从笛卡尔积中过滤需要的数据。

在下面的示例，将使用交叉连接检索 EMP 和 DEPT 表，并使用 WHERE 子句从中过滤所需要的数据。

① 以 SCOTT 身份连接系统。

② 使用 SELECT 语句检索 EMP 和 DEPT 表。由于这两个表之间的检索是交叉连接的，并且没有限定条件，所以查询结果是一个笛卡尔积。

```
SQL> select count(*)
  2  from emp e cross join dept d;

  COUNT(*)
----------
        56
```

③ 使用 WHERE 子句在笛卡尔积中过滤不必要的数据。

```
SQL> select count(*)
  2  from emp e cross join dept d
  3  where e.deptno=d.deptno;

  COUNT(*)
----------
        14
```

从检索结果中可以看出，WHERE 子句的作用是从笛卡尔积中筛选适合条件的数据。实际上，各种连接方式也是从笛卡尔积中筛选数据。

4.3 使用子查询

在执行数据操作的过程中，如果某个操作需要依赖于另外一个 SELECT 语句的结果，那么可以把 SELECT 语句嵌入该操纵语句中，这就形成了一个子查询。实际上，在操作表中的数据时，数据并不是孤立的，而是互相关联的。这样就可以根据数据之间的关联使用相应的子查询，从而实现复杂的查询。

4.3.1 子查询的概念

在一个 SELECT 语句被嵌套在另外一个 SELECT、UPDATE 或 DELETE 等 SQL 语句中时，被嵌套的 SELECT 语句就是子查询。使用子查询的原因是，希望执行某个 SQL 语句，但是该 SQL 语句还需要依赖于另外一个 SELECT 语句的执行结果。

例如，当要检索某一部门的员工信息时，可以连接查询 EMP 和 DEPT 表，也可以在检索 EMP 表时使用子查询检索 DEPT 表。如下的语句演示了一个子查询。

```
SQL> select empno,ename,job,sal
  2  from emp
  3  where deptno=(
  4        select deptno
  5        from dept
  6        where dname='SALES');

EMPNO      ENAME      JOB        SAL
-------    -----      ---        ----------
  7499     ALLEN      SALESMAN   1600
  7521     WARD       SALESMAN   1250
  7654     MARTIN     SALESMAN   1250
  7698     BLAKE      MANAGER    2850
  7844     TURNER     SALESMAN   1500
  7900     JAMES      CLERK      950
```

```
已选择 6 行。
```

从这里可以看出，相比连接多个表的查询，子查询的使用更加灵活，且功能更强大。在执行子查询操作的语句中，子查询也称为"内查询"，包含子查询的查询语句也称为"外查询语句"。例如在上面的示例中，如下的语句为内查询：

```
select deptno
from dept
where dname='SALES'
```

外查询语句为：

```
select empno,ename,job,sal
from emp
```

在一般情况下，外查询语句检索一行，子查询语句需要检索一遍数据，然后判断外查询语句的条件是否满足。如果条件满足，则外查询语句检索到的数据行就是结果集中的行；如果条件不满足，则外查询语句继续检索下一行数据。

在多数情况下，子查询可以使用连接查询来代替。也就是说，使用子查询完成的操作也可以使用连接查询完成。实际上，连接查询的效率也远高于子查询的效率，但是子查询更好理解，使用更灵活、方便。

在使用子查询执行操作时，应该遵循如下规则。

※ 子查询必须使用括号括起来，否则无法判断子查询语句的开始和结束。

※ 子查询中不能包括 ORDER BY 子句。

※ 子查询允许嵌套多层，但是最多嵌套 255 层。

子查询可以分为 4 种类型，即单行子查询、多行子查询、多列子查询和关联子查询。各种子查询的特点如下。

※ 单行子查询：子查询语句只返回单行单列的结果，即返回一个常量值。

※ 多行子查询：子查询语句返回多行单列的结果，即返回一系列值。

※ 多列子查询：子查询语句返回多列的结果。

※ 关联子查询：子查询语句引用外查询语句中的一个列或多个列，即外查询和内查询是相互关联的。

各种子查询之间还可以相互嵌套。在 Oracle 系统中，子查询的嵌套层数可以达到 255 层，但是真正嵌套 255 层的子查询是很少的。实际上，嵌套的层数越多，查询语句的执行效率也就越差，因此应该尽量降低子查询的嵌套层数。

4.3.2 单行子查询

在单行子查询中，该内查询只返回单行单列值，因此可以把这种子查询作为一个常量。在 WHERE 子句中，可以使用单行比较运算符来比较某个表达式与子查询的结果。可以使用的单行比较运算符包括等于"="、大于">"、大于或等于">="、小于"<"、小于或等于"<="和不等于"<>/!="。

例如，下面的语句在子查询中使用统计函数，从 EMP 表中得到薪金最低和薪金最高的员工信息。

```
SQL> select empno,ename,job,sal
  2  from emp
  3  where sal>=(select max(sal)
  4              from emp)
  5    or sal<=(select min(sal)
  6              from emp);

  EMPNO       ENAME        JOB          SAL
  -----       -----        ---          ----------
  7369        SMITH        CLERK        800
  7839        KING         PRESIDENT    5000
```

在执行子查询的过程中，如果内查询的结果是空值，那么外查询的条件始终不会满足，该查询的最终结果是空值。例如，在下面的查询中，子查询语句试图查找部门名为 MANAGER 的信息。但是，由于在 DEPT 表中不存在该部门的信息，所以子查询语句的结果是空值。这样 WHERE 子句中的条件总为 FALSE，因此该查询的最终结果也是空值。

```
SQL> select empno,ename,job,sal
  2  from emp
  3  where deptno=(select deptno
  4                from dept
  5                where dname='MANAGER');
```

未选定行

在单行子查询中，常见的错误是在子查询中返回了多行数据或者包含了 ORDER BY 子句。如果在单行子查询中返回了多行数据，那么这个查询就会发生错误，系统无法正确执行该操作。

在子查询中也不能包含 ORDER BY 子句，如果希望对数据进行排序，那么只能在外查询语句中使用 ORDER BY 子句。

4.3.3　多行子查询

多行子查询可以返回单列多行的数据。在这种多行子查询中，必须使用多行运算符来判断，而不能使用单行运算符。使用多行运算符可以执行与一个或多个数据的比较操作。在 Oracle 系统中，可以使用的多行比较运算符包括：IN（等于列表中的任何一值）、ANY（与子查询返回的每个值进行比较）和 ALL（与子查询返回的所有值进行比较）。

ANY 运算符表示与子查询中的每个值进行比较。这时，需要将单行比较运算符与该运算符组合起来使用。与单行比较运算符组合之后，所使用的 ANY 运算符结果如下。

※ <any：表示小于最大值。

※ =any：与 IN 运算符等价。

※ >any：表示大于最小值。

对于 ALL 运算符而言，与单行比较运算符组合之后，所使用的 ANY 运算符结果如下。

※ <all：表示小于最小值。

※ >all：表示大于最大值。

在下面的示例，将练习使用 ALL、ANY 和 IN 运算符进行查询。

① 以 SCOTT 身份连接数据库。

② 在子查询的比较条件中，使用 >ANY 运算符查询大于 MANAGER 职位中最小薪金的员工信息。

```
SQL> select empno,ename,job,sal
  2  from emp
  3  where sal>any(select sal
  4  from emp where job='MANAGER');

    EMPNO       ENAME        JOB          SAL
    -----       -----        ---          ----------
    7839        KING         PRESIDENT    5000
    ...
    7782        CLARK        MANAGER      2450

已选择 6 行。
```

③ 下面是使用 IN 运算符的多行子查询，用于查询属于 ACCOUNTING 和 RESEARCH 部门的员工信息。

```
SQL> select empno,ename,job,sal,deptno
  2  from emp
  3  where deptno in (select deptno from dept
  4                   where dname='ACCOUNTING' or dname='RESEARCH');
```

④ 下面是使用 ALL 运算符的多行子查询，用于查询薪金大于所有 MANAGER 职位的员工信息。

```
SQL> select empno,ename,job,sal
  2  from emp where sal >all(select sal from emp where job='MANAGER');
```

另外，在使用 IN、ALL 和 ANY 等多行比较运算符时，还可以使用 NOT 运算符，表示取反。

4.3.4 关联子查询

在前面介绍的子查询中，内查询和外查询是分开执行的，即内查询的执行与外查询的执行是没有关系的，而外查询仅使用内查询的最终结果。在子查询语句中，当内查询的执行需要借助于外查询，而外查询的执行又离不开内查询的执行时，内查询和外查询是相互关联的，这种子查询称为"关联子查询"。例如，在内层被嵌套的 SELECT 语句中包含了外层 SELECT 语句中的员工代码。这类子查询在某些情况下可能会产生一定的问题，因为内层子查询返回的记录都是外层查询所操作的候选对象，当数据量较大时，这会导致查询效率低下。

现在使用关联查询检索某个职位的员工薪金是否超出了平均水平，所使用的查询语句如下。

```
SQL> select ename,job,sal
  2  from emp t
  3  where sal>(select avg(sal)
  4            from emp
  5            where t.job=job)
```

```
    6   order by job;

  ENAME            JOB             SAL
  -----            ----            ----------
  FOX              CLERK           1100
  ...
  TURNER           SALESMAN        1500

  已选择 6 行。
```

在上面的查询语句中，外层查询使用关联子查询计算每个职位的平均薪金。而关联子查询必须知道每个员工的职位，以便外层查询寻找该员工的平均薪金是否高于所在部门的平均值。如果薪金高于平均薪金，则该员工的信息结果会显示出来。在执行语句的过程中，必须遍历 EMP 表中的每条员工记录，因此如果 EMP 中有许多记录，则该语句的执行速度将会异常缓慢。

4.4　操作数据

SQL 语句除了可以查询数据外，还可以完成插入、更新和删除数据等操作。在 Oracle 中创建表后，只有在表中插入数据之后，该表才有意义。如果表中的数据不合适，还可以对那些不合适的数据进行更新。如果某些数据已经不再需要，则可以删除这些数据。在操作数据的过程中，Oracle 是通过各种事务来进行管理的。

4.4.1　插入数据

插入数据就是将数据放置到已经创建的表中，Oracle 数据库通过 INSERT 语句来实现插入数据。一般情况下，使用 INSERT 语句可以一次插入一行数据。

与 SELECT 语句相比，INSERT 语句的使用方式要简单得多。在 INSERT 语句的使用方式中，最为常用的形式是在 INSERT INTO 子句中指定添加数据的列，并在 VALUES 子句中为各个列提供一个值。

下面的语句将向 SCOTT 模式中的 EMP 表添加一条记录。

```
  SQL> insert into emp(empno,ename,job,mgr,hiredate,sal,comm,deptno)
    2   values(7995,'ATG','CLERK',7782,to_date('2007-9-23','yyyy-mm-
dd'),1300,null,10);

  已创建 1 行。
```

在向表中所有列添加数据时，可以省略 INSERT INTO 子句后的列表清单。使用这种方法时，必须根据表中定义的列的顺序，为所有的列提供数据，用户可以使用 DESC 命令查看表中定义列的顺序。下面的 INSERT 语句在向 EMP 表添加记录时省略了列清单。

```
  SQL> desc emp
  SQL> insert into emp
    2   values(7996,'LI','CLERK',7782,to_date('2006-5-12','yyyy-mm-
dd'),1200,null,10);

  已创建 1 行。
```

在插入操作过程中，用户也可以根据实际情况只为部分列提供数据，而省略某些列的数据。注意这些列必须允许空值、有默认值或系统可以自动生成值等。例如，在 EMP 表中，除 EMPNO 列不允许空值外，其他列都可以为空值。

如果某个列不允许 NULL 值存在，而用户没有为该列提供数据，则会因为违反相应的约束而插入失败。事实上，在定义表的时候为了数据的完整性，经常会为表添加许多约束。例如，在 EMP 表中为了保证表中每条记录的唯一性，在表的 EMPNO 列上定义了主键约束。如果用户试图为表中的 EMPNO 列添加一个重复值，则会因为违反主键约束而失败。

```
SQL> insert into emp(empno,ename,job)
  2  values(7782,'KING','CLERK');
insert into emp(empno,ename,job)
*
第 1 行出现错误:
ORA-00001: 违反唯一约束条件 (SCOTT.PK_EMP)
```

关于为表定义完整性约束，将在后面的章节中介绍，这里需要记住的是在向表添加记录时，添加的数据必须符合为表定义的所有完整性约束。

INSERT 语句还有一种用法，可以实现一次向表中添加一组数据。即使用 SELECT 语句替换 VALUES 子句，这样由 SELECT 语句提供添加的数值。例如，下面的示例从 EMP 表提取属于某一部门的雇员信息并保存到另外一个表中。

```
SQL> create table accounting_employees(
  2  empno number(4),
  3  ename varchar2(10),
  4  job varchar2(20),
  5  hiredate date,
  6  sal number(6,2));

表已创建。

SQL> insert into accounting_employees
  2  select empno,ename,job,hiredate,sal
  3  from emp
  4  where deptno=10;

已创建5 行。
```

从上面的语句执行结果可以看出，通过使用 INSERT 和 SELECT 语句的组合，一次性为新创建的表添加了 5 行数据。

提示:

在使用 INSERT 和 SELECT 语句的组合成批添加数据时，INSERT INTO 子句后所指定的列名可以与 SELECT 子句指定的列名不同，但是其数据类型必须相匹配，即 SELECT 语句返回的数据必须满足表中的约束。

4.4.2 更新数据

如果表中的数据不合适，则需要对其修改或更新。在 SQL 中，用户可以使用 UPDATE 语句完成数据的更新操作。

　　在更新数据时，既可以一次更新一列，也可以一次更新多列。如果在 UPDATE 语句中使用了 WHERE 条件表达式，那么只有符合条件的记录才会被更新；如果没有使用 WHERE 条件表达式，那么更新表中所有行的数据。

　　在更新表中的数据时，这些更新操作不能违反表中的完整性约束。例如，在 EMP 表中，主键列 EMPNO 的数据不允许重复，因此如果更新后的数据与现存数据相同，则会因为违反主键约束而失败。如下所示。

```
SQL> update emp
  2   set empno=7876
  3   where ename='CLARK';
update emp
*
第 1 行出现错误：
ORA-00001：违反唯一约束条件 (SCOTT.PK_EMP)
```

> **提示：**
>
> 在更新数据时，如果没有使用 WHERE 条件表达式，那么系统将会更新表中所有的数据。因此，在使用没有条件表达式的更新操作时一定要谨慎。

4.4.3　删除数据

　　如果表中的数据不再需要，那么就可以删除表中的数据。在删除表中的数据时，最常用的 SQL 语句是 DELETE 语句。

　　在删除操作中，既可以一次删除一行数据，也可以一次删除多行数据，更可以删除表中的所有数据。在 DELETE 语句中，如果没有使用 WHERE 条件表达式，那么将会删除表中的所有数据。例如，下面语句将删除 EMP 表中的 ENAME 列为 ATG 的记录行。

```
SQL> delete from emp
  2   where ename='ATG';

已删除 1 行。
```

　　在 Oracle 系统中，除了 DELETE 语句外，还可以使用 TRUNCATE TABLE 语句删除表中的所有数据。相比之下，使用 TRUNCATE 语句删除数据时，通常要比 DELETE 语句快得多。这是因为使用 TRUNCATE TABLE 语句删除数据时，它不会产生回退信息，因此执行 TRUNCATE 操作也不能撤销。例如，下面的语句将删除 ACCOUNTING_EMPLOYEES 表中所有的记录。

```
SQL> truncate table accounting_employees;
表被截断。
```

　　在用 TRUNCATE 语句删除数据时，还可以使用关键字 REUSE STORAGE，表示删除记录后仍然保存记录占用的空间；与此相反，也可以使用 DROP STORACE 关键字，表示删除记录后立即回收记录占用的空间，默认在 TRUNCATE TABLE 语句中使用 DROP STORAGE 关键字。使用关键字 REUSE STORAGE 保留删除记录后的空间的 TRUNCATE 语句如下。

```
SQL> truncate table accounting_employees reuse storage;
表被截断。
```

4.5 Oracle 中的事务处理

在 Oracle 系统中，在使用 INSERT、UPDATE 和 DELETE 语句操作数据时，数据库中的数据并不会立即改变，用户还可以通过控制事务确认是否提交或取消先前的操作。

4.5.1 事务的基本概念

事务是数据库系统工作的一个逻辑单元，它由一个或多个 SQL 语句组成。对于数据库而言，事务是不可分割的工作单元，一个事务中的所有 SQL 语句要么全部执行，要么全部不执行。也就是说，当事务被提交后，该事务中的操作才真正被保存到数据库中。如果某个事务被回退了，那么该事务中的所有操作都被取消。事务的回退和提交可以由用户显式执行，也可以隐式地执行。

一般情况下，用户或应用程序需要显式地执行 COMMIT 语句提交事务，但是用户也可以不使用 COMMIT 语句而隐式地提交事务。例如，在事务的结尾处使用 DDL 语句时，Oracle 默认为提交当前的事务，并且开始一个新的事务。只有当事务被提交后，其他用户才能够看到对数据库的修改结果。下面将启动两个 SQL*Plus 会话来演示 Oracle 的事务处理特性。

① 启动 SQL*Plus，使用 SCOTT 身份连接数据库，并且向 EMP 表添加一些数据，如下所示。

```
SQL> insert into emp(empno,ename,job,sal)
  2  values(8000,'刘丽','MANAGER','2300');

已创建 1 行。
```

② 在该会话中执行如下的查询时，用户可以看到先前插入的数据。

```
SQL> select empno,ename,job,sal
  2  from emp
  3  where empno=8000;

    EMPNO     ENAME         JOB          SAL
    -----     -----         ---          ----------
     8000     刘丽          MANAGER      2300
```

③ 现在打开另一个 SQL*Plus，并且保持第一个 SQL*Plus 不被关闭。在第二个 SQL*Plus 中执行相同的 SELECT 语句，以查看先前插入的数据。

```
SQL> select empno,ename,job,sal
  2  from emp
  3  where empno=8000;

未选定行
```

在这里可以发现，由于第一个会话没有提交事务，所以在第二个会话中看不到第一个会话添加数据。

④ 在第一个 SQL*Plus 中使用 COMMIT 语句提交事务。

```
SQL> commit;
提交完成。
```

⑤ 现在，如果用户再次在第二个 SQL*Plus 中运行上面的 SELECT 语句，就会看到在第一个 SQL*Plus 中所提交的数据。

4.5.2 事务控制

Oracle 中的事务是隐式自动开始的，它不需要用户显式地使用语句开始事务处理。当发生如下情况时，Oracle 认为一个事务结束。

※ 执行 COMMIT 语句提交事务。

※ 执行 ROLLBACK 语句撤销事务。

※ 执行一条数据定义语句（如 CREAE、DROP 或 ALTER 语句等）。如果该语句执行成功，那么表示系统自动执行 COMMIT 命令；如果这种操作失败，那么表示系统自动执行 ROLLBACK 命令。

※ 执行一个数据控制命令（如 GRANT、REVOKE 等），这种操作表示自动执行 COMMIT 命令。

※ 断开数据库的连接。如果使用 EXIT 命令正常退出 SQL*Plus，则系统自动执行 COMMIT 命令；如果退出 SQL*Plus 出现异常，则系统自动执行 ROLLBACK 命令。

下面主要介绍通过 ROLLBACK 语句控制事务。

1．使用 COMMIT 语句提交事务

提交事务也就意味着该事务中对数据库进行的全部操作将永久地记录在数据库中。在使用 COMMIT 提交事务时，Oracle 会执行如下操作。

① 在回退段内记录事务已经提交，并且生成一个唯一的系统变改号（SCN），以唯一标识这个事务。

② 启动 LGWR 后台进程，将 SGA 区中的重做日志缓存中的数据写入联机重做日志文件中，并且将该事务的 SCN 也保存到联机重做日志文件中。

③ Oracle 服务器进程释放事务处理所占用的资源。

④ 通知用户事务已经成功提交。

需要注意，Oracle 提交事务的性能不会因为事务所包含的 SQL 语句过多而受到影响，因为 Oracle 采用了一种称为"快速提交"（Fast Commit）的机制，当用户提交事务时，Oracle 并不会将与该事务相关的"脏数据块"立即写入数据文件，只是将相应的日志信息保存到重做日志文件，这样即使发生错误丢失了内存中的数据，系统还可以根据重做日志文件中的信息对其进行还原。因此，只要事务的重做日志信息被完全写入联机重做日志文件中，即可认为该事务已经成功提交。

2．回退事务

回退一个事务也就意味着在该事务中对数据库进行的全部操作将被取消，Oracle 利用回退段（或撤销表空间）来存储修改前的数据，通过重做日志来记录对数据所做的修改。如果要回退

整个事务，Oracle 将会执行如下操作。

① 使用回退段中的数据撤销事务中所有 SQL 语句对数据库所做的修改。

② Oracle 服务进程释放事务所占用的资源。

③ 通知用户事务回退成功。

Oracle 不仅允许回退整个未提交的事务，还允许回退事务的一部分，这是通过一种称为"保存点"的机制实现的。在事务的执行过程中，用户可以通过建立保存点将一个较长的事务分隔为几部分。这样用户就可以有选择性地回退到某个保存点，而保存点之后的操作都将被取消。

在下面的示例，将向 SCOTT 模式中的 EMP 表添加两行记录，并且在执行第一条 INSERT 语句后建立一个保存点，在第二条 INSERT 语句后查询当前事务对数据库所做的操作。随后回退事务到保存点，以撤销第二条 INSERT 语句所执行的操作。

```
SQL> insert into employees(employee_id,last_name,email,hire_date,job_id)
  2  values(1000,'atg','save@gmail.com',to_date('2000-11-25','yyyy-mm-
dd'),'IT_PROG');

已创建 1 行。

SQL> savepoint s1;
保存点已创建。

SQL> insert into employees(employee_id,last_name,email,hire_date,job_id)
  2  values(1001,'perty','per@gmail.com',to_date('2001-05-20','yyyy-mm-
dd'),'IT_PROG');

已创建 1 行。

SQL> select employee_id,last_name
  2  from employees
  3  where employee_id>900
  4  order by employee_id desc;

EMPLOYEE_ID     LAST_NAME
-----------     -------------------------
1001            perty
1000            atg

SQL> rollback to savepoint s1;
回退已完成。

SQL> commit;
提交完成。

SQL> select employee_id,last_name
  2  from employees
  3  where employee_id>900
  4  order by employee_id desc;

EMPLOYEE_ID     LAST_NAME
-----------     -------------------------
1000            atg
```

4.6 练习：查询 EMPLOYEES 表信息

在本练习中，将在 SQL*Plus 环境下，通过执行相应命令，查询雇员的姓名、职务、部门等信息。

操作步骤：

① 使用 HR 身份登录，查询 EMPLOYEES 表中每个雇员的所有记录。输入并执行如下 SQL 语句。

```
SQL>select * from employees;
```

查询结果应该包括客户信息的所有列，并且包括该表的所有记录行。

② 查询 EMPLOYEES 表中每个雇员的姓名、职位和薪金。

```
SQL> select first_name,last_name,job_id,salary
  2  from hr.employees;
```

③ 在 SELECT 语句中使用连接查询 DEPARTMENTS 和 EMPLOYEES 表，从中检索属于某一部门的信息。

```
SQL>select t1.first_name,t1.last_name,t1.job_id,t1.salary,t2.department_name
  2  from employees t1, departments t2
  3  where t1.department_id=t2.department_id and
  4  t2.department_name='Sales';
```

④ 使用子查询查询属于某一部门的员工信息。

```
SQL> select t1.first_name,t1.last_name,t1.job_id,t1.salary
  2  from employees t1
  3  where t1.department_id in(select department_id
  4  from departments
  5  where
  6  department_name='Sales');
```

⑤ 统计某一部门的雇员的最高和最低薪金。

```
SQL> select t2.department_name,max(t1.salary),min(t1.salary)
  2  from employees t1,departments t2
  3  where t1.department_id=t2.department_id
  4  group by t2.department_name;
```

4.7 练习：维护 EMPLOYEES 表中的数据

在本练习中，将在 SQL*Plus 环境下，通过执行相应的函数向表中插入新的数据，以及执行删除表数据、更新表数据等一系列的维护操作。

操作步骤：

① 使用 HR 身份登录，向 EMPLOYEES 表添加一组数据，输入并执行如下 SQL 语句。

```
SQL> insert into employees(employee_id,last_name,email,hire_date,job_
id,salary)
  2  values(300,'LILI','lili@gmail.com',sysdate,'SH_CLERK',1250);
已创建 1 行。
```

通过 SELECT 查询语句，查看是否在 EMPLOYEES 表中添加了相应的记录。

② 使用 UPDATE 语句更新该记录的 SALARY 列，为部门编号为 50 的员工上调薪金 20%。输入并执行如下的 SQL 语句。

```
SQL> update employees
  2  set salary=salary*1.2
  3  where department_id=50;
已更新 45 行。
```

③ 删除上述记录，输入并执行如下的 SQL 语句。

```
SQL> delete employees
  2  where employee_id=300;
已删除 1 行。
```

④ 创建 EMPLOYEES 表的一个副本，并向其中添加数据。

```
SQL> create table employees_copy
  2  as select * from employees;
表已创建。
```

⑤ 使用 TRUNCATE 语句清除 employees_copy 表中的数据。

```
SQL>truncate table create table employees_copy;
```

4.8 新手训练营

练习 1：检索 ACMT 表数据

本练习中，将使用 SELECT 语句检索 ACMT 表中的 NAME 列、VOLUME 列和 COMMISSION 列的数据名。其中，检索数据的语法格式如下所示。

```
SQL> select name,volume,commission
  2  from acmt;

NAME            VOLUME          COMMISSION
----            ------          ------------------------
杨光            0               0
刘晓            0               0
贺龙            30000           1500
冉然            10000           500
刘娟            0               0
金鑫            0               0
李娜            80000           8000
......
张杰            0               0
已选择 20 行。
```

练习 2：过滤 STAFF 表数据

本练习中，将使用 SELECT 语句和比较运算符，检索 STAFF 表中的数据。首先，使用 SELECT 语句检索 STAFF 表中员工 VWORKINGLIFE 为 13 年的员工数据。

```
SQL> select name,department,post
  2  from staff
```

```
  3  where vworkinglife=13;
```

NAME	DEPARTMENT	POST
刘娟	人事部	经理
金鑫	办公室	经理
王雯	研发部	经理

然后，使用比较运算符 ANY 检索 STAFF 表中"所属部门"为"财务部"和"人事部"的数据。

```
SQL> select name,post,vworkinglife
  2  from staff
  3  where department=any('财务部','财务部','人事部');
```

NAME	POST	VWORKINGLIFE
杨光	经理	12
刘娟	经理	13
张冉	职员	7
赵军	主管	12
王宏	职员	12
张杰	职员	10

已选择 6 行。

练习 3：多条件查询 ATTENDANCE 表

本练习中，首先使用逻辑运算符和简单的条件组合，查询 ATTENDANCE 表中 WAGES 列中值大于等于 9000 并小于 10000 的 NAME、DEPARTMENT 和 DEDUCTWAGES 列的数据记录。

```
SQL> select name,department,deductwages
  2  from attendance
  3  where wages>=9000 and wages<10000;
```

NAME	DEPARTMENT	DEDUCTWAGES
刘晓	办公室	50
冉然	研发部	1309.09
赵军	财务部	600
王宏	人事部	0

然后，将检索所属部门为财务部和人事部的，并且应扣薪金大于 0 的职工信息。

```
SQL> select name,department,post
  2  from attendance
  3  where department in('财务部','人事部')
  4  and deductwages>0;
```

NAME	DEPARTMENT	POST
杨光	财务部	经理
张冉	人事部	职员
赵军	财务部	主管

练习 4：排序 ACMT 表

本练习中，将使用 ORDER BY 子句对 ACMT 表中的 NAME 和 COMMISSION 列的数值进行排序。

```
SQL> select name,department,commission
  2  from acmt
  3  order by commission,name;

NAME                DEPARTMENT          COMMISSION
----                ----------          -----------------------
金鑫                办公室              0
李海                研发部              0
李红                办公室              0
王宏                人事部              0
......
赵军                财务部              0
冉然                研发部              500
贺龙                销售部              1500
叶甜                销售部              2500
黄亮                销售部              6000
李娜                销售部              8000
张三民               销售部              10000
已选择 20 行。
```

第 5 章

SQL 函数

本章内容

SQL 提供了许多内置的函数，使用这些函数可以大幅提高这些计算机语言的运算、判断能力。例如，使用字符串函数可以对字符串进行处理、使用数学函数进行数值运算、使用转换函数对数据类型进行转换、使用日期函数处理日期和时间等。通过这些函数，用户可以对表中的数据按照自己的需求进行各种复杂的运算和操作。在本章中，将详细介绍各类型函数的基础知识和使用方法，为后期创建和管理数据奠定基础。

5.1 字符函数

字符函数指用于对字符表达式进行处理的函数，它也是 Oracle 系统中被广泛使用的函数。在使用字符串函数时，其输入值一般是字符数据类型的，而其输出结果则是经过处理的字符表达式。

5.1.1 字符函数概述

在 Oracle 系统中，函数使用下列语法格式来表示。

```
FUNCTION(sting [, option])
```

上述代码中，函数本身为大写状态，其参数为小写状态。sting 参数表示文本字符串或字符串列的名称，其中文本字符串需要使用单引号括起来；而参数 option 为非必选参数。

例如，使用转换大小写的函数 LOWER，其语法格式为：

```
LOWER(sting)
```

如若转换某个具体字符串，则需要将字符串放置在函数的位置，例如：

```
LOWER('CMT')
```

此时，该函数的输出结果为"CMT"。由于直接使用了字符串，所以需要使用单引号括起来。除此之外，该函数还可以直接使用表列名称进行转换，使用列名称时无须使用单引号。

一般情况下，用户可以使用的字符函数如下表所示。实际上，这些字符函数在许多编程语言中都可以使用。

函数	说明
ASCII(string X)	返回字符 X 的 ASCII 值
CHR(X)	返回整数 X 所对应的 ASCII 字符
COUNT(X,Y)	连接字符串 X 和 Y
INITCAP(X)	将字符串 X 中的第一个字母变为大写，其余字母不变
INSTR(X,FIND_STRING[,START][, occurrence])	在字符串 X 中搜索 FIND_STRING，返回 FIND_STRING 出现的位置。可以有选择性地提供开始搜索的位置 START。还可以有选择性地提供一个表示出现次数的 occurrence，表示 FIND_STRING 出现 occurrence 次时才返回
LENGTH(X)	返回字符串 X 的长度
LOWER(X)	将字符串 X 中的字符转换为小写字母
LPAD(X,WIDTH[,PAD_STRING])	使用空格补齐在字符串 X 的右边，使其长度为 WIDTH。如果提供了可选的 PAD_STRING，那么，使用 PAD_STRING 重复补齐字符串 X，使其长度为 WIDTH
LTRIM(X[,TRIM_STRING])	删除字符串 X 左边的字符。可以使用可选择将要被删除的字符，如果没有提供 TRIM_STRING，则在默认情况下将删除左边的空格
NANVI(X,VALUE)	如果 X 不是数字，那么返回 VALUE；否则返回 X
NVL(X,VALUE)	如果 X 是空值，返回 VALUE；否则返回 X
NVL2(X,VALUE1,VALUE2)	如果 X 不是空值，则返回 VALUE1；否则返回 VALUE3
UPPER(string)	将字符串 string 全部字母转换为大写
REPLACE(X,SEARCH_STRING,REPLACE_STRING)	在字符串 X 中搜索 SEARCH_STRING，如果找到，则使用 REPLACE_STRING 替换

函数	说明
RPAD(X,WIDTH[,PAD_ STRING])	使用指定的字符在字符串的右边填充，各参数的意义与 LPAD 相同
RTRIM(X[,TRIM_STRING])	去掉字符串 X 中右边 TRIM_STRING 指定的字符，类似于 LTRIM
SOUNDEX(X)	返回包含了字符串 X 的音标
SUBSTR(X,start[,LENGTH])	返回字符串 X 的子串，开始位置是 START，可选的 LENGTH 参数表示子串的长度
STRIM([TRIM_CHAR] from X)	删除字符串 X 中左右两端的一些字符，如果提供了可选择的 TRIM_CHAR，那么将删除 TRIM_ CHAR 字符串；否则删除空格
UPPER(X)	把字符串 X 中的字母转换为大写字母

5.1.2　常用的字符串函数

为了更好地理解这些字符函数，下面通过一些常用函数示例，详细介绍字符函数的用法。

1. ASCII() 和 CHR() 函数

ASCII() 函数可以返回某个字符的 ASCII 码值；CHR() 函数则与其相反，它返回给出 ASCII 码值所应的字符。这两个函数在判断某个字符时经常会用到。

下面的示例演示了 ASCII() 和 CHR() 函数的使用方法。

```
SQL> select ascii('A') A,ascii('a') a,ascii('0') zero,ascii(' ') space
  2  from dual;

A           A           ZERO        SPACE
---         ---         ----        ----------
65          97          48          32

SQL> select chr(51141) 桥,chr(65) chr65
 from dual;

桥  C
--  -
桥  A
```

如果在 ASCII() 函数中包含了多个字符，则只返回第一个字符的 ASCII 值。

2. CONCAT() 函数

CONCAT(X,Y) 函数用于连接字符串 X 和 Y，并形成新的字符串。这种连接是紧密连接，两个字符串的连接之间没有空格等分隔字符。

下面的示例使用 CONCAT() 函数把 EMP 表中的 MGR 和 JOB 列连接起来。

```
SQL> select concat('010-','68626234') 联系电话
  2  from dual;

联系电话
------------
010-68626234
```

3. INITCAP() 函数

INITCAP(X) 函数表示把字符串 X 中的所有英文单词转换为首字母大写的形式。不过，这种函数对汉字没有影响。

例如，下面的示例为对字符串进行处理，将字符串的第一个字母变为大写。

```
SQL> select initcap(ename) name,sal
  2  from emp
  3  where deptno=10;

NAME            SAL
----            ----------
Clark           2450
King            5000
Miller          1300
```

4. INSTR() 函数

INSTR(X,FIND_STRING[,START][,OCCURRENCE]) 函数在字符串 X 中搜索 FIND_STRING 字符，并返回其位置。如果使用了可选参数 START 和 OCCURRENCE，那么表示从 START 位置开始当第 OCCURRENCE 次返回 FIND_STRING 字符串时才返回其位置。

例如，下面的示例将搜索字符 A 的位置。

```
SQL> select instr('Oracle','a') position
  2  from dual;

  POSITION
----------
         3
```

5. LOWER() 和 UPPER() 函数

LOWER(X) 和 UPPER(X) 函数也是一对常用的函数，前一个函数将字符串 X 转变成小写字母，后一个函数则相反，将字符串 X 全部转变为大写字母。

例如，下面的语句分别使用 LOWER() 和 UPPER() 函数，将数据转换成小写字母和大写字母。

```
SQL> select lower('EMPLOYEES'),upper('Employees')
  2  from dual;

LOWER('EM       UPPER('EM
---------       ---------
employees       EMPLOYEES
```

6. LTRIM()、RTRIM() 和 TRIM() 函数

LTRIM()、RTRIM() 和 TRIM() 函数都是用来删除指定字符串周围的字符的。LTRIM(X[,TRIM_STRING]) 函数用于删除字符串 X 左边的字符，如果使用了可选的 TRIM_STRING 参数，那么将删除字符串 X 左边的 TRIM_STRING 字符串；如果没有指定 TRIM_STRING 参数，那么删除字符串 X 左边的空格。RTRIM() 函数与此类似，只是方向在右边。TRIM() 函数则删除字符串两端的字符串。

例如，下面的语句分别使用 LTRIM()、RTRIM() 和 TRIM() 函数处理字符串。

```
SQL> select ltrim('***Welcome***','*'),rtrim('***Welcome***','*'),
  2  trim('*'from '***Welcome***')
  3  from dual;

LTRIM('***          RTRIM('***          TRIM('*
----------          ----------          -------
Welcome***          ***Welcome          Welcome
```

7．RPAD() 和 LPAD() 函数

RPAD() 函数用于填充列右侧的字符，其填充字符为任意字符，其语法格式为：

```
RPAD(string,length[, 'set'])
```

而 LPAD() 函数则用于填充列左侧的字符，其填充字符为任意字符。

```
LPAD(string,length[, 'set'])
```

在上述语法格式中，参数 string 表示字符或字符类型的列，参数 length 表示字符长度，而参数 set 则表示需要填充的字符。如果省略方括号中的内容，该函数则会直接填充空格。

例如，下面的语句中将使用 RPAD() 函数，在表列的右侧填充长度为 5 的虚点。

```
SQL> select rpad(report_id,5,'.'),report_scr from report;

RPAD(REPOR          REPORT_SCR
----------          ----------
1....               90
2....               80
3....               70
4....               88
5....               75
6....               92
7....               66
8....               84

已选择 8 行。
```

8．LENGTH() 函数

LENGTH() 函数用于返回指定字符串的长度，长度值包含字母、空格和任何其他字符。

例如，下面的语句中使用了 LENGTH() 函数，返回了 REPORT_DTE 列中字符串的长度。

```
SQL> select report_dte,length(report_dte) from report;

REPORT_DTE          LENGTH(REPORT_DTE)
--------------      ------------------
08-9 月 -17         9
08-9 月 -17         9
07-9 月 -17         9
07-9 月 -17         9
06-9 月 -17         9
06-9 月 -17         9
07-9 月 -17         9
07-9 月 -17         9

已选择 8 行。
```

提示：

LENGTH() 函数还可以作为 WHERE 或 ORDER BY 子句，以及其他函数一部分参与计算。

---

9. SUBSTR() 函数

SUBSTR() 函数用于提取指定字符串中的部分字符串，该函数的语法格式为：

```
SUBSTR(string,start[, count])
```

上述语法格式中，参数 string 表示指定的字符串，参数 start 表示提取字符串的起始位置，参数 count 表示字符串的长度，如果省略 count，该函数将从 start 位置提取到字符串末尾。

例如，下面的语句中使用了 SUBSTR() 函数，提取了 REPORT_DTE 列中字符串的第二个字符后的 4 个字符。

```
SQL> select substr(report_dte,2,4) from report;

SUBSTR(R
--------
8-9 月
8-9 月
7-9 月
7-9 月
6-9 月
6-9 月
7-9 月
7-9 月

已选择 8 行。
```

5.2 数值函数

数值函数可以用于执行各种数据计算。在其他编程语言中提供了大量的数学函数，这也是编程语言最早的功能之一。在 Oracle 系统中，也提供了大量的数学函数，这些函数大幅增强了 Oracle 系统的科学计算能力。

5.2.1 数值函数概述

在 Oracle 系统中，几乎包括所有常用的数学函数，Oracle 系统可用的数学函数如下表所示。

函数	说明
ABS(X)	返回 X 的绝对值
CEIL(X)	返回大于等于数值 X 的最小整数
COSH(X)	返回数值 X 的双曲余弦值
EXP(X)	返回 e 的 X 次幂（e=2.71828183…）
FLOOR(X)	返回小于等于数值 X 的最大整数
LN(X)	返回数值 X 的自然对数（X 必须大于 0）

函数	说明
LOG(X,Y)	返回以 X 为底的数值 Y 的对数（X>1,Y>0）
MOD(X,Y)	返回 X/Y 后的余数，若 Y=0，则返回 X（求模运算）
POWER(X,Y)	返回 X 的 Y 次幂
ROUND(X,[Y])	执行四舍五入运算，Y 可以省略，当省略 Y 时，四舍五入到整数位；当 X 为正数时，四舍五入到小数点后 Y 位；当 X 为负数时，四舍五入到小数点前 Y 位
SIGN(X)	检测数值的正负，当 X<0 则返回 −1；当 X>0 则返回 1，当 X=0 返回 0
SQRT(X)	返回数值 X 的平方根（X>=0）
TRUNC(X,[Y])	截取数值 X，Y 可以省略，当省略 Y 时则截取 X 的小数部分；当 Y 为正数时则将 X 截到小数点后 Y 位；当 X 为负数时，则将 X 截取到小数点前 Y 位

Oracle 中的函数可以处理单值、值组和值列表 3 类数值，其语法格式为：

```
FUNCTLON(value [, option])
```

上述代码中的参数 value 表示数字、数值列或变量，其列名和数字无须使用单引号。

当在计算中使用多个运算符时，需要遵循运算符的执行顺序，也就是执行公式运算的优先级。这一点与数学运算的执行顺序一样，即优先级最高的为圆括号，随后是乘除法，最后为加减法。而对于同等优先级的运算，则遵循从左到右的顺序来执行。

5.2.2 单值函数

单值，顾名思义只包含一个数值。Oracle 中的单值函数包括 NULL() 函数、ABS() 函数和 MOD() 函数等。

1. NULL

NULL 表示空值，区别于 0，不能参与运算，任何算术运算中包含 NULL 值时其结果都为 NULL 值。

例如，下面的语句中，对 CAOJIN 行中 NUB1 和 NUB3 列中的值进行加减法运算，其中 NUB3 列的值为空值。

```
SQL> select name nub1,nub2,nub3,
  2   nub1+nub3 as plus,
  3   nub1-nub3 as subtr
  4   from mv
  5   where name = 'caojin';


NUB1              NUB2              NUB3              PLUS              SUBTR
----              ----              ----              ----              ----------
caojin            62
```

从上述计算结果可以发现，由于 NUB3 列中为空值，所以运算结果也都为空值，这一点不同于 0 值。

2. NVL() 函数

虽然 NULL 为空值，但在特殊情况下用户可为这些空值评估均值，以均值来替换 NULL 空值。

例如，某同学的某项考试成绩为空值，此时可以根据历史成绩评估该成绩，并用该成绩替换空值，从而进行整体计算。该函数的语法格式为：

```
NVL(value,substitute)
```

在上述代码中，参数 value 表示 NULL 值，当该参数为 NULL 值时，结果为 substitute 值，否则为 value 值。

在 Oracle 中，可使用置换函数 NVL()，以指定的值来替换空值。例如，下面的语法中，以数字 82 来替换空值。

```
SQL> select name,nvl(nub3,82) from mv;

NAME              NVL(NUB3,82)
----              ------------
wangxiao          82
chenxin           82
caojin            82
```

3. ABS() 函数

ABS() 函数为绝对值函数，该函数类似于数学中的绝对值，用于求正数值。

例如，下面的语句中使用了 ABS() 函数求数值的正数。

```
ABS(-16.5)=16.5
ABS(16.5)=16.5
ABS(-100)=100
```

例如，下面的示例演示了求 MV 表中 NUB1 列中的绝对值的实现过程。

```
SQL> select name,ABS(nub1) from mv;

NAME              ABS(NUB1)
----              ---------------
wangxiao          80
chenxin           90
caojin            60
```

4. CEIL() 函数

CEIL(X) 函数可以得到大于或等于 X 的最大整数。该函数适用于一些比较运算。使用该函数时要特别注意正负数的问题。

下面的示例使用 CEIL() 函数，计算大于 6.6、6 和 -6.6 的最大整数。

```
SQL> select ceil(6.6),ceil(6),ceil(-6.6) from dual;

CEIL(6.6)              CEIL(6)        CEIL(-6.6)
----------             -------        ----------
7                      6              -6
```

5. FLOOR() 函数

FLOOR() 函数用于取整，它可返回小于或等于指定值的最大整数，类似于舍入函数。已知 MV 表中的 NUB3 列中的数据情况如下：

```
SQL> select name,nub3 from mv;

NAME                     NUB3
----                     ----------
wangxiao                 66.8
chenxin                  88.5
jinxin                   77.6
liulin                   94.1
```

下面，运用 FLOOR() 函数，对 NUB3 列中的数值取整。

```
SQL> select name,FLOOR(nub3) from mv;

NAME             FLOOR(NUB3)
----             -----------------------
wangxiao         66
chenxin          88
jinxin           77
liulin           94
```

6. MOD() 函数

MOD() 函数用于求模运算，返回两数相除的余数，若被除数为 0，则返回除数。该函数的语法格式为：

```
MOD(value,divisor)
```

下面的示例显示了 MOD() 函数的演示过程。

```
SQL> select mod(20,10) from dual;

MOD(20,10)
--------------
    0

SQL> select mod(9,4) from dual;

  MOD(9,4)
--------------
        1

SQL> select mod(9,0) from dual;

  MOD(9,0)
------------------
        9
```

7. POWER() 函数

POWER() 函数用于计算指定数值的乘幂，该函数的语法格式为：

```
POWER(value,exponent)
```

下面的示例显示了 POWER() 函数的演示过程。

```
SQL> select power(3,3) from dual;

POWER(3,3)
--------------------
```

```
        27

SQL> select power(10,0.6) from dual;

POWER(10,0.6)
-----------------------
   3.98107171
```

> 提示:
>
> POWER() 函数中的 exponent 参数可为任意实数。

8. SQRT() 函数

SQRT() 函数用于计算指定数值的平方根，指定的数值必须大于等于 0，否则会返回错误值。

下面的示例显示了 SQRT() 函数的演示过程。

```
SQL> select sqrt(16) from dual;

  SQRT(16)
------------------
        4

SQL> select sqrt(65) from dual;

  SQRT(65)
------------------
8.06225775
```

9. EXP() 和 POWER() 函数

EXP(X) 函数用于计算数字 e 的 X 次幂，而 POWER(X,Y) 函数则用于计算 X 的 Y 次幂。这两个函数的差别在于底不同。

下面的示例演示了 EXP() 和 POWER() 函数的使用方法。

```
SQL> select exp(1),exp(10) from dual;

    EXP(1)      EXP(10)
----------    ----------
2.71828183    22026.4658

SQL> select power(2.71828,10) from dual;

POWER(2.71828,10)
------------------
       22026.3176
```

5.2.3 聚集和列表函数

Oracle 中，除了单值函数之外，还具有聚集和列表函数。运用这些函数，不仅可以查询指定行，还可以对数据进行相应的统计操作。

1．统计类函数

统计类函数包括平均值函数 AVG()、最大值函数 MAX()、最小值函数 MIN()、求和函数 SUM() 等。该类型函数的使用方法与 Excel 中函数的使用方法完全相同。

下面的示例显示了统计类函数的演示过程。

```
SQL> select avg(nub1),count(nub1),max(nub1),min(nub1),sum(nub1)
  2  from mv
  3  where name='wangxiao';

AVG(NUB1)        COUNT(NUB1)      MAX(NUB1)        MIN(NUB1)        SUM(NUB1)
---------        -----------      ---------        ---------        ----------------
84               3                92               80               252
```

在上述代码中，AVG 表示平均值，COUNT 表示行数（不为空），MAX 表示最大值，MIN 表示最小值，SUM 则表示合计值。通过上述描述可以发现，该类型的统计函数只统计不为空行数的数值，如果一行中的数字为空，其计算结果大不相同。下面的示例显示了删除 NUB1 列中某行数据后的结果。

```
SQL> select avg(nub1),count(nub1),max(nub1),min(nub1),sum(nub1)
  2  from mv
  3  where name='wangxiao';

AVG(NUB1)        COUNT(NUB1)      MAX(NUB1)        MIN(NUB1)        SUM(NUB1)
---------        -----------      ---------        ---------        ----------------
57.3333333       3                92               0                172
```

2．标准差和标准方差函数

STDDEV() 函数用于计算数值的标准差，而 VARIANCE() 函数则用于计算数值的标准方差。下面的语句展示了标准差和标准方差函数的运行结果。

```
SQL> select avg(nub2),max(nub2),min(nub2),stddev(nub2),variance(nub2)
  2  from mv
  3  where name='wangxiao';

AVG(NUB2)        MAX(NUB2)        MIN(NUB2)        STDDEV(NUB2)     VARIANCE(NUB2)
---------        ---------        ---------        ------------     --------------
80               90               60               17.3205081       300
```

3．计算列函数

在 Oracle 中，可以使用 GREATEST() 函数按行搜索最大值，而 LEAST() 函数则可以按行搜索最小值。上述两个函数属于多值函数，其语法格式为：

```
GREATEST(value1,value2,value3,……)
LEAST(value1,value2,value3,……)
```

下面的语句中，首先查询 MV 表格中的具体数据，以方便与下面的搜索结果进行对比。

```
SQL> select * from mv;
```

```
NAME              NUB1           NUB2           NUB3
----              ----           ----           ----------
wangxiao          80             90             66.8
chenxin           82             92.3           88.5
jnixin            81.5           83             77.6
liulin            66.6           98             94.1
wangxiao          80             90             92
wangxiao          92             60             77
```

然后，运用上述两个函数查找每行中的最大值和最小值，其运行结果如下所示。

```
SQL> select name,greatest(nub1,nub2,nub3) as max,
  2   least(nub1,nub2,nub3) as min
  3   from mv;

NAME              MAX            MIN
----              ---            ----------
wangxiao          90             66.8
chenxin           92.3           82
jnixin            83             77.6
liulin            98             66.6
wangxiao          92             80
wangxiao          92             60
```

提示：

用户可以使用 COALESCE() 函数返回指定行中的首个非空值，如果该行内所有的数据都为空值，则返回 NULL。

4. 使用 MAX() 和 MIN() 函数查找行

MAX() 函数和 MIN() 函数用于求指定范围数据内的最大值和最小值，用户可以运用上述两个函数来搜索列中的最大值和最小值，并返回包含最大值和最小值的行数据。

下面的示例显示了使用 MAX() 函数查找 NUB3 列中最大值所返回的数据行。

```
SQL> select name,nub1,nub2,nub3
  2   from mv
  3   where nub3=(select max(nub3) from mv);

NAME              NUB1           NUB2           NUB3
----              ----           ----           ----------
liulin            66.6           98             94.1
```

而下面的示例显示了使用 MIN() 函数查找 NUB3 列中最小值所返回的数据行。

```
SQL> select name,nub1,nub2,nub3
  2   from mv
  3   where nub3=(select min(nub3) from mv);

NAME              NUB1           NUB2           NUB3
----              ----           ----           ----------
wangxiao          80             90             66.8
```

当然，除了上述执行单个函数搜索之外，用户还可以组合 MIN() 函数和 MAX() 函数，来搜索相对应的数据行。例如，下面的示例代码查询了 NUB3 列中的最大值和最小值所在的行。

```
SQL> select name,nub1,nub2,nub3
  2  from mv
  3  where nub3=(select max(nub3) from mv)
  4  or nub3=(select min(nub3) from mv);

NAME            NUB1            NUB2            NUB3
----            ----            ----            ----------
wangxiao        80              90              66.8
liulin          66.6            98              94.1
```

5.3　日期函数

在默认情况下，日期数据的格式是 DD-MON-YY。其中，DD 表示两位数字的日，MON 表示 3 位数的月，YY 表示两位数字的年。在插入数据时，默认也采用 DD-MON-YY 格式插入数据。

5.3.1　日期函数概述

日期数据的格式由 NLS_DATE_FORMAT 系统参数来设置，该系统参数存储在 INIT.ORA 和 SPFILE.ORA 文件中。可以使用 SHOW PARAMETERS 命令查看这些系统参数的值，另外还可以通过 ALTER SYSTEM 或 ALTER SESSION 命令修改该系统参数。ALTER SYSTEM 命令表示修改系统参数的文件，这种修改设置在以后的数据库操作中将一直起作用；在 ALTER SESSION 命令的设置只在当前的会话中起作用，该会话结束后，其设置就会失效。

在 Oracle 中，系统提供了许多用于处理日期和时间的函数，下表描述了常用的日期、时间函数的类型和功能。

函数	说明
add_months(x,y)	在 X 给定的日期上增加 Y 个月。如果 Y 为负数，则表示从 X 中减去 Y 个月
last_day(x)	返回包含在 X 中的月份的最后一天
months_between(x,y)	返回 X 和 Y 之间的月数
next_day(x,day)	返回紧接着 X 的下一天，参数 DAY 是一个字符串
sysdate()	返回当前系统的日期
current_date()	返回本地时区的当前日期
new_time(x ,time_zone1 ,time_zone2)	将时间 X 从时区 TIME_ZONE1 转变成时区 TIME_ZONE2
localtimestamp()	返回会话中的日期和时间

5.3.2　计算日期

在 Oracle 系统中，DATE 类似于 NUMBER，也属于一种数据类型，同样拥有可以计算的功能。

1. 计算当前日期

Oracle 中的 SYSDATE() 函数可以返回当前系统中的日期，例如下列代码。

```
SQL> select sysdate from mv;

SYSDATE
---------------
25-9 月 -17
25-9 月 -17
25-9 月 -17
25-9 月 -17
25-9 月 -17
25-9 月 -17
```

提示:

在使用 SYSDATE 函数返回当前日期时,需要注意该函数是根据行数来显示当前日期值的,也就是说表中存在几行数据便返回几个日期值。

除了 SYSDATE() 函数之外,用户还可以使用 CURRENT_DATE() 函数来显示时区中的系统日期,以及使用 SYSTIMESTAMP() 函数来显示数据类型格式的系统日期,其具体代码如下。

```
SQL> select systimestamp from mv;

SYSTIMESTAMP
-----------------------------------------
25-9 月 -17 11.41.35.762000 上午 +08:00
25-9 月 -17 11.41.35.762000 上午 +08:00
25-9 月 -17 11.41.35.762000 上午 +08:00
25-9 月 -17 11.41.35.762000 上午 +08:00
25-9 月 -17 11.41.35.762000 上午 +08:00
25-9 月 -17 11.41.35.762000 上午 +08:00
```

2. 计算两个日期之间的月数

在 Oracle 系统中,MONTHS_BETWEEN() 函数可以返回两个日期之间的月数,其结果值既可以是正数,也可以是负数。如果第一个参数指定的日期晚于第二个参数指定的日期,则结果值为负数,如下所示。

```
SQL> select months_between(date'1981-11-26',sysdate)
  2  from dual;

MONTHS_BETWEEN(DATE'1981-11-26',SYSDATE)
-----------------------------------------
                              -316.76572
```

3. 计算指定月份的日期

用户可以使用 ADD_MONTHS() 函数,在指定的日期中增减月份,以获得间隔指定月后的日期。例如,下面的代码中为指定的日期添加了 6 个月,其结果显示 6 个月后的日期。

```
SQL> select add_months(dte,6) as "NEW"
  2  from dt;

NEW
---------------
```

```
01-7 月 -18
```

而下列代码则将指定的日期减少了 6 个月，其结果显示了 6 个月前的日期。

```
SQL> select add_months(dte,-6)- 1 "NEW"
  2  from dt;

NEW
--------------
30-6 月 -17
```

4. 显示指定星期的日期

使用 NEXT_DAY() 函数，可以返回当前日期之后指定星期的具体日期，也就是说指定当前日期后的星期一至星期日的具体日期。

例如，已知具体日期，来指定具体日期后的第 1 个星期一的日期。首先，需要获取已知日期，以便于对比计算结果。

```
SQL> select dte from tb;

DTE
--------------
15-9 月 -17
15-10 月 -17
15-11 月 -17
15-12 月 -17
```

然后，使用 NEXT_DAY() 函数计算已知日期后的星期一的具体日期。

```
SQL> select next_day(dte,2) "Monday"
  2  from tb;

Monday
--------------
18-9 月 -17
16-10 月 -17
20-11 月 -17
18-12 月 -17
```

5. 显示每个月的最后一天

使用 LAST_DAY() 函数，可以返回每个月最后一天的日期。下面代码中显示了指定日期所在月的最后一天。

```
SQL> select last_day(dte) "End Month"
  2  from tb;

End Month
--------------
30-9 月 -17
31-10 月 -17
30-11 月 -17
31-12 月 -17
```

5.4 转换与分组函数

在操作表中的数据时，经常需要将某个数据从一种数据类型转变为另一种数据类型。这时就需要使用数据转换函数。而分组函数，则是在 GROUP BY 子句中所进行的分组操作。

5.4.1 转换函数

转换函数是对数字格式相互转换的一系列函数，包括 TO_CHAR() 函数、TO_DATE() 函数和 TO_NUMBER() 函数等。

1. TO_CHAR() 函数

TO_CHAR() 函数是最常用的转换函数，该函数可以把指定的表达式转变成字符串。TO_CHAR() 函数的语法形式如下：

```
TO_CHAR(X[,FORMAT])
```

在上面的语法中，参数 X 表示将要转变的表达式；FORMAT 参数用于指定 X 表达式的格式。可用的格式如下表所示。

参数	说明
9	返回数字。如果数字是负数，则在数字前面包括负号
0	0999 表示数字前面有 0，9990 表示数字后面有 0
.	表示小数点的位置
,	表示在指定位置显示逗号
$	$99 表示数字前面是货币符号
B	表示如果整数部分为 0，则使用空格表示
C	在指定的位置使用 ISO 标准货币符号
D	在指定的位置返回小数点的位置
EEEE	使用科学记数法
FM	删除数字的前、后空格
G	在指定的位置显示分组符号
L	在指定的位置显示本地货币符号
MI	负数的尾部有负号，正数的尾部有空格
PR	负数的尾部有三角括号 "<>"，正数的头部和尾部有空格
RN/rn	返回罗马数字，RN 表示大写罗马数字，rn 表示小写罗马数字。数字必是 1 到 3999 之间的整数
S	S999 表示负数的前面有负号，正数的前面有正号。999S 表示负数的后面有负号，正数的后面有正号
TM	使用最小的字符数返回数字
U	在指定位置返回双货币号
V	返回一个数字乘以 10^n 移动指定位（小数）
X	返回十六进制数字
HH 或 HH12	一天的小时数（01~12）
HH24	一天的小时数（00~23）
MI	分钟（00~59）
SS	秒（00~59）

参数	说明
MS	毫秒（000~999）
US	微秒（000000~999999）
AM 或 A.M. 或 PM 或 P.M.	正午标识（大写）
am 或 a.m. 或 pm 或 p.m	正午标识（小写）
YYYY	4 位年号
YY	年的后两位
BC 或 B.C. 或 AD 或 A.D	纪元标识（大写）
bc 或 b.c. 或 ad 或 a.d	纪元标识（小写）
MONTH/month	大 / 小写表示的月份号
MM	月份号（01~12）
DAY/day	大 / 小写全长日期名（空白填充为 9 字符）

下面的示例使用 TO_CHAR() 函数，将当前系统时间按指定格式转变为字符串。

```
SQL> select to_char(sysdate,'HH12-MI-SS') 时间 from dual;

时间
--------
04-50-02
```

2. TO_DATE() 函数

该函数将字符串转化为 Oracle 中的一个日期。TO_DATE() 函数的语法格式如下：

```
TO_DATE (c[,fmt])
```

其中，如果参数 FMT 不为空时，则按照 FMT 中指定格式进行转换。注意这里的 FMT 参数，如果 FMT 为 J 则表示按照公元制转换，为 C 则必须为大于 0 并小于 5373484 的正整数。

例如：

```
SQL> select to_date(2454000, 'J') from dual;

TO_DATE(245400
--------------
21-9 月 -06

SQL> select to_date('2007-9-23 23:25:00','yyyy-mm-dd hh24:mi:ss')
  2  from dual;

TO_DATE('2007-
--------------
23-9 月 -07
```

3. TO_NUMBER() 函数

可以使用 TO_NUMBER() 函数把某个表达式转变成数字。表达式的格式可以使用可选的格式描述。TO_NUMBER() 函数的语法形式如下：

```
TO_NUMBER(c[,fmt])
```

下面的示例使用 TO_NUMBER() 函数实现将 16 进制数转换为 10 进制数。

```
SQL> select to_number('19f','xxx'),to_number('f','xxx')
  2  from dual;

TO_NUMBER('19F','XXX')      TO_NUMBER('F','XXX')
----------------------      --------------------
415                         15
```

5.4.2 分组函数

在 SELECT 语句中，可以使用 GROUP BY 子句进行分组操作，并可以使用 HAVING 子句提供分组条件。

在下面的查询中，将对 SCOTT 模式中的 EMP 表进行分组，以统计各部门的员工数量。

```
SQL> select deptno,count(*) as 员工数量
  2  from emp
  3  group by deptno;

DEPTNO          员工数量
------          ----------
30              6
20              5
10              3
```

HAVING 子句通常与 GROUP BY 子句一起使用，以便在完成分组统计后，可以使用 HAVING 子句对分组的结果进行进一步筛选。如果不使用 GROUP BY 子句，HAVING 子句的功能与 WHERE 子句相同，对整个表进行筛选。

在下面的查询中，将搜索出员工数量大于等于 5 的所有部门。

```
SQL> select deptno,count(*) as 员工数量
  2  from emp
  3  group by deptno
  4  having count(*)>=5;

DEPTNO          员工数量
------          ----------
30              6
20              5
```

这里要注意 SELECT 语句中的各子句的执行次序。在 SELECT 语句中，首先执行 FROM 子句找到表，而 WHERE 子句则在 FROM 子句输出的数据中进行筛选，HAVING 子句则在 GROUP BY、WHERE 或 FROM 子句执行后对其结果进行筛选。

下面的示例分别演示了 HAVING 和 WHERE 子句对 SELECT 语句的影响。第一个检索语句使用 HAVING 子句对分组的结果进行筛选；第二个检索语句则使用 WHERE 子句对表中的数据进行筛选后再分组，如下所示。

```
SQL> select job,avg(sal),max(sal),count(*) as 职工人数
  2  from emp
  3  group by job
  4  having avg(sal)>1000;
```

```
JOB              AVG(SAL)          MAX(SAL)          职工人数
---              --------          --------          ----------
CLERK            1037.5            1300              4
SALESMAN         1400              1600              4
PRESIDENT        5000              5000              1
MANAGER          2758.33333        2975              3
ANALYST          3000              3000              2

SQL> select job,avg(sal),max(sal),count(*) as 职工人数
  2  from emp
  3  where sal > 1000
  4  group by job;

JOB              AVG(SAL)          MAX(SAL)          职工人数
---              --------          --------          ----------
SALESMAN         1400              1600              4
CLERK            1200              1300              2
PRESIDENT        5000              5000              1
MANAGER          2758.33333        2975              3
ANALYST          3000              3000              2
```

从查询结果可以看出，WHERE 子句直接从表中筛选数据，过滤掉了部分员工信息；而 HAVING 子句则在分组后进行筛选。

5.5 练习：统计分析 COMMODITY 表

Oracle 系统内置了大量的数值函数，以达到增强科学计算能力的目的。在本练习中，将运用 Oracle 系统中的数值函数，对 COMMODITY 表中的数据进行统计分析，包括计算平均值、合计值、最大值以及标准差等计算。

操作步骤：

① 使用 CREATE 命令创建 COMMODITY 表。

```
SQL> create table commodity(
  2  month number,
  3  CA number,
  4  CB number,
  5  CC number,
  6  CD number,
  7  CE number
  8  )
  9  tablespace users;
表已创建。
```

② 为 COMMODITY 表添加相应的数据记录。

```
SQL> insert into commodity values(1,220000,165000,174000,222000,210000);
已创建 1 行。

SQL> insert into commodity values(2,202000,175500,142000,217000,222000);
已创建 1 行。
……
```

```
SQL> commit;
提交完成。
```

③ 使用统计函数中的最大值函数 MAX()，统计各产品的最大值。

```
SQL> select max(CA),max(CB),max(CC),max(CD),max(CE)
  2  from commodity;

MAX(CA)        MAX(CB)        MAX(CC)        MAX(CD)        MAX(CE)
-------        -------        --------       -------        ------------------
298000         200912         243100         260921         309890
```

④ 使用统计函数中的平均值函数 AVG()，统计各产品的平均值。

```
SQL> select avg(CA),avg(CB),avg(CC),avg(CD),avg(CE)
  2  from commodity;

AVG(CA)        AVG(CB)        AVG(CC)        AVG(CD)        AVG(CE)
-------        -------        -------        -------        ----------
250091.667     178372.75      184903.083     207473.917     198681.25
```

⑤ 使用统计函数中的求和函数 SUM()，统计各产品的合计值。

```
SQL> select sum(CA),sum(CB),sum(CC),sum(CD),sum(CE)
  2  from commodity;

SUM(CA)        SUM(CB)        SUM(CC)        SUM(CD)        SUM(CE)
-------        -------        -------        -------        ----------
3001100        2140473        2218837        2489687        2384175
```

⑥ 使用最大值函数 MIN() 和最小值函数 MIN() 查询 CA 列中的最大值和最小值所在行。

```
SQL> select month,CA,CB,CC,CD,CE
  2  from commodity
  3  where CA=(select max(CA) from commodity)
  4  or CA=(select min(CA) from commodity);

MONTH    CA       CB       CC       CD       CE
-----    ---      ---      ---      ---      ---
2 202000 175500   142000   217000   222000
12298000 194873   219837   180939   170098
```

⑦ 使用行搜索最大值函数 GREATEST() 和行搜索最小值函数 LEAST()，按月份显示每个产品的最大值和最小值。

```
SQL> select month,greatest(CA,CB,CC,CD,CE)as max,
  2  least(CA,CB,CC,CD,CE)as min
  3  from commodity;

MONTH        MAX        MIN
-----        ---        ------------------
1            222000     165000
2            222000     142000
3            240000     109823
4            212900     139880
5            253000     154900
6            289091     162000
7            249830     190823
8            260900     110928
9            309890     142000
10           278300     181000
11           269800     29093
```

12	298000	170098

5.6 练习：计算与分组表数据

Oracle 中内置了日期函数和分组函数，运用日期函数可以计算当前的系统日期、计算指定月份的日期等，而运用分组函数则可以对数据按照指定要求进行分组。在本练习中，将通过 CONTRACT 表详细介绍日期函数和分组函数的使用方法。

操作步骤：

① 使用 CREATE 命令创建 CONTRACT 表。

```
SQL> create table contract(
  2  id number,
  3  conractnumber varchar2(30),
  4  category varchar2(30),
  5  sign varchar2(30),
  6  startdate date,
  7  whenlong number
  8  )
  9  tablespace users;
表已创建。
```

② 为 CONTRACT 表添加相应的数据记录。

```
SQL> insert into contract values(1,'A211010','建筑工程','单位A',to_date('1-12-20
15','dd-mm-yyyy'),18);
已创建 1 行。

SQL> insert into contract values(2,'A211011','建筑工程','单位B',to_date('10-9-2015','dd-mm-yyyy'),16);
已创建 1 行。
……

SQL> commit;
提交完成。
```

③ 使用 SELECT FROM 命令，查询 CONTRACT 表，显示该表数据。

```
SQL> select * from contract

IDCONRACTNUMBER    CATEGORY     SIGN      STARTDATE    WHENLONG
---------------    --------     ----      --------     ---------
1 A211010          建筑工程     单位A     01-12 月     -15          18
2 A211011          建筑工程     单位B     10-9 月      -15          16
3 A211012          运输         单位A     01-3 月      -16          12
4 A211013          运输         单位C     25-10 月     -16          20
5 A211014          运输         单位D     11-12 月     -16          12
6 A211015          建筑工程     单位A     20-2 月      -16          24
7 A211016          技术         单位B     16-3 月      -15          24
已选择 7 行。
```

④ 使用 ADD_MONTHS() 函数，根据 WHENLONG 列中的月数，计算合同的到期日期，并以 ENDDATE 列显示计算结果。

```
SQL> select add_months(startdate,whenlong)as "ENDDATE"
  2  from contract;

ENDDATE
--------------
01-6 月 -17
10-1 月 -17
01-3 月 -17
25-6 月 -18
11-12 月 -17
20-2 月 -18
16-3 月 -17
已选择 7 行。
```

⑤ 使用 GROUP BY 子句，对 CATEGORY 列进行分组操作，并以"合同种类分组"列显示分组结果。

```
SQL> select category,count(*) as 合同种类分组
  2  from contract
  3  group by category;

CATEGORY                        合同种类分组
----------                      ----------------------
建筑工程                        3
运输                            3
技术                            1
```

⑥ 使用 HAVING 与 GROUP BY 子句，查询合同月数大于 20 的合同数据。

```
SQL> select sign,count(*)as 单位签约
  2  from contract
  3  group by sign
  4  having count(*)>=2;

SIGN                            单位签约
----                            ----------------------
单位 A                          3
单位 B                          2
```

5.7 新手训练营

练习 1：计算最大值和最小值

本练习中，将运用最大值函数 MAX()、最小值函数 MIN() 和平均值函数 AVG()，计算 STAFF 表中 VWORKINGLIFE 列的最大值、最小值和平均值。

```
SQL> select max(vworkinglife),min(vworkinglife),avg(vworkinglife)
  2  from staff;

MAX(VWORKINGLIFE)               MIN(VWORKINGLIFE)        AVG(VWORKINGLIFE)
----------------                -----------------        -----------------
13                              7                        10.4
```

练习 2：计算平均值和合计值

本练习中，将运用求和函数 SUM() 计算 STAFF 表中 BASEPAY、POSITIONWAGE 和 SENIORITYWAGE 列的合计值。

```
SQL> select sum(basepay),sum(positionwage),sum(senioritywage)
  2  from staff;

SUM(BASEPAY)          SUM(POSITIONWAGE)          SUM(SENIORITYWAGE)
------------          -----------------          ------------------
79300                 39000                      62400
```

练习 3：计算标准差和标准方差

本练习中，将使用标准差函数 STDDEV() 和标准方差函数 VARIANCE()，计算 STAFF 表中 BASEPAY 列的标准差和标准方差。

```
SQL> select stddev(basepay),variance(basepay)
  2  from staff;

STDDEV(BASEPAY)       VARIANCE(BASEPAY)
---------------       --------------------------------
89.625215             347657.895
```

练习 4：计算列中最大值

本练习中，将使用 MAX() 函数查找 ATTENDANCE 表 DEDUCTWAGES 列中最大值所返回的数据行。

```
SQL> select name,department,post,leave,sickleave,late,deductwages
  2  from attendance
  3  where deductwages=(select max(deductwages) from attendance);

NAME      DEPARTMENT    POST    LEAVE  SICKLEAVE    LATE   DEDUCTWAGES
----      ----------    ----    -----  ----------   -----  -----------
张三民     销售部         总监     4      0            0      1872.73
```

练习 5：统计指定数据

本练习中，将使用 GROUP BY 子句对 STAFF 表 DEPARTMENT 列中的数据进行分组，也就是统计不同部门的员工数量。

```
SQL> select department,count(*)as 部门员工数量
  2  from staff
  3  group by department;

DEPARTMENT            部门员工数量
----------            --------------------
人事部                 4
销售部                 5
研发部                 5
办公室                 4
财务部                 2
```

练习 6：对数据进行分组

本练习中，将使用 SUBSTR() 函数，统计 STAFF 表中员工的入职月份。

```
SQL> select name,substr(entrytime,2,4) from staff;

NAME                 SUBSTR(E
----                 -----------------------
杨光                 1-1 月
刘晓                 1-12
贺龙                 1-2 月
冉然                 1-3 月
刘娟                 1-6 月
金鑫                 9-3 月
李娜                 2-4 月
李海                 3-4 月
张冉                 1-3 月
赵军                 3-4 月
苏飞                 3-7 月
黄亮                 5-6 月
王雯                 9-8 月
王宏                 9-8 月
李红                 6-4 月
张三民               9-3 月
刘毅                 9-5 月
叶甜                 1-4 月
李楠                 5-12
张杰                 4-5 月
已选择 20 行。
```

第 6 章

PL/SQL 编程

本章内容

在实际操作中，信息的存储和查询只是数据库系统应用中的一部分，而 SQL 语言又是一种只用于访问和操作数据库的语言，无法实现程序开发。因此，在实际的应用中，还需要使用 Oracle 数据库自己的编程语言 PL/SQL。PL/SQL 是 Oracle 在标准 SQL 语言上进行过程性扩展后形成的程序设计语言，它将数据库技术和过程化程序设计语言联系起来，是一种应用开发语言，支持高级语言的操作、条件判断、循环语句、嵌套等。在本章中，将详细介绍 PL/SQL 程序设计的基础知识，以及 PL/SQL 程序的异常处理机制，为后期使用 Oracle 环境语言奠定基础。

6.1 PL/SQL 结构

PL/SQL 称为过程化 SQL 语言（Procedural Language/SQL），是一种程序语言，也是 Oracle 数据库对 SQL 语句的扩展，在其基础上增加了编程语言的特点。

PL/SQL 语言是将数据操作和查询语句组织在 PL/SQL 代码的过程性单元中，通过逻辑判断、循环等操作，实现复杂的功能或者计算的程序语言。

6.1.1 PL/SQL 概述

由于 SQL 只是一种声明式语言，它没有流程控制，也不存在变量，只有表或者列，所以不能将某个 SQL 语句的执行结果传递给另外一个语句。为了实现该目的，用户不得不使用一条更复杂的语句。而且，SQL 语句中更没有可以控制程序流程的 IF 或 LOOP 语句。

PL/SQL 是过程化的结构查询语言（Procedural Language/Structured Query Language），它可以弥补 SQL 语句的不足。在 PL/SQL 中可以通过 IF 和 LOOP 语句控制程序的执行流程，并且可以定义变量，以便利用这些变量在语句之间传递数据信息。PL/SQL 是 Oracle 的专用语言，它是对标准 SQL 语言的扩展，并且 SQL 语句可以嵌套在 PL/SQL 程序代码中，将 SQL 的数据处理能力和 PL/SQL 的过程处理能力结合在一起。

在 Oracle 数据库内置了 PL/SQL 处理引擎，常用的开发工具是 Oracle 附带的 SQL*Plus。实际上，SQL*Plus 只是用于将 SQL 语句或 PL/SQL 程序发送到数据库，并将处理后的结果显示在屏幕上的工具，并且用户也可以选择其他的工具运算 SQL 和 PL/SQL 程序。

PL/SQL 程序的基本结构称为"块"，每个块都包含了 PL/SQL 语句和 SQL 语句。典型的 PL/SQL 块的结构如下：

```
[declare
declareation_statements]
begin
executable_statements
[exception
exception_handing_statements]
end;
```

PL/SQL 程序块中的每一条语句都必须以分号结束，SQL 语句可以是多行的，但分号表示该语句的结束。一行中可以有多条 SQL 语句，但是它们之间必须以分号分隔。PL/SQL 程序的注释用 "--" 表示。

从上面的语法规则中可以发现，一个 PL/SQL 程序块分为 3 部分：声明部分、执行部分和异常处理部分。声明部分是可选的，它由关键字 DECLARE 开始，到关键字 BEGIN 结束。在这部分可以声明一些 PL/SQL 变量、常量、游标和异常的定义等。当基本块结束后，声明部分中的所有内容均不复存在。在某个基本块中所声明的内容只能在该块中使用，其他的基本块不能使用。

执行部分以关键字 BEGIN 开始，可以以两种不同的方式结束。如果存在异常处理，则以关键字 EXCEPTION 结束。如果没有使用异常处理，则以关键字 END 结束。在执行部分包含多个 PL/SQL 语句和 SQL 语句。

在 PL/SQL 语句的执行过程中，由于各种原因会产生一些错误，这些错误的发生会导致程序被迫中断运行。这样 PL/SQL 程序开发人员就必须设法向用户发出一些有用的出错信息，或者在错误发生后采取某些措施进行纠正并继续运行程序。另外，所有相关数据库操作可能需要回退到异常产生之前的状况，这就需要在 PL/SQL 程序中提供异常处理能力。

PL/SQL 的异常处理部分是以关键字 EXCEPTION 开始的，它的结束就是整个基本块的结束。每个异常均由 WHEN 语句开头，接着就是这种异常出现时相应的处理动作。

为了更好地理解 PL/SQL 程序，下面将通过一个具体的实例介绍 PL/SQL 的结构特点，使用户对 PL/SQL 程序的特点有一个感性的认识。

```
SQL> set serveroutput on
SQL> declare
  2    a number:=3;
  3    b number:=4;
  4    c number;
  5  begin
  6    c:=(a*b)/(a+b);
  7    dbms_output.put_line(c);
  8  exception
  9    when zero_divide then
 10      dbms_output.put_line(' 除数不能为 0!');
 11  end;
 12  /
1.71428571428571428571428571428571

PL/SQL 过程已成功完成。
```

在上面的程序中，为了在服务器端显示执行结果，使用了 SET SERVEROUTPUT ON 命令。在 DECLARE 关键字表示的声明块中声明了 3 个变量——A、B 和 C，其数据类型为 NUMBER，并且为变量 A 和 B 赋予了初始值 3 和 4。

接下来以 BEGIN 关键字标识可执行块的开始，在可执行块中包含了两条 PL/SQL 语句。第一条语句计算 A*B/(A+B) 的值，并将计算值赋予变量 C；随后的语句则使用 DBMS_OUTPUT.PUT_LINE(C); 语句显示计算结果。EXCEPTION 关键字表示异常处理块的开始。在这里捕获的异常是 ZERO_DIVIDE，表示出现了除数为 0 的错误。出现错误时显示的错误信息为"除数不能为 0 ！"

6.1.2　PL/SQL 变量的声明

变量本质上是一种用名称进行标记的容器，它们可以包含或保存不同类型的数据。根据不同的数据类型，变量可以存储不同类型的数据，并且可以彼此通过变量名进行区分。

可以使用下面两种语法声明 PL/SQL 变量：

```
variable_name data_type [ [NOT NULL]:=default_value_expression];
variable_name data_type [ [NOT NULL] DEFAULT default_value_expression];
```

变量名 variable_name 可以是任何合法的 PL/SQL 标识符，合法的 PL/SQL 标识符必须满足如下条件。

※　长度不能超过 30 个字符，而且中间不能有空格。

※　由字母、0~9 的数字、下画线"_"、美元符号"$"以及符号"#"组成。

※ 必须以字母开始。

※ 不能使用 PL/SQL 或 SQL 中的关键字。例如，BEGIN、END 不能作为变量名，因为它在 PL/SQL 程序中有特殊的意义（表示块的开始和结束）。

可以在 SQL*Plus 使用如下命令获得 SQL 和 PL/SQL 中的关键字。

```
help reserved words
```

变量类型 DATA_TYPE 必须是合法的 SQL 或 PL/SQL 数据类型，变量的类型决定了其中存储的数据类型。如果变量只能存储一个单独的值，则该变量称为"标量变量"。如果变量中可以存储多个值（如表中一行记录），则该变量称为"复合类型的变量"。

标量变量所使用的数据类型包括字符、数字、日期和布尔类型等，标量变量所使用的数据类型见下表所示。

类型	说明
Boolean	布尔值，包括 true、false 和 null
Binary_integer	-2,247483,648 和 2,247483,648 之间的整数
Pls_integer	类似于 binary_integer，但是计算速度更快
Number	数字型
Int	整数型
Pls_integer	整数型，产生溢出时出现错误
Binary_integer	整数型，表示带符号的整数
Char	定长字符型，最大 255 个字符
Varchar2	变长字符型，最大 2000 个字符
Date	日期型
Long	变长字符型，最长 2GB

NOT NULL 表示变量必须是非空的，需要指定初始值。当变量被创建后，可以以值表达式的方式对其赋初始值。在声明变量时，还可以使用 DEFAULT 关键字指定变量的默认值，这样如果未向变量赋值时，变量的值就是设置的默认值。

下面介绍几种常用的数据类型，这些常用的数据类型包括 NUMBER、VARCHAR2、DATE 和 BOOLEAN 等。

VARCHAR2 是一种变长的数据类型。在 PL/SQL 中，该类型的最大长度为 32767。VARCHAR2 类型变量的语法形式如下所示。

```
char_variable varchar2(max_length);
```

其中，MAX_LENGTH 参数是正整数，表示该变量最大可以容纳的字符数。

NUMBER 数据类型表示所有的数字数据，声明 NUMBER 数据类型变量的格式如下所示。

```
number_variable number(length,decimal_places);
```

其中，LENGTH 参数的取值范围为 1~38，DECIMAL_PLACES 参数用于指定数字的小数点后面的位数。

DATE 数据类型用于存储日期数据和时间数据，声明该类型变量的格式如下所示。

```
date_variable date;
```

BOOLEAN 数据类型用于声明布尔值，该类型的变量只能存储 TRUE、FALSE 或 NULL 值。

下面的代码在程序块的定义部分声明了 4 种类型的变量。

```
DECLARE
  out_date DATE;        -- 定义存储日期和时间值的变量
  out_text  varchar2(50);    -- 定义存储字符串值的变量
  out_num   binary_integer; -- 定义存储数值的变量
  out_boolean  boolean;  -- 定义存储布尔类型值的变量
BEGIN
   ----PL/SQL 程序的执行部----
END;
```

这些标量变量只可以在该程序块中使用，并且在 BEGIN 部分开始执行前，每个变量都将包含一个 NULL 值。

6.1.3　%TYPE 变量

在声明变量时，除了可以使用 Oracle 规定的数据类型外，还可以使用 %TYPE 关键字定义变量类型。%TYPE 关键字的含义是声明一个与指定列名称相同的数据类型。例如，下面的语句声明了一个与 EMP 表中 ENAME 列完全相同的数据类型。

```
declare
var_name emp.ename%type;
```

如果 ENAME 列的数据类型为 VARCHAR2(40)，那么变量 VAR_NAME 的数据类型就是 VARCHAR2(40)。

下面的示例演示了如何使用 %TYPE 类型的变量从数据库中检索数据。

```
SQL> set serveroutput on
SQL> declare
  2    var_name emp.ename%type;
  3    var_no emp.empno%type;
  4    var_sal emp.sal%type;
  5    begin
  6    select empno,ename,sal
  7    into var_no,var_name,var_sal
  8    from emp
  9    where empno='7369';
 10    dbms_output.put_line(var_no || ' ' || var_name || ' ' || var_sal);
 11  end;
 12  /
7369 SMITH 800

PL/SQL 过程已成功完成。
```

在上面的 PL/SQL 程序中，主要使用了 SELECT 语句从 EMP 中检索数据。该 SELECT 语句与前面使用的 SQL 查询语句非常相似，唯一不同之处在于它多了一个 INTO 子句。INTO 子句跟在 SELECT 子句后，表示从数据库检索的数值将保存在哪个变量中。

使用 %TYPE 定义变量有两个好处：首先，用户不必查看表中各个列的数据类型，即可确保所定义的变量能够存储检索的数据；其次，如果对表的结构进行修改（例如，改变某一个列的数据类型），那么用户不必考虑对所定义的变量进行更改，而 %TYPE 类型的变量会自动调整。使用 %TYPE 类型的变量也有一个缺点，在程序的执行过程中，系统必须查看数据字典，以确定变量的数据类型，因此它会对程序的性能产生影响。

6.1.4 复合变量

很多结构化程序设计语言都提供了记录类型的数据类型，在 PL/SQL 中，也支持将多个基本数据类型捆绑在一起的记录数据类型，即复合变量。相对于标量变量，复合变量一次可以存储多个数值。

对于复合变量，用户可以根据需要定义其结构，可以使用由系统自动决定变量的结构。下面列出了 PL/SQL 提供的几种常用的复合类型。

※ 自定义记录类型：在记录类型的复合变量中可以存储多个标量值，它的结构通常与数据库行相似。

※ %ROWTYPE 类型：该类型的复合变量可以根据指定的表结构，由系统决定其结构。

1．自定义记录类型

使用自定义记录数据类型的变量可以存储由多个列值组成的一行数据。当使用记录类型的变量时，首先需要定义记录的结构，然后才可以声明记录类型的变量。定义记录数据类型时必须使用 TYPE 语句，在这个语句中指出将在记录中包含的字段及其数据类型。使用 TYPE 语句定义记录数据类型的语法形式如下。

```
type record_name is record(
field1_name  data_type [not null] [:=default_value],
......
fieldn_name data_type [not null] [:=default_value]);
```

在上面的语句中，RECORD_NAME 为自定义的记录数据类型名，例如数值数据类型的名称为 NUMBER。FILED1_NAME 为记录数据类型中的字段名，DATA_TYPE 为该字段的数据类型，从这里可以看出，字段的声明与标量变量的声明类似。

下面的程序代码定义了名为 EMPLOYEE_TYPE 的记录类型，该记录类型由整数型的 NO_
NUMBER、字符型的 NAME_STRING 和整数的 SAL_NUMBER 基本类型变量组成，EMPLOYEE 是
该类型的变量，引用记录型变量的方法是"记录变量名 . 字段名"。

```
SQL> set serveroutpu on
SQL> declare
  2    type employee_type is record(
  3    no_number   number,
  4    name_string varchar2(20),
  5    sal_number number);
  6    employee employee_type;
  7    begin
  8    select empno,ename,sal
  9    into employee
 10    from emp
 11    where empno='7369';
 12    dbms_output.put(employee.no_number);
 13    dbms_output.put(' '|| employee.name_string);
 14    dbms_output.put_line(' '|| employee.sal_number);
 15    end;
 16    /
7369 SMITH 800

PL/SQL 过程已成功完成。
```

程序的执行部分是从 SCOTT.EMP 数据表中提取 EMPNO 列为 7369 的记录，并将数据存放
在复合变量 EMPLOYEE 中，然后输出复合变量的各个字段值，实际上就是数据表中相应记录
的值。

提示：

> SELECT 语句检索的列是以固定的顺序赋予记录变量中各个字段。即查询的第一个列值赋予记录变量中
> 第一个字段，第二个列值赋予记录变量的第二个字段。因此，在 SELECT 语句查询的列值数量和顺序中，
> 用户必须与定义记录类型中定义的字段数量和顺序相匹配。

如果两个记录变量的数据类型相同，那么可以将记录变量中的值直接赋予另一个记录变量。
如果记录数据类型不同，那么无论记录类型的结构是否相同，都不可以直接将一个记录变量赋
予另一个记录变量。

2．%ROWTYPE 类型变量

与 %TYPE 类型的变量和自定义记录类型变量相比，%ROWTYPE 类型的变量结合了这两者
的特点，它可以根据数据表中行的结构定义数据类型，用于存储从数据表中检索到的一行数据。
下面的示例，使用 %ROWTYPE 类型的变量存储查询的数据。

```
SQL> set serveroutput on
SQL> declare
  2    row_employee emp%rowtype;
  3  begin
  4    select *
  5    into row_employee
  6    from emp
```

```
 7        where empno='7499';
 8        dbms_output.put(row_employee.empno ||' ');
 9        dbms_output.put(row_employee.ename ||' ');
10        dbms_output.put(row_employee.job ||' ');
11        dbms_output.put_line(row_employee.sal);
12   end;
13   /
7499 ALLEN SALESMAN 1600

PL/SQL 过程已成功完成。
```

在上面的程序中定义了一个 %ROWTYPE 类型的变量，该变量的结构与 EMP 表的结构完全相同。因此，可以将检索到的一行数据保存到该类型的变量中，并且根据表中列的名称引用对应的数值。

6.2 条件语句

PL/SQL 与其他的编程语言一样，都具有条件判断语句，条件判断语句的主要作用是根据条件的变化选择执行不同的代码。

6.2.1 IF…THEN 条件语句

在 PL/SQL 中为了控制程序的执行方向，引进了 IF 语句。最简单的 IF 语句就是 IF…THEN语句，其语法形式如下：

```
if <expression1> then
    pl/sql_statement;
end if;
```

在该语句中，如果判断条件 EXPRESSION1 为 TRUE，则会执行 IF 下面的 PL/SQL 语句。如果判断条件 EXPRESSION1 为 FALSE，则跳过 IF 下面的语句直接执行 END IF 后面的语句。

下面的示例使用 IF…END IF 语句判断两个数值的大小。

```
SQL> set serveroutput on
SQL> declare
 2       number1 integer:=90;
 3       number2 integer:=60;
 4       begin
 5       if number1>=number2 then
 6       dbms_output.put_line(number1 ||'>='||number2);
 7       end if;
 8       end;
 9       /
90>=60

PL/SQL 过程已成功完成。
```

在上面的程序中，由于变量 NUMBER1 的值大于 NUMBER2 的值，判断条件将返回TRUE，因此将执行 IF 内的 PL/SQL 语句。

```
dbms_output.put_line(number1 ||'>='||number2);
```

6.2.2　IF···THEN···ELSE 条件语句

IF 语句的另一种形式就是与 ELSE 语句结合使用，形成 IF···THEN···ELSE 语句。该语句的语法形式如下。

```
if <expression1> then
    pl/sql_statement1;
else
    pl/sql_statement2;
end if;
```

在 IF···THEN···ELSE 语句中，如果判断条件 EXPRESSION1 为 TRUE，则首先执行 IF 下面的 PL/SQL 语句，当语句执行完后将直接跳到 END IF 语句后，并不会执行 ELSE 下面的 PL/SQL 语句。如果判断条件 EXPRESSION1 为 FALSE 时，则会执行 ELSE 下面的 PL/SQL 语句。

在下面的示例将判断两个整数变量的大小，输出不同的结果。

```
SQL> set serveroutput on
SQL> declare
  2    number1 integer:=80;
  3    number2 integer:=90;
  4  begin
  5    if number1>=number2 then
  6      dbms_output.put_line(number1 ||'>='||number2);
  7    else
  8      dbms_output.put_line(number1 ||'<'||number2);
  9    end if;
 10  end;
 11  /
80<90

PL/SQL 过程已成功完成。
```

6.2.3　IF···THEN···ELSIF 条件语句

IF···THEN···ELSIF 语句实现了 IF 语句的嵌套，从而实现了判定两个以上的判断条件。该语句的语法形式如下。

```
if < expression1> then
        pl/sql_statement1;
elsif < expression2> then
        pl/sql_statement2;
......
else
        pl/sql_statement3;
end if;
```

在该语句中由于使用了 ELSIF 语句，语句中的判断条件将依次被评估，直到一个判断条件为 TRUE，则执行该语句下的代码；如果所有的 ELSEIF 判断条件都为 FALSE，则执行 ELSE 下面的 PL/SQL 语句。

下面的示例将判断某一年是否为闰年，闰年的判断条件为：年份能被 4 整除但不能被 100 整除，或者能被 400 整除。

```
SQL> set serveroutput on
SQL> declare
  2      year_date number;
  3      leap Boolean;
  4  begin
  5      year_date:=2010;
  6      if mod(year_date,4)<>0 then
  7         leap:=false;
  8      elsif mod(year_date,100)<>0 then
  9         leap:=true;
 10      elsif mod(Year_date,400)<>0 then
 11         leap:=false;
 12      else
 13         leap:=true;
 14      end if;
 15      if leap then
 16         dbms_output.put_line(year_date || '是闰年');
 17      else
 18         dbms_output.put_line(year_date || '是平年');
 19      end if;
 20  end;
 21  /
2010 是平年

PL/SQL 过程已成功完成。
```

提示：

注意关键字 ELSIF 不能写成 ELSEIF。

6.2.4 CASE 条件语句

从 Oracle 9i 以后，在 PL/SQL 中也可以像其他的编程语言一样使用 CASE 语句了，CASE 语句的执行方式与 IF 语句相似。通常情况下，CASE 语句从关键字 CASE 开始，后面跟着一个选择器，它通常是一个变量。接下来是 WHEN 子句，它将根据选择器的值执行不同的 PL/SQL 语句。

CASE 语句共有两种形式。第一种形式是获取一个选择器值，然后将其与每个 WHEN 子句进行比较。其语法形式如下：

```
case <selector>
  when <expression1> then pl/sql_statement1;
  when <expression2> then pl/sql_statement2;
    ……
  when < expressionN> then  pl/sql_statement n;
    [ else pl/sql_statement n+1;]
end;
```

另一种形式是不使用选择器，而是判断每个 WHEN 子句中的条件。这种 CASE 语句的语法结构如下：

```
case
  when expression 1 then pl/sql_statement1;
  when expression 2 then pl/sql_statement2;
```

```
      ......
      when expression N then pl/sql_statement n;
      [ else pl/sql_statement n+1;]
   end;
```

虽然 CASE 语句的作用与 IF…ELSIF…ELSE…END IF 语句相同，都可以实现多项选择，但是 CASE 语句可以以一种更简洁的表示法实现该功能。当执行 CASE 语句时，系统将根据选择器的值查找与此相匹配的 WHEN 常量，当找到一个匹配的 WHEN 常量时，就会执行与该 WHEN 常量相关的子句。如果没有与选择器相匹配的 WHEN 常量，那么就执行 ELSE 子句。

下面的示例演示了 CASE 语句的使用方法。

```
SQL> set serveroutput on
SQL> declare
  2  i number:=0;
  3  begin
  4    while i<5 loop
  5    case i
  6      when 0 then
  7        dbms_output.put_line('i is zero');
  8      when 1 then
  9        dbms_output.put_line('i is one');
 10      when 2 then
 11        dbms_output.put_line('i is two');
 12      else
 13        dbms_output.put_line('i is more than two');
 14    end case;
 15      i:=i+1;
 16    end loop;
 17  end;
 18  /
i is zero
i is one
i is two
i is more than two
i is more than two

PL/SQL 过程已成功完成。
```

执行上面的程序块时，一共会执行 5 次循环，并且每次循环都是在查找与 I 匹配的 WHEN 常量。当选择器 I 大于 2 时，没有与之匹配的 WHEN 语句，因此会执行 ELSE 语句。

虽然在 CASE 语句中可以省略 ELSE 子句，但是当 WHEN 子句中的常量没有与选择器匹配的值时，则该 CASE 语句将引发一个如下的 Oracle 错误。

```
ORA-06592: 执行 CASE 语句时未找到 CASE
ORA-06512: 在 line 5
```

6.3 循环语句

循环语句可以控制程序多次重复地执行某一组语句。在 PL/SQL 中，常用的循环语句有 3 种类型，即 LOOP 循环、WHILE 循环和 FOR 循环。在这几种基本循环的基础上又可以演变出许多嵌套循环控制，本节将介绍最基本的循环控制语句。

6.3.1 LOOP…END LOOP 循环

LOOP 循环也是最基本的循环，也称为"无条件的循环"。在这种类型的循环中，如果没有指定 EXIT 语句，循环将一直运行，即出现死循环，死循环是应该尽量避免的。因此，在 LOOP 循环中必须指定 EXIT 语句，以便循环停止执行。

LOOP 循环的语法格式如下：

```
loop
  statements;
  exit when condition
end loop;
```

在循环的第 n 次重复或迭代过程中，都要检查退出条件表达式是否为真。如果表达式为真，则它会跳过 EXIT 后的所有语句，并跳到代码中 END LOOP 后的第一个语句。如果开始就满足了 WHEN 所给出的条件，LOOP 和 EXIT 之间的语句只会被执行一次，但如果没有 WHEN 条件语句，则循环会一直执行，这种情况应该尽量避免。

例如，下面的循环语句将依次执行输出 1~10 的平方数。

```
SQL> set serveroutput on
SQL> declare
  2    i number:=1;
  3  begin
  4    loop
  5      dbms_output.put_line(i || '的平方数为 ' || i*i);
  6      i:=i+1;
  7      exit when i>10;
  8    end loop;
  9  end;
 10  /
1 的平方数为 1
2 的平方数为 4
3 的平方数为 9
4 的平方数为 16
5 的平方数为 25
6 的平方数为 36
7 的平方数为 49
8 的平方数为 64
9 的平方数为 81
10 的平方数为 100

PL/SQL 过程已成功完成。
```

在上面的程序块中，每一次循环均将变量 I 加 1，当加到 10 时，满足循环出口条件终止循环。

6.3.2 WHILE 循环

另一种循环类型是 WHILE 循环，它适用于事先无法知道控制循环终止变量值的情况。与 LOOP 循环的不同之处在于，WHILE 循环在循环的顶部包括了判断条件，这样在每次执行循环时，都将判断该条件。如果判断条件为 TRUE，那么循环将继续执行。如果判断条件为 FALSE，那么循环将会停止。

WHILE 循环的语法结构如下：

```
while condition
loop
    statements;
end loop;
```

在执行 WHILE 循环时，首先会检查判断条件，如果判断条件开始就是 FALSE，程序将直接执行 END LOOP 后面的语句，该项循环将一次都不执行。如果判断条件为 TRUE，则执行循环体内的语句，然后再检查判断条件。

在下面的程序块中，将使用 WHILE 循环打印 50 以内能被 3 整除的整数。

```
SQL> declare
  2     i number:=1;
  3  begin
  4    while i<50 loop
  5      if mod(i,3)=0 then
  6         dbms_output.put_line(i ||' ');
  7      end if;
  8          i:=i+1;
  9    end loop;
 10  end;
 11  /
3
6
9
12
15
18
21
24
27
30
33
36
39
42
45
48

PL/SQL 过程已成功完成。
```

只有当条件满足时，WHILE 循环体才会被执行。

6.3.3 FOR 循环

在上面的 WHILE 循环中，为了防止出现死循环，需要在循环内不断修改判断条件。而 FOR 循环则使用一个循环记数器，并通过它来控制循环执行的次数。该计数器可以从小到大进行记录，也可以相反，从大到小进行记录。如果不满足循环条件，则终止循环。FOR 循环的语法结构如下：

```
for loop_variable_name in [reverse] lower_bound…upper_bound
loop
    statements;
end loop
```

在上面的语法中，LOOP_VARIABLE_NAME 参数指定循环记数器，在这里既可以使用已有的变量，也可以使用一个新的变量。循环记数器按照步长以 1 递增，当使用关键字 REVERSE 时表示递减。LOWER_BOUND 和 UPPER_BOUND 则指定了循环记数器的上限和下限。

下面的程序通过 FOR 循环计算 1~100 的整数之和。

```
SQL> declare
  2    sum_num number:=0;
  3  begin
  4    for i in 1..100 loop
  5    sum_num:=sum_num+i;
  6    end loop;
  7    dbms_output.put_line(sum_num);
  8  end;
  9  /
5050

PL/SQL 过程已成功完成。
```

在上面的程序中，循环记数器 I 不需要在 DECLARE 部定义，它属于 FOR 循环的一部分。控制记数器 I 的取值将从 1~100 依次加 1，这样明确了循环的执行次数。

提示：

在 FOR 循环中的循环记数器只能在循环体内使用。

当使用关键字 REVERSE 时，循环记数器将自动减 1，并强制记数器的取值从上限值到下限值。下面的程序将打印 1~20 之间能被 3 整除的数。

```
SQL> begin
  2    for i in reverse 1..20 loop
  3      if mod(i,3)=0 then
  4        dbms_output.put_line(i);
  5      end if;
  6    end loop;
  7  end;
  8  /
18
15
12
9
6
3

PL/SQL 过程已成功完成。
```

6.4 游标的使用

在通过 SELECT 语句检索结果时，返回的结果通常是多行记录组成的集合。但是，程序设计语言并不能处理集合形式的数据，为此，SQL 提供了游标机制来实现在程序设计语言中处理集合。

游标的作用就相当于指针，通过游标程序设计语言就可以一次处理查询结果集中的一行。在

Oracle 中，游标可以分为两大类：静态游标和 REF 游标。REF 游标是一种引用类型，类似于指针。而静态游标又可以分为显式游标和隐式游标。

6.4.1　隐式游标

在执行一个 SQL 语句时，Oracle 会自动创建一个隐式游标。这个游标是内存中处理该语句的工作区域，在其中存储了执行 SQL 语句的结果。通过游标的属性可获知 SQL 语句的执行结果，以及游标的状态信息。

游标的主要属性如下：

※　%FOUND：布尔型属性，如果 SQL 语句至少影响一行数据，则该属性为 TRUE，否则为 FALSE。

※　%NOTFOUND：布尔型属性，与 %FOUND 相反。

※　%ISOPEN：布尔型属性，当游标已经打开时返回 TRUE，游标关闭时则为 FALSE。

※　%ROWCOUNT：数字型属性，返回受 SQL 语句影响的行数。

如果执行了一个 SELECT 语句，则可以通过 SQL%ROWCOUNT 来检查受影响的行数，还可以通过 SQL%FOUND 属性值是否为 TRUE，以检查 SQL 语句是否检索到了数据。当使用隐式游标的属性时，需要在属性前加上 SQL。因为 Oracle 在创建隐式游标时，默认的游标名为 SQL。

现在来看一个更新 SCOTT 模式中 EMP 表的示例。在该示例中，将更新一名员工的信息，并通过游标的属性查看被更新的记录数。

```
SQL> set serveroutput on
SQL> begin
  2    update emp
  3    set sal=1200
  4    where empno='7369';
  5    if sql%notfound then
  6      dbms_output.put_line('未更新任何记录');
  7    else
  8      dbms_output.put_line('更新' || sql%rowcount || '条记录');
  9    end if;
 10  end;
 11  /
更新 1 条记录

PL/SQL 过程已成功完成。
```

由于游标的属性信息总是反映最新的 SQL 语句处理结果，因此当在一个程序块中出现多个 SQL 语句时，需要及时检查属性值。例如在下面的示例，将添加一个 SELECT 语句查看两个 SQL 语句对游标的影响。

```
SQL> set serveroutput on
SQL> declare
  2    employee_row emp%rowtype;
  3  begin
  4    update emp
  5    set sal=sal+200
```

Oracle 从新手到高手

```
  6        where job='CLERK';
  7        dbms_output.put_line(' 更新 ' || sql%rowcount || ' 条记录 ');
  8        select *
  9        into employee_row
 10        from emp
 11        where empno='7369';
 12        dbms_output.put_line(' 检索到 ' || sql%rowcount || ' 条记录 ');
 13    end;
 14    /
更新 4 条记录
检索到 1 条记录

PL/SQL 过程已成功完成。
```

在上面的程序中，修改了 UPDATE 语句的 WHERE 子句，使在程序中更新了 4 条记录，因此游标属性 SQL%ROWCOUNT 为 4。而 SELECT 语句则检索到一行记录，相应地该语句后的游标属性 SQL%ROWCOUNT 也变为 1。

当要处理 SQL 语句返回的结果集时，就需要使用 CURSOR FOR LOOP 语句，通过隐式游标进行处理。在下面的程序中，将使用 CURSOR FOR LOOP 语句循环输出检索到的员工信息。

```
SQL> begin
  2      for employee in (select empno,ename,job,sal
  3                        from emp where deptno=20)
  4      loop
  5        dbms_output.put(' 员工编号 :' || employee.empno);
  6        dbms_output.put(' 姓名 ' || employee.ename);
  7        dbms_output.put(' 职位 ' || employee.job);
  8        dbms_output.put_line(' 薪金 ' || employee.sal);
  9      end loop;
 10    end;
 11    /
员工编号 :7369 姓名 SMITH 职位 CLERK 薪金 1400
员工编号 :7566 姓名 JONES 职位 MANAGER 薪金 2975
员工编号 :7788 姓名 SCOTT 职位 ANALYST 薪金 3000
员工编号 :7876 姓名 ADAMS 职位 salesman 薪金 1500
员工编号 :7902 姓名 FORD 职位 ANALYST 薪金 3000

PL/SQL 过程已成功完成。
```

6.4.2 显式游标

在 PL/SQL 程序中处理结果集时，用户也可以通过显式定义游标，然后手动操作该游标处理结果集。使用显式游标处理数据需要 4 个步骤——定义游标、打开游标、提取游标数据和关闭游标。

1. 定义游标

游标是由游标名称和游标对应的 SELECT 结果集组成的。因此，在定义游标时，需要指定游标的名称和游标所使用的 SELECT 语句。与声明变量一样，定义游标也应该放在 PL/SQL 程序块的声明部分。声明游标的语法格式如下：

```
cursor cursor_name[(parameter[, parameter]…)]
[return return_type]
is select_statement;
```

136

其中，CURSOR_NAME 参数表示游标的名称；RETURN_TYPE 表示返回值类型；SELECT_ STATEMENT 参数表示游标将要包括的结果集；PARAMETER 参数作为游标的输入参数，它可以让用户在打开游标时，向游标传递值。PARAMETER 参数的形式如下：

```
parameter_name [in] datatype [{:= | defalut} expression]
```

在下面的示例将声明一个游标并规定其输入参数，该参数用于限定 SELECT 语句返回的结果。

```
declare
   cursor emp_cursor(department in number2 default 20)
   is select empno,ename,job,sal
      from emp
      where deptno=department;
```

在上面的程序中，定义了一个名为 EMP_CURSOR 的游标，并为其规定了输入参数 DEPARTMENT，该参数的数据类型为数值类型，其默认值为 20。

> **提示：**
>
> 在指定数据类型时，不能使用长度约束，如 NUMBER(4)、VARCHAR(10) 等都是错误的。

2．打开游标

要使用定义好的游标前，用户还必须显式打开游标。打开游标的语法结构如下：

```
open cursor_name[(value[,value]…)];
```

打开游标的过程有以下两个步骤：

① 将符合条件的记录送入内存。

② 将指针指向第一条记录。

例如，要打开上面定义的游标 EMP_CURSOR 时，可以使用如下的代码：

```
open emp_cursor;
```

在执行该语句时，输入参数将使用设置的默认值。即该游标中保存了所有部门为 20 的员工信息。如果要检索部门为 30 的员工信息，则可以为游标传递参数 30，如下所示。

```
open merchandise_cursor(30);
```

3．提取游标数据

提取游标中的数据就是将检索到结果集中的数据保存到变量中，以便在程序中进行处理。上面的这些操作步骤是依次执行的，即只有先定义游标后，用户才能打开游标，一旦打开游标才能从中提取数据。

使用 FETCH 语句从游标中提取数据的语法形式如下。

```
fetch cursor_name into {variable_list | record_variable };
```

下面的语句将提取游标 EMP_CURSOR 中的数据，并将数据存入到记录变量 EMP_ROW 中。

```
fetch emp_cursor into emp_row;
```

在游标中包含了一个指针，当最初打开游标时，指针指向游标结果集中的第一行。当使用

FETCH 提取数据时，游标中的指针将自动指向下一行。这样，可以在循环中使用 FETCH 语句提取数据，使每一次循环都会从结果集中读取一行数据。如果游标结果集中已经没剩余的记录，那么属性 %FOUND 将为 FALSE。

在下面的程序中将显式声明一个游标，并在循环中使用 FETCH 语句提取所有部门为 30 的员工信息。

```
SQL> set serveroutput on
SQL> declare
  2    cursor emp_cursor(department in number default 20)
  3    is select empno,ename,job,sal
  4       from emp
  5       where deptno=department;
  6    type employee is record(
  7    id emp.empno%type,
  8    name emp.ename%type,
  9    job emp.job%type,
 10    sal emp.sal%type);
 11    emp_row employee;
 12  begin
 13    open emp_cursor(30);
 14    fetch emp_cursor into emp_row;
 15    while emp_cursor%found loop
 16      dbms_output.put('员工编号' || emp_row.id);
 17      dbms_output.put('姓名' || emp_row.name);
 18      dbms_output.put('职位' || emp_row.job);
 19      dbms_output.put_line('薪金' ||emp_row.sal);
 20      fetch emp_cursor into emp_row;
 21    end loop;
 22    close emp_cursor;
 23  end;
 24  /
员工编号 7499 姓名 ALLEN 职位 SALESMAN 薪金 1600
员工编号 7521 姓名 WARD 职位 SALESMAN 薪金 1250
员工编号 7654 姓名 MARTIN 职位 SALESMAN 薪金 1250
员工编号 7698 姓名 BLAKE 职位 MANAGER 薪金 2850
员工编号 7844 姓名 TURNER 职位 SALESMAN 薪金 1500
员工编号 7900 姓名 JAMES 职位 CLERK 薪金 950

PL/SQL 过程已成功完成。
```

在这个示例中，不仅声明了一个游标，还定义了一个用于存储数据的记录类型变量。循环控制语句非常适合对结果集进行逐行处理。

4. 关闭游标

使用完游标后，用户必须显式关闭游标，释放 SELECT 语句的查询结果。关闭游标所使用的 CLOSE 语句形式如下。

```
close cursor_name;
```

在下面的程序中，显式关闭了游标 EMP_CURSOR。

```
close emp_cursor;
```

如果试图存取一个关闭的游标，则会产生一个 Oracle 错误。但是，如果在使用完游标后未关闭它，则当游标数据达到系统定义的最大值时，将会产生错误。

6.4.3　游标 FOR 循环

从上面的示例中可以发现，游标通常是与循环联合使用的。实际上，PL/SQL 还提供了一种将两者综合在一起的语句，即游标 FOR 循环语句。游标 FOR 循环是显式游标的一种快捷使用方式，它使用 FOR 循环依次读取结果集中的数据。当 FOR 循环开始时，游标会自动打开（不需要使用 OPEN 方法），每循环一次系统自动读取游标当前行的数据（不需要使用 FETCH），当退出 FOR 循环时，游标被自动关闭（不需要使用 CLOSE）。

FOR 循环的语法如下：

```
for cursor_record in cursor_name loop
  statements;
end loop;
```

这个 FOR 循环将不断地将行读入变量 CURSOR_RECORD 中，在循环中也可以存取CURSOR_RECORD 中的字段。

下面的示例使用游标 FOR 循环，实现查询 EMP 表中的数据。

```
SQL> set serveroutput on
SQL> declare
  2    cursor emp_cursor is
  3        select * from emp
  4        where deptno=10;
  5  begin
  6    for r in emp_cursor loop
  7      dbms_output.put(r.empno || ' ');
  8      dbms_output.put(r.ename || ' ');
  9      dbms_output.put(r.job || ' ');
 10      dbms_output.put_line(r.sal);
 11    end loop;
 12  end;
 13  /
7782 CLARK MANAGER 2450
7839 KING PRESIDENT 5000
7934 MILLER CLERK 1300

PL/SQL 过程已成功完成。
```

> **提示：**
>
> 在使用游标 FOR 循环时，一定不能使用 OPEN、FETCH 和 CLOSE 语句，否则将产生错误。

6.5　异常处理

在编写 PL/SQL 程序时，不可避免地会出现一些错误。在 Oracle 系统中使用异常来处理这些错误，这些异常都可以包括在 PL/SQL 程序的 EXCEPTION 块中。Oracle 系统提供了许多内置的异常，用户也可以根据自己的需要定义异常。

Oracle 系统中的异常可以分为三类：

※ 预定义的异常：Oracle 为用户提供了大量的、在 PL/SQL 中使用的预定义异常，以便检查用户代码失败的一般原因。它们都定义在 Oracle 的核心 PL/SQL 库中，用户可以在自己的 PL/SQL 异常处理部分使用名称对其进行标识。对这种异常情况的处理，用户无须在程序中定义，它们由 Oracle 自动引发。

※ 非预定义的异常：数据库本身不知道、不能控制的错误。例如，操作系统崩溃、Oracle 服务器错误、网络或者机器 I/O 错误等。对这种异常情况的处理，需要用户在程序中定义，然后由 Oracle 自动引发。

※ 用户定义的异常：如果程序设计人员认为某种情况违反了业务逻辑，则设计人员可明确定义并引发的异常。

6.5.1 预定义的异常处理

当 PL/SQL 程序违反了 Oracle 的规定或超出了系统规定的限制时，就会隐式地引发一个预定义异常错误。如前面已经提到过的异常 ZERO_DIVIDE 就是系统预定义的，Oracle PL/SQL 自身能发现和引发的异常较少，下表列出了这些异常的详细信息。

系统定义异常	说明
access_into_null	企图为某个未初始化对象的属性赋值
case_not_found	在 CASE 语句中未包含相应的 WHEN 子句，并且没有设置 ELSE 子句
collection_is_null	集合元素未初始化
cursor_already_open	企图打开一个已经打开的游标。游标在重新打开之前，必须关闭
dup_val_on_index	企图在一个唯一性索引的列中存储冗余值
invalid_cursor	执行一个非法的游标操作，例如关闭一个未打开的游标
invalid_number	企图将一个字符串转换成一个无效的数字
login_denied	企图使用无效的用户名和密码连接数据库
no_data_found	SELECT INTO 语句没有返回数据，或者企图访问嵌套表中已经被删除的元素或未初始化的元素
not_logged_on	企图在没有连接数据库的情况下访问数据库中的内容
program_error	PL/SQL 内部问题，可能需要重装数据字典和 PL./SQL 系统包
rowtype_mismatch	主游标变量与 PL/SQL 游标变量的返回类型不兼容
self_is_null	使用对象类型时，在 null 对象上调用对象方法
storage_error	PL/SQL 程序使用完了内存，或内存遭到了破坏
subscript_beyond_count	元素下标超过嵌套表或 VARRAY 的最大值
subscript_outside_limit	企图使用非法索引号引用嵌套表或 VARRAY 中的元素
sys_invalid_rowid	字符串向 ROWID 转换时出错，因为该字符串不是一个有效的 ROWID 值
timeout_on_resource	Oracle 在等待资源时超时
too_many_rows	执行 select into 语句时，结果集超过一行
value_error	赋值时，变量长度不足以容纳实际数据
zero_divide	除数为 0

对于系统预定异常，用户无须在程序中定义，它们将由 Oracle 自动引发。例如，如果用户试图使用完全相同的主键值向同一个表中插入两个记录，则系统会产生因违反主键的异常，Oracle 称这种异常为 DUP_VAL_ON_INDEX 异常。在知道了可能出现的异常后，就可以在程序的异常处理部分捕获它，并且可以根据自己的需求进行处理。

```
SQL> set serveroutput on
SQL> begin
  2       insert into emp(empno,ename,job,sal,dcptno)
  3       values(7369,'ATG','CLERK',1500,20);
  4       exception
  5       when dup_val_on_index then
  6       dbms_output.put_line(' 捕获 DUP_VAL_ON_INDEX 异常 ');
  7       dbms_output.put_line(' 该主键值已经存在 ');
  8     end;
  9     /
捕获 DUP_VAL_ON_INDEX 异常
该主键值已经存在

PL/SQL 过程已成功完成。
```

在该程序中，试图使用已经存在的主键值 EMP 表添加新记录，这会因为违反主键约束而产生错误。由于在程序的异常处理部分对其进行了捕获，所以当该错误发生时并不会影响程序的执行。

当出现错误时，PL/SQL 有两种方法向用户报告信息。一种方法是用 SQLCODE 函数，它可以返回出错码。出错码一般为负数，等同于 ORA 错误中的出错码。而如果 ORA 中的错误在程序结束之前得不到处理，它将会显示出来。另一种方法是使用 SQLERRM 函数返回出错信息，也可以同时使用这两个命令进行异常处理。

这两个函数可以在任何异常处理程序中使用，但是，当在 OTHERS 子句中使用时，它们就变得非常重要。OTHERS 子句通常是异常处理中最后的处理程序，用来捕获前面未捕获的异常。所以，如果在程序的异常处理中使用 OTHERS 子句时，在其中使用 SQLCODE 和 SQLERRM 函数可以获得错误的信息。

例如，在下面的程序中，SELECT 语句将引发一个异常，该异常将被 OTHERS 子句捕获。为了获取异常的错误信息，将在 OTHERS 子句中使用 SQLCODE 和 SQLERRM 函数进行处理。

```
SQL> set serveroutput on
SQL> declare
  2       emp_row emp%rowtype;
  3     begin
  4       select *
  5       into emp_row
  6       from emp
  7       where deptno=10;
  8     exception
  9       when others then
 10       dbms_output.put_line(' 异常错误('|| SQLCODE ||')');
 11       dbms_output.put_line(SQLERRM);
 12     end;
 13     /
异常错误 (-1422)
ORA-01422: 实际返回的行数超出请求的行数

PL/SQL 过程已成功完成。
```

从上面的程序可以看出，由于在 WHEN OTHERS 子句捕获的异常是未知的，因此为了获取异常的信息，就可以在 WHEN OTHERS 子句中使用 SQLCODE 和 SQLERRM 函数，查看异常的错误码或错误的描述信息。

> **提示:**
>
> OTHERS 子句必须放在异常处理的最后，而其他的异常处理可以按任意次序排列。

6.5.2 非预定义异常

在一个异常产生、被捕获并处理之前，它必须被定义。Oracle 定义了几千个异常，绝大多数只有错误编号和相关描述，仅仅命名了 21 个最常被用到的异常，即系统预定义异常。这些异常的名称被储存在 STANDARD、UTL_FILE、DBMS_SQL 这几个系统包中。

除此之外的绝大多数异常都未命名，这些异常就是非预定义异常，它们需要程序员对其进行命名。当然，只使用错误码也可以完成异常的处理，但是这种异常处理会使代码非常生涩。例如：

```
exception
  when others then
  if sqlcode=-1843 then
  ...
  end if;
```

为非预定义异常命名时，需要使用语句 PRAGMA EXCEPTION_INIT 为错误号关联一个名称，随后就可以像对待系统预定义异常一样进行处理。EXCEPTION_INIT 是一个编译时运行的函数，它只能出现在代码的声明部分，而异常名称必须在此之前被定义。

下面的示例，在程序块中为异常 -1834 关联了一个名称。

```
declare
  invalid_company_id exception;
  pragma exception_init(invalid_id, -1834);
```

下面通过一个完整的示例，演示如何在程序中处理 Oracle 错误 ORA-2292。

```
SQL> set serveroutput on
SQL> declare
  2    fk_delete_exception exception;
  3    pragma exception_init(fk_delete_exception,-2292);
  4  begin
  5    delete dept
  6    where dname='SALES';
  7  exception
  8    when fk_delete_exception then
  9    dbms_output.put_line('该项目存在于另一个表中！');
 10  end;
 11  /
该项目存在于另一个表中！

PL/SQL 过程已成功完成。
```

在上面的程序中，由于该名称的部门信息仍然存在于 EMP 表中，当使用 DELETE 语句删除 DEPT 表中的数据时，将触发外键错误 -2292。因此，将该错误定义与定义的异常相关联后，当错误 -2292 发生时将引发定义的异常 FK_DELETE_EXCEPTION。这样，在异常处理部分就可以像系统预定义异常一样进行处理。

6.5.3 用户定义的异常

系统预定义异常和非预定义异常都是由 Oracle 判断的错误，在实际的应用中，程序开发人员可以根据具体的业务逻辑规则，自定义一个异常。这样，当用户操作违反了业备逻辑规则后，就引发了一个自定义异常，从而中断程序的正常执行，并转到自定义的异常处理部分。

用户自定义的异常是通过显式使用 RAISE 语句来引发的，当引发一个异常时，控制就转向到 EXCEPTION 异常处理部分，执行异常处理语句。自定义异常处理的步骤如下：

① 定义异常处理。定义异常处理的语法如下：

```
declare
异常名 exception;
```

② 触发异常处理。触发异常处理的语法如下：

```
raise 异常名;
```

③ 处理异常。触发异常处理后，在程序块中就像系统预定义异常一样进行处理。

下面的 PL/SQL 程序包含了完整的异常处理定义、触发和处理的过程。在程序中定义了名为 SALARY_ERROR 的异常，在 SCOTT.EMP 数据表中查找 EMPNO=7356 的记录，将其值放入变量 VAR_SAL 中。如果 VAR_SAL 的值小于 800，则说明该员工的薪水有问题，将激活异常处理，显示提示信息。

```
SQL> set serveroutput on
SQL> declare
  2    salary_error exception;
  3    var_sal scott.emp.sal%type;
  4  begin
  5    select sal
  6    into var_sal
  7    from scott.emp
  8    where empno=7369;
  9    if var_sal<=800 then
 10      raise salary_error;
 11    end if;
 12  exception
 13    when salary_error then
 14    dbms_output.put_line(' 薪金超过范围 ');
 15  end;
 16  /
薪金超过范围

PL/SQL 过程已成功完成。
```

上面的程序是一个生成自定义异常的示例，当然也可以使用 RAISE 生成系统预定义异常，例如：

```
SQL> set serveroutput on
SQL> declare
  2    var_comm number;
  3  begin
  4    select comm
  5    into var_comm
  6    from emp
  7    where ename='TURNER';
```

```
     8      if var_comm=0 then
     9        raise zero_divide;
    10      end if;
    11   exception
    12      when zero_divide then
    13        dbms_output.put_line('补贴费为0!');
    14   end;
    15   /
补贴费为0!

PL/SQL 过程已成功完成。
```

6.6 练习：设置类型变量

在 PL/SQL 程序中，为了处理数据库中存储的数据，用户可以根据实际的情况，使用系统预定义的标量变量，或者使用自定义的复合变量。

操作步骤：

① 使用标量变量。标量变量也是最简单的变量，它只能存储单个值，它的数据类型也是系统预定义的。连接 HR 模式，在 SQL*Plus 中输入如下的语句：

```
SQL> set serveroutput on
SQL> declare
  2   var_sal  number:=2200;
  3   begin
  4   update employees
  5   set salary=var_sal
  6   where employee_id='203';
  7   end;
  8   /

PL/SQL 过程已成功完成。
```

② 使用 %TYPE 类型的变量。在 PL/SQL 程序中使用 %TYPE 类型的变量后，如果用户随后修改数据库中该列的结构，则该类型的变量也随之改变。在 SQL*Plus 中输入如下的语句：

```
SQL> declare
  2   var_first_name employees.first_name%type;
  3   var_last_name employees.last_name%type;
  4   begin
  5   select first_name,last_name
  6   into var_first_name,var_last_name
  7   from employees
  8   where employee_id=199;
  9   dbms_output.put_line(var_first_name ||' '||var_last_name);
 10   end;
 11   /
Douglas Grant

PL/SQL 过程已成功完成。
```

③ 自定义记录变量。使用自定义记录变量时，首先需要用户自定义记录变量的类型，然后

才可以声明记录类型的变量。在 SQL*Plus 中输入如下的程序，以显示员工的基本信息。

```
SQL> declare
  2  type emp_record is record(
  3  id employees.employee_id%type,
  4  name varchar2(50),
  5  job employees.job_id%type,
  6  sal number
  7  );
  8  emp_one emp_record;
  9  begin
 10  select employee_id,last_name,job_id,salary
 11  into emp_one
 12  from employees
 13  where employee_id='199';
 14  dbms_output.put_line(emp_one.id ||' ' || emp_one.name||' '||emp_one.
job||'
  '||emp_one.sal);
 15  end;
 16  /
199 Grant SH_CLERK 3120

PL/SQL 过程已成功完成。
```

④　使用 %ROWTYPE 变量。%ROWTYPE 类型的变量可以存储数据表中一个完整行。在 SQL*Plus 中输入如下的代码，在 %ROWTYPE 类型的变量中存储某员工的记录。

```
SQL> declare
  2  var_emp employees%rowtype;
  3  begin
  4  select *
  5  into var_emp
  6  from employees
  7  where employee_id=199;
  8  dbms_output.put_line(var_emp.employee_id);
  9  dbms_output.put_line(var_emp.employee_id);
 10  dbms_output.put_line(var_emp.job_id);
 11  dbms_output.put_line(var_emp.salary);
 12  end;
 13  /
199
199
SH_CLERK
3120

PL/SQL 过程已成功完成。
```

6.7　练习：使用游标

在程序中访问数据库最通用的方法是嵌入 SQL 语句，由于 SQL 语句一般是以集合的形式返回结果的，而程序设计语言并不能处理集合形式的数据。因此，这需要使用游标架起这两者之间连接的"桥梁"。

操作步骤：

① 使用隐式游标访问数据表。在程序中访问数据库最简单的方法是使用 FOR CURSOR，这种方式使用的游标为一种隐式游标。隐式游标不需要用户显式定义、打开等操作，就可以浏览数据库中的表。使用如下语句浏览 HR 模式中的 EMPLOYEES 表。

```
SQL> set serveroutput on
SQL> begin
  2  for emp_one in (select employee_id,last_name,job_id,salary
  3  from employees)
  4  loop
  5  dbms_output.put(emp_one.employee_id ||' ');
  6  dbms_output.put(emp_one.last_name||' ');
  7  dbms_output.put(emp_one.job_id||' ');
  8  dbms_output.put(emp_one.salary||' ');
  9  dbms_output.put_line(null);
 10  dbms_output.put_line('********************');
 11  end loop;
 12  end;
 13  /
100 King AD_PRES 24000
********************
101 Kochhar AD_VP 17000
********************
102 De Haan AD_VP 17000
********************
103 Hunold IT_PROG 9000
********************
......

PL/SQL 过程已成功完成。
```

② 使用显式游标。

```
SQL> declare
  2  cursor emp_cur is
  3  select * from employees;
  4  emp_one employees%rowtype;
  5  begin
  6  open emp_cur;
  7  loop
  8  fetch  emp_cur into emp_one;
  9  exit when emp_cur%notfound;
 10  dbms_output.put(emp_one.employee_id ||' ');
 11  dbms_output.put(emp_one.last_name||' ');
 12  dbms_output.put(emp_one.job_id||' ');
 13  dbms_output.put(emp_one.salary||' ');
 14  dbms_output.put_line(null);
 15  dbms_output.put_line('********************');
 16  end loop;
 17   close emp_cur;
 18  end;
 19  /
100 King AD_PRES 24000
********************
101 Kochhar AD_VP 17000
********************
102 De Haan AD_VP 17000
```

```
********************
......
```

PL/SQL 过程已成功完成。

③　使用 REF 游标。REF 游标是动态的，可以在程序运行时指定游标所使用的 SELECT 语句。
　　在 SQL*Plus 中输入并执行如下的 SQL 语句。

```
SQL> declare
  2  type emp_record is ref cursor;
  3  v_rc emp_record;
  4  emp_one employees%rowtype;
  5  begin
  6  open v_rc for select * from employees;
  7  loop
  8  fetch v_rc into emp_one;
  9  exit when v_rc%notfound;
 10  dbms_output.put(emp_one.employee_id ||' ');
 11  dbms_output.put(emp_one.last_name||' ');
 12  dbms_output.put(emp_one.job_id||' ');
 13  dbms_output.put(emp_one.salary||' ');
 14  dbms_output.put_line(null);
 15  dbms_output.put_line('********************');
 16  end loop;
 17  close v_rc;
 18  end;
 19  /
100 King AD_PRES 24000
********************
101 Kochhar AD_VP 17000
********************
102 De Haan AD_VP 17000
********************
103 Hunold IT_PROG 9000
********************
......
```

PL/SQL 过程已成功完成。

6.8　新手训练营

练习 1：判断两个数值的大小

本练习中，将使用 IF…THEN 条件语句判断数值 A 和数值 B 的大小。

```
SQL> set serveroutput on
SQL> declare
  2  A integer:=80;
  3  B integer:=90;
  4  begin
  5  if A>=B then
  6  dbms_output.put_line(A ||'>='||B);
  7  end if;
  8  end;
  9  /
```

```
     PL/SQL 过程已成功完成。
```

在上述代码中，由于 A<B，因此判断条件为 False，代码会跳过 IF 下面的语句直接执行 END IF 后面的语句。如果更改判断条件，则会出现完全不同的结果。

```
SQL> declare
  2   A integer:=80;
  3   B integer:=90;
  4   begin
  5   if A<=B then
  6   dbms_output.put_line(A ||'<='||B);
  7   end if;
  8   end;
  9   /
A<=B

PL/SQL 过程已成功完成。
```

练习 2：计算整数之和

本练习中，将通过 FOR 循环计算 50 到 100 之间的整数之和。

```
SQL> declare
  2   sum_num number:=50;
  3   begin
  4   for i in 50..100 loop
  5   sum_num:=sum_num+i;
  6   end loop;
  7   dbms_output.put_line(sum_num);
  8   end;
  9   /
3875

PL/SQL 过程已成功完成。
```

练习 3：计算素数

本练习中，将通过 FOR 循环计算 1 到 100 之间的素数。

```
SQL> set serveroutput on
SQL> declare
  2   flag boolean;
  3   begin
  4   for i in 2..100 loop
  5   flag:=true;
  6   for j in 2..trunc(i/2) loop
  7   if(mod(i,j)=0) then
  8   flag:=false;
  9   exit;
 10   end if;
 11   end loop;
 12   if(flag) then
 13   dbms_output.put_line(i);
 14   end if;
 15   end loop;
 16   end;
```

```
17   /
2
3
5
7
11
13
17
19
23
29
31
37
41
43
47
53
59
61
67
71
73
79
83
89
97

PL/SQL 过程已成功完成。
```

练习 4：设置外墙施工项目视图格式

本练习中，将使用 WHILE 循环打印 100 以内能被 5 整除的整数。

```
SQL> declare
  2   i number:=1;
  3   begin
  4   while i<100 loop
  5   if mod(i,5)=0 then
  6   dbms_output.put_line(i || '');
  7   end if;
  8   i:=i+1;
  9   end loop;
 10   end;
 11   /
5
10
15
20
25
30
35
40
45
50
55
60
65
70
```

```
75
80
85
90
95

PL/SQL 过程已成功完成。
```

练习 5：执行条件循环

本练习中，将使用 CASE 条件语句对指定的数据执行条件循环。

```
SQL> set serveroutput on
SQL> declare
  2   i number:=0;
  3   begin
  4   while i<6 loop
  5   case i
  6   when 0 then
  7   dbms_output.put_line('主板');
  8   when 1 then
  9   dbms_output.put_line('显卡');
 10   when 2 then
 11   dbms_output.put_line('电源');
 12   else
 13   dbms_output.put_line('内存条');
 14   end case;
 15   i:=i+1;
 16   end loop;
 17   end;
 18   /
主板
显卡
电源
内存条
内存条
内存条

PL/SQL 过程已成功完成。
```

第7章

SQL*Plus 数据库环境

本章内容

在数据库系统中，既可以使用图形化工具执行命令，又可以直接使用各种语句来执行命令。虽然，图形化工具具有直观、简单、容易记忆等特点，但其灵活性比较差，不利于用户对命令和其他选项的理解。而直接使用语句虽然需要记忆具体命令的语法形式，但语句的灵活性有利于加深用户对复杂命令选项的理解，并且还可以完成某些图形工具无法完成的任务。在 Oracle 系统中，专门为用户提供了用于执行 SQL 语句的 PL/SQL 程序的 SQL*Plus 工具。在本章中，将详细介绍 SQL*Plus 工具的特点、功能和用法，以及设置 SQL*Plus 的运行环境、执行各种 SQL*Plus 命令、格式化输出结果、定义和使用变量和编辑 SQL 命令等基础知识和使用技巧。

7.1 SQL*Plus 的基础命令

SQL*Plus 是与 Oracle 数据库进行交互的客户端工具，使用 SQL*Plus 不仅可以查看、修改数据库记录，而且还可以运行 SQL*Plus 命令与 SQL 语句。在使用 SQL*Plus 操作数据库之前，还需要先来了解一下 SQL*Plus 中的一些常用的基础命令和操作。

7.1.1 设置 SQL*Plus 环境

在使用 SQL*Plus 之前，用户可以根据喜好来设置 SQL*Plus 的环境，也就是窗口大小、缓冲区大小、字体和颜色等。

启动 SQL*Plus，在界面中右击标题栏，执行【属性】命令。在弹出的对话框中，激活【选项】选项卡，在该选项卡中，可以将光标的大小设置为大、中和小 3 种状态；另外，还可以设置编辑器缓冲区的大小和数量，其缓冲区的大小表示命令行编辑器中暂时保存数据量的大小；除此之外还可以在该选项卡中设置快速编辑模式和插入模式两种编辑选项。

激活【布局】选项卡，在该选项卡中可以设置屏幕缓冲区和窗口的布局，包括大小和位置。例如，将【窗口大小】选项组中的【宽度】设置为 200，便可以基本查看到编辑器中所有的代码。

激活【字体】选项卡，在该对话框中可以设置窗口显示的屏幕像素宽的比例，在【大小】列表框中选择不同的比例后，系统会自动在【窗口预览】和【所选字体】窗口中显示其效果。除此之外，用户还可以在【字体】列表框中选择所应用的字体样式。

激活【颜色】选项卡,在该选项卡中可以设置屏幕文字、屏幕背景、弹出文字和弹出窗口背景的颜色。另外,用户还可以在右侧的【选定的颜色值】选项组中自定义颜色。

7.1.2　命令行编辑器

SQL*Plus 中内嵌了命令行编辑器,以协助用户进行一些简单的交互操作,例如 SQL 查询、查看列、设置列格式等。

在命令行编辑器中,用户输入的每一条 SQL 语句,SQL*Plus 都会将其存储在 SQL 的缓冲区中。

1.　查看缓冲区内容

SQL*Plus 中,可以运用 RUN 或 "/" 命令,来查看缓冲区内的数据。例如,使用 RUN 命令查看时,只需输入下列代码即可。

```
R[un]
```

此时,系统会自动显示缓冲区命令并返回查询结果,其具体情况如下图所示。

如果用户使用 "/" 命令来查看缓冲区的内容,只会显示查询结果,并不会显示缓冲区内容。其具体情况如下图所示。

2.　保存内容

在 SQL*Plus 中,除了可以查看缓冲区的内容之外,还可以运用 SAVE 命令将缓冲区的命令存储在命令文件中。SAVE 命令的格式代码如下所示。

```
SAVE file_name
```

在 SQL*Plus 中输入保存命令,系统会自动将其保存为扩展名为 .SQL 的查询文件,并显示 "已创建 file_RA.sql" 的内容,其具体情况如下图所示。

3.　保存内容

在 SQL*Plus 中,还可以运用 EDIT 命令创建对应的文件,并将当期操作写入新创建的文件中。

该操作中，用户只需在 SQL*Plus 窗口中输入 EDIT 命令，系统会自动显示"已写入 file afiedt.buf"的内容，同时弹出所创建的文件。

而当用户关闭新创建的文件时，系统则会在 SQL*Plus 中显示新创建文件内所显示的写入内容。

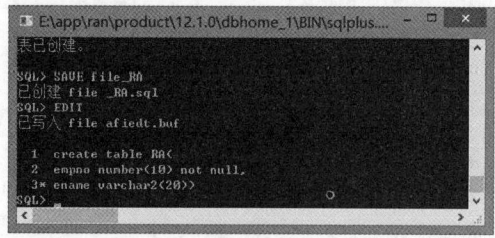

4．查看列定义

命令行编辑器不仅可以查看和查询缓冲区内的行，而且还可以运用 COLUMN 命令查看列的定义情况。例如，查看 JPAY 列的定义情况，则需要在 SQL*Plus 中输入下列代码：

```
column jpay
```

此时，系统会显示该列的定义情况。如若只单纯地输入 COLUMN 命令，则会显示所有列的定义情况，其具体情况如下图所示。

7.2 SQL*Plus 的运行环境

SQL*Plus 的运行环境是 SQL*Plus 的运行方式、查询语句执行结果显示方式的总称，设置合适的 SQL*Plus 运行环境，可以使 SQL*Plus 能够按照用户的要求运行和执行各种操作。

7.2.1 使用 SET 语句选项

在 Oracle 系统中，用户可以使用 SET 命令来设置 SQL*Plus 的运行环境。使用 SET 命令的语法格式为：

```
set system_option value
```

SET 命令的选项及其取值如下表所示。

选项	说明
set arraysize {15|n}	设置 SQL*Plus 一次从数据库中取出的行数，其取值范围为任意正整数
set autocommit{on|off|immediate|n}	该参数的值决定 Oracle 何时提交对数据库所做的修改。当设置为 ON 和 IMMEDIATE 时，当 SQL 命令执行完毕后，立即提交用户做的更改；而当设置为 OFF 时，则必须使用 COMMIT 命令提交。关于事务处理的细节请参考相关章节
set autoprint{on|off}	自动打印变量值，如果 autoprint 设置为 on，则在过程的执行过程中可以看到屏幕上打印的变量值；设置为 OFF 时表示只显示"过程执行完毕"这样的提示
set autorecovery{on|off}	设定为 on 时，将以默认的文件名来记录重做记录，当需要恢复时，可以使用 recover automatic Database 语句恢复，否则只能使用 recover Database 语句恢复
Set autotrace{on|off|trace [only]}[explain][statistics]	对正常执行完毕的 sql dml 语句自动生成报表信息
set blockterminator {c|on|off}	定义 PL/SQL 块结束的字符
set cmdsep{;|c|on|off}	定义 SQL*Plus 的命令行区分字符，默认值为 off，也就是说 Enter 键表示下一条命令并开始执行；假如设置为 on，则命令行区分字符会被自动设定成";"，这样就可以在一行内用";"分隔多条 SQL 命令
set colsep{ _|text}	设置列和列之间的分隔字符。默认情况下，在执行 select 输出的结果中，列和列之间是以空格分隔的。这个分隔符可以通过使用 SET COLSEP 命令来定义
set linesize {80|n}	设置 SQL*Plus 在一行中能够显示的总字符数，默认值为 80，取值可以为任意正整数
set long {80|n}	为 LONG 型数值设置最大显示宽度，默认值为 80
set newpage {1|n|none}	设置每页打印标题前的空行数，默认值为 1
set null text	设置当 SELECT 语句返回 NULL 值时显示的字符串
set numformat format	设置数字的默认显示格式
set pagesize {14|n}	设置每页打印的行数，该值包括 NEWPAGE 设置的空行数
set pause{off|on|text}	设置 SQL*Plus 输出结果时是否滚动显示。当取值为 NO 时表示输出结果的每一页都暂停，用户按下 Enter 键后继续显示；取值为字符串时，每次暂停都将显示该字符串
set recsep {wrapped | each | off}	显示或打印记录分隔符。其取值为 WRAPPED 时，只有在折叠的行后面打印记录分隔符；取值为 EACH 则表示每行之后都打印记录分隔符；OFF 表示不必打印分隔符
set space{1 | n}	设置输出结果中列与列之间的空格数，默认值为 10
set sqlcase{mixed | lower | upper}	设置在执行 SQL 命令之前是否转换大小，取值可以为 MIXED（不进行转换）、LOWER（转换为小写）和 UPPER（转换为大写）
set sqlcontinue{>| test}	设置 SQL*Plus 的命令提示符
set time {off | on}	控制当前时间的显示。取值为 ON 时，表示在每个命令提示符前显示当前系统时间；取值为 OFF 则不显示系统当前时间
set timing {off | on}	控制是否统计每个 SQL 命令的运行时间。取值为 ON 表示为统计，OFF 则不统计
set underline{-| c | on | off}	设置 SQL*Plus 是否在列标题下面添加分隔线，取值为 ON 或 OFF 时分别表示为打开或关闭该功能，还可以设置列标题下面分隔线的样式
set wrap {on | off}	设置当一个数据项比当前行宽宽时，SQL*Plus 是否截断数据项的显示。取值为 OFF 时表示截断，ON 表示为超出部分折叠到下一行显示

下面设置以当前系统时间为 SQL*Plus 命令提示符。通过 SET 命令设置的环境变量是临时的，当用户退出 SQL*Plus 后，用户设置的参数将全部丢失。

```
SQL> set time on
18:22:07 SQL>
```

7.2.2　设置运行环境示例

在本节将通过几个示例介绍如何设置运行环境，以及设置后的效果。这些设置都是在平常操作中使用频率较高的运行环境。

1. PAUSE 选项

　　如果用户在 SQL*Plus 中运行的查询语句可以返回多行数据，以至于无法在 SQL*Plus 窗口中一次显示完，这时 SQL*Plus 输出窗口会快速滚动显示。这样用户就需要在窗体上进行一次缓存，以存储滚动到屏幕以外的数据，以便用户逐页地查看查询结果。

　　这可以通过设置环境变量 PAUSE 为 ON，控制 SQL*Plus 在显示完一页后暂停显示，直到用户按下 Enter 键后继续显示下一页数据。当设置 PAUSE 命令为 ON 时需要注意一点，当用户提交查询的时候，SQL*Plus 会在显示第一页之前就暂停显示。用户只有按下 Enter 键后第一页的内容才会显示。PAUSE 选项还可以设置暂停后显示的字符串，以便提示用户。例如，使用下面的命令可以设置在暂停后显示"按 Enter 键继续"字符串：

```
SQL> set pause on
SQL> set pause ' 按 Enter 键继续 '
SQL> select empno,ename,job,hiredate,sal
  2  from emp;
按 Enter 键继续

EMPNO          ENAME          JOB            HIREDATE          SAL
------         -----          ---            --------          -------
7369           SMITH          CLERK          17-12 月 -80      800
7499           ALLEN          SALESMAN       20-2 月 -81       1600
7521           WARD           SALESMAN       22-2 月 -81       1250
7566           JONES          MANAGER        02-4 月 -81       2975
7654           MARTIN         SALESMAN       28-9 月 -81       1250
7698           BLAKE          MANAGER        01-5 月 -81       2850
7782           CLARK          MANAGER        09-6 月 -81       2450
7788           SCOTT          ANALYST        19-4 月 -87       3000
7839           KING           PRESIDENT      17-11 月 -81      5000
7844           TURNER         SALESMAN       08-9 月 -81       1500
7876           ADAMS          CLERK          23-5 月 -87       1100
按 Enter 键继续
```

当不再需要暂停时，可以关闭 PAUSE 命令。关闭 PAUSE 命令的形式如下：

```
SQL> set pause off
```

2. PAGESIZE 和 NEWPAGE 选项

　　当执行有返回结果的查询语句时，SQL*Plus 首先会显示用户所选择数据的列标题，然后在相对应的列标题下显示数据，列标题之间的空间就是 SQL*Plus 的一页。

　　那么，SQL*Plus 的一页有多大呢？使用命令 SHOW PAGESIZE 可以显示 SQL*Plus 默认的一页大小。用户可以通过使用 PAGESIZE 命令改变这个默认值，例如，设置 PAGESIZE 为 30 后查询 SCOTT.EMP 表，结果如下所示。

```
SQL> show pagesize
pagesize 14
SQL> set pagesize 30
SQL> select empno,ename,sal
  2  from scott.emp;
```

```
    EMPNO          ENAME          SAL
    -----          -----          ----------
     7369          SMITH          800
...
     7934          MILLER         1300

已选择 14 行。
```

当 PAGESIZE 被设置为 30 后，SQL*Plus 在一页内显示了 14 行数据。

> **提示:**
>
> 一页的内容不仅包含查询的数据结果，它还包括列标题、空行和列标题与数据行之间的分隔线。

一页中空行的数量可以通过设置 NEWPAGE 选项设置，默认 NEWPAGE 选项值为 1，即标题前有一行空行。可以通过如下的命令设置标题与数据之间的空行。

```
SQL> show newpage
newpage 1
SQL> set newpage 3
SQL> select empno,ename,sal
  2  from emp;


    EMPNO          ENAME          SAL
    ------         ------         ----------
     7369          SMITH          800
...
     7934          MILLER         1300

已选择 14 行。
```

3. LINESIZE 选项

通过设置 LINESIZE 选项，用户可以修改系统默认的每行打印 80 个字符。当 SQL*Plus 输出 LINESIZE 指定数量的字符后，随后的数据就会折叠到下一行显示，如果用户窗口特别宽，那么用户就可以设置更宽的 LINESIZE，以避免折叠显示。

```
SQL> show linesize
linesize 80
SQL> set linesize 100
linesize 100
```

使用与 SQL*Plus 窗口的宽度相匹配的 LINESIZE，就不会因为输出的数据超过了窗口的限制而折叠显示。

4. NUMFORMAT 选项

当用户在查询数据库中的数值时，SQL*Plus 将使用默认的格式显示，SQL*Plus 默认在 10 个字符的宽度显示数字。如果用户正在处理的字符数量超过 10 个字符，那么用户可以为 NUMFORMAT 选项设置一个更大的值。

为了演示 NUMFORMAT 选项的功能，下面通过创建一个简单的表来演示。

```
SQL> create table numsample(num number);
表已创建。

SQL> insert into numsample
  2  values(1234567890);
已创建 1 行。

SQL> insert into numsample
  2  values(1234567890123);
已创建 1 行。

SQL> select * from numsample;

       NUM
----------
1234567890
1.2346E+12
```

在上面的示例中，添加的第一行数据由 10 个数字组成，而第二行数据则由 13 个数字组成。当查询该表时，SQL*Plus 就会将结果调整为 10 个字符宽。如果数字数据的长度超过了 10 个字符，则 SQL*Plus 就会采用另一种形式显示数字。可以通过 NUMFORMAT 设置数字的显示格式，例如：

```
SQL> set numformat 999,999,999,999,999,999.99
SQL> select * from numsample;

                         NUM
----------------------------
          1,234,567,890.00
      1,234,567,890,123.00
```

在下表中列出了数值的格式化掩码，以及它们对查询结果中的数字数据的影响。

字符	示例	说明
9	999	查询结果中数字替换格式中的掩码
0	999.00	格式中的掩码屏蔽掉查询结果中的数字
$	$999	在查询结果中的数字前添加美元前缀
S	S999	为数字显示符号类型，通常用于显示查询结果中的正负数
PR	999PR	在尖括号中显示数字
D or .	99D99.99	在字符 D 或字符小数点 "." 位置上放置小数点
,	999,99	在字符 "," 位置上放置逗号
RN or rn	RN	根据字符的大小写形式，以大写或者小写的形式显示罗马数字

5. TIMING 选项

当在 SQL*Plus 中运行 SQL 命令时，不同的 SQL 命令消耗的系统时间是不同的。为了查看命令所消耗的系统时间，可以设置 TIMING 选项为 ON，这时每当执行完 SQL 命令，SQL*Plus 就会显示该命令所消耗的系统时间。设置显示消耗的系统时间后，当执行 SQL 命令后，SQL*Plus 将显示该命令的执行时间。例如：

```
SQL> set timing on
SQL> select empno,ename,sal
  2  from emp;
…
```

```
已用时间：  00：00：00.03
```

7.3 SQL*Plus 命令

在 Oracle 系统中，SQL*Plus 提供了许多可以定制该工具行为的命令。这些命令包括：HELP、DESCRIBE、PROMPT、SPOOL 和 SHOW 等。在本节将介绍这些命令的使用方法。

7.3.1 HELP 命令

SQL*Plus 有许多命令，而且每个命令都有大量的选项，要记住每个命令的所有选项是很困难的。不过 SQL*Plus 提供了内建的帮助系统，用户可以在需要时，随时使用 HELP 命令查询相关的命令信息。但是 SQL*Plus 的内建帮助只是提供了部分命令信息，具体如下：

※　命令标题。

※　命令作用描述的文件。

※　命令的缩写形式。

※　命令中使用的强制参数和可选参数。

HELP 命令的语法形式如下所示。

```
help [topic]
```

在上面的语法中，TOPIC 参数表示将要查询的命令名称。

使用 HELP INDEX 命令，则显示可以通过 HELP 命令查看的 SQL*Plus 命令清单。该命令的执行结果如下。

```
SQL> help index

Enter Help [topic] for help.

@               COPY            PAUSE                   SHUTDOWN
@@              DEFINE          PRINT                   SPOOL
/               DEL             PROMPT                  SQLPLUS
ACCEPT          DESCRIBE        QUIT                    START
APPEND          DISCONNECT      RECOVER                 STARTUP
ARCHIVE LOG     EDIT            REMARK                  STORE
ATTRIBUTE       EXECUTE         REPFOOTER               TIMING
BREAK           EXIT            REPHEADER               TTITLE
BTITLE          GET             RESERVED WORDS (SQL)    UNDEFINE
CHANGE          HELP            RESERVED WORDS (PL/SQL) VARIABLE
CLEAR           HOST            RUN                     WHENEVER OSERROR
COLUMN          INPUT           SAVE                    WHENEVER SQLERROR
COMPUTE         LIST            SET                     XQUERY
CONNECT         PASSWORD        SHOW
```

SHUTDOWN 命令可以关闭数据库实例。使用 HELP 命令可以查看 SHUTDOWN 命令的使用方式。结果如下。

```
SQL> help shutdown
```

```
SHUTDOWN
--------
Shuts down a currently running Oracle Database instance, optionally
closing and dismounting a Database.

SHUTDOWN [ABORT|IMMEDIATE|NORMAL|TRANSACTIONAL [LOCAL]]
```

如果希望查看 SQL 和 PL/SQL 中使用的关键字，可以使用 HELP RESERVE WORDS 命令。该命令的执行结果如下。

```
SQL> help reserve words
```

7.3.2 DESCRIBE 命令

在 SQL*Plus 的许多命令中，用户使用最频繁的命令可能是 DESCRIBE 命令。DESCRIBE 命令可以返回数据库中所存储的对象的描述。对于表、视图等对象而言，DESCRIBE 命令都可以列出其各个列的名称及属性。除此之外，DESCRIBE 还会输出过程、函数和程序包的规范。

DESCRIBE 命令的部分语法形式如下。

```
describe object_name;
```

其中，DESCRIBE 可以缩写为 DESC，OBJECT_NAME 表示将要描述的对象名称。

DESCRIBE 命令不仅可以描述表、视图的结构，而且还可以描述 PL/SQL 对象，如过程、函数和程序包等都能通过该命令描述。

下面通过 DESCRIBE 命令查看 SCOTT.EMP 表的结构。

```
SQL> desc scott.emp
名称                  是否为空？               类型
----                  ---------                ------------
EMPNO                 NOT NULL                 NUMBER(4)
ENAME                                          VARCHAR2(10)
JOB                                            VARCHAR2(9)
MGR                                            NUMBER(4)
HIREDATE                                       DATE
SAL                                            NUMBER(7,2)
COMM                                           NUMBER(7,2)
DEPTNO                                         NUMBER(2)
```

7.3.3 PROMPT 命令

使用 PROMPT 命令可以在屏幕上输出一行数据，这种输出方式非常有助于在存储的脚本文件中向用户传递相应的信息。

PROMPT 命令的语法形式如下：

```
prompt prompt_text;
```

其中，PROMPT_TEXT 表示用于指定要在屏幕上显示的提示消息。

下面编写一个查询当前用户及其默认表空间的语句，并且为用户提示一些描述信息。可以将以下命令存储在 USER_TABLESPACE.SQL 文件中。

```
prompt
prompt '显示当前用户和其默认的表空间'
prompt
select username,default_tablespace
from user_users;
```

在 SQL*Plus 中使用 @ 命令运行 USER_TABLESPACE.SQL 文件，运行结果如下。

```
SQL> @ f:\user_tablespace

'显示当前用户和其默认的表空间'

USERNAME                       DEFAULT_TABLESPACE
------------------------------ ------------------------------
SCOTT                          USERS
```

7.3.4　SPOOL 命令

使用 SPOOL 命令可以把查询结果保存到文件中，或者把查询结果发送到打印机中。SPOOL
命令的语法格式如下。

```
spool file_name [create ] | [replace] | [append] | off;
```

其中，FILE_NAME 参数用于指定脱机文件名称，默认的文件扩展名为 .LST。如果使用了
CREATE 关键字，那么表示创建一个新的脱机文件；如果使用 REPLACE 关键字，那么表示替代
已经存在的脱机文件；如果使用 APPEND 关键字，那么表示把脱机内容附加到一个已经存在的
脱机文件中。

在下面的示例，将使用 SPOOL 命令生成 OUTPUT_FILE.TXT 文件，并将查询 SCOTT.EMP
表的内容保存到该文件中，如下所示。

```
SQL> spool f:\output_file.txt
SQL> select empno,ename,job,hiredate,sal
  2  from scott.emp;

EMPNO      ENAME          JOB          HIREDATE        SAL
-----      -----          ---          --------        ----
7369       SMITH          CLERK        17-12 月 -80    800
...
7934       MILLER         CLERK        23-1 月 -82     1300

已选择 14 行。

SQL> spool off
```

SPOOL 命令打印的结果为：从 SPOOL 命令开始，一直到 SPOOL OFF 或者 SPOOL OUT 命
令之间的查询结果都将保存到文件中。

7.4　格式化查询和缓存区

SQL*Plus 提供了大量的命令用于格式化查询结果，使用这些命令可以对查询结果进行格式

化，以产生用户需要的报表。使用这些命令可以实现重新设置列的标题、重新定义列的值的显示格式和显示宽度、为报表增加头标题和底标题、在报表中显示当前日期和页号，也可以为报表添加新的统计数据等。常用的格式化查询结果命令包括：COLUMN、COMPUTE、BREAK、BTITLE 和 TTITLE 等。

需要注意的是，在使用格式化命令时，应该遵循下面的一些规则。

※ 格式化命令设置后，将一直起作用，直到该会话结束或下一个格式化命令的设置。

※ 每一次报表结束时，应该重新设置 SQL*Plus 为默认值。

※ 如果为某个列指定了别名，那么，必须引用该列的别名，而不能再使用列名。

7.4.1 COLUMN 命令

通过使用 COLUMN 命令，可以对控制查询结果集中列的显示格式。COLUMN 命令的语法格式如下：

```
column [column_name ] alias | option ]
```

其中，COLUMN_NAME 参数用于指定将要控制的列的名称；ALIAS 参数用于指定列的别名；OPTION 参数用于指定某个列的显示格式，OPTION 选项的取值及意义如下表所示。

选项	说明
CLEAR	清除为该列设置的显示属性，使其使用默认的显示属性
COLOR	定义列的显示颜色
FORMAT	为列指定显示格式
HEADING	定义列的标题
JUSTIFY	调整列标题的对齐方式。默认情况是数字列右对齐,其他的列为左对齐。可以设置的标题位置值为：LEFT、CENTER、RIGHT
NULL	指定一个字符串，如果列的值为 NULL 值，则由该字符串代替
PRINT/NOPRINT	显示列标题 / 隐藏列标题
ON | OFF	控制显示属性的状态，OFF 表示定义的显示属性不起作用
WRAPPED	当字符串的长度超过显示宽度时，将字符串的超出部分折叠到下一行显示
WORD_WRAPPED	表示从一个完整的字符处折叠
TRUNCATED	表示截断字符串尾部

如果在关键字 COLUMN 后面未指定任何参数，则 COLUMN 命令将显示 SQL*Plus 环境中所有列的当前显示属性；如果在 COLUMN 后面只指定了列名，则显示特定列的当前显示属性。

当在 SQL*Plus 中运行 SELECT 查询命令时，如果有返回结果，则结果会以行和列的形式显示。对于查询结果集中的每一列，SQL*Plus 都允许在 COLUMN 命令中使用 FORMAT 选项规定显示样式。例如，在 SQL*Plus 中查询 SCOTT.EMP 表中的 SAL 列，要求以货币符号"&"开头，并且以千分位形式表示，则所使用的 COLUMN 命令如下。

```
SQL> column sal format $999,999.00
SQL> select empno,ename,sal
  2  from scott.emp;

    EMPNO        ENAME         SAL
    -----        -----         ------------
```

```
    7369         SMITH         $800.00
    ......
    7934         MTLLER        $1,300.00
```

已选择 14 行。

在上面的示例中为了演示格式化数字，在格式化数字时使用了格式掩码 "999,999.00"，该格式掩码的作用就是告诉 Oracle 使用该列的数值代替掩码中的 9，而对应 0 的数值则不显示。例如，如果某行的 SAL 列的值为 2500.3，则使用该格式掩码后，显示的数值就是 2,500.00。除此之外，还可以规定列在显示时所附带的字符前缀。

对于字符型的列，其值以左对齐的方式显示。如果字符串列值的长度超过了定义的显示长度，则会根据系统变量 WRAP 的值进行截断或折叠到下一行显示。如果列标题的长度超过了定义的显示宽度，则对列标题进行截断。下面的示例为查询的各列设置了显示宽度，当数值超过显示宽度时，超过部分折叠在下一行显示：

```
SQL> column job format a5 wrapped
SQL> select empno,ename,job,sal
  2  from emp;

    EMPNO       ENAME         JOB         SAL
    -----       -----         ---         ------------
    7369        SMITH         CLERK       $800.00
    7499        ALLEN         SALES       $1,600.00
                              MAN
    ...
    7934        MILLER        CLERK       $1,300.00
```

已选择 14 行。

在默认情况下，查询中的列标题是从数据库中选择的列的名称。通过 COLUMN 命令可以为列指定一个别名，为列指定别名时需要在 COLUMN 命令中使用 HEADING 选项。例如，使用下面的命令为查询的各列重新指定别名：

```
SQL> column empno heading 工作编号
SQL> column ename heading 姓名
SQL> column sal heading 薪金
SQL> select empno,ename,sal
  2  from emp;

    工作编号      姓名          薪金
    -------       ----          ------------
    7369          SMITH         $800.00
    ...
    7934          MILLER        $1,300.00
```

已选择 14 行。

如果用户想要查看某列的显示属性，可以通过如下的命令显示特定列的显示属性。

```
SQL> column sal
COLUMN    sal ON
HEADING   '薪金'
FORMAT    $999,999.00
```

用户可以通过 ON 或 OFF 设置某列的显示属性是否起作用。例如，下面的示例通过 OFF 禁用了列的显示属性，然后使用 ON 启用了列的显示属性。

```
SQL> column empno off
SQL> select empno,ename,sal
  2  from emp;

EMPNO            姓名          薪金
-----            ----          ------------
7369             SMITH         $800.00
7499             ALLEN         $1,600.00
7521             WARD          $1,250.00
7566             JONES         $2,975.00
7654             MARTIN        $1,250.00
7698             BLAKE         $2,850.00
7782             CLARK         $2,450.00
7788             SCOTT         $3,000.00
7839             KING          $5,000.00
...
```

如果想取消对列的显示属性设置，则可以通过 CLEAR 选项清除设置的显示属性。例如，下面的示例清除了 ENAME 列的显示属性。

```
SQL> column ename
COLUMN     ename ON
HEADING    '姓名'
SQL> column ename clear
SQL> column ename
SP2-0046: COLUMN 'ename' 未定义
```

7.4.2 TTITLE 和 BTITLE 命令

SQL*Plus 的显示结果通常包括一个头部标题、列标题、查询结果和一个底部标题。如果输出结果需要打印多页，则每页都可以拥有自己的页标题和列标题。每页可以打印的数量由用户设置的页的大小决定，用户设置系统参数 NEWPAGE 可以决定头部标题之前的空行数；PAGESIZE 参数则规定每页打印的行数；而每行可打印的字符数则由 LINESIZE 参数决定。

除此之外，用户还可以利用 TTITLE 和 BTITLE 命令设置打印时每页的顶部和底部标题。使用 TTITLE 命令的语法格式为：

```
ttitle [ printspec [ text | variable ] ...] | [off | on ]
```

其中，TEXT 选项用于设置头标题的文字，如果头部包含多个字符，则必须用单引号括起来；VARIABLE 选项用于在标题中打印相应的变量；OFF 选项则禁止打印头部标题，ON 选项则打印头部信息；PRINTSPEC 用来设置格式化头部标题的子句，它可以使用如下的选项。

※ COL：指定在当前行的第几列打印头部标题。

※ SKIP：跳到从下一行开始的第几行，默认值为 1。

※ TAB：指定向前跳的列数。

※ LEFT：在当前行中左对齐打印数据。

※ CENTER：在当前行中间打印数据。

※ RIGHT：在当前行中右对齐打印数据。

※ BOLD：以黑体打印数据。

※ FORMAT：指定随后的数据项格式。如果对指定的数据项没有合适的格式，则根据系统
变量 NUMFORMAT 打印数字型值。

BTITLE 的语法格式与 TTITLE 的语法格式相同，如果在 TTITLE 或 BTITLE 命令后而没有
任何参数，则显示当前的 TTITLE 或 BTITLE 的定义。

下面的示例使用 TTITLE 和 BTITLE 命令，在查询结果中打印其描述信息。

```
SQL> ttitle center '职工信息表'
SQL> btitle left '2017/03/15'
SQL> select empno,ename,sal
  2  from emp;

                                          职工信息表
    EMPNO            ENAME            SAL
    -----            -----            ------------
    7369             SMITH            $800.00
    7499             ALLEN            $1,600.00
    7521             WARD             $1,250.00
    7566             JONES            $2,975.00
    7654             MARTIN           $1,250.00
    7698             BLAKE            $2,850.00
    7782             CLARK            $2,450.00
    7788             SCOTT            $3,000.00
    7839             KING             $5,000.00
2017/03/15
```

这些设置会一直起作用，直到本次会话结束为止。如果希望在本次会话过程中，随时根据需
要中止这种页面前标题和底标题，那么，可以使用如下的命令关闭页标题，使打印查询结果时
不显示定义的标题。

```
SQL> ttitle off
SQL> btitle off
```

7.4.3 缓存区

SQL*Plus 可以在缓存区中存储用户最近执行的命令。通过在缓存区中存储这些命令，用户
可以重新调用、编辑或运行那些最近输入的 SQL 语句。编辑缓存区最常用的方法是将缓存区中
的内容传递到 Windows 记事本中进行编辑。

为了在 SQL*Plus 中利用 Windows 记事本作为用户的编辑器，可以使用 DEFINE 命令，执行
如下操作：

```
SQL> define _editor=notepad;
SQL> define _editor
DEFINE _EDITOR            = "notepad" (CHAR)
```

执行完上面的设置之后，用户就可以使用 EDIT 命令来执行编辑操作，除了 EDIT 命令外，
还可以使用 SAVE 命令。使用 SAVE 命令可以把当前 SQL 缓存区中的内容保存到指定的文件中。
SAVE 命令的语法形式如下。

```
save file_name [create | replace | append]
```

其中，FILE_NAME 为文件名，如果用户没提供文件的扩展名，则默认扩展名为 SQL，保存

的文件为一个 SQL 脚本文件，它由 SQL 语句或 PL/SQL 程序组成，是一个可在 SQL*Plus 中执行的文件。CREATE 选项用于指定如果文件不存在，则创建一个文件，该选项也是 SAVE 命令的默认选项。REPLACE 选项用于指定如果文件不存在，则创建它，否则，用 SQL*Plus 缓冲区中的内容覆盖文件中的内容。APPEND 选项则把缓冲区中的内容追加到文件的末尾。

例如，保存查询职工信息的 SQL 语句到 C:\EMPLOYEES.SQL 文件中，使用的 SAVE 命令如下。

```
SQL> select empno,ename,job,sal
  2  from emp
  3  where deptno=10;

   EMPNO        ENAME          JOB            SAL
   -----        -----          ---            ----------
   7782         CLARK          MANAGER        2450
   7839         KING           PRESIDENT      5000
   7934         MILLER         CLERK          1300

SQL> save c:\employees.sql
已创建 file c:\employees.sql
```

SAVE 命令默认的保存路径为 Oracle 系统安装的主目录下，最好将 SQL 文件与 Oracle 系统文件分开保存，所以应在文件名前加绝对路径。

由于 SQL*Plus 缓冲区中只能存放 SQL 命令，所以可以使用这种方法把一个 SQL 命令或一个 PL/SQL 块保存到指定的文件中去，而要保存 SQL*Plus 命令及其运行结果到文件中，就需要配合使用 INPUT 命令。

下面的示例使用 INPUT 命令将 SQL 语句和其运行结果一同保存到 C:\EMPLOYEES.SQL 文件中，由于在 SAVE 命令中使用了 REPLACE 选项，所以新添加的内容将替换原文件的内容。

```
SQL> clear buffer
buffer 已清除
SQL> input
  1  select empno,ename,job,hiredate,sal
  2  from emp
  3  where sal>2000;

EMPNO        ENAME          JOB          HIREDATE        SAL
-----        -----          ---          --------        --------
7566         JONES          MANAGER      02-4 月 -81      2975
    ...
7902         FORD           ANALYST      03-12 月 -81     3000

已选择 6 行。

SQL> save c:\employees.sql replace
已写入 file c:\employees.sql
```

在上面的示例中，通过 CLEAR BUFFER 命令清除了 SQL*Plus 缓存区中的内容。

使用 SAVE 命令可以将缓存区中的内容保存到文件，如果要把一个命令文件的内容放进缓冲区，就必须用 GET 命令完成此功能。使用 GET 命令的语法形式如下。

```
get file_name[.ext ] [ list | onlist ]
```

其中，FILE_NAME 为要检索的文件名，如果省略了文件的扩展名，则默认文件的扩展名为 .SQL；LIST 选项指定文件的内容加载到缓冲区时，列出该文件的内容；NOLIST 选项则不显示文件内容。

　　执行 GET 命令时，将在默认的目录下检索指定文件，除非用户在文件名的前面指定该文件的存放路径；如果找到该文件，则把文件的内容加载到 SQL*Plus 缓冲区中，并显示该文件的内容。下面的语句清除缓存区中的内容，并通过 GET 命令将 C:\EMPLOYEES.SQL 文件中的内容加载到缓存区。

```
SQL> clear buffer
buffer 已清除
SQL> get c:\employees.sql
  1   select empno,ename,job,hiredate,sal
  2   from emp
  3* where sal>2000
SQL> /

EMPNO           ENAME          JOB            HIREDATE           SAL
-----           -----          ---            --------          ------
7566            JONES          MANAGER        02-4 月 -81        2975
   ...
7902            FORD           ANALYST        03-12 月 -81       3000

已选择 6 行。
```

　　获取指定文件的内容后，即可对缓冲区中的命令做进一步的编辑。如果该命令只包含 SQL 命令，也可以使用运行命令"/"执行缓存区中的语句。

7.5　练习：使用 COLUMN 命令格式化显示列

　　SQL*Plus 中的 COLUMN 命令是使用频率最高的，在本练习中将练习如何使用 COLUMN 命令更改默认的列标题，以及设置标题的对齐方式、显示长度和默认值。

操作步骤：

　　①　以 SCOTT 用户登录，改变默认的列标题。

```
SQL>select * from dept;

SQL> conn scott/tiger
已连接。
SQL> select * from dept;

DEPTNO          DNAME          LOC
------          -----          ----------------
10              ACCOUNTING     NEW YORK
20              RESEARCH       DALLAS
30              SALES          CHICAGO
40              OPERATIONS     BOSTON

SQL> column LOC heading location
SQL> select * from dept;

DEPTNO          DNAME          location
------          -----          ----------------
```

```
10              ACCOUNTING   NEW YORK
20              RESEARCH     DALLAS
30              SALES        CHICAGO
40              OPERATIONS   BOSTON
```

② 改变列的显示长度。

```
SQL> column ename format a40
SQL> select * from emp;
EMPNO           ENAME        JOB
-----           -----        ----------------
7369            SMITH        CLERK
```

③ 设置列标题的对齐方式，列的对齐方式可以为 LEFT、CENTER、RIGHT。

```
SQL> column ename justify center
```

对于 NUMBER 型的列，列标题默认为右对齐，其他类型的列标题默认为左对齐。

④ 控制某列的显示。

```
SQL> column job noprint
SQL> /
```

⑤ 格式化 NUMBER 类型列的显示。

```
SQL>column sal format ,990
SQL> /
```

⑥ 显示列值时，如果列值为 NULL 值，用 TEXT 值代替 NULL 值。

```
SQL>column comm null text
SQL> /
```

⑦ 设置一个列的回绕方式。

```
SQL> column col1 wrapped
SQL> column col1 wrapped word_wrapped
SQL> column col1 word_wrapped
```

⑧ 显示列当前的显示属性值。

```
SQL> column column_name
```

⑨ 设置所有列的显示属性为默认值。

```
SQL> clear columns
```

7.6 练习：设置报表格式

SQL*Plus 提供了用于格式化查询结果的 COLUMN、TTITLE 和 BTITLE 命令，使用这些命令可以对查询结果进行格式化，以产生用户需要的报表。在本练习中，将详细介绍使用上述命令设置报表格式的操作方法。

操作步骤：

① 以 SCOTT 用户登录，将 SALGRADE 表格 HISAL 列中的数据设置为以货币符号"&"开头，并且以千分位形式表示。

```
SQL> column hisal format $999,999.00
SQL> select grade,losal,hisal
  2  from salgrade;

GRADE        LOSAL         HISAL
------       -----         ----------------
1            700           $1,200.00
2            1201          $1,400.00
3            1401          $2,000.00
4            2001          $3,000.00
5            3001          $9,999.00
```

同样的方法，可以将LOSAL列中的数据设置为以货币符号"&"开头，并且以千分位形式表示。

```
SQL> column losal format $999,999.00
SQL> select grade,losal,hisal
  2  from salgrade;

GRADE        LOSAL         HISAL
-----        ------        ------------------
1            $700.00       $1,200.00
2            $1,201.00     $1,400.00
3            $1,401.00     $2,000.00
4            $2,001.00     $3,000.00
5            $3,001.00     $9,999.00
```

② 使用 COLUMN 命令中的 HEADING 选项，为表中的列指定别名。

```
SQL> column grade heading 等级
SQL> column losal heading 最低薪金
SQL> column hisal heading 最高薪金
SQL> select grade,losal,hisal
  2  from salgrade;

等级         最低薪金       最高薪金
---          -------        ------------------
1            $700.00        $1,200.00
2            $1,201.00      $1,400.00
3            $1,401.00      $2,000.00
4            $2,001.00      $3,000.00
5            $3,001.00      $9,999.00
```

③ 查看 HISAL 列的显示属性。

```
SQL> column hisal
COLUMN    hisal ON
HEADING   '最高薪金'
FORMAT    $999,999.00
```

④ 使用 TTITLE 和 BTITLE 命令在查询结果中打印其描述信息。

```
SQL> ttitle center '薪金等级表'
SQL> btitle left '2017-11-01'
SQL> select grade,losal,hisal
  2  from salgrade;

薪金等级表
等级         最低薪金       最高薪金
----         -------        ------------------
1            $700.00        $1,200.00
2            $1,201.00      $1,400.00
```

```
3               $1,401.00    $2,000.00
4               $2,001.00    $3,000.00
5               $3,001.00    $9,999.00

2017-11-01
```

⑤ 将上述查询信息的 SQL 语句保存到 D:\DUMP\SALGRADE.SQL 文件中。

```
SQL> save d:\dump\salgrade.sql
已创建 file d:\dump\salgrade.sql
```

7.7 新手训练营

练习 1：查看 ACMT 表结构

本练习中，将使用 DESCRIBE 命令查看 ACMT 表的结构。

```
SQL> desc acmt
 名称              是否为空？              类型
 ----              --------              ------------------

 ID                                      NUMBER
 NAME                                    VARCHAR2(30)
 DEPARTMENT                              VARCHAR2(30)
 POST                                    VARCHAR2(30)
 VOLUME                                  NUMBER
 COMMISSION                              NUMBER
```

练习 2：设置系统默认打印字符数

本练习中，通过设置 LINESIZE 选项，将系统默认的每行打印 80 个字符修改为 200 个字符。首先，执行下列代码查询系统默认打印字符数。

```
SQL> show linesize
linesize 80
```

然后，执行下列代码，将系统默认打印字符数更改为 200。

```
SQL> set linesize 200
```

最后，执行下列代码，查询更改后的打印字符数。

```
SQL> show linesize
linesize 200
```

练习 3：保存查询结果至文件中

本练习中，将通过使用 SPOOL 命令生成 ACMT_FILE.TXT 文件，并将查询 ACMT 表的内容保存到该文件中。

```
SQL> spool d:\dump\acmt_file.txt
SQL> select name,department,post,volume,commission
  2  from acmt;
```

```
    NAME          DEPARTMENT           POST          VOLUME          COMMISSION
    ----          ----------           ----          -------         ------------
    杨光          财务部               经理          0               0
    刘晓          办公室               主管          0               0
    贺龙          销售部               经理          30000           1500
    ......
    已选择 20 行。
SQL> spool off
```

练习 4：设置数据显示格式

本练习中，将通过查询 ATTENDANCE 表数据，在查询结果中以美元格式显示 DEDUCTWAGES 列数据。

```
SQL> column deductwages format $99999900
SQL> select name,department,deductwages
  2  from attendance;

NAME              DEPARTMENT              DEDUCTWAGES
-----             ----------              -------------------------
杨光              财务部                  $473
刘晓              办公室                  $50
贺龙              销售部                  $00
冉然              研发部                  $1309
刘娟              人事部                  $00
金鑫              办公室                  $00
李娜              销售部                  $525
李海              研发部                  $00
张冉              人事部                  $1064
赵军              财务部                  $600
苏飞              办公室                  $00
黄亮              销售部                  $00
王雯              研发部                  $991
......
已选择 20 行。
```

第 8 章

设置表和表空间

本章内容

表是最重要的数据库对象之一，同时也是最常用的模式对象。由于表是存储数据的主要手段，因此对表的管理也是非常重要的。另外，Oracle 运用用户为表指定表空间，使之存储在固定的位置。而表空间不仅可以存储表，而且还可以有效地部署不同类型的数据，加强数据管理，从而提高数据库运行性能。在本章中，将详细介绍如何创建表空间、管理表空间，以及如何创建表和编辑表的一些基础知识。通过本章的学习，为用户后面操作和管理数据库奠定基础。

8.1 设置表空间

在 Oracle 中，当数据库管理员（DBA）创建数据库时，Oracle 不仅会创建 SYSTEM 表空间，还会创建一些辅助表空间，如 UNDO 表空间和默认临时表空间。为了简化表空间管理并提高性能，Oracle 建议将不同类型的数据部署到不同表空间中。因此，在创建数据库后，数据库管理员还应该根据具体应用的情况，建立不同类型的表空间。例如，专门存放表数据的表空间、存放索引的索引表空间等。

8.1.1 创建普通表空间

根据表空间对盘区的管理方式，表空间可以分为数据字典管理的表空间和本地化管理的表空单。数据字典表空间是传统的表空间类型，其主要用于早期的 Oracle 数据库版本中，它是通过数据字典对表空间中的盘区进行管理的；而本地管理表空间，则不再使用数据字典去寻找空闲空间，而以位图的方法使用表空间中的数据块，从而避免使用 SQL 语句引起系统性能的下降。从 Oracle 9i R2 后，系统默认创建的表空间为本地管理表空间。

要创建本地管理方式的表空间，可以在 CREATE TABLESPACE 语句中显式地使用 EXTENT MANAGEMENT 子句指定 LOCAL 关键字。在省略 EXTENT MANAGEMENT 子句后，创建的是本地管理方式的表空间。例如，下面的语句创建的表空间 USER01，该表空间具有一个 50MB 的数据文件，并且使用本地管理方式。

```
SQL> create tablespace user01
  2   datafile 'd:\oracledata\user01' size 50M
  3   extent management local;

表空间已创建。
```

在创建本地管理方式的表空间时，可以通过 EXTENT MANAGEMENT 和 SEGMENT SPACE MANAGEMENT 子句来为表空间设置区的分配管理方式和段的存储管理方式。

1. 本地管理表空间中区的分配管理方式

在创建本地管理方式的表空间时，可以为其应用两种区的分配管理方式。

※ AUTOALLOCATE：如果在 EXTENT MANAGEMENT 子句中指定了 AUTOALLOCATE 关键字，则说明由 Oracle 负责对区的分配进行自动管理，这也是默认的设置。

※ UNIFORM：如果在 EXTENT MANAGEMENT 子句中指定了 UNIFORM 关键字，则说明表空间中所有的区都具有统一的大小。

如果 DBA 能够预测到表空间中将存放的大小是经常变化的，需要使用许多不同大小的区的对象，那么可以使用 AUTOALLOCATE 关键字。该关键字提供了一种最简单的区的分配管理方式。

下面的语句将创建一个 AUTOALLOCATE 方式的本地管理表空间。

```
SQL> create tablespace user02
  2   datafile 'd:\oracledata\user02.dbf' size 50m
  3   extent management local autoallocate;
```

```
表空间已创建。
```

如果 DBA 能够预测到表空间中存放的大部分对象都要求使用相同大小的区，那么 UNIFORM 关键字是更好的选择。在这种方式下，Oracle 将为表空间中所有的对象分配相同大小的区。

下面的语句创建了一个 UNIFORM 方式的本地管理表空间，表空间中所有区的大小都是 512KB。

```
SQL> create tablespace user03
  2  datafile 'd:\oracledata\user03.dbf' size 50m
  3  extent management local uniform size 512k;

表空间已创建。
```

如果在 UNIFORM 关键字后没有指定 SIZE 参数值，则 SIZE 参数值为 1MB。

2. 本地管理表空间中段的存储管理方式

在创建本地管理方式的表空间时，除了需要选择区的分配管理方式外，还可以选择表空间中段的存储管理方式。段的存储管理主要是指 Oracle 用来管理段中已用数据块和空闲数据块的机制。

在 CREATE TABLESPACE 语句中通过使用 SEGMENT SPACE MANAGEMENT 子句来设置段的存储管理方式。可以为本地管理方式的表空间设置如下两种段的存储管理方式。

※ 手动方式：使用 SEGMENT SPACE MANAGEMENT MANUAL 子句可以将段的存储管理方式设置为手动方式，这时 Oracle 将使用可用列表来管理段中的空闲数据块，手动方式也是默认的方式。

※ 自动方式：自动管理方式使用 SEGMENT SPACE MANAGEMENT AUTO 子句设置，这时 Oracle 将使用位图来管理已用数据块和空闲数据块。Oracle 通过位图中的单元的取值来判断段中的块是否可用。

可用列表是管理存储空间的传统方式，段中所有空闲的数据块都被放入一个列表，在需要存储空间时，系统将在可用列表中搜索。与可用列表方式相比，使用位图的自动化管理可以提供更好的存储利用率。在自动化方式下，用户不需要在创建对象时通过指定 PCTFREE、PCTUSED 等参数来为段管理数据块。如果用户设置了这些参数，则在自动化方式下被忽略。

下面的语句创建了一个具有手动段存储管理方式的表空间。

```
SQL> create tablespace user04
  2  datafile 'd:\oracledata\user08.dbf' size 50m
  3  extent management local uniform size 512k
  4  segment space management manual;

表空间已创建。
```

8.1.2 创建大文件表空间

从 Oracle 10g 开始，Oracle 引入了一个新增的表空间类型——大文件（BIGFILE）表空间，从而显著增强了存储能力。一个大文件表空间对应一个单一的数据文件或临时文件，但是文件可以达到 4G 个数据块大小。理论上，当数据块大小为 8KB 时，大文件表空间的数据文件最大可以达到 32TB；当数据块尺寸为 32KB 时，那么大文件表空间的数据文件最大尺寸可以达到 128TB。在实际环境中，这还受到操作系统的文件系统限制。

在创建表空间时，默认创建的表空间为 SMALLFILE 类型的表空间，通过查询数据字典视图 Database_PROPERTIES，可以显示当前数据库默认创建的表空间是否为 BIGFILE 类型的表空间。具体如下：

```
SQL> select *
  2  from Database_properties
  3  where property_name ='DEFAULT_TBS_TYPE';

PROPERTY_NAME            PROPERTY_VALUE          ESCRIPTION
---------                ---                     --------
DEFAULT_TBS_TYPE         SMALLFILE               Default tablespace type
```

从这里可以看出，如果在创建表空间时不指定数据文件的类型，那么默认创建的表空间都是 SMALLFILE 类型的表空间。用户可以通过 ALTER Database 命令来修改数据库默认的表空间类型。

```
SQL> alter Database set default bigfile tablespace;
数据库已更改。

SQL> select *
  2  from Database_properties
  3  where property_name = 'DEFAULT_TBS_TYPE';

PROPERTY_NAME            PROPERTY_VALUE          DESCRIPTION
----------               ---------               ---------
DEFAULT_TBS_TYPE         BIGFILE                 Default tablespace type

SQL> alter Database set default smallfile tablespace;
数据库已更改。
```

建立大文件表空间是使用 CRETAE BIGFILE TABLESPACE 语句完成的。需要注意，当执行该语句建立大文件表空间时，不能使用 SEGMENT SPACE MANAGEMENT MANUAL 子句，并且只能指定一个数据文件。例如，下面的语句将创建一个大文件的表空间 BIG_TBS。

```
SQL> create bigfile tablespace big_tbs
  2  datafile 'd:\oracledata\bigfile_tbs01.dbf' size 10m;

表空间已创建。
```

执行上述语句后，将建立名称为 BIG_TBS 的大文件表空间，该表空间的空间管理方式为本地化管理，并且区尺寸由系统自动分配。

通过查询数据字典 DBA_TABLESPACES，可以了解表空间是否为大文件表空间类型。例如：

```
SQL> select tablespace_name, bigfile
  2  from dba_tablespaces
  3  where tablespace_name='BIG_TBS';

TABLESPACE_NAME                 BIG
--------------------            -------
BIG_TBS                         YES
```

在前面曾提过，大文件表空间的最大尺寸与数据块有关。例如，下面将显示当前数据库的数据块大小。

```
SQL> show parameters db_block_size;
```

```
NAME                 TYPE           VALUE
-------              ------         -------
db_block_size        integer        8192
```

也就是说，理论上创建的 BIGFILE 表空间可以最大创建 32TB。

8.1.3 创建临时表空间

通过在表空间中分配临时存储空间，Oracle 能够使带有排序等操作的 SQL 语句获得更高的执行效率。如果创建了专门的临时表空间，Oracle 就可以不必在其他的表空间中为排序操作分配临时空间，这样不仅可以实现临时数据的集中化管理，而且还不会影响其他表空间的使用效率。

在数据库中创建用户时，必须为用户指定一个表空间作为临时表空间使用，该用户所生成的所有临时表数据都将存储在这个表空间中。如果使用其他表空间作为临时表空间，这不仅会占用其中的存储空间，而且会在该表空间中生成许多存储碎片，从而影响整个数据库的性能。因此，最好为数据库创建一个专门的临时表空间。

一个临时表空间可以被多个数据库用户共享使用。在临时表空间中创建的段称为"临时段"。Oracle 只会为一个实例创建一个临时段，这个临时段被实例中所有的排序操作共享使用，但是临时段中的每个区只能由一个事务使用。

另外，如果在数据库运行过程中经常有大量并发排序操作，那么为了提高排序性能，可以建立多个临时表空间。建立临时表空间是使用 CREATE TEMPORARY TABLESPACE 命令完成的。

1. 建立本地管理临时表空间

建立本地管理临时表空间时，使用 UNIFORM 选项可以指定区尺寸。需要注意，当建立临时表空间时，不能指定 AUTOALLOCATE 选项。

下面的语句在数据库中创建了一个临时表空间 TEMP01。

```
SQL> create temporary tablespace temp01
  2  tempfile 'd:\oracledata\temp01.dbf' size 10m
  3  extent management local
  4  uniform size 256k;

表空间已创建。
```

上面创建的表空间其管理方式为本地化管理，并且区尺寸统一为 256KB。需要注意，本地化管理临时表空间不使用数据文件，而使用临时文件，也就是说，在创建临时表空间时，必须将表示数据文件的 DATAFILE，改为表示临时文件的 TEMPFILE。

2. 建立大文件临时表空间

在 Oracle 中，允许使用 CREATE BIFILE TEMPORARY TABLESPACE 语句建立只包含一个临时文件的大文件临时表空间。例如：

```
SQL> create bigfile temporary tablespace big_temp02
  2  tempfile 'd:\oracledata\temp02.dbf' size 10m;
```

表空间已创建。

上述语句创建了名为 BIG_TEMP02 的临时表空间，该表空间只能包含一个临时文件，并且其空间管理方式为本地管理。

3．使用临时表空间组

临时表空间组是多个临时表空间的集合，它使一个数据库用户可以使用多个临时表空间。临时表空间组具有如下特点。

※　临时表空间组至少要包含一个临时表空间。

※　临时表空间组不能与任何表空间同名。

※　当指定数据库的默认临时表空间或用户的临时表空间时，可以直接指定临时表空间。

使用临时表空间时，必须先执行 CREATE TEMPORARY TABLESPACE 语句，显式地建立临时表空间，而临时表空间组则是隐含建立的。当执行 CREATE TEMPORARY TABLESPACE 语句时，通过指定 TABLESPACE GROUP 选项，可以隐含地建立临时表空间组。例如，下面的语句将隐含建立临时表空间组 GROUP1。

```
SQL> create bigfile temporary tablespace temp03
  2  tempfile 'd:\oracledata\temp03.dbf' size 2m
  3  tablespace group group1;

表空间已创建。
```

执行上述语句后，会显式建立临时表空间 TEMP03，隐含建立临时表空间组 GROUP1，并且将临时表空间 TEMP03 添加到临进表空间组 GROUP1 中。当执行 ALTER TABLESPACE 语句时，通过指定 TABLESPACE GROUP 选项，可以隐含建立临时表空间组。下面以隐含建立临时表空间组 GROUP2 为例，说明使用 ALTER TABLESPACE 隐含建立临时表空间组的方法。

```
SQL> alter tablespace temp01 tablespace group group2;
表空间已更改。
```

上述语句将隐含地创建表空间组 GROUP2，并将临时表空间 TEMP01 追加到该组中。

使用 ALTER TABLESPACE 语句不仅可以隐含建立临时表空间组，而且可以将已创建的临时表空间添加到临时表空间组中，或者从临时表空间组中删除其成员。例如，下面的语句将 TEMP01、TEMP03 添加到临时表空间组 GROUP1。

```
SQL> alter tablespace temp01 tablespace group group1;
表空间已更改。
```

```
SQL> alter tablespace temp03 tablespace group group1;
表空间已更改。
```

当要从临时表空间组中删除成员时，也可以使用 ALTER TABLESPACE 语句。例如，下面的语句从临时表空间 GROUP1 中删除成员 TEMP03。

```
SQL> alter tablespace temp03 tablespace group '';
表空间已更改。
```

8.1.4 创建非标准块表空间

在前面所创建的表空间中，所有的数据块大小都是相同的。数据块的大小由参数 DB_BLOCK_SIZE 决定，并且在创建数据库后不能再进行修改。为了优化 I/O 性能，Oracle 系统允许不同的表空间使用不同大小的数据块，这样可以实现将大规模的表存储在由大数据块构成的表空间，而小规模的表则存储在由小数据块构成的表空间中。在创建非标准数据块的表空间时，用户需要显式使用 BLOCKSIZE 选项。

当在数据库中使用多种数据块尺寸时，必须为每种数据块分配相应的数据高速缓存，并且数据高速缓存的尺寸可以动态修改。具体而言，参数 BLOCKSIZE 必须与数据缓冲区参数 DB_nk_CACHE_SIZE 相对应，BLOCKSIZE 与数据缓冲区参数 DB_nk_CACHE_SIZE 的对应关系如下表所示。

BLOCKSIZE	DB_nK_CACHE_SIZE
2KB	DB_2K_CACHE_SIZE
4KB	DB_4K_CACHE_SIZE
8KB	DB_8K_CACHE_SIZE
16KB	DB_16K_CACHE_SIZE
32KB	DB_32K_CACHE_SIZE

例如，下面的语句为 16KB 数据块设置 20MB 的高速缓冲区。

```
SQL> alter system set db_16k_cache_size=20m;
系统已更改。
```

分配了非标准数据高速缓存后，就可以建立非标准表空间了。建立非标准表空间时，必须指定 BLOCKSIZE 参数。例如，下面的语句创建了数据块大小为 16KB 的非标准表空间。

```
SQL> create tablespace bigblock_tbs
  2  datafile 'd:\oracledata\big_blick_tbs01.dbf' size 2m
  3  blocksize 16k;

表空间已创建。
```

查询数据字典视图 DBA_TABLESPACES，可以显示表空间的数据块大小，如下所示。

```
SQL> select tablespace_name,block_size
  2  from user_tablespaces
  3  where tablespace_name='BIGBLOCK_TBS';

TABLESPACE_NAME          BLOCK_SIZE
----------               ----------
BIGBLOCK_TBS             16384
```

8.2 编辑表空间

对于数据库管理员而言，在创建各种表空间后，还需要经常维护表空间，如改变表空间的可用性和读写状态、改变表空间名称、备份和恢复表空间、删除不需要的表空间等。

8.2.1　设置表空间的可用性

当建立表空间时，表空间及其所有数据文件都处于 ONLINE 状态，此时该表空间及其数据文件是可以访问的。在多表空间数据库中，DBA 可以通过将某个表空间设置为脱机状态，使数据库的某部分暂时无法被用户访问。同时，数据库的其他表空间不会受到任何影响。相反，也可以将某个处于脱机状态的表空间重新设置为联机状态，使用户能够重新访问其中的数据。

1. 使表空间脱机

为了实现如下的目的，DBA 可能需要将一个表空间设置为脱机状态。

※　要禁止用户访问数据库中的一部分数据，但是又不想影响对数据库中其他部分的正常访问。

※　要进行脱机表空间备份。

※　在升级或维护应用程序时，要禁用与该应用程序相关的表空间数据操作。

在将某个表空间设置为脱机状态时，属于这个表空间的所有数据文件也被设置为脱机状态。需要注意，SYSTEM 表空间和 SYSAUX 表空间不能被脱机，因为在数据库运行期间始终会使用 SYSTEM 表空间中的数据。

设置表空间为脱机状态时，可以使用如下 4 个参数来控制脱机方式。

※　NORMAL：该参数表示将表空间以正常方式切换到脱机状态。在进入脱机状态的过程中，Oracle 会执行一次检查点，将 SGA 区中与该表空间相关的脏缓存块都写入数据文件中，然后再关闭表空间的所有数据文件。如果在这个过程中没有发生任何错误，则可以使用 NORMAL 参数，这也是默认的方式。

※　TEMPORARY：该参数将表空间以临时方式切换到脱机状态。这时 Oracle 在执行检查点时并不会检查各个数据文件的状态，即使某些数据文件处于不同的状态，Oracle 也会忽略这些错误。这在将表空间设置为联机状态时，可能需要进行数据库恢复。

※　IMMEDIATE：该参数将表空间以立即方式切换到脱机状态。这时 Oracle 不会执行检查点，也不会检查数据文件是否可用，而是直接将属于表空间的数据文件设置为脱机状态。下一次将表空间恢复为联机状态时必须进行数据库恢复。

※　FOR RECOVER：该参数将表空间以用于恢复方式切换到脱机状态。如果要对表空间进行基于时间的恢复，可以使用这个参数将表空间切换到脱机状态。

例如，下面的语句将表空间 USER01 以立即方式切换到脱机状态。

```
SQL> alter tablespace user01 offline immediate;
表空间已更改。
```

提示：

如果数据库运行在非归档模式下（NOARCHIVELOG），由于无法保留恢复表空间所需的重做日志，因此不能将表空间以立即方式切换到脱机状态。

在将表空间设置为脱机状态时，应当尽量使用 NORMAL 方式，这样在将表空间恢复联机状态时不需要进行数据库恢复。只有在无法使用 NORMAL 方式进入脱机状态时才考虑使用 TEMPORARY 方式，当上述两种方式失败时，才需要使用 IMMEDIATE 方式。

例如，下面的语句以 NORMAL 方式将表空间 USER01 转变为 OFFLINE 状态。

```
SQL> alter tablespace user01 offline normal;
表空间已更改。
```

当表空间处于 OFFLINE 状态时，该表空间将不能被访问。

2．使表空间联机

在数据库处于打开状态时，DBA 可以将脱机的表空间重新恢复为联机状态。在表空间恢复为联机状态后，用户可以重新访问其中的数据。

如果在表空间进入脱机状态时，属于该表空间的所有脏缓存块都已经被写入数据文件，则称该表空间在切换到脱机状态时是"干净的"（以 NORMAL 方式切换）。如果脱机表空间是"干净的"，在将它恢复到联机状态时不需要进行数据恢复，否则必须恢复到联机状态之前先对表空间进行数据库恢复。

例如，下面的语句将表空间 USER01 转变为 ONLINE 状态。

```
SQL> alter tablespace user01 online;
表空间已更改。

SQL> create table employees(
  2   id number(4),
  3   name varchar(20),
  4   salary number(7,2),
  5  )tablespace user01;

表已创建。
```

8.2.2 设置表空间的读写状态

表空间可以是读写方式的，也可以是只读方式的。默认情况下，所有的表空间都是读写方式的，任何具有配额并且具有适当权限的用户都可以写入表空间。但是如果将表空间设置为只读方式，则任何用户都无法向表空间写入数据，也无法修改表空间中已有的数据，这种限制与权限无关。

将表空间设置为只读方式的主要目的，是为了避免对数据库中的静态数据进行更改。用户只能查询只读表空间中的数据，而不能进行修改。

1．设置表空间为只读状态

所有的表空间在创建后都是处于读写状态。通过在 ALTER TABLESPACE 语句中使用 READ ONLY 子句，可以将表空间设置为只读状态。在成功将表空间设置为只读状态时，表空间必须处于联机状态，另外，SYSEM 表空间也不能设置为只读表空间。

例如，下面的语句将把表空间 USER01 设置为只读状态。

```
SQL> alter tablespace user01 read only;
表空间已更改。

SQL> insert into employees
  2  values(100,'SWITH',1200);
insert into employees
              *
第 1 行出现错误：
ORA-00372: 此时无法修改文件 10
ORA-01110: 数据文件 10: 'D:\ORACLEDATA\USER01'
```

上述语句执行后，不必等待表空间中活动事务结束即可立即生效，USER01 表空间将进入"事务只读状态"，以后任何用户都不能再创建针对该表空间的读写事务，而当前正在活动的事务则可以继续向表空间中写入数据，直到它们结束为止。当针对该表空间的所有事务都结束之后，表空间才进入只读状态。

2．设置表空间为读写状态

将表空间恢复为读写状态时，只需要在 ALTER TABLESPACE 语句中使用 READ WRITE 子句。将表空间恢复为读写状态时，必须保证表空间的所有数据文件都处于联机状态，同时表空间本身也必须处于联机状态。

例如，下面的语句可以将表空间 USER01 恢复为读写状态。

```
SQL> alter tablespace user01 read write;
表空间已更改。
```

8.2.3　编辑表空间

创建表空间之后，为了便于操作表空间，还需要对表空间进行命名、删除和查询等编辑操作。

1．重命名表空间

在 Oracle 中，通过在 ALTER TABLESPACE 语句中使用 RENAME 子句，数据库管理员可以改变表空间的名称。例如，下面的语句将修改表空间 BIG_TBS 为 BIG_FILE_TBS。

```
SQL> alter tablespace big_tbs rename to big_file_tbs;
表空间已更改。
```

需要注意，SYSTEM 表空间和 SYSAUX 表空间的名称不能被修改，并且当表空间或其中的任何数据文件处于 OFFLINE 状态时，该表空间的名称也不能修改。

2．设置默认表空间

在 Oracle 中，使用 ALTER Database DEFAULT TABLESPACE 语句可以设置数据库的默认表空间，这样当建立用户时，默认将使用指定的表空间。设置数据库默认表空间的示例如下。

```
SQL> alter Database default tablespace users;
数据库已更改。
```

与此类似，使用 ALTER Database DEFAULT TEMPORARY TABLESPACE 语句可以为数

据库设置默认的临时表空间。例如，下面的语句改变数据库的默认表空间为临时表空间组 GROUP1。

```
SQL> alter Database default temporary tablespace group1;
数据库已更改。
```

3. 删除表空间

如果表空间和其中保存的数据不再需要使用时，可以从数据库中删除这个表空间。除了 SYSTEM 表空间外，数据库中的任何表空间都可以删除。删除表空间将使用 DROP TABLESPACE 语句，执行该语句的用户必须具有 DROP TABLESPACE 系统权限。

在删除表空间时，Oracle 仅是在控制文件和数据字典中删除与表空间和数据文件相关的信息。默认情况下，Oracle 并不会在操作系统中删除相应的数据文件。因此，在成功执行删除表空间的操作后，需要手动删除操作系统中的数据文件。如果在删除表空间的同时要删除对应的数据文件，则必须显式地指定 INCLUDING CONTENTS AND DATAFILES 子句。

例如，下面的语句将删除表空间 USER01。

```
SQL> drop tablespace user01 including contents;
表空间已删除。
```

提示：

如果在表空间中包含数据库对象，则必须在 DROP TABLESPACE 语句中显式地指定 INCLUDING CONTENTS 子句。

如果要在删除表空间 USERS 的同时，删除它所对应的数据文件，则可以使用如下的语句。

```
SQL> drop tablespace user02 including contents and datafiles;
表空间已删除。
```

4. 查询表空间信息

在 Oracle 中，可通过数据字典和动态性视图来查看表空间信息，其具体说明如下表所示。

视图	说明
V$TABLESPACE	包含从控制文件中获取的表空间名称和编号信息
DBA_TABLESPACE	包含数据库中所有表空间的描述信息
DBA_SEGMENTS	包含所有表空间中的段描述信息
DBA_EXTENTS	包含所有表空间中的区描述信息
V$DATAFILE	包含从控制文件中获取的数据文件的基本信息，包括其所属的表空间名称和编号等
V$TEMPFILE	包含所有临时数据文件的基本信息
DBA_DATA_FILES	包含数据文件以及所属表空间的描述信息
DBA_TEMP_FILES	包含临时数据文件以及所属表空间的描述信息
V$TEMP_SPACE_POOL	包含本地管理方式的临时表空间的缓存信息
V$TEMP_EXTENT_MAP	包含本地管理方式的临时表空间中所有区的描述信息
V$SORT_SEGMENT	包含实例所创建的排序区的描述信息
V$SORT_USER	包含描述排序区的用户使用情况的信息

8.3 设置表

数据库中的数据是以表的形式存储的。数据库中的每个表都被一个模式（或用户）所拥有，因此表是一种典型的模式对象。在创建表时，Oracle 将在一个指定的表空间中为其分配存储空间。

8.3.1 表的数据类型

表是常见的一种组织数据的方式，一张表一般都具有多个列，或者称为"字段"。每个字段都具有特定的属性，包括字段名、字段数据类型、字段长度、约束、默认值等，这些属性在创建表时被确定。从用户角度来看，数据库中数据的逻辑结构是一张二维表，在表中通过行和列来组织数据。在表中的每一行存放一条信息，通常称表中的一行为一条"记录"。

Oracle 提供了 5 种内置字段数据类型——字符类型、数值类型、日期类型、LOB 类型与 ROWID 类型。除了这些类型之外，用户还可以定义自己的数据类型。常用字段数据类型的使用方法如下。

1．字符数据类型

字符数据类型用于声明包含字母、数字数据的字段。字符数据类型包括两种：定长字符串和变长字符串。

CHAR 数据类型用于存储固定长度的字符串。一旦定义了 CHAR 列，该列就会一直保持为声明时所规定的长度。当为该字段赋以长度较短的数值后，其余长度就会用空格填充；如果字段保存的字符长度大于规定的长度，则 Oracle 将会产生错误信息。CHAR 列的长度范围为 1~2000 个字节，CHAR 类型列的语法如下。

```
column_name  CHAR[(size)]
```

VARCHAR2 数据类型与 CHAR 类型相似，都用于存储字符串数据。但 VARCHAR2 类型的字段用于存储变长的字符串，而非固定长度的字符串。当将字段定义为 VARCHAR2 数据类型时，该字段的长度将根据实际字符数据的长度自动调整；即如果该列的字符长度小于定义时的长度，系统不会使用空格填充。因此，在大多数情况下，都会使用 VARCHAR2 类型替换 CHAR 数据类型。

2．数值数据类型

数值数据类型的字段用于存储带有符号的整数或浮点数。在 Oracle 中的 NUMBER 数据类型具有精度 PRECISION 和范围 SCALE。精度 PRECISION 指定所有数字位的个数，范围 SCALE 指定小数的位数，这两个参数都是可选的。如果插入字段的数据超过指定的位数，Oracle 将自动进行四舍五入。例如，字段的数据类型为 NUMBER(9,1)，如果插入数据为 1234568.89，则实际上字段中保存的数据为 1234568.9。

3．日期时间数据类型

Oracle 提供的日期时间数据类型 DATE 可以存储日期和时间的组合数据。以 DATE 数据类型存储日期时间数据比使用字符数据类型进行存储更简单，并且可以借助 Oracle 提供的日期时间函数处理这类数据。

在 Oracle 中，可以使用不同的方法建立日期值。其中，最常用的获取日期值的方法是通过 SYSDATE 函数，调用该函数可以获取当前系统的日期值。除此之外，还可以使用 TO_DATE 函数将数值或字符串转换为 DATE 类型。Oracle 默认的日期和时间格式由初始化参数 NLS_DATE_FORMAT 指定，一般为 DD-MON-YY。

4．LOB 数据类型

LOB 数据类型用于大型的、未被结构化的数据，例如，二进制文件、图片文件和其他类型的外部文件；LOB 数据类型可以直接存储在数据库内部，也可以将数据存储在外部文件中，而仅将指向数据的指针存储在数据库中。LOB 数据类型分为 BLOB、CLOB 和 BFILE 数据类型。

BLOB 类型用于存储二进制对象。典型的 BLOB 可以包括图像、音频文件以及视频文件等。在 BLOB 类型的字段中能够存储最大为 128 兆兆字节的二进制对象。

CLOB 类型用于存储字符格式的大型对象；CLOB 类型的字段能够存储最大为 128 兆兆字节的字符对象；Oracle 把数据转换成 Unicode 格式的编码并将其存储在数据库中。

BFILE 类型用于存储二进制格式的文件；在 BFILE 类型的字段中可以将最大为 128 兆兆字节的二进制文件作为操作系统文件存储在数据库外部，文件的大小不能超过操作系统的限制；BILE 类型的字段中仅保存二进制文件的指针，并且 BFILE 字段是只读的，不能通过数据库对其中的数据进行修改。

5．ROWID 数据类型

ROWID 数据类型称为"伪列类型"，用于在 Oracle 内部保存表中每条记录的物理地址，在 Oracle 内部是通过 ROWID 来定位所需记录的。由于 ROWID 实际上保存的是记录的物理地址，因此通过 ROWID 来访问记录可以获得最快的访问速度。为了便于使用，Oracle 会自动为每个表建立一个名称为 ROWID 的字段，可以对这个字段进行查询、更新和删除等操作，甚至利用 ROWID 来访问表中的记录，以获得最快的操作速度。

由于 ROWID 字段是隐含的，这样用户在检索表时不会看到 ROWID 字段。因此，在使用 ROWID 字段时必须显式指定名称。

8.3.2 创建表

创建表时需要使用 CREATE TABLE 语句，为了在用户自己的模式中创建一个新表，则用户必须具有 CREATE TABLE 系统权限。如果要在其他用户模式中创建表，则必须具有 CREATE ANY TABLE 的系统权限。此外，用户还必须在指定的表空间中具有一定的配额存储空间。

应该说，使用 CREATE TABLE 语句创建表并不困难，困难在于如何合理地确定创建哪些表，这些表应该包含哪些列，以及各列又应该使用什么样的数据类型等。在实际应用中，应该在用户需求调研和分析的基础上，借助于 ER 图等有效的工具和手段，确认应该创建哪些表和准备如何创建这些表。

下面创建一个存储公司员工信息的 EMPLOYEE 表，该表包括了员工代号、员工姓名、性别、雇用时间、职位和电子邮件等信息。

```
SQL> create table employees(
  2  empno number(10) not null,
  3  ename varchar2(20),
  4  sex char(2),
  5  salary number(8,2),
  6  hiredate date default sysdate,
  7  job varchar2(10),
  8  email varchar2(50),
  9  deptno number(3) not null);

表已创建。
```

建立表后，可以通过 DESCRIBE 命令查看表的描述。

```
SQL> desc employees
 名称              是否为空 ?  类型
 ----------       --------  ----------
 EMPNO            NOT NULL NUMBER(10)
 ENAME            VARCHAR2(20)
 SEX              CHAR(2)
 SALARY           NUMBER(8,2)
 HIREDATE         DATE
 JOB              VARCHAR2(10)
 EMAIL            VARCHAR2(50)
 DEPTNO           NOT NULL NUMBER(3)
```

如果要在其他模式中创建表，则必须在表名前加上模式名。例如，下面的语句将在 HR 模式中创建 EMPLOYEES 表。

```
SQL> create table hr.employees(...);
```

提示：

注意在创建表时，表的各列之间需要使用逗号隔开。

除了上面的 CREATE TABLE 语句外，还可以在 CREATE TABLE 语句中使用嵌套子查询，基于已经存在的表或视图来创建新表，而不需要为新表定义字段。在子查询中也可以引用一个或多个表（或视图），查询结果集中包含的字段，即为新表中定义的字段，并且查询到的记录也都被添加到新表中。

在下面的示例，将使用 CREATE TABLE AS SELECT 语句创建一个表 EMP_COPY，但是不在表中插入任何数据行。为了完成这项工作，可以使用如下的语句。

```
SQL> create table emp_copy
  2  as select *
  3  from scott.emp
  4  where empno is null;

表已创建。
```

当使用 CREATE TABLE AS SELECT 语句创建表时，Oracle 将会从指定的 SCOTT.EMP 表中复制列来建立表。当创建表后，Oracle 就会使用从 SELECT 语句中返回的行来填充新表。为了确保没有数据可以从查询中返回,这里使用了 WHERE 子句。由于没有 EMPNO 列为空的行,所以不会有任何数据返回。

> **提示:**
>
> 在通过查询创建表时,也可以修改表中各个列的名称,但是不能修改列的数据类型。新表中所有列的数据类型都必须与查询语句各个列一致。

8.3.3 表特性

当在 Oracle 中创建表时,表的特性将会决定系统如何创建表、如何在磁盘上存储表,以及当表创建后使用时的最终执行方式等。

1. 存储参数

当用户在 Oracle 中建立模式对象(如表)时,Oracle 允许用户规定该对象如何使用磁盘上的存储空间。如果仅为表指定了表空间,而没有设置存储参数,它将自动采用所属表空间的默认存储参数设置。然而,表空间的默认存储参数设置并不一定对表空间中的每个表都适合,因此,当表所需的存储参数与表空间的默认存储参数不同时,需要在创建表时显式指定存储参数,以替换表空间的默认存储设置。

在创建表时,可以通过使用 STORAGE 子句来设置存储参数,这样可以控制表中盘区的分配管理方式。对于本地化管理的表空间而言,如果指定盘区的管理方式为 AUTOALLOCATE(自动化管理),则可以在 STORAGE 子句中指定 INITIAL、NEXT 和 MINEXTENTS 存储参数,Oracle 将根据这 3 个存储参数设置为表分配的数据段初始盘区大小,以后盘区的分配将由 Oracle 自动管理。如果指定的盘区管理方式为 UNIFORM(统一化管理),这时不能为表指定任何 STORAGE 子句,盘区的大小将是统一大小。

参数 NEXT 用于指定为存储表中的数据所分配的第二个盘区的大小,该参数在字典管理的表空间中起作用,而在本地化管理表空间中,该参数已经不再起作用,因为随后分配的盘区将由 Oracle 自动决定其大小。参数 MINEXTENTS 用于指定允许为表中的数据所分配的最小盘区数目,同样在本地化管理表空间中该参数也不再起作用。因此,在存储参数中,主要是设置 INITIAL 参数。该参数用于为表指定分配的第一个盘区大小,以 KB 或 MB 为单位。当为已知数量的数据建立表时,可以将 INITIAL 设置为一个可以容纳所有数据的数值,这样可以将表中所有数据存储在一个盘区,从而避免产生碎片。

例如,下面的语句将重新建立 EMPLOYEES 表,并通过 STORAGE 子句为其指定存储参数 INITIAL。

```
SQL> create table employees(
  2  empno number(10) not null,
  3  ename varchar2(20),
  4  sex char(2),
  5  salary number(8,2),
  6  hiredate date default sysdate,
```

```
  7   job varchar2(10),
  8   email varchar2(50),
  9   deptno number(3) not null)
 10   tablespace example
 11   storage(initial 128k);
```

表已创建。

通过查询 USER_TABLES 可以获取创建的表信息，如下所示。

```
SQL> select table_name,tablespace_name,initial_extent
  2  from user_tables;

TABLE_NAME          TABLESPACE_NAME          NITIAL_EXTENT
-------             --------                 -------
DEPT                USERS                    65536
...
EMPLOYEES           EXAMPLE                  131072
```

已选择 10 行。

2. 数据块管理参数

在前面介绍 Oracle 的逻辑存储结构时，曾经介绍过数据块是 Oracle 中最小的存储单元。对于一般不带有 LOB 类型数据的表而言，一个数据块可存放表中的多行记录。用户可以设置的数据块管理参数主要分为两类。

※　PCTFREE 和 PCTUSED：参数用于控制数据块中空闲空间的使用方法。

※　INITRAN：参数用于控制访问数据块的事务数量，同时该参数也会影响数据块头部空间的使用情况。

对于本地化管理的表空间而言，如果使用 SEGMENT SPACE MANAGEMENT 子句设置段的管理方式为 AUTO（自动），则 Oracle 会对数据块的空闲空间进行自动管理。对于这种情况，不需要用户设置数据块管理参数 PCTFREE 和 PCTUSED。

如果表空间的段管理方式为 SEGMENT SPACE MANAGEMENT MANUAL（手动管理），则用户可以通过设置 PCTFREE 与 PCTUSED 参数来对数据块中的空闲空间手工管理。其中，PCTFREE 用于指定数据块中必须保留的最小空闲空间比例，当数据块达到 PCTFREE 参数的限制后，该数据块将被标记为不可用，默认值为 10。例如，如果在 CREATE TABLE 语句中指定 PCTFREE 为 20，则说明对于该表的数据段，系统将会保留 20% 的空闲空间，这些保留的空闲空间将用于保存更新记录时增加的数据。显然，当 PCTFREE 参数值越小，则为现存行更新所预留的空间就越少。而当 PCTFREE 参数值设置得太大，则浪费磁盘空间；如果 PCTFREE 设置得太低，则可能会导致由于一个数据块无法容纳一行记录，而产生迁移记录和链接记录。

而参数 PCTUSED 设置了数据块是否可用的界限，换言之，为了使数据块能够被再次使用，已经占用的存储空间必须低于 PCTUSED 设置的比例。

> **提示：**
>
> 为表设置 PCTFREE 与 PCTUSED 参数时，PCTFREE 与 PCTUSED 两个参数值之和必须等于或小于 100。一般而言，两个参数之和与 100 相差越大，存储效率也就越高。

设置数据块的 PCTFREE 和 PCTUSED 时，用户需要根据数据库的具体应用情况来决定。下面是设置 PCTUSED 和 PCTFREE 参数的两种示例情况。

※ 当在实际的应用中使用 UPDATE 操作较多，并且更新操作会增加记录的大小时，可以将 PCTFREE 值设置大一些，这样当记录变大时，记录仍然能够保存在原数据块中；而将 PCTUSED 值设置得比较小，这样能够在频繁地进行更新操作时，减少由于数据块在可用与不可用状态之间反复切换而造成的系统开销，推荐设置 PCTFREE 为 20，而 PCTUSED 为 40。

※ 当在实际的应用中使用 INSERT 和 DELETE 操作较多，并且 UPDATE 操作不会增加记录的大小时，可以将 PCTFREE 参数设置得比较小，因为大部分更新操作不会增加记录的大小；而 PCTUSED 参数可以设置得比较大，以便尽快重新利用被 DELETE 操作释放的存储空间。推荐设置参数 PCTFREE 为 5，而 PCTUSED 为 60。

在 CREATE TABLE 语句中，可以通过 PCTFREE 和 PCTUSED 子句来设置相应的参数。例如，下面的语句将重新创建 EMPLOYEES 表，并设置 PCTFREE 和 PCTUSED 参数分别为 20 和 40。

```
SQL> create table employees(
  2  empno number(10) not null,
  3  ename varchar2(20),
  4  sex char(2),
  5  salary number(8,2),
  6  hiredate date default sysdate,
  7  job varchar2(10),
  8  email varchar2(50),
  9  deptno number(3) not null)
 10  tablespace example
 11  storage(initial 128k)
 12  pctfree 20
 13  pctused 40;

表已创建。
```

通过查看 USER_TABLES 数据字典视图，可以了解表的 PCTFREE 和 PCTUSED 参数。例如：

```
SQL> column table_name format a20
SQL> select table_name,tablespace_name,pct_free,pct_used
  2  from user_tables
  3  where table_name='EMPLOYEES';

TABLE_NAME      TABLESPACE_NAME      PCT_FREE      PCT_USED
------          ------               -----         -------
EMPLOYEES       EXAMPLE              20
```

数据块管理的另一个参数是 INITRANS 参数，该参数用于指定一个数据块所允许的并发事务数目。当一个事务访问表中的一个数据块时，该事务会在数据块的头部保存一个条目，以标记该事务正在使用这个数据块。当该事务结束时，它所对应的条目将被删除。

在创建表时，Oracle 会在表中每个数据块头部分配可以存储 INITRANS 个事务条目的空间，这部分空间是永久的，只能用于存储事务条目。当数据块的头部空间已经存储了 INITRANS 个事务条目后，如果还有其他事务要访问这个数据块，Oracle 将在数据块的空闲空间中为事务分配空间，这部分空间是动态的。当事务结束后，这部分存储空间将被回收以存储其他数据。能够访问一个数据块的事务总数是由 MAXTRANS 参数决定的。

需要注意，在 Oracle 中，对于单个数据块，Oracle 默认最大支持 255 个并发事务，MAXTRANS 参数已经被废弃。

例如，下面的语句将重新创建 EMPLOYEES 表，并指定在数据块头部存放 20 个事务条目。

```
SQL> create table employees(
  2  empno number(10) not null,
  3  ename varchar2(20),
  4  sex char(2),
  5  salary number(8,2),
  6  hiredate date default sysdate,
  7  job varchar2(10),
  8  email varchar2(50),
  9  deptno number(3) not null)
 10  tablespace example
 11  storage(initial 128k)
 12  pctfree 20
 13  pctused 40
 14  initrans 20;

表已创建。
```

通过查看数据字典 USER_TABLES 中的 INI_TRANS 和 MAX_TRANS 列，可以了解 INITRANS 和 MAXTRANS 参数，如下所示。

```
SQL> select table_name,ini_trans,max_trans
  2  from user_tables
  3  where table_name='EMPLOYEES';

TABLE_NAME          INI_TRANS          MAX_TRANS
----------          ----------         ----------
EMPLOYEES           20                 255
```

由于每个表的应用特性不同，所以应当为各个表分别设置不同的 INITRANS 参数。在设置 INITRANS 参数时，如果设置的 INITRANS 参数值较大，则事务条目将占用过多的存储空间，因而减少用来存储实际数据的存储空间。只有当一个表有较多的事务同时访问时，才应当为表设置较高的 INITRANS 参数值。

3. 指定重做日志

重做日志记录了数据库中数据的所有改变，这样如果发生故障时，导致数据不能从内存保存到数据文件中，就可以从重做日志中获取被操作的数据。这样可以防止数据丢失，从而提高表中数据的可靠性。

当在使用 CREATE TABLE 语句创建表时，如果使用了 NOLOGGING 子句，则对该表的操作将不会保存到日志中，所以这种表称为"非日志记录表"。在这种非日志记录表上进行操作（如 INSERT、UPDATE、DELETE 等）时，系统不会产生重做日志记录。在创建表时，默认情况将使用 LOGGING 子句，这样对表的所有操作都将记录到重做日志中。

在决定是否使用 NOLOGGING 子句时，用户必须综合考虑所获取的收益和风险。当使用 NOLOGGING 子句时，可以节省重做日志文件的存储空间，并减少创建表所需的时间。但如果没有在重做日志文件中记录对表的操作，可能会无法用数据库恢复操作来恢复丢失的数据。

例如，下面通过在 CREATE TALBE 语句中使用 NOLOGGING 子句，使对 EMPLOYEES 表的操作不会被记录到重做日志文件中。

```
SQL> create table employees(
  2   empno number(10) not null,
  3   ename varchar2(20),
  4   sex char(2),
  5   salary number(8,2),
  6   hiredate date default sysdate,
  7   job varchar2(10),
  8   email varchar2(50),
  9   deptno number(3) not null)
 10   tablespace example
 11   storage(initial 128k)
 12   pctfree 20
 13   pctused 40
 14   initrans 20
 15   nologging;
```

4．指定缓存

当在 Oracle 中执行全表搜索时，读入缓存中的数据块将会存储在 LRU 列表的最近最少使用的一端。这意味着如果进行查询操作，并且必须向缓存中读取数据时，就会将刚读入的数据块换出缓存。

在建立表时，可以使用 CACHE 子句改变这种行为，使当在使用 CACHE 子句建立的表中执行全表搜索时，将读入的数据块放置到 LRU 中最近最常使用的一端。这样，数据库缓存在利用 LRU 算法对缓存块进行换入、换出调度时，就不会将属于这个表的数据块立即换出，从而提高了针对该表而进行查询的执行效率。

在创建表时将默认使用 NOCACHE 子句。对于比较小且又经常查询的表，用户可以在创建表时指定 CACHE 子句，以便使用系统缓冲提高对该表的查询执行效率。

例如，下面的查询语句将检索 USER_TABLE 数据字典的 CACHE 列，以查看表是否启用了缓存功能。

```
SQL> select table_name,cache
  2   from user_tables
  3   where table_name='EMPLOYEES';

TABLE_NAME              CACHE
------------            ----------
EMPLOYEES               N
```

8.4 编辑表

在创建表后，如果发现对表的定义有不满意的地方，还可以对表进行修改。这些修改操作包括：增加或删除表中的字段、改变表的存储参数设置，以及对表进行增加、删减和重命名等操作。普通用户只能对自己模式中的表进行修改，如果想要对任何模式中的表进行修改操作，则用户必须具有 ALTER ANY TABLE 系统权限。

8.4.1 操作表字段

表字段是表操作中的重要元素之一，用户可根据创建需求增加、删除或更新表字段，以达到操作各类数据的需求。

1．增加和删除字段

在创建表后，可能会需要根据应用需求的变化，向表中增加或删除列。

使用 ALTER TABLE … ADD 语句能够向表中添加新的字段。例如，利用下面的语句在 EMPLOYEES 表中增加一个名为 AGE 的新字段。

```
SQL> alter table employees add(age number(2));
表已更改。

SQL> desc employees
 名称                是否为空？              类型
 ----------        --------              ----------
 EMPNO             NOT NULL              NUMBER(10)
 ENAME                                   VARCHAR2(20)
 SEX                                     CHAR(2)
 SALARY                                  NUMBER(8,2)
 HIREDATE                                DATE
 JOB                                     VARCHAR2(10)
 EMAIL                                   VARCHAR2(50)
 DEPTNO            NOT NULL              NUMBER(3)
 AGE                                     NUMBER(2)
```

与此相反，使用 ALTER TABLE … DROP 语句可以删除表中不再需要使用的字段。但是不能删除表中所有的字段，也不能删除 SYS 模式中任何表中的字段。如果仅需要删除一个字段，则必须在字段名前指定 COLUMN 关键字。例如，下面的语句将删除 EMPLOYEES 表中的 AGE 字段。

```
SQL> alter table employees drop column age;

表已更改。

SQL> desc employees
 名称                是否为空？              类型
 -------           ---------             --------
 EMPNO             NOT NULL              NUMBER(10)
 ENAME                                   VARCHAR2(20)
 SEX                                     CHAR(2)
 SALARY                                  NUMBER(8,2)
 HIREDATE                                DATE
 JOB                                     VARCHAR2(10)
 EMAIL                                   VARCHAR2(50)
 DEPTNO            NOT NULL              NUMBER(3)
```

如果要在一条语句中删除多个列，则需要将删除的字段名放在括号中，各字段之间用逗号隔开，并且不能使用关键字 COLUMN。例如，下面的语句将删除 EMPLOYEES 表的 SEX 和

EMAIL 列。

```
SQL> alter table employees
  2  drop (sex,email);

表已更改。

SQL> desc employees
 名称                是否为空？               类型
 -------           -------                 ---------
 EMPNO             NOT NULL                NUMBER(10)
 ENAME                                     VARCHAR2(20)
 SALARY                                    NUMBER(8,2)
 HIREDATE                                  DATE
 JOB                                       VARCHAR2(10)
 DEPTNO            NOT NULL                NUMBER(3)
```

如果在上述语句使用了关键字 COLUMN，将会产生如下所示的错误。

```
SQL> alter table employees drop column (hiredate,job);
alter table employees drop column (hiredate,job)
                                  *
第 1 行出现错误：
ORA-00904: : 标识符无效
```

提示：

在删除字段的定义时，系统将删除表中每条记录的相应字段值，同时释放所占用的存储空间，并且不会影响表中其他列的数据。如果要删除一个大型表中的字段，由于需要对每个记录进行处理，因此删除操作可能会执行很长的时间。

2．更新表字段

除了在表中增加和删除字段之外，还可以根据实际情况更新字段的有关属性，包括更新字段的数据类型的长度、数字列的精度、列的数据类型和列的默认值等。使用 ALTER TABLE … MODIFY 语句更新字段属性的语法形式如下。

```
alter table table_name
modify column_name type;
```

在表中更新列时，应该注意以下两点。

※ 在一般情况下，只能把数据的长度从低向高改变，不能从高向低改变，把某种数据类型改变为兼容的数据类型。

※ 当表中没有数据时，可以把数据的长度从高向低改变，也可以把某种数据类型改变为另外一种数据类型。

例如，下面的 ALTER TABLE … MODIFY 语句将更新 EMPLOYEES 表中的 JOB 字段，修改其数据类型为 VARCHAR2(20)。

```
SQL> alter table employees
  2  modify job number(20);

表已更改。
```

```
SQL> desc employees
 名称                    是否为空？                 类型
 ----                   --------                 -------
 EMPNO                  NOT NULL                 NUMBER(10)
 ENAME                                           VARCHAR2(20)
 HIREDATE                                        DATE
 JOB                                             NUMBER(20)
 DEPTNO                 NOT NULL                 NUMBER(3)
```

当修改某个字段的默认值后，这种更改只对以后的插入操作起作用，对于先前已经插入的数据并不起作用。

8.4.2　重命名和删除表

在 Oracle 中，可通过重命名表和删除表操作，来增强表格的规范性和高使用性。

1．重命名表

在创建表后，如果想要修改表的名称，则可以使用 ALTER TABLE … RENAME 语句对表进行重命名。

> **提示：**
>
> 用户只可以对自己模式中的表进行重命名。

使用 ALTER TABLE … RENAME 重命名表的方法如下。

```
SQL> alter table employees
  2   rename to 员工信息；

表已更改。
```

对表进行重命名非常容易，但是影响却非常大。在需要对表的名称进行修改时，要格外小心，虽然 Oracle 可以自动更新数据字典中的外键、约束定义以及表关系，但是它还不能更新数据库中的存储代码、客户应用，并且依赖于该对象的其他对象都将失败。

2．删除表

当不再需要某个表时，就可以删除该表的定义。需要注意，一般情况下用户只能删除自己模式中的表，如果用户要删除其他模式中的表，则用户必须具有 DROP ANY TABLE 系统权限。删除表所使用的 DROP TABLE 语句如下。

```
SQL> drop table employees；

表已删除。
```

删除表定义与删除表中所有数据不同，当用户使用 DELETE 语句进行删除操作时，删除的仅是表中的数据，该表仍然存在数据库中；DROP TABLE 语句在删除表定义时，不仅表中的数据将丢失，而且该表的定义信息也将从数据库中删除，用户也就不再可以向该表中添加数据。

在删除一个表定义时，Oracle 将执行如下的一系列操作。

※ 删除表中所有的记录。

※ 从数据字典中删除该表的定义。

※ 删除与该表相关的所有索引和触发器。

※ 回收为该表分配的存储空间。

※ 如果有视图或 PL/SQL 过程依赖于该表，这些视图或 PL/SQL 过程将被置于不可用状态。

在 DROP TABLE 语句有一个唯一的可选子句 CASCADE CONSTRAINTS。当使用该参数时，DROP TABLE 不仅删除该表，而且所有引用这个表的视图、约束或触发器等也都被删除。

```
SQL>drop table employees cascade constraints;
```

一般情况下，当用户删除了一个表定义后，数据库并不会马上释放该表占用的空间，而是将它重命名，然后放到了回收站中。这样当用户需要还原该表时，就可以使用 FLASHBACK TABLE 语句进行还原了。如果想在删除表定义时立即释放空间，则可以在 DROP TABLE 语句中使用 PURGE 选项。

例如，下面的实例将演示如何利用 Oracle 的闪回功能，快速恢复被删除的表 EMPLOYEES。

① 首先确认 EMPLOYEES 表是否已经被删除。

```
SQL> select * from employees;
select * from employees
              *
第 1 行出现错误:
ORA-00942: 表或视图不存在
```

② 从查询结果中可以看出该表已经被删除。可以查询数据字典视图 RECYCLEBIN，以了解在回收站中存放的被删除的表。

```
SQL> select object_name,original_name
  2   from recyclebin
  3   where original_name='EMPLOYEES';

OBJECT_NAME                          ORIGINAL_NAME
-----------                          ----------
BIN$JLYArbfRpyqUqsEzAwFZA==$0        EMPLOYEES
BIN$1AkzE5e8TOS1CNyirFdTuA==$0       EMPLOYEES
BIN$JA87cseLQeKpgMsj8xb0Eg==$0       EMPLOYEES
BIN$FL4Ok0g9SpuJc923oHrzcw==$0       EMPLOYEES
BIN$1yuMBPpeQy+Dwxx00ItqHQ==$0       EMPLOYEES
BIN$T4ql8udRSdGIqbfNn7lq7g==$0       EMPLOYEES
BIN$uh5CMxhOR2uZQdiuFUEU7w==$0       EMPLOYEES
BIN$foqtLtbcSce5xnAPhDYFmQ==$0       EMPLOYEES
BIN$Ww69nxeHSle/QKoAy9Go8w==$0       EMPLOYEES

已选择 9 行。
```

在 OBJECT_NAME 列显示了在回收部中被重命名的对象名，ORIGINAL_NAME 列则是该对象原来的名称。

③　最后使用 FLASHBACK TABLE 语句恢复被删除的 EMPLOYEES 表。

```
SQL> flashback table employees to before drop;
闪回完成。

SQL> select * from employees;
未选定行
```

8.4.3　设置表的存储表空间和存储参数

在创建表时，通过一些相应的参数可以规定表的存储位置、存储参数等。在表创建后，如果发现这些参数设置不合适时，还可以对其进行修改。

使用 ALTER TABLE … MOVE 语句可以将一个非分区表移动到一个新的表空间。例如，下面的语句将 EMPLOYEES 表移到了 USER 表空间。

```
SQL> alter table employees
  2  move tablespace users;

表已更改。

SQL> select tablespace_name,table_name
  2  from user_tables
  3  where table_name='EMPLOYEES';

TABLESPACE_NAME       TABLE_NAME
-----------           -----------
USERS                 EMPLOYEES
```

由于表空间对应的数据文件不同，所以在移动表空间时会将数据从物理上移动到另一个数据文件。除此之外，还可以修改表的数据块参数 PCTFREE 和 PCTUSED。改变这两个参数值后，表中所有的数据块都将受到影响，而不考虑数据块是否已经被使用。例如，下面的 ALTER TABLE 语句将重新设置 EMPLOYEES 表的 PCTFREE 与 PCTUSED 参数。

```
SQL> select tablespace_name,table_name
  2  from user_tables
  3  where table_name='EMPLOYEES';

TABLESPACE_NAME       TABLE_NAME
---------------       --------------------
USERS                 EMPLOYEES

SQL> alter table employees
  2  pctfree 30
  3  pctused 50;

表已更改。

SQL> select table_name,pct_free
  2  from user_tables
  3  where table_name='EMPLOYEES';

TABLE_NAME                    PCT_FREE
```

```
--------------    ----------
EMPLOYEES                 30
```

8.4.4 设置表的状态

在 Oracle 中，可以将表置于 READ ONLY（只读）状态。处于该状态的表不能执行 DML 操作和某些 DDL 操作。在 Oracle 11g 之前，为了使某个表处于 READ ONLY 状态，只能通过将整个表空间或者数据库置于 READ ONLY 状态。

例如，下面的语句将表 EMPLOYEES 置于 READ ONLY 状态。

```
SQL> alter table employees read only;
表已更改。

SQL> select table_name,read_only
  2  from user_tables
  3  where table_name='EMPLOYEES';

TABLE_NAME                    REA
---------                     --------
EMPLOYEES                     YES
```

对于处于 READ ONLY 状态的表，用户是不能执行 DML 操作的。例如：

```
SQL> insert into employees(empno,ename,job,deptno)
  2  values(1220,'ATG','clerk',10);
insert into employees(empno,ename,job,deptno)
       *
第 1 行出现错误：
ORA-12081: 不允许对表 "SCOTT"."EMPLOYEES" 进行更新操作

SQL> truncate table employees;
truncate table employees
       *
第 1 行出现错误：
ORA-12081: 不允许对表 "SCOTT"."EMPLOYEES" 进行更新操作
```

可以将表从一个表空间移动到另一个表空间。例如：

```
SQL> alter table employees move tablespace users;
表已更改。
```

处于 READ ONLY 状态的表可以将其重新置于可读写的 READ WRITE 状态。例如：

```
SQL> alter table employees read write;
表已更改。

SQL> select table_name,read_only
  2  from user_tables
  3  where table_name='EMPLOYEES';

TABLE_NAME                    REA
-----------                   -----------
EMPLOYEES                     NO
```

8.5 练习：设置表空间

在木练习中，将使用 SQL*Plus 工具创建各种表空间，以及控制表空间的状态。

操作步骤：

① 创建一个表空间 EXER_TABSPACE，该表空间采用本地化管理方式，分配的初始空间为 10MB，使用空间配额不受限制，对应的数据文件名为 TEST_TBS01.DBF。

```
SQL> create tablespace exer_tabspace
  2  datafile 'd:\oracle_data\test_tbs01.dbf' size 10m
  3  autoextend on
  4  extent management local;
表空间已创建。
```

② 查看创建的表空间信息。

```
SQL> select tablespace_name,initial_extent,next_extent,
  2  extent_management,allocation_type
  3  from dba_tablespaces;
```

TABLESPACE_NAME	INITIAL_EXTENT	NEXT_EXTENT	EXTENT_MAN	ALLOCATIO
SYSTEM	65536	LOCAL	SYSTEM	
SYSAUX	65536	LOCAL	SYSTEM	
UNDOTBS1	65536	LOCAL	SYSTEM	
TEMP	1048576	1048576	LOCAL	UNIFORM
USERS	65536		LOCAL	SYSTEM
EXER_TABSPACE	65536		LOCAL	SYSTEM

```
已选择 6 行。
```

③ 创建本地化管理的临时表空间 TEMP02，分配的初始大小为 20MB，对应的临时文件名为 TEMP_TBS02.DBF，表空间的最大配额为 100MB。

```
SQL> create temporary tablespace temp02
  2  tempfile 'd:\oracle_data\temp_tbs02.dbf'
  3  size 20m reuse
  4  autoextend on
  5  maxsize 100m
  6  extent management local;
表空间已创建。
```

④ 查看创建的临时表空间参数信息。

```
SQL>select * from v$tempfile;
```

⑤ 创建大文件表空间，表空间名为 BIGFILE_TBS，数据文件名为 BIG_FILE_TBS01.DBF，数据文件的初始大小为 50MB。

```
SQL> create bigfile tablespace bigfile_tbs
  2  datafile 'd:\oracle_data\big_file_tbs01.dbf' size 50m;
表空间已创建。
```

⑥ 创建撤销表空间 UNDO2，数据文件为 UNDO02.DBF。

```
SQL> create undo tablespace undo2
  2  datafile 'd:\oracle_data\undo_tbs01.dbf' size 50m
  3  autoextend on
  4  extent management local;
表空间已创建。
```

⑦ 立即修改表空间 EXER_TABSPACE 为脱机状态。

```
SQL>alter tablespace exer_tabspace offline immediate;
```

⑧ 为表空间 EXER_TABSPACE 增加数据文件。

```
SQL> alter tablespace exer_tabspace
  2  add datafile 'd:\oracle_data\exer_tabspace02.dbf' size 20m;
表空间已更改。
```

⑨ 修改新增加的数据文件为脱机状态。

```
SQL>alter Database
  2  datafile 'd:\oracle_data\exer_tabspace02.dbf' offline;
表空间已更改。
```

8.6 练习：创建基本表

如果用户想要创建一个表，则用户的登录账户必须具有 CREATE TABLE 权限。在本练习中，将使用 CREATE TABLE 语句创建一个基本表。

操作步骤：

① 以 HR 身份连接数据库，在其中创建一个学生信息表 STUDENT 和一个班级信息表 CLASS。

```
SQL> create table Student(
  2  sid number(10),
  3  sname varchar2(8),
  4  sex char(2),
  5  classid number(3)
  6  )
  7  tablespace users;
表已创建。

SQL>create table Class(
  2  cid number(3),
  3  cname varchar2(20),
  4  tel varchar2(20)
  5  )
  6  tablespace users;
表已创建。
```

② 修改表 STUDENT 的存储参数。

```
SQL>alter table student move
  2  tablespace example;
表已更改。
```

③ 为 CLASS 表添加一个新字段。

```
SQL> alter table class add(addr varchar2(20));
表已更改。
```

④ 将 CLASS 表名称更改为 COLLEGE 表。

```
SQL> alter table Class
  2  rename to College;
表已更改。
```

8.7 新手训练营

练习 1：创建表示员工信息的 STAFF 表

本练习中，主要使用 CREATE 命令，创建表示员工信息表的 STAFF 表。其中，创建该表的语法格式如下所示。

```
SQL> create table Staff(
  2   id number,
  3   name varchar2(30),
  4   department varchar2(30),
  5   post varchar2(30),
  6   entrytime date,
  7   vworkinglife number,
  8   basepay number,
  9   positionwage number,
 10   senioritywage number
 11   )
 12   tablespace users;
表已创建。
```

然后，使用 DESC 命令查看所创建表的具体情况。

```
SQL> desc Staff
 名称                    否为空？              类型
 ----------------       ---------------       ------------------
 ID                                           NUMBER
 NAME                                         VARCHAR2(30)
 DEPARTMENT                                   VARCHAR2(30)
 POST                                         VARCHAR2(30)
 ENTRYTIME                                    DATE
 VWORKINGLIFE                                 NUMBER
 BASEPAY                                      NUMBER
 POSITIONWAGE                                 NUMBER
 SENIORITYWAGE                                NUMBER
```

练习 2：创建表示考勤统计的 ATTENDANCE 表

本练习中，主要使用 CREATE 命令，创建表示考勤统计表的 ATTENDANCE 表。其中，创建该表的语法格式如下所示。

```
SQL> create table Attendance(
  2   id number,
  3   name varchar2(30),
  4   department varchar2(30),
  5   post varchar2(30),
  6   wages number,
  7   leave number,
  8   sickleave number,
  9   late number,
 10   deductwages number
 11   )
 12   tablespace users;
表已创建。
```

练习 3：创建表示业绩统计的 ACMT 表

本练习中，主要使用 CREATE 命令，创建表示业绩统计表的 ACMT 表。其中，创建该表的语法格式如下所示。

```
SQL> create table Acmt(
  2   id number,
  3   name varchar2(30),
  4   department varchar2(30),
  5   post varchar2(30),
  6   volume number,
  7   commission number
  8   )
  9   tablespace users;
表已创建。
```

练习 4：创建表示应扣应缴的 BUCKLE 表

本练习中，主要使用 CREATE 命令，创建表示员工应扣应缴表的 BUCKLE 表。其中，创建该表的语法格式如下所示。

```
SQL> create table Buckle(
  2   id number,
  3   name varchar2(30),
  4   department varchar2(30),
  5   post varchar2(30),
  6   wages number,
  7   pension number,
  8   medical number,
  9   unemployment number,
 10   housingfund number
 11   )
 12   tablespace users;
表已创建。
```

练习 5：增加 BUCKLE 表中的 TOTAL 字段

本练习中，将使用 ALTER TABLE … ADD 语句在 BUCKLE 表中增加一个名为 TOTAL 的新字段。首先，在增加新字段之前，先使用 DESC 命令查看表情况。

```
SQL> desc Buckle
名称                    是否为空？           类型
---------------        ---------------      ---------------
ID                                          NUMBER
NAME                                        VARCHAR2(30)
DEPARTMENT                                  VARCHAR2(30)
POST                                        VARCHAR2(30)
WAGES                                       NUMBER
PENSION                                     NUMBER
MEDICAL                                     NUMBER
UNEMPLOYMENT                                NUMBER
HOUSINGFUND                                 NUMBER
```

其中，添加新字段的语法格式如下所示。

```
SQL> alter table Buckle add(total number);
```

表已更改。

此时，可通过 DESC 命令，查看 BUCKLE 表中的字段情况，可以发现该表多出一个新的 TOTAL 字段。

```
SQL> desc Buckle
 名称                       是否为空？              类型
 ----------------          --------------          ---------------
 ID                                                NUMBER
 NAME                                              VARCHAR2(30)
 DEPARTMENT                                        VARCHAR2(30)
 POST                                              VARCHAR2(30)
 WAGES                                             NUMBER
 PENSION                                           NUMBER
 MEDICAL                                           NUMBER
 UNEMPLOYMENT                                      NUMBER
 HOUSINGFUND                                       NUMBER
 TOTAL                                             NUMBER
```

练习 6：移动 BUCKLE 表至新表空间

本练习中，将表 BUCKLE 移动到新创建的表空间中。首先，需要创建一个新的表空间，该表空间名称为 RHYT。

```
SQL> create tablespace rhyt
  2  datafile 'd:\oracle_data\rhyt01.dbf' size 10m
  3  autoextend on
  4  extent management local;

表空间已创建。
```

然后，使用 ALTER TABLE … MOVE 语句将 BUCKLE 表从 USERS 表空间移动到 RHYT 表空间。

```
SQL> alter table Buckle
  2  move tablespace rhyt;

表已更改。
```

最后，使用 SELECT 命令，查看 RHYT 表空间内包含的表。

```
SQL> select table_name,tablespace_name
  2  from dba_tables
  3  where tablespace_name='RHYT';

TABLE_NAME        TABLESPACE_NAME
------------      ------------------------------
BUCKLE            RHYT
```

第 9 章

管理表和表空间

本章内容

数据库中的数据在物理层面上是存储在数据文件中的,而在逻辑层面上则是存储在表空间中的。因此,从逻辑层面上来看,表空间与数据文件之间存在着对应关系,这种关系与表空间和数据文件的管理操作密切相关。通过管理表空间,可以有效地部署不同类型的数据,从而提高数据库的运行性能。另外,为了使用最简单的方式实现一些基本的应用逻辑,还需要对表进行约束,以维护表数据的有效性和完整性。在本章中,将详细介绍管理表和表空间的基础知识,为完善数据表奠定基础。

9.1 管理表

数据库不仅是为了存储数据，它也必须保证所存储数据的正确性。如果数据不准确或不一致，那么该数据的完整性可能就受到了破坏，从而给数据库本身的可靠性带来威胁。为了维护数据库中数据的完整性，在创建表时经常需要定义和管理表。

9.1.1 使用大对象数据类型

在 Oracle 系统中，提供了 4 种常用的大对象类型。这 4 种大对象类型分别为：CLOB 类型，字符 LOB 类型，可以用来存储各种字符数据，主要用于存储英语字符；NCLOB 类型，国际语言字符 LOB 类型，使用多字节存储各种语言的字符，主要用于存储非英语字符；BLOB 类型，二进制 LOB 类型，主要用于存储二进制数据；BFILE 类型，二进制 FILE 类型，用于存储指向数据库系统外面的文件系统中文件的指针。

大对象（LOB）数据类型可以存储 128TB 级的数据，并且一个表中可以有多个 LOB 类型列，这样一个表中就可以存储大量的数据了。每个 LOB 对象都由两部分组成：用于存储 LOB 内容的指针和 LOB 中的数据内容。根据 LOB 内容的大小不同，系统采取不同的存储方式。如果 LOB 中的数据大于 4KB，则将该内容存储在包含该 LOB 列的表中；如果 LOB 中的数据大于 4KB，则系统将该内容存储在表的外部。

在创建大对象表时，可以根据实际情况直接使用大对象类型定义某些列。大对象表定义完成之后，应该使用初始化函数初始化大对象列。对于 CLOB 或 NCLOB 列，可以使用 EMPTY_CLOB() 函数进行初始化。对于 BLOB 列，应该使用 EMPTY_BLOB() 函数进行初始化。可以在 INSERT 语句中使用这些初始化函数，初始化完成后，可以使用 UPDATE 语句向大对象列加入数据。

例如，下面将创建一个示例表 POEM_TABLES，该表记录了一些诗人的诗歌，通过使用这种示例表，展示如何使用大对象表。

① 使用 CREATE TABLE 语句创建 POEM_TABLES 表。该表包括 4 列，其中第一、第二和第三列是普通数据类型的列，第四列 POEM_TEXT 是 NCLOB 数据类型的，用于存储诗歌的文件。

```
SQL> create table poem_tables(
  2    poem_id number constraint poem_pk primary key,
  3    poem_name varchar2(50),
  4    poet_name varchar2(20),
  5    poem_text nclob);

表已创建。
```

② 使用 INSERT 语句向 POEM_TABLES 表中插入数据，并使用 EMPTY_CLOB() 函数初始化 POEM_TEXT 列。

```
SQL> insert into poem_tables(poem_id,poem_name,poet_name,poem_text)
  2    values(1,'静夜思','李白',empty_clob());

已创建 1 行。
```

```
SQL> insert into poem_tables(poem_id,poem_name,poet_name,poem_text)
  2  values(2,'下江陵','李白',empty_clob());

已创建 1 行。
```

③ 使用 UPDATE 语句更新 POEM_TABLES 表。在更新操作时，将上述两首诗歌插入
   POEM_TABLES 表中。这时可以在 SET 子句中指定将要插入的诗歌文件，这些文本使
   用单引号括起来。

```
SQL> update poem_tables
  2  set poem_text='
  3      床前明月光，疑是地上霜。
  4      举头望明月，低头思故乡。'
  5  where poem_id=1;

已更新 1 行。

SQL> update poem_tables
  2  set poem_text='
  3      朝辞白帝彩云间，千里江陵一日还。
  4      两岸猿声啼不住，轻舟已过万重山。'
  5  where poem_id=2;

已更新 1 行。
```

④ 使用 SELECT 语句检索 POEM_TABLES 表。

```
SQL> column poem_name format a10
SQL> column poet_name format a10
SQL> select poet_name,poem_name,poem_text
  2  from poem_tables;

POET_NAME            POEM_NAME
----------           ----------
POEM_TEXT
-----------------------------------------------
李白        静夜思

    床前明月光，疑是地上霜。
    举头望明月，低头思故乡。

李白        下江陵

    朝辞白帝彩云间，千里江陵一日还。
    两岸猿声啼不住，轻舟已过万重山。
```

9.1.2 定义和管理数据完整性约束

约束可以限制列的取值范围，强制列的取值来自合理的范围。约束的类型包括：非空约束、主键约束、唯一性约束、外键约束、检查约束和默认约束等。

对约束的定义既可以在 CREATE TABLE 语句中进行，也可以在 ALTER TABLE 语句中进行。在实际应用中，通常是先定义表中的字段，然后再根据实际的需要，通过 ALTER TABLE 语句为表添加约束。

1. 非空约束

非空约束就是限制必须为某个列提供值。空值是不存在的，它既不是数字 0，也不是空字符串，而是没有、未知。

在表中，当某些字段的值是不缺少的，那么就可以为该列定义为非空约束。这样当插入数据时，如果没有为该列提供数据，那么系统就会出现一个错误消息。

如果某些列的值是可有可无的，那么可以定义这些列为允许空值。这样，在插入数据时，就可以不向该列提供具体的数据。在默认情况下，表中的列是允许空值的。

例如，在创建 EMPLOYEES 表时，规定 EMPNO、ENAME 和 DEPTNO 列不能为空值。

```
SQL> create table employees(
  2  empno number(10) not null,
  3  ename varchar2(20) not null,
  4  sex char(2),
  5  salary number(8,2),
  6  hiredate date default sysdate,
  7  job varchar2(10),
  8  email varchar2(50),
  9  deptno number(3) not null);

表已创建。
```

也可以使用 ALTER TABLE…MODIFY 语句为已经创建的表删除或重新定义 NOT NULL 约束。例如，下面的语句为 SALARY 字段定义了非空约束。

```
SQL> alter table employees
  2  modify salary not null;

表已更改。
```

在为表中的字段定义了非空约束后，当用户向表插入数据时，如果未向对应的字段提供值，则添加数据操作将返回一个如下所示的错误。

```
SQL> insert into employees(ename,sex,salary,deptno)
  2  values('刘丽','男',1500,20);
insert into employees(ename,sex,salary,deptno)
*
第 1 行出现错误：
ORA-01400：无法将 NULL 插入 ("SCOTT"."EMPLOYEES"."EMPNO")
```

如果使用 ALTER TABLE…MODIFY 为表添加 NOT NULL 约束，并且表中该列的数据已经存在 NULL 值，则向该列添加 NOT NULL 约束将失败。这是因为当为该列应用非空约束时，Oracle 将会试图检查表中的所有行，以验证所有行在对应的列是否存在 NULL 值。

使用 ALTER TABLE…MODIFY 语句还可以删除表中的非空约束。例如，下面的语句删除了 SALARY 列的非空约束。

```
SQL> alter table employees
  2  modify salary null;

表已更改。
```

2. 主键约束

主键约束用于唯一地确定表中的每一行数据。在一个表中,最多只能有一个主键约束,主键约束既可以是由一个列组成的,也可能是由两个或两个以上列组成的。对于表中的每一行数据,主键约束列都是不同的,主键约束同时也具有非空约束。

如果主键约束由一列组成时,该主键约束称为"行级约束";如果主键约束由两个或两个以上列组成时,则该主键约束称为"表级约束"。这两种不同类型的主键约束,在定义上有一点差异。

例如,在定义 EMPLOYEES 表时,为表定义了一个表级主键约束 EMP_PK,该主键约束由 EMPNO 列组成。

```
SQL> create table employees(
  2   empno number(10),
  3   ename varchar2(20) not null,
  4   sex char(2),
  5   salary number(8,2),
  6   hiredate date default sysdate,
  7   job varchar2(10),
  8   email varchar2(50),
  9   deptno number(3) not null,
 10   constraint EMP_PK primary key (empno,ename));

表已创建。
```

使用 ALTER TABLE 语句增加主键约束的部分语法形式如下。

```
alter table table_name
add constraint constraint_name primary key(column1[,column2]);
```

如果表上已经存在主键约束,那么当试图在该表上再增加一个主键约束时,系统就会产生一个错误信息。即使在不同的列上增加约束也是如此。例如,当在 EMPLOYEES 表的 EMAIL 列上再增加一个约束时,系统将产生"表只能具有一个主键"的错误消息,如下所示。

```
SQL> alter table employees
  2   add constraint emp_email_pk primary key (email);
add constraint emp_email_pk primary key (email)
                                            *
第 2 行出现错误:
ORA-02260: 表只能具有一个主键
```

与 NOT NULL 约束相同,当为表添加主键约束时,如果该表中已经存在数据,并且主键列具有相同的值或存在 NULL 值,则添加主键约束的操作将失败。

如果要为 PRIMARY KEY 约束指定名称,则必须使用 CONSTRAINT 关键字,如上面的示例所示。如果要使用系统自动为其分配的名称,则可以省略 CONSTRAINT 关键字。例如,下面的语句在创建 EMPLOYEES 表时在 EMPNO 列上定义了一个主键约束。

```
create table employees(
  empno number(10) primary key,
  …
  );
```

同样,使用 ALTER TABLE … ADD 添加匿名约束的语句形式如下。

```
alter table employee_history
add primary key (employee_id);
```

如果想要为表删除 PRIMARY KEY 约束，则可以使用如下的 ALTER TABLE … DROP 语句来完成。

```
SQL> alter table employees
  2  drop constraint EMP_PK;

表已更改。
```

在表中增加主键约束时，一定要根据实际情况而定。例如，在 EMPLOYEES 表的 EMPNO 列上增加主键约束是合理的，因为该列的数据是不允许相同的。但是，在 ENAME、SALARY 等列上创建主键约束就是不合理的。

3. 唯一性约束

唯一性约束强调所在的列不允许有相同的值，但是，它的定义比主键约束弱，即它所在的列允许空值。UNIQUE 约束的主要作用是在保证除主键列外，其他列值的唯一性。

在一个表中，根据实际情况可能有多个列的数据都不允许存在相同值。例如，在 EMPLOYEES 表中的 EMAIL 等列是不允许重复的，但是由于在一个表中最多只能有一个主键约束存在，那么如何解决这种多个列都不允许重复数据存在的问题，这就是唯一性约束的作用。

例如，下面的语句重新定义了 EMPLOYEES 表，并为该表的 EMAIL 列定义名为 EMP_UK 的唯一性约束。

```
SQL> create table employees(
  2  empno number(10) primary key,
  3  ename varchar2(20) not null,
  4  sex char(2),
  5  salary number(8,2),
  6  hiredate date default sysdate,
  7  job varchar2(10),
  8  email varchar2(50) constraint emp_uk unique,
  9  deptno number(3) not null);

表已创建。
```

前面曾介绍过，UNIQUE 约束可以保证列中不存在重复的值，但是可以插入多个 NULL 值。下面的示例将试图在 EMPLOYEES 表的 EMAIL 列添加两行 NULL 值。

```
SQL> insert into employees(empno,ename,email,deptno)
  2  values(1220,'刘丽',null,10);

已创建 1 行。

SQL> insert into employees(empno,ename,email,deptno)
  2  values(1221,'王丽',null,10);

已创建 1 行。
```

为了防止向 UNIQUE 约束列添加 NULL 值，可以在该列上再添加 NOT NULL 约束。在向 UNIQUE 约束列添加 NOT NULL 约束后，其功能基本上就相当于主键 PRIMARY KEY 约束。

使用 ALTER TABLE 语句添加 UNIQUE 约束的语句形式如下。

```
alter table table_name
add constraint constraint_name unique (column1[,column2]);
```

同样，使用 ALTER TABLE 语句也可以删除 UNIQUE 约束。例如，下面的语句删除创建的 UNIQUE 约束 EMP_UK。

```
SQL> alter table employees
  2  drop constraint emp_uk;
```

4. 外键约束

外键约束 FOREIGN KEY 是几种约束中最复杂的，它可以使两个表进行关联。外键是指引用另一个表中的某个列或某几个列，或者本表中另一个或另几个列的列。被引用的列应该具有主键约束，或者唯一性约束。

在外键的定义中，涉及外键表、外键列、被引用表和被引用列等几个概念。如果成功地创建了外键约束，那么系统将要求外键列中的数据必须来自被引用列中的数据。被引用列中不存在的数据不能存储于外键列中。在一般情况下，当删除被引用表中的数据时，该数据也不能出现在外键列中。如果外键列存储了将要在被引用表中删除的数据，那么对被引用表删除数据的操作将失败。

最典型的外键约束是 EMPLOYEES 和 DEPARTMENT 表，在该外键约束中，外键表 EMPLOYEES 中的外键列 DEMPARTMENT_ID，将引用被引用表 DEPARTMENTS 中的 DEMPARTMENT_ID 列。

例如，在以下的示例中，将创建一个新表 ADMINISTRATION_EMP，并为其添加到 DEPATRMENT 表的外键约束。

```
SQL> create table administration_emp
  2  as select * from hr.employees
  3  where department_id=10;

表已创建。

SQL> alter table administration_emp
  2  add constraint admin_dep_fk
  3  foreign key(department_id)
  4  references departments(department_id);

表已更改。
```

为验证创建的外键约束的有效性，可以向 ADMINISTRATION_EMP 表添加一条记录，并且它的 DEPARTMENT_ID 列值不存在于 DEPARTMENTS 表中，那么插入操作将会因为违反外键约束而失败。

```
SQL> insert into administration_emp(
  2          employee_id,last_name,email,hire_date,job_id,department_id)
  3  values(120,'刘丽','li@gmain.com',sysdate,'HR_REP',360);
insert into administration_emp(
*
第 1 行出现错误：
ORA-02291：违反完整约束条件 (HR.ADMIN_DEP_FK) - 未找到父项关键字
```

提示：

在一个表上创建外键约束时，被引用表必须已经存在，并且必须为该表的引用列定义唯一性约束或主键约束。

　　如果外键表的外键列与被引用表中的被引用列名相同，如上面的示例所示，则为外键表定义外键列时，可以简化为如下的形式。

```
SQL> alter table administration_emp
  2    add constraint admin_dep_fk
  3    foreign key(department_id)
  4    references departments;
```

　　在定义外键 FOREIGN KEY 约束时，还可以通过关键字 ON 指定引用行为的类型。当尝试删除被引表中的一条记录时，通过引用行为可以确定如何处理外键表中的外键列。引用类型包括如下 3 种。

※　在定义外键约束时，如果使用了关键字 CASADE，那么当被引用表中被引用列的数据被删除时，外键表中对应的数据也将被删除。

※　在定义外键约束时，如果使用了关键字 SET NULL，那么当被引用表中被引用列的数据被删除时，外键表中外键列将被设置为 NULL。要使这个关键字起作用，外键列必须支持 NULL 值。

※　在定义外键约束时，如果使用了关键字 NO ACTION，那么当删除被引用表中被引用列的数据时将违反外键约束，该操作将被禁止执行，这也是外键的默认引用类型。

　　例如，下面的示例将演示外键的级联删除过程。

①　创建一个新的引用表，并为其添加主键约束。

```
SQL> create table admin_dept
  2    as select * from hr.departments
  3    where department_id=10;

表已创建。

SQL> alter table admin_dept
  2    add primary key(department_id);

表已更改。
```

②　使用 ON DELETE CASADE 关键字修改 ADMINISTRATION_EMP 表的外键约束。

```
SQL> alter table administration_emp
  2    add constraint admin_dept_fk
  3    foreign key(department_id)
  4    references admin_dept on delete cascade;

表已更改。
```

③　查看 ADMINISTRATION_EMP 表中的数据。

```
SQL> select employee_id,last_name,job_id,salary,department_id
  2    from administration_emp;

EMPLOYEE_ID     LAST_NAME      JOB_ID        SALARY        DEPARTMENT_ID
-----------     ---------      --------      ------        -------------
```

| 200 | Whalen | AD_ASST | 4400 | 10 |

④ 在指定外键行为类型为 ON DELETE CASADE 后，在删除被引用表 ADMIN_DEPT 中编号为 10 的行时，系统将会级联删除 ADMINISTRATION_EMP 表中所有的记录。

```
SQL> delete admin_dept
  2  where department_id=10;

已删除 1 行。

SQL> select employee_id,last_name,job_id,salary,department_id
  2  from administration_emp;

未选定行
```

与其他约束相同，如果想要删除外键约束，可以使用如下的 ALTER TABLE 语句形式。

```
alter table administration_emp
drop constraint admin_dept_fk;
```

5. 禁止和激活约束

在默认情况下，约束创建之后就一直起作用。但是，也可以根据具体应用情况，临时禁用某个约束。当某个约束被禁用后，该约束就不再起作用了，但它还存在于数据库中。

为什么要禁用约束呢？这是因为约束的存在会降低插入和更改数据的效率，系统必须确认这些数据是否满足定义的约束条件。当执行一些特殊操作时，如使用 SQL*Loader 从外部数据源向表中导入大量数据，并且事先知道操作的数据满足了定义的约束，为提高运行效率，即可禁用这些约束。

但是，禁用约束只是一种暂时现象，某些在禁用约束状态下完成的操作完成之后，还应该激活约束。如果约束没有必要存在，则可以删除约束。

禁用约束既可以在定义约束时执行，也可以对现有的约束执行禁用操作。在使用 CREATE TABLE 或 ALTER TABLE 语句定义约束时，默认情况下约束是被激活的。如果在定义约束时使用关键字 DISABLE，则约束是被禁用的。如果希望禁用已经存在的约束，则可以在 ALTER TABLE 语句中使用 DISABLE CONSTRAINT 子句，其语法形式如下。

```
alter table table_name
disable constraint constraint_name;
```

如果希望激活被禁用的约束，则可以在 ALTER TABLE 语句中使用 ENABLE CONSTRAINT 子句激活约束。激活约束的语法形式如下。

```
alter table table_name
enable [novalidate | validate] constraint constraint_name;
```

关键字 NOVALIDATE 表示在激活约束时，不验证表中已经存在的数据是否满足约束，如果没有使用该关键字，或者使用 VALIDATE 关键字，则在激活约束时系统将要验证表中的数据是否满足约束的定义。

例如，下面的语句在创建 EMPLOYEES 表时将定义的约束置为禁用状态。

```
create table employee_history(
...
  salary number(8,2) constraint emp_sal_ck check (salary>0) disable,
```

```
      ...
      )
```

　　需要注意，在禁用主键约束时，Oracle 默认会删除约束对应的唯一索引，而在重新激活约束时，Oracle 将会重新建立唯一索引。如果希望在删除约束时保留对应的唯一索引，可以在禁用约束时使用关键字 KEEY INDEX。例如，下面的语句在禁用主键约束时保留相应的索引。

```
      alter table employees disable constraint emp_pk keep index;
```

　　在禁用唯一性约束或主键约束时，如果有外键约束正在引用该列，则无法禁用唯一性约束或主键约束。这时可以先禁用外键约束，然后再禁用唯一性约束或主键约束；或者在禁用唯一性约束或主键约束时使用 CASCADE 关键字，这样可以级联禁用引用这些列的外键约束。

　　例如，在下面的示例，将禁用 EMPLOYEES 表的 EMP_PK 主键约束，然后再重新激活该约束。

① 使用 ALTER TABLE 语句禁用 EMP_PK 主键约束。

```
SQL> alter table employees
  2  disable constraint emp_pk;

表已更改。
```

② 在 EMPLOYEES 表中插入一行数据，在数据的 EMPNO 列为 NULL 值。

```
SQL> insert into employees(empno,ename,sex,salary,job,deptno)
  2  values(null,'刘丽','女',1600,'CLERK',10);

已创建 1 行。
```

③ 使用 ALTER TABLE 语句激活 EMP_PK 主键约束。现在，由于 EMPNO 列中存在 NULL 值，这与主键约束的作用存在冲突，所以激活约束的操作将失败。可以使用两种方式解决该问题：一是更正表中不满足约束条件的数据；二是在激活约束时使用 NOVALIDATE 关键字。

```
SQL> alter table employees
  2  enable constraint emp_pk;
alter table employees
*
第 1 行出现错误：
ORA-02437: 无法验证 (SCOTT.EMP_PK) - 违反主键

SQL> alter table employees
  2  enable novalidate constraint emp_pk;

表已更改。
```

6. 删除约束

　　如果不再需要某个约束时，则可以删除该约束。可以使用带 DROP CONSTRAINT 子句的 ALTER TABLE 语句删除约束。删除约束与禁用约束不同，禁用约束是可以激活的，但是删除的约束在表中就完全消失了。

　　使用 ALTER TABLE 语句删除约束的语法形式如下。

```
  alter table table_name
  drop constraint constraint_name;
```

例如，下面的语句删除了 EMPLOYEES 表中的部分约束。

```
SQL> alter table employees
  2  drop constraint SYS_C009713;

表已更改。
```

9.2 管理数据文件

数据文件在创建数据库或表空间时建立。当表空间创建后，DBA 可以根据需要为表空间添加新的数据文件，或者更改已有数据文件的大小、名称和位置。

9.2.1 数据文件的管理策略

数据文件是物理上存储表空间数据的操作系统文件，在创建表空间的同时，将为其建立数据文件。在创建表空间前，DBA 不仅要考虑表空间的管理方式，还需要决定与表空间对应的数据文件的数量、大小和位置。

1．确定数据文件的数量

在为其他非 SYSTEM 表空间设置数据文件的数量时，需要考虑如下限制条件。

※ 初始化参数 DB_FILES 指定在 SGA 区中能够保存的数据文件信息的最大数量，也就是一个实例所能支持的数据文件的最大数量。

※ 操作系统中每个进程能够同时打开的文件数量是有限的，这个限制取决于操作系统本身。

※ 每新建一个数据文件都会在数据库的控制文件中添加一条记录。如果在控制文件中指定了 MAXDATAFILES 子句，那么在控制文件中最多只能保存 MAXDATAFILES 条数据文件的记录。但是数据库所拥有的数据文件的最大值仍然是 DB_FIELS 参数指定的。如果 MAXDATAFILES 参数小于 DB_FILES 参数，则 Oracle 会自动对控制文件进行扩展，以便容纳更多的数据文件记录。

2．确定数据文件的存放位置

表空间数据的物理存放位置由数据文件的存放位置决定。因此，要正确地为表空间设置物理存储位置，就必须合理地选择数据文件的存放位置。

例如，如果数据库可以使用多个磁盘，可以考虑将可能并发访问的数据文件分散存储在各个磁盘中，这样可以减少由于磁盘 I/O 冲突对系统性能造成的影响。

3．分离存放数据文件与日志文件

如果数据库的可靠性要求较高，则必须保证数据文件与重做日志文件分别保存在不同的磁盘中。如果数据文件和重做日志文件保存在同一个磁盘中，当这个磁盘损坏时，数据库中的数据将永久性地丢失。

在使用复合重做日志文件时，如果各个成员日志文件分别存放在独立的磁盘中，那么同时丢失所有重做日志的可能性很小，这时将数据文件与重做日志文件保存在相同的磁盘中是允许的。

9.2.2 添加表空间数据文件

在创建表空间时，通常会预先估计表空间所需的存储空间大小，然后为其建立若干个适当大小的数据文件。如果在使用过程中发现表空间存储空间不足，可以再为其添加新的数据文件，以增加表空间的总存储空间。

要为普通表空间添加新的数据文件，可以使用 ALTER TABLESPACE … ADD DATAFILE 语句，执行该语句的用户必须具有 ALTER TABLESPACE 系统权限。

例如，下面的语句为表空间 USER03 添加一个大小为 10MB 的数据文件。

```
SQL> alter tablespace user03
  2  add datafile 'd:\oracledata\user03_02.dbf' size 10m;

表空间已更改。
```

例如，下面的语句为临时表空间 TEMP03 添加一个新的临时文件。

```
SQL> alter tablespace temp01
  2  add tempfile 'd:\oracledata\temp01_02.dbf' size 10m reuse;

表空间已更改。
```

在添加新的数据文件时，如果同名的操作系统文件已经存在，ALTER TABLESPACE 语句将失败。如果要覆盖同名的操作系统文件，则必须在 ALTER TABLESPACE 语句中显式指定 REUSE 子句。

9.2.3 改变数据文件大小

除了为表空间增加新的数据文件外，另一种增加表空间存储空间的方法是改变已有数据文件的大小。改变数据文件大小的方式一共有两种：设置数据文件为自动增长；手动改变数据文件的大小。

1. 设置数据文件为自动增长

在创建数据文件时，或者在数据文件创建后，都可以将数据文件设置为自动增长方式。如果数据文件是自动增长的，当表空间需要更多的存储空间时，Oracle 会以指定的方式自动增大数据文件的尺寸。

使用自动增长的数据文件具有以下优势。

※ DBA 无须过多地干涉数据库的物理存储空间分配。

※ 可以保证不会出现由于存储空间不足而导致的应用程序错误。

例如，下面的语句在创建表空间 USER01 时，将数据文件 USER01_01.DBF 设置为自动增长方式。

```
SQL> create tablespace user01
  2  datafile 'd:\oracledata\user01_01.dbf' size 10m
  3  autoextend on
  4  next 2m
  5  maxsize 500m
  6  extent management local;

表空间已创建。
```

其中，AUTOEXEND 指定数据文件是否为自动扩展。如果指定数据文件为自动扩展，则通过 NEXT 语句可以指定数据文件每次扩展的大小。MAXSIZE 表示当数据文件为自动扩展时，允许数据文件扩展的最大限度。

如果数据文件已经创建，则可以使用 ALTER Database 语句为其应用自动增长方式。例如，下面的语句将数据文件 USER03.DBF 设置为自动增长方式。

```
SQL> alter Database
  2  datafile 'd:\oracledata\user03.dbf'
  3  autoextend on
  4  next 512k
  5  maxsize 250m;

数据库已更改。
```

使用 ALTER Database 语句可以取消已有数据文件的自动增长方式。例如：

```
SQL> alter Database
  2  datafile 'd:\oracledata\user03.dbf'
  3  autoextend off;

数据库已更改。
```

2. 手动改变数据文件的大小

除了自动增长方式外，DBA 还可以通过手动方式来增加或减少已有数据文件的大小。手动方式改变数据文件的大小时，需要在 ALTER Database 语句中使用 RESIZE 子句。例如，下面的语句将数据文件 USER03.DBF 增加为 500MB。

```
SQL> alter Database
  2  datafile 'd:\oracledata\user03.dbf'
  3  resize 500m;

数据库已更改。
```

在使用 RESIZE 子句缩小数据文件时，必须保证缩小后的数据文件足够容纳其中已有的数据。

9.2.4 改变数据文件的可用性

与表空间类似，联机的数据文件或临时数据文件也可以被设置为脱机状态。将数据文件设置为脱机状态时，不会影响表空间的状态。但是反过来，将表空间设置为脱机状态时，属于该表空间的数据文件将全部同时进入脱机状态。

　　一种典型的情况，如果 Oraclc 在写入某个数据文件时发生错误，则系统会自动将这个数据文件设置为脱机状态，并且记录在警告文件中。随后，DBA 在排除故障后，需要以手动方式重新将数据文件恢复为联机状态。

　　使用 ALTER Database 语句，可以改变表空间中单独的数据文件。而使用 ALTER TABLESPACE 语句则可以改变表空间的所有数据文件的可用性。例如，下面的语句将数据文件 USER03.DBF 设置为脱机状态。

```
SQL> alter Database
  2  datafile 'd:\oracledata\user03.dbf' offline;

数据库已更改。
```

　　例如，下面的语句将联机数据文件 USER03.DBF 设置为脱机状态：

```
SQL> alter Database
  2  datafile 'd:\oracledata\user03.dbf' offline;

数据库已更改。
```

　　在使用 ALTER Database 语句改变数据文件可用性时，数据库必须运行在归档模式下，因为脱机状态的数据文件被丢失的可能性很大。

9.2.5　改变数据文件的名称和位置

　　在建立数据文件之后，还可以改变它们的名称和位置。通过重命名或移动数据文件，可以在不改变数据库逻辑结构的情况下，对数据库的物理存储结构进行调整。

　　改变数据文件的操作分为两种情况：要改变的数据文件属于同一个表空间；要改变的数据文件分别属于多个表空间。在这两种情况下，分别需要使用不同的语句进行操作。

> **提示：**
>
> 在改变数据文件的名称或位置时，Oracle 只是改变记录在控制文件和数据字典中的数据文件信息，实际上并不会改变操作系统数据文件的名称和位置。

1．改变属于单独表空间的数据文件

　　如果要改变属于某一个表空间的数据文件的名称和位置，则可以按照如下步骤进行。

　　① 将包含数据文件的表空间设置为脱机状态。

　　将表空间设置为脱机状态是为了关闭该表空间所有的数据文件。

```
SQL> alter tablespace user01 offline normal;
表空间已更改。
```

　　② 在操作系统中重命名或移动数据文件。

　　③ 在 ALTER TABLESPACE 语句中使用 RENAME FILE 子句，在数据库内部修改数据文件的名称。

　　例如，在操作系统中将数据文件 USER01_01.DBF 和 USER01_02.DBF 从 D:\ORACLEDATA\ 目

录中移动到 E:\ORADATA\ORCL\ 目录下，则可以使用如下的语句在数据库内部修改数据文件的位置。

```
SQL> alter Database
  2   rename file
  3    'd:\oracledata\user01_01.dbf',
  4    'd:\oracledata\user01_02.dbf'
  5   to
  6    'e:\oradata\orcl\user01_01.dbf',
  7    'e:\oradata\orcl\user01_02.dbf';

数据库已更改。
```

TO 子句后指定的数据文件必须已经存在，ALTER TABLESPACE 语句实际上并不会创建这些数据文件。另外，在语句中必须提供完整的文件路径和名称，并指向正确的操作系统文件。

④ 重新将表空间设置为联机状态。

```
SQL> alter tablespace user01 online;
表空间已更改。
```

可以通过查询 DBA_DATA_FILES 数据字典视图，以显示数据文件的准确路径和名称。例如：

```
SQL> col file_name format a60
SQL> select file_name,file_id
  2   from dba_data_files
  3   where tablespace_name='USER01';

FILE_NAME                                                   FILE_ID
------------------------------------------------------------ -------------
E:\ORADATA\ORCL\USER01_01.DBF                               11
E:\ORADATA\ORCL\USER01_02.DBF                               16
```

2. 改变属于多个表空间的数据文件

如果要改变名称和位置的数据文件分别属于不同的表空间，则可以按照如下步骤进行修改。

① 关闭数据库。

② 在操作系统中，将要改动的数据文件复制到新的位置，或者改变它们的名称。

③ 启动实例，加载数据库。

④ 在 ALTER TABLESPACE 语句中使用 RENAME FILE 子句，在数据库内部修改数据文件的名称。

⑤ 使用如下语句打开数据库。

```
alter Database open;
```

9.3 管理 UNDO 表空间

UNDO 表空间用于存放 UNDO 数据。当执行 DML 操作（INSERT、UPDATE 和 DELETE）时，Oracle 会将这些操作的旧数据写入 UNDO 段。在 Oracle 9i 前，管理 UNDO 段是使用回退段完成的。从 Oracle 9i 开始，管理 UNDO 数据不仅可以使用回退段，还可以使用 UNDO 表空间。

9.3.1　UNDO 概述

　　UNDO 数据也称为回退数据，它用于确保数据的一致性。当执行 DML 操作时，事务操作前的数据将称为"UNDO 记录"。UNDO 段用于保存事务所修改数据的旧值，其中存储着被修改数据块的位置以及修改前的数据。因为使用回退段管理 UNDO 数据比较复杂，所以从 Oracle 11g 开始，已经完全弃用了回退段，并且 DBA 可以使用 UNDO 表空间实现回退段所能实现的所有功能。通过使用 UNDO 表空间，可以实现回退事务、确保事务的读一致性和事务恢复等功能。

1. 回退事务

　　当用户执行 DML 操作修改数据时，UNDO 数据被存放到 UNDO 段，而新数据则被存储在数据段中。如果事务操作存在问题，就需要回退事务，以取消事务变化。例如，当要撤销事务对数据表的修改时，可以使用 ROLLBACK 语句回退该事务，这时 Oracle 会将 UNDO 段中相应的数据写回数据段中。

2. 读一致性

　　用户检索数据库数据时，Oracle 总是使用户只能看到被提交的数据，或者特定时间点的数据，这样可以确保数据的一致性。读一致性是由 Oracle 自动提供的，并且该特征通过 UNDO 记录实现。例如，当用户 A 更新 EMP 表时，UNDO 记录会被保存到回退段中，而新数据则会存放到 EMP 段中；假设此时该事务未提交，并且用户 B 要查询 EMP 表中的数据，而该数据正是从 UNDO 记录中取得的。

3. 事务恢复

　　事务恢复是实例恢复的一部分，它是由 Oracle 自动完成的。如果在数据库运行过程中出现实例故障，那么当启动 Oracle 时，后台进程 SMON 会自动执行实例恢复。执行实例恢复时，Oracle 会重做所有未应用的记录，然后打开数据库，回退未提交的事务。

9.3.2　建立 UNDO 表空间

　　在建立 UNDO 表空间之前，还需要先了解一下 UNDO 的参数。

1. UNDO 参数

　　常用的 UNDO 参数包括：UNDO_MANAGEMENT、UNDO_TABLESPACE 和 UNDO_RETENTION，其中，UNDO_MANAGEMENT 参数用于指定 UNDO 数据的管理方式。如果要使用自动管理模式，必须设置该参数为 AUTO；如果使用手动管理模式，必须设置该参数为 MANUAL。

> **提示：**
>
> 因为 SYSTEM 回退段只能用于维护 SYSTEM 表空间上的事务操作，所以该情况属于异常情况。在实际的应用中，如果使用自动 UNDO 管理模式，必须建立 UNDO 表空间。

初始化参数 UNDO_TABLESPACE 用于指定实例所要使用的 UNDO 表空间。使用自动 UNDO 管理模式时，通过配置该参数可以指定实例所要使用的 UNDO 表空间。但是一定要注意，设置初始化参数 UNDO_TABLESPACE 时，必须确保 UNDO 表空间已经存在，否则将导致实例启动失败。

UNDO_RETENTION 参数用于控制 UNDO 数据的最大保留时间，其默认值为 900s。在 Oracle 11g 中，系统会自动收集相关的统计数据，并估算出所需要的撤销能力，然后进行自动调节撤销空间。用户也可以通过设置参数 UNDO_RETENTION，为撤销表空间设置保留撤销记录时间的一个底线值。这样系统就能够在 UNDO 表空间有足够的空间情况下，保留撤销记录设置的时间；而当 UNDO 表空间不足时，系统相应地就保留较短的时间。

通过 SHOW PARAMETER UNDO 命令，可以查询系统的 UNDO 参数设置状态，如下所示。

```
SQL> show parameter undo;

NAME                    TYPE         VALUE
-----                   -----        ---------
undo_management         string       AUTO
undo_retention          integer      900
undo_tablespace         string       UNDOTBS1
```

2. 创建 UNDO 表空间

使用自动 UNDO 管理模式时，必须建立并配置 UNDO 表空间。建立数据库后，还可以使用 CREATE UNDO TABLESPACE 语句建立 UNDO 表空间。需要注意，UNDO 表空间专门用于存放 UNDO 数据，并且在 UNDO 表空间上不能建立任何数据对象。

例如，下面的语句将创建一个名为 UNDOTBS02 的撤销表空间。

```
SQL> create undo tablespace undotbs02
  2    datafile 'd:\oracledata\undotbs02_01.dbf' size 5m
  3    autoextend on;

表空间已创建。
```

为了进一步减少在自动撤销管理方式下 DBA 的维护工作，可以将撤销表空间的数据文件设置为自动增长方式。

9.3.3 编辑 UNDO 表空间

创建完 UNDO 表空间之后，需要进行一系列的编辑操作，使之更加符合用户的需求。

1. 修改 UNDO 表空间

与普通表空间一样，可以通过 ALTER TABLESPACE 语句对 UNDO 表空间进行修改。但是 UNDO 表空间的大部分设置都由 Oracle 本身自动进行管理，用户对撤销表空间可以执行的操作主要包括：

※ 添加新的数据文件。

※ 移动数据文件。

※ 修改数据文件的 OFFLINE 和 ONLINE 状态。

如果需要为 UNDO 表空间增加更多的存储空间，那么可以通过添加新的数据文件或修改已存在的数据文件大小，为其增加存储空间。

例如，下面的语句为撤销表空间 UNDOTBS01 添加一个新的数据文件。

```
SQL> alter tablespace undotbs1
  2     add datafile 'd:\oracledata\undotbs01_02.dbf' size 100m
  3     autoextend on
  4     next 1m
  5     maxsize unlimited;

表空间已更改。
```

也可以使用 ALTER Database 语句来修改撤销表空间 UNDOTBS01 已有的数据文件大小，例如：

```
SQL> alter Database
  2     datafile 'd:\app\Administrator\oradata\orcl\undotbs01.dbf'
  3     resize 500m;

数据库已更改。
```

2．切换 UNDO 表空间

在数据库的运行过程中，可以切换使用另一个撤销表空间。由于 UNDO_TABLESPACE 是一个动态初始化参数，所以可以通过 ALTER SYSTEM 语句在实例运行过程中改变它的值，这样无须重新启动数据库就可以改变其所使用的撤销表空间。

例如，下面的语句可以将数据库所使用的撤销表空间切换为 UNDOTBS02。

```
SQL> alter system set undo_tablespace = undotbs02;
系统已更改。

SQL> show parameter undo;
NAME                       TYPE          VALUE
-------------------------- ----------    ----------
undo_management            string        AUTO
undo_retention             integer       900
undo_tablespace            string        UNDOTBS02
```

如果指定的表空间不是 UNDO 表空间，或者指定的 UNDO 表空间正在被其他实例使用，则进行切换时将产生错误。

在成功切换 UNDO 表空间后，任何新开始的事务都将在新的 UNDO 表空间中存储撤销记录。但是在旧的撤销表空间中可能还存在撤销记录，这时当前事务将仍然使用旧的 UNDO 表空间，这将持续到当该事务全部结束之后，才会使用新的 UNDO 撤销表空间。

3. 设置 UNDO 记录保留时间

当一个事务成功提交后，它的 UNDO 记录将被标记为失效。UNDO 表空间也是以循环方式写入的，在新事务开始时可能会覆盖已经失效的 UNDO 记录。因此，在执行某些耗时较长的查询时，可能会由于查询所需要的 UNDO 记录被覆盖而出现错误，这种由于 UNDO 记录被覆盖而产生的错误称为"快照太旧"错误。如果出现了这种错误，在自动管理方式下，DBA 可以通过设置初始化参数 UNDO_RETENTION 显式地指定 UNDO 记录的保留时间。

UNDO_RETENTION 参数也是一个动态参数，在实例运行过程中可以通过 ALTER SYSTEM 语句来修改。注意，撤销记录的保留时间以"秒"（s）为单位。例如，下面的语句设置保留的时间为 30min。

```
SQL> alter system set undo_retention = 1800;
系统已更改。

SQL> show parameter undo;
NAME                        TYPE            VALUE
-----                       -----           -----------
undo_management             string          AUTO
undo_retention              integer         1800
undo_tablespace             string          UNDOTBS02
```

在参数被修改后将立即生效，但是有一点需要注意，UNDO 记录在 UNDO 表空间中保留的时间并不一定会大于 UNDO_RETENTION 参数所指定的时间，如果新的事务开始时，UNDO 表空间已经被写满，则新事务的 UNDO 记录仍然会覆盖已经提交事务的 UNDO 记录。因此，如果设置的 UNDO_RETENTION 参数较大，那么必须保证 UNDO 表空间具有足够的存储空间。

4. 删除 UNDO 表空间

与普通表空间一样，利用 DROP TABLSPACE 语句可以删除 UNDO 表空间。例如，下面的语句将删除撤销表空间 UNDOTBS01。

```
SQL> drop tablespace undotbs01;
表空间已删除。
```

只有在 UNDO 表空间未被数据库使用时才能删除它。此外，如果在 UNDO 表空间中包含任何未决定事务的 UNDO 记录，则不能使用 DROP TABLESPACE 语句删除该撤销表空间。

此外，即使成功地使用 DROP TABLESPACE 语句删除了 UNDO 表空间，在被删除的 UNDO 表空间中也有可能包含未过期的失效 UNDO 记录。这时有可能会丢失某些复杂查询所需的 UNDO 记录，从而导致产生"快照太旧"错误。

在利用 DROP TABLESPACE 语句删除 UNDO 表空间时，也可以指定 INCLUDE CONTENTS ADD DATAFILES 子句，同时删除 UNDO 表空间中的内容和对应的操作系统数据文件。

5. 查看 UNDO 表空间信息

由于 UNDO 表空间的重要性，Oracle 专门提供了几种包含 UNDO 表空间信息的数据字典视图和动态性能视图，如下表所示。

视图	说明
V$UNDOSTAT	包含所有 UNDO 表空间的统计信息，用于对 UNDO 表空间进行监视和调整；DBA 可以利用这个视图来估算 UNDO 表空间所需的大小，Oracle 则利用这个视图来完成 UNDO 表空间的自动管理
V$ROLLSTAT	在自动 UNDO 管理方式下，可以利用该视图来查询关于 UNDO 表空间中的各个 UNDO 段的信息
V$TRANSACTION	包含关于各个事务所使用的 UNDO 段信息
DBA_UNDO_EXT ENTS	通过该视图可以查询 UNDO 表空间中，每个区所对应的事务的提交时间

其中，最重要的是 V$UNDOSTAT 数据字典视图，DBA 经常会使用它来监视 UNDO 表空间的使用情况。每隔 10min，Oracle 就会根据收集到的 UNDO 表空间信息作为一条记录添加到该数据字典中，V$UNDOSTAT 数据字典可以记录 24h 内的撤销表空间统计信息。

使用自动 UNDO 管理模式时，Oracle 会在 UNDO 表空间上自动建立 10 个 UNDO 段。通过查询动态性能视图 V$ROLLNAME，可以显示所有联机 UNDO 段的名称；通过查询动态性能视图 V$ROLLSTAT，可以显示 UNDO 段的统计信息；通过对这两个视图进行连接查询，可以监视特定 UNDO 段的统计信息。

9.4 练习：为表定义约束

在上一章的练习中，创建了两个表——STUDENT 和 CLASS 表，为了保证数据的完整性，在下面的练习中将为这些表建立约束。

操作步骤：

① 为 STUDENT 和 CLASS 表添加两个主键约束。

```
SQL> alter table STUDENT
  2  add constraint pk_sid primary key (SID);
表已更改。

SQL> alter table ClASS
  2  add constraint pk_cid primary key (CID);
表已更改。
```

② 尝试向表 STUDENT 中添加两条具有相同主键的记录。

```
SQL> insert into student(sid,sname,sex,classid)
  2  values(1000,'刘丽','女',012);
已创建 1 行。

SQL> insert into student(sid,sname,sex,classid)
  2  values(1000,'王芳','女',012);
insert into student(sid,sname,sex,classid)
*
第 1 行出现错误：
ORA-00001: 违反唯一约束条件 (SYS.PK_SID)
```

由于向表中添加的记录违反了主键约束，因此当添加第二条记录时会失败。

③ 为 STUDENT 和 CLASS 表添加外键约束。

```
SQL> alter table STUDENT
  2  add constraint stu_class foreign key (CLASSID)
```

```
   3   references class (CID);
add constraint stu_class foreign key (CLASSID)
                   *
第 2 行出现错误：
ORA-02298：无法验证 (STU_CLASS) - 未找到父项关键字
```

在为表添加外键约束时，由于表 STUDENT 已经存在记录，而 CLASS 表为空，这意味着 STUDENT 表中的记录已经破坏了外键约束，STUDENT 表中所有记录的 CID 字段值必须存在于 CLASS 表的 CID 列。所以添加外键约束前，需要删除 STUDENT 表中的记录，或添加相关的 CLASS 表记录。

④ 向 STUDENT 表添加另外一个班级的学生记录，以验证外键约束的有效性。

```
SQL> insert into Student(sid,sname,sex,Classid)
  2  values(1001,'李波','男',011);
insert into Student(sid,sname,sex,Classid)
*
第 1 行出现错误：
ORA-00001：违反唯一约束条件 (PK_SID)
```

添加该记录时，由于违反外键约束，添加记录的操作会失败，但可以通过向 CLASS 表添加一个 CID 列为 011 的班级信息。

⑤ 禁用 STUDENT 表的外键约束。

```
SQL> alter table student
  2  disable constraint stu_class;
alter table student
*
第 1 行出现错误：
ORA-02431：无法禁用约束条件 (STU_CLASS) - 没有这样的约束条件
```

在外键约束被禁用后，就可以向表 STUDENT 添加步骤 4 的记录。显然，该记录是违反外键约束的，因此，添加该项记录后将无法启用外键约束。

9.5 练习：创建销售统计表

销售统计表是用于统计各类产品在某一时期销售的具体情况，包括产品 ID、产品名称、每季度的销售额等数据。在本练习中，将综合创建表和管理表的基础内容，制作一份完整的销售统计表。

操作步骤：

① 创建表示销售统计表的 SALE 表。

```
SQL> create table sale(
  2  pid number,
  3  pname varchar2(30),
  4  firstq number,
  5  secondq number,
  6  thirdq number,
  7  fourthq number,
  8  total number,
  9  average number,
```

```
10   percentage number
11   )
12   tablespace users;
表已创建。
```

② 使用 ALTER TABLE 语句为 SALE 表指定主键。

```
SQL> alter table sale
  2  add constraint emp_pk primary key(pid);
表已更改。
```

③ 向 SALE 表中添加数据。

```
SQL> insert into sale values(101,'洗发水',285,513,431,430,1659,415,0.1);
已创建 1 行。
SQL> insert into sale values(102,'沐浴露',531,345,400,240,1516,379,0.09);
已创建 1 行。
SQL> insert into sale values(103,'洗面奶',311,210,454,500,1475,369,0.08);
已创建 1 行。
SQL> insert into sale values(104,'香皂',521,546,455,456,1978,495,0.1);
已创建 1 行。
SQL> insert into sale values(105,'护发素',800,380,390,660,2230,558,0.13);
已创建 1 行。
SQL> commit;
提交完成。
```

④ 执行 SELECT 命令，查询 SALE 表情况。

```
SQL> select * from sale;

PID   PNAME   FIRSTQ  SECONDQTHIRDQ  FOURTHQTOTAL  AVERAGEPERCENTAGE
---   -----   ------  -------------  ------------  -----------------
101   洗发水   285     13      431    430   1659   415    .1
102   沐浴露   531     345     400    240   1516   379    .09
103   洗面奶   311     210     454    500   1475   369    .08
104   香皂     521     546     455    456   1978   495    .1
105   护发素   800     380     390    660   2230   558    .13
```

⑤ 下面，使用 SELECT 语句检索 SALE 表中的信息，并且按照产品名称 PNAME 列和总计 TOTAL 列进行升序排序。

```
SQL> select pname,total,average
  2  from sale
  3  order by total,pname;

PNAME              TOTAL            AVERAGE
------             ------           -------------------
洗面奶             1475             369
沐浴露             1516             379
洗发水             1659             415
香皂               1978             495
护发素             2230             558
```

⑥ 下面，使用 MIN() 函数查找 TOTAL 列中最小值所返回的数据行。

```
SQL> select pname,firstq,secondq,thirdq,fourthq,total
  2  from sale
  3  where total=(select min(total) from sale);

PNAME    FIRSTQ      SECONDQ      THIRDQ       FOURTHQ      TOTAL
-----    ------      --------     -------      -----        -------
洗面奶   311         210          454          500          1475
```

9.6 新手训练营

练习 1：制作诗歌表

本练习中，将使用大对象数据类型，制作一个包含李白唐诗的 TANG 表。其中，该表的语法格式如下所示。

```
SQL> create table tang(
  2  poem_name varchar2(50),
  3  poet_name varchar2(20),
  4  text nclob);
表已创建。

SQL> insert into tang values('望庐山瀑布','李白',empty_clob());
已创建 1 行。

SQL> update tang
  2  set text='
  3  日照香炉生紫烟，遥看瀑布挂前川。
  4  飞流直下三千尺，疑是银河落九天。'
  5  ;
已更新 1 行。
```

然后，使用 SELECT 语句检索 TANG 表。

```
SQL> column poem_name format a10
SQL> column poet_name format a10
SQL> select poet_name,poem_name,text
  2  from tang;

POET_NAME  POEM_NAME    TEXT
--------------------------------------------------------------------------------
李白            望庐山瀑布

日照香炉生紫烟，遥看瀑布挂前川。
飞流直下三千尺，疑是银河落九天。
```

练习 2：为 STAFF 表定义非空约束

本练习中，使用 ALTER TABLE MODIFY 语句为 STAFF 表定义 NOT NULL 约束。其中，定义非空约束的语法格式如下所示。

```
SQL> alter table Staff
  2  modify id not null;
表已更改。
```

然后，使用 DESC 命令查看所创建表的具体情况。

```
SQL> desc Staff
 名称                       否为空？                        类型
 ----------------          ----------------               ------------------
 ID                        NOT NULL                       NUMBER
 NAME                                                     VARCHAR2(30)
 DEPARTMENT                                               VARCHAR2(30)
 POST                                                     VARCHAR2(30)
 ENTRYTIME                                                DATE
```

VWORKINGLIFE	NUMBER
BASEPAY	NUMBER
POSITIONWAGE	NUMBER
SENIORITYWAGE	NUMBER

练习 3：创建和删除 UNDO 表空间

本练习中，将创建和删除一个名为 UNDO 的撤销表空间，其语法格式如下所示。

```
SQL> create undo tablespace und
  2  datafile 'd:\oracle_data\und01.dbf' size 10m
  3  autoextend on;
表空间已创建。

SQL> drop tablespace und;
表空间已删除。
```

练习 4：创建包含主键和非空值的表

本练习中，将创建一个名为 PRODUCT 的表，并指定该表 PRODUCT_NAME 列为主键，指定 CATEGORY 列为非空值的。其中，创建该表的语法格式如下所示。

```
SQL> create table product(
  2  product_name varchar2(30),
  3  category varchar2(30) not null,
  4  subcategory varchar2(30),
  5  volume number,
  6  constraint product_pk primary key(product_name));
表已创建。
SQL> insert into product values(' 五粮液 ',' 酒类 ',' 白酒 ',12000);
已创建 1 行。
SQL> insert into product values(' 长城解百纳 ',' 酒类 ',' 干红 ',20100);
已创建 1 行。
SQL> commit;
提交完成。
```

然后，使用 DESC 命令查看所创建表的具体情况。

```
SQL> desc product
 名称                      是否为空？               类型
 -----------------         --------------------     -------------------
 PRODUCT_NAME              NOT NULL                 VARCHAR2(30)
 CATEGORY                  NOT NULL                 VARCHAR2(30)
 SUBCATEGORY                                        VARCHAR2(30)
 VOLUME                                             NUMBER
```

第 10 章

存储过程、函数和程序包

本章内容

在前面章节中所创建的 PL/SQL 程序块都是匿名的，这些匿名的程序块没有被存储，执行之后便不会被再次使用，用户在每次运行匿名的程序块时，系统都需要重新编译后再执行。此时，用户可以通过命名 PL/SQL 程序块的方法，来解决上述问题。命名的 PL/SQL 程序块可以被保存，方便对其调用或引用，以便可以重复使用。另外，命名的 PL/SQL 程序块可被独立编译并存储在数据库中，任何与数据库相连的应用程序都可以访问这些存储的 PL/SQL 程序块。Oracle 提供了 4 种类型的可存储的程序：过程、函数、触发器和程序包。在本章中，将详细介绍 PL/SQL 程序块的基础知识和使用方法。

10.1　存储过程

存储过程是一种命名的 PL/SQL 程序块，它可以接受零个或多个参数作为输入、输出，或者既作为输入又作为输出的参数。过程被存储在数据库中，并且存储过程没有返回值，存储过程不能由 SQL 语句直接使用，只能通过 EXECUTE 命令或 PL/SQL 程序块内部调用。由于存储过程是已经编译好的代码，所以在调用的时候不必再次进行编译，从而提高了程序的运行效率。

10.1.1　创建存储过程

创建存储过程之前，先来看一下创建存储过程的语法结构。定义存储过程的语法如下。

```
create procedure procedure_name [(parameter[,parameter,...])] is
[local declarations]
begin
  execute statements
[exception
  exception handlers ]
end [procedure _name]
```

从存储过程的语法中可以看出，创建存储过程与创建匿名程序块非常相似，存储过程也包括三部分：声明部、执行部和异常处理部。执行部和异常处理部与匿名程序块相同，不同之处是存储过程中不能使用 DECLARE 关键字表示声明部。存储过程使用 PROCEDURE 关键字表示创建存储过程，并为存储过程指定名称和参数。在指定参数的类型时，也不能指定参数类型的长度。IS 关键字后声明的变量为过程体内的局部变量，它们只能被存储过程内部使用。

根据上面的语法规则，先来创建一个最简单的存储过程，代码如下。

```
SQL> create procedure sample_proc is
  2  begin
  3  null;
  4  end sample_proc;
  5  /

过程已创建。
```

对于这个简单的存储过程，在成功编译后，用户就可以调用和运行它。虽然它的过程体内只有一个不处理任何命令的 NULL 语句，但它是一个正确的存储过程。

当用户需要在某个用户模式中重新定义存储过程时，由于该存储过程已经被存储在数据库中，所以重新定义存储过程的操作将失败。下面将重新定义前面的存储过程，使其完成打印 Hello World 字符。

```
SQL> create procedure sample_proc is
  2  begin
  3  dbms_output.put_line('Hello World');
  4  end sample_proc;
  5  /
create procedure sample_proc is
              *
第 1 行出现错误：
ORA-00955：名称已由现有对象使用
```

为了重新定义存储过程，可以在 CREATE PROCEDURE 语句中使用 OR REPLACE 选项，使新版本覆盖旧版本的存储过程。

```
SQL> create or replace procedure sample_proc is
  2  begin
  3  dbms_output.put_line('Hello World');
  4  end sample_proc;
  5  /

过程已创建。
```

创建存储过程后，用户将调用该存储过程。用户可以在 PL/SQL 程序块中调用存储过程，也可以直接在 SQL*Plus 中使用 EXECUTE 语句调用存储过程。例如，下面的代码将在一个匿名块中调用存储过程 SAMPLE_PROC。

```
SQL> set serverout on
SQL> begin
  2  sample_proc;
  3  end;
  4  /
Hello World

PL/SQL 过程已成功完成。
```

在该匿名程序块中，可以直接在 BEGIN-END 部使用过程名调用存储过程 SAMPLE_PROC。在 SQL*Plus 中使用 EXECUTE 语句直接调用存储过程的形式如下。

```
SQL> execute sample_proc;
Hello World

PL/SQL 过程已成功完成。
```

也可以采用简写形式。

```
SQL>exec sample_proc;
```

如果在创建存储过程时出现了错误，则可以使用 SHOW ERROR 命令显示创建时所产生的错误。例如，修改存储过程 SAMPLE_PROC，省略输出语句的引号，则在编译时会出现如下的错误。

```
SQL> create or replace procedure sample_proc is
  2  begin
  3  dbms_output.put_line(Hello World);
  4  end sample_proc;
  5  /

警告: 创建的过程带有编译错误。
```

为了查看错误的详细信息，可以随后输入 SHOW ERROR 命令，以显示错误信息。

```
SQL> show error
PROCEDURE SAMPLE_PROC 出现错误:

LINE/COL ERROR
-------- --------------------------------------------------------------
3/30   PLS-00103: 出现符号 "WORLD" 在需要下列之一时:
    . ( ) , * @ % & = - + < /
    > at in is mod remainder not rem => <an exponent (**)>
    <> or != or ~= >= <= <> and or like like2 like4 likec as
    between from using || multiset member submultiset
    符号 "." 被替换为 "WORLD" 后继续。
```

产生该错误的原因，是因为在输出语句中省略了表示字符的引号，使系统误以为该字符为变量。

10.1.2 参数

在创建存储过程时，需要考虑的一件重要事情就是过程的灵活性，以方便随后可以重新使用。通过使用"参数"可以使程序单元变得很灵活，参数是一种向程序单元输入和输出数据的机制，存储过程可以接受和返回 0 到多个参数。Oracle 有 3 种参数模式：IN、OUT 和 IN OUT。

1．IN 参数

该类型的参数值由调用者传入，并且只能够被存储过程读取。这种模式的参数是最常用的，也是默认的参数模式。

例如，下面以 SCOTT 用户连接数据库，并建立一个简单的存储过程 ADD_EMPLOYEE。顾名思义，该过程将接受一系列参数，并且将它们添加到 SCOTT.EMP 表中。

```
SQL> create or replace procedure add_employee(
  2    id_param in number,
  3    name_param in varchar2,
  4    job_param in varchar2,
  5    hire_param in date,
  6    salary_param in number) is
  7    begin
  8    insert into scott.emp(empno,ename,job,hiredate,sal)
  9    values(id_param,name_param,job_param,hire_param,salary_param);
 10    end add_employee;
 11    /

过程已创建。
```

在为存储过程定义参数时，参数的数据类型不能包括大小和精度信息。在调用该存储过程时，用户需要传递一系列参数，以便过程的执行部使用这些参数向 SCOTT.EMP 表添加一条记录。在调用存储过程时，有 3 种向其传递参数的方法：名称表示法、位置表示法和混合表示法。

- 名称表示法

名称表示法是指为各个参数传递参数值时，指定传入数值的参数名。使用名称表示法传递参数的语法形式如下。

```
prcedure_name(param_name=>value[,param_name=>value]);
```

例如，在下面的示例使用名称表示法传递参数，以调用存储过程 ADD_EMPLOYEE。

```
SQL> alter session set nls_date_format = 'yyyy-mm-dd';
会话已更改。

SQL> begin
  2    add_employee(id_param=>8000,name_param =>'ATG',
  3    job_param =>'CLERK',hire_param =>'1997-12-20',
  4    salary_param =>1500);
  5    end;
  6    /

PL/SQL 过程已成功完成。
```

通过名称传递法传递参数的好处是，规定了各个值被赋予哪个参数。

由于明确指定了向各个参数传递的值，因此在调用过程时就不再需要考虑创建过程时定义的参数顺序。在使用名称表示法时，如果参数命名合理，则可以方便用户阅读、查阅以及调试代码。

下面使用打乱次序的参数调用过程，查看它是否能够正常运行。

```
SQL> exec add_employee(name_param =>'LI',job_param =>'CLERK',
hire_param =>'1999-10-20',id_param=>8120,salary_param =>1500);
SQL> select empno,ename,job,hiredate,sal
  2  from emp
  3  where empno>8000;
```

- 位置表示法

当参数比较多时，通过名称表示法调用过程的时间可能会非常长。为了克服名称表示法的弊端，可以采用位置表示法。采用位置表示法传递参数时，用户提供的参数顺序必须与过程中定义的参数顺序相同。

例如，下面的程序为使用位置表示法传递参数调用 ADD_EMPLOYEE 过程。

```
SQL> exec add_employee(8021,'刘丽','SALESMAN','1995-10-17',2000);

PL/SQL 过程已成功完成。
```

提示：

在使用位置表示法传递参数调用过程时，用户需要确定过程中定义参数的次序，如果传递参数的次序与定义时的次序不同，则调用过程时可能会失败，也可能得到非常难以预料的结果。

前面说过，存储过程会被保存在数据库中，这也就意味着，可以像使用 DESCRIBE 命令列出表的结构一样，可以使用 DESCRIBE 命令列出关于存储过程的详细信息。在调用存储过程时，可以使用 DESCRIBE 命令查看过程定义的参数次序是否相同。

- 混合表示法

从上面的示例可以看出，位置表示法和名称表示法各有自己的优缺点，为了弥补这两者的不足，还可以采用混合表示法发挥两者的优点。下面的示例是采用了混合表示法调用存储过程 ADD_EMPLOYEE。

```
SQL> exec add_employee(8022,'王芳',hire_param =>'1996-11-17',job_
param=>'clerk',
   salary_param=>3000)

PL/SQL 过程已成功完成。
```

在上面的程序中，两个参数采用了位置表示法传递值，随后则切换为名称表示法传递参数。当切换为名称表示法传递参数后，后续的参数也必须使用名称表示法。就是说，当 ADD_EMPLOYEE 过程的第 3 个参数采用名称表示法传入值时，其第 4、5 个参数也必须使用名称表示法。

2．OUT 参数

OUT 类型的参数则由存储过程传入参数值，然后由用户接收参数值。下面通过 SCOTT.EMP 表创建一个搜索过程，该过程将根据提供的 EMPNO 列的值，检索雇员的 ENAME 和 SAL。

```
SQL> create or replace procedure search_employee(
  2  empno_param in number,
  3  name_param out emp.ename%type,
  4  salary_param out emp.sal%type) is
  5  begin
  6  select ename,sal
  7  into name_param,salary_param
  8  from scott.emp
  9  where empno=empno_param;
 10  exception
 11  when no_data_found then
 12  name_param:='NULL';
 13  salary_param:= -1;
 14  dbms_output.put_line('未找到指定编号的员工信息！');
 15  end search_employee;
 16  /

过程已创建。
```

因为过程要通过 OUT 参数返回值，所以在调用它时，必须提供能够接收返回值的变量。因此，可以在编写 PL/SQL 匿名程序块时定义两个变量接收返回值，而在使用 SQL*Plus 调用过程时，需要使用 VARIABLE 命令绑定参数值。

下面的语句是在 SQL*Plus 中使用 VARIABLE 命令绑定参数值，并调用存储过程 SEARCH_ EMPLOYEE。

```
SQL> variable name varchar2(10);
SQL> variable sal number;
SQL> exec search_employee(7499,:name,:sal);

PL/SQL 过程已成功完成。
```

为了查看执行结果，可以在 SQL*Plus 中使用 PRINT 命令显示变量值。

```
SQL> print name

NAME
--------------------
ALLEN

SQL> print sal

       SAL
--------------
      1600
```

也可以通过如下的 SELECT 语句检索绑定的变量值。

```
SQL> select :name,:sal
  2  from dual;

:NAME                               :SAL
------------------------------   ----------
ALLEN                               1600
```

在匿名程序块中调用存储过程 SEARCH_EMPLOYEE 的形式如下。

```
SQL> set serverout on
SQL> declare
  2    name emp.ename%type;
  3    sal emp.sal%type;
  4    begin
  5    search_employee(7499,name,sal);
  6    dbms_output.put(' 姓名 :' || name);
  7    dbms_output.put_line(' 薪金 :' || sal);
  8    end;
  9    /
姓名 :ALLEN 薪金 :1600

PL/SQL 过程已成功完成。
```

需要注意，在调用具有 OUT 参数的过程时，必须为 OUT 参数提供变量，即使 OUT 参数在过程中没有设置返回值，调用时也必须为其提供接收变量，否则调用过程将会因为返回值无法保存而出现错误。如果用户使用常量或表达式调用这种类型的过程，系统将出现如下的错误。

```
SQL> set serverout on
SQL> declare
  2    name emp.ename%type;
  3    begin
  4    search_employee(7499,name,1200);
  5    end;
  6    /
search_employee(7499,name,1200);
                          *
第 4 行出现错误：
ORA-06550: 第 4 行，第 29 列：
PLS-00363: 表达式 '1200' 不能用作赋值目标
ORA-06550: 第 4 行，第 3 列：
PL/SQL: Statement ignored
```

3. IN OUT 参数

对于 IN 参数而言，它可以接收一个值，但是不能在过程中修改这个值。而对于 OUT 参数而言，它在调用过程时为空，在过程的执行中将为该参数指定一个值，并在执行结束后返回。而 IN OUT 类型的参数同时具有 IN 参数和 OUT 参数的特性，在调用过程时既可以向类型的参数传入值，也可以从该参数接收值；而在过程的执行中既可以读取，又可以写入该类型参数。

使用这种类型参数的一个典型示例就是交换两个数据的位置，如下面的程序实现了交换两个数据的位置。

```
SQL> create or replace procedure swap(
  2    num1_param in out number,
  3    num2_param in out number) is
  4    var_temp number;
  5    begin
  6    var_temp:=num1_param;
  7    num1_param:=num2_param;
  8    num2_param:=var_temp;
  9    end swap;
 10    /
```

```
过程已创建。
```

在上面的 SWAP 过程中，为了完成交换两个数据之间的位置，需要同时向其传入两个参数，在交换完成后还需要同时返回两个参数，所以将它们定义为 IN OUTO 类型的参数。下面将编写匿名程序块来调用过程 SWAP，以完成数据之间的交换。

```
SQL> set serverout on
SQL> declare
  2  var_max number:=23;
  3  var_min number:=45;
  4  begin
  5  if var_max < var_min then
  6  swap(var_max,var_min);
  7  end if;
  8  dbms_output.put_line(var_max || '>' || var_min);
  9  end;
 10  /
45>23

PL/SQL 过程已成功完成。
```

在上面的程序中，在初始化变量 VAR_MAX 和 VAR_MIN 时，设置 VAR_MAX 的值小于 VAR_MIN。在调用 SWAP 过程交换两个数据后，使变量 VAR_MAX 的值大于 VAR_MIN 的值。

这种 IN OUT 参数虽然非常灵活，但是也带来了一些问题，用户对数据的控制比较困难，当出现问题时，程序将变得很难维护和调试。因此，一般不推荐使用 IN OUT 参数。

10.1.3 默认值

存储过程的参数也可以有默认值，这样当调用该过程时，如果未向参数传入值，则该参数将使用定义的默认值。例如，下面修改了 ADD_EMPLOYEE 存储过程，为其中的参数提供了默认值。

```
SQL> create or replace procedure add_employee(
  2  id_param in number,
  3  name_param in varchar2,
  4  job_param in varchar2 default 'SALESMAN',
  5  hire_param in date default sysdate,
  6  salary_param in number default 1000) is
  7  begin
  8  insert into scott.emp(empno,ename,job,hiredate,sal)
  9  values(id_param,name_param,job_param,hire_param,salary_param);
 10  end add_employee;
 11  /

过程已创建。
```

修改 ADD_EMPLOYEE 过程后，为 JOB_PARAM、HIRE_PARAM 和 SALARY_PARAM 参数设置了默认值。这样在调用该存储过程时，用户就不必再为这些参数提供值了。例如：

```
SQL> begin
  2  add_employee(8124,'苏姗');
  3  end;
  4  /

PL/SQL 过程已成功完成。
```

```
SQL> select empno,ename,job,hiredate,sal
  2  from scott.emp
  3  where empno=8124;

EMPNO    ENAME  JOB      HIREDATE       SAL
------   -----  ----     -----------    ----------
8124     苏姗   SALESMAN 30-4 月 -08    1000
```

提示：

只有 IN 参数才具有默认值，OUT 和 IN OUT 参数都不具有默认值。

在为参数定义默认值时，一般建议将那些没有默认值的参数放在参数列表的开始位置，其后是 OUT 类型的参数，然后是 IN OUT 类型的参数，最后才是具有默认值的 IN 参数。采用这种方法定义参数后，可以让调用者在执行存储过程中使用位置表示法传递参数。可参考如下存储过程。

```
create or replace procedure insert_into_emp(
   job_param in varchar2 default 'salesman',
   id_param in number,
   hire_param in date default sysdate,
   name_param in varchar2,
   salary_param in number default '1000')
```

在上面的程序中，必须提供的参数是 ID 和 NAME，但是由于它们是第二个和第四个参数，所以为调用这个过程，即使用户想要使用默认值，用户也需要使用名称表示法。因此，设置良好的参数次序，可以方便用户调用存储过程。

10.1.4 过程中的事务处理

当在 SQL*Plus 中进行操作时，用户可以使用 COMMIT 语句将在事务中的所有操作"保存"到数据库中。如果用户需要撤销所有的操作，则可以使用 ROLLBACK 语句回退事务中未提交的操作，使数据库返回事务处理开始前的状态。在 PL/SQL 过程中，不仅可以包括插入和更新这类的 DML 操作，还可以包括事务处理语句 COMMIT 和 ROLLBACK。

Oracle 支持事务的嵌套，即在事务处理中进行事务处理。在嵌套的事务处理过程中，子事务可以独立于父事务处理进行提交和回滚。对于过程而言，每个过程就相当于一个子事务，用户可以在自己事务处理的任何地方调用该过程，并且无论父事务是提交还是回滚，用户都可以确保过程中的子事务被执行。

下面通过一个示例，演示过程中的事务处理。

① 以用户 SCOTT 身份连接数据库，并建立两个表——TEMP 和 LOG_TABLE。

```
SQL> create table temp(n number);

表已创建。

SQL> create table log_table(
  2  username varchar2(20),
```

```
 3   message varchar2(4000));
```

表已创建。

②　建立一个存储过程 INSERT_INTO_LOG，用于向表 LOG_TABLE 添加记录。

```
SQL> create or replace procedure insert_into_log(msg_param varchar2) is
  2   pragma autonomous_transaction;
  3   begin
  4   insert into log_table(username,message)
  5   values(user,msg_param);
  6   commit;
  7   end insert_into_log;
  8   /
```

过程已创建。

其中，PRAGMA AUTONOMOUS_TRANSACTION 语句表示自动开始一个自治事务，实际上该语句也可以省略。

③　在匿名程序块中调用 INSERT_INTO_LOG 过程，向 LOG_TABLE 表中添加数据，并使用 INSERT 语句向表 TEMP 添加数据。

```
SQL> begin
  2   insert_into_log(' 添加数据到 TEMP 表之前调用 ');
  3   insert into temp
  4   values(1);
  5   insert_into_log(' 添加数据到 TEMP 表之后调用 ');
  6   rollback;
  7   end;
  8   /
```

PL/SQL 过程已成功完成。

由于在 INSERT_INTO_LOG 过程中使用 COMMIT 语句提交了过程中的事务，因此当匿名程序块中的父事务回滚时，存储过程已经向 LOG_TABLE 表提交了添加的数据。这里需要注意，如果在中间使用 INSERT 语句添加数据，那么该 INSERT 语句是否会随子过程中事务的提交而被提交呢？下面对表中的数据进行分析。

```
SQL> select * from temp;

未选定行

SQL> select * from log_table;

USERNAME                 MESSAGE
----------------         ----------------------------------------

SCOTT                    添加数据到 TEMP 表之前调用
SCOTT                    添加数据到 TEMP 表之后调用
```

从结果中可以看出，在 TEMP 表中并没有记录，这说明 INSERT 语句被撤销了。而在表 LOG_TABLE 中则包含了两条记录，这说明过程中的子事务已经被提交，即过程中的子事务与调用父事务可以互相不干涉地运行。

10.2 函数

函数与过程非常类似，它也是一种存储在数据库中的命名程序块，并且函数也可以接受零个或多个输入参数。

10.2.1 创建函数

函数与过程之间的主要区别在于，函数必须有返回值，并且可以作为一个表达式的一部分，函数不能作为一个完整的语句使用。函数返回值的数据类型在创建函数时定义，定义函数的基本语法如下。

```
create [or replace] function function_name (parameter [,parameter])
  returne data_type is
  [local declarations]
begin
  execute statements
[exception
exception handlers]
end [function_name]
```

存储过程和函数之间的主要区别有两处：一是在函数头部必须使用 RETURN 子句，指定函数返回的数据类型；二是在函数体内的任何地方都可以使用 RETURN 语句返回结果值，返回值的数据类型必须与函数头中声明的相同。

例如，下面创建了一个用于求平均数的函数。

```
SQL> create or replace function average(num1 number,num2 number)
  2  return number is
  3  res number;
  4  begin
  5  res:=(num1+num2)/2;
  6  return(res);
  7  end average;
  8  /

函数已创建。
```

10.2.2 调用函数

调用函数与过程不同，调用函数时必须使用一个变量来保存返回的结果值，这样函数就组成了表达式的一部分。这也意味着函数不能像过程那样独立地调用，它只能作为表达式的一部分来调用。例如，在下面的匿名程序块中调用函数 AVERAGE，以获取两个数的平均值。

```
SQL> set serveroutput on
SQL> declare
  2  avg_number number;
  3  begin
  4  avg_number:=average(45,59);
  5  dbms_output.put_line(avg_number);
  6  end;
```

```
     7   /
52
```

```
PL/SQL 过程已成功完成。
```

理论上，在函数中也可以使用 OUT 类型的参数，但是如果在函数中同时使用 RETURN 返回值和 OUT 参数很容易产生混淆。所以，在创建函数时应该使用 RETURN 语句返回一个单独的值，而将 OUT 参数用于过程中。

> **提示：**
>
> 当某个函数不再需要时，可通过 DROP FUNCTION 语句删除该函数。

10.3　触发器

触发器是关系数据库系统提供的一项技术，触发器类似于过程和函数，它们都包括声明部分、执行逻辑处理部分和异常处理部分，并且都被存储在数据库中。

10.3.1　触发器概述

触发器是与一个表或数据库事件联系在一起的，当特定事件出现时，将自动执行触发器的代码块。触发器与过程的区别在于：过程是由用户或应用程序显式调用的，而触发器是不能被直接调用的。

触发器能够执行的功能包括：

※　自动生成数据。

※　强制复杂的完整性约束条件。

※　自定义复杂的安全权限。

※　提供审计和日志记录。

※　启用复杂的业务逻辑。

与过程和函数不同，在创建触发器时，还需要指定触发器的执行时间和触发事件。创建触发器的语法规则如下：

```
create [ or replace ] trigger trigger_name
  [before | after | instead of]
  trigger_event
  on table_name
  [for each row[when tigger_condition]]
begin
  trigger_body
end trigger_name;
```

创建触发器的主要参数包括：

※　before | after | instead of 参数：用于指定触发器的触发时间。before 指定在触发事件之前

执行；after 指定在触发事件执行之后执行；instead of 指定触发器为替代触发器。

※ trigger_event 参数：用于指定引起触发器运行的触发事件。

※ table_name 参数：用于指定与触发器相关的表名称。

※ for each row 参数：用于指定触发器为行级触发器，表示该触发器对影响的每一行数据都触发执行一次。如果未指定该条件，则表示创建语句级触发器，这时无论影响多少行，触发器都只会执行一次。

※ trigger_condition 参数：用于指定触发器应该满足的条件。

Oracle 对触发器的功能进行了扩展，不仅对表或视图的 DML 操作会引起触发器的运行，而且对 Oracle 系统的操作也会引发触发器的运行。根据触发器的触发事件和触发器的执行情况，可以将 Oracle 所支持的触发器分为如下几种类型。

※ 行级触发器：行级触发器对 DML 语句影响的每个行执行一次。

※ 语句级触发器：语句级触发器对每个 DML 语句执行一次。

※ instead of 触发器：此触发器是定义在视图上的，而不是在表上定义的触发器，它是用来替换所使用实际语句的触发器。

※ 系统事件触发器：系统触发器就是在 Oracle 数据库系统的事件中进行触发，如上面曾说过的 Oracle 系统的启动与关闭等。

※ 用户事件触发器：用户事件触发器是指与数据库定义语句 DDL 或用户的登录 / 注销等事件相关的触发器，如用户连接数据库、修改表结构等。

10.3.2 语句级触发器

如果在创建触发器时未使用 FOR EACH ROW 子句，则创建的触发器为语句级触发器。语句级触发器在被触发后只执行一次，而不管这一操作会影响数据库中多少行记录。

下面是一个简单的语句级触发器，该触发器将记录用户对 SCOTT.EMP 表的操作。

① 以 SCOTT 身份连接数据库，建立一个日志信息表 EMP_LOG，用于存储用户对表的操作。

```
SQL> connect scott/tiger
已连接。
SQL> create table emp_log(
  2  who varchar2(30),
  3  when date);

表已创建。
```

② 在 EMP 表上创建语句级触发器，将用户对 EMP 表的操作记录到 EMP_LOG 表中。

```
SQL> create or replace trigger emp_op
  2  before insert or update or delete
  3  on emp
  4  begin
  5  insert into emp_log(who,when)
  6  values(user,sysdate);
  7  end emp_op;
  8  /
```

```
触发器已创建
```

③　更新 EMP 表，增加员工 10% 的薪金，确认触发器是否能够正常运行。

```
SQL> update emp
  2  set sal=sal*1.1;
已更新 15 行。

SQL> select * from emp_log;

WHO                   WHEN
------                --------------
SCOTT                 01-5 月 -08
```

从上面的查询结果可以看出，触发器准确记录了用户在何时对表进行了操作。另外，还有一点需要注意，上面的 UPDATE 语句更新了多行数据，但触发器向表 EMP_LOG 中仅添加了一行记录，这就是语句级触发器的特点。

在上面的 EMP_OP 触发器中使用了多个触发事件，这就需要考虑一个问题，如何确定哪个语句导致了触发器的激活？为了确定触发事件可以使用条件谓词，条件谓词由一个关键字 IF 和谓词 INSERTING、UPDATING 和 DELETING 构成。如果值为真，那么就是相应类型的语句触发了触发器。

```
begin
   if  inserting then
   --Insert 语句触发
   elsif updating then
   --update 语句触发
   elsif deleting then
   --delete 语句触发
   end if;
end;
```

此外，还可以在 UPDATE 触发器中使用条件谓词，判断特定列是否被更新。例如，如果想要记录用户对 JOB 列的更新，则可以使用如下形式的语句。

```
if updating(job) then
--do something
end if;
```

条件谓词的使用可以让触发器的编写者更加有力地控制触发器的执行。Oracle 允许使用条件谓词在多个事件上建立触发器，并且只需要建立一个触发器就可以控制用户的所有操作。但是，这并不是一个好的建议，因为当需要修改触发器时，由于触发器需要执行多个任务，这可能会造成混淆。然而，这里需要记录用户对表的所有操作，所以将多个事件合并到一个触发器中。

下面将修改触发器 EMP_OP 和日志信息表 EMP_LOG，以便能够记录操作的类型。

①　修改 EMP_LOG 表，为其添加 ACTION 列，以便能够存储用户对表进行的操作。

```
SQL> alter table emp_log
  2  add (action varchar2(50));

表已更改。

SQL> desc emp_log
 名称                    是否为空 ?              类型
 ------                 ------                --------------
```

WHO	VARCHAR2(30)
WHEN	DATE
ACTION	VARCHAR2(50)

② 修改触发器，以便记录语句的类型。

```
SQL> create or replace trigger emp_op
  2  before insert or update or delete
  3  on emp
  4  declare
  5  var_action varchar2(50);
  6  begin
  7  if inserting then
  8  var_action :='INSERT';
  9  elsif updating then
 10  var_action:='UPDATE';
 11  elsif deleting then
 12  var_action:='DELETE';
 13  end if;
 14  insert into emp_log(who,when,action)
 15  values(user,sysdate,var_action);
 16  end emp_op;
 17  /
```

触发器已创建

③ 更新某雇员信息，测试触发器的执行情况。

```
SQL> update emp
  2  set sal=sal * 1.2
  3  where empno=7369;
```

已更新 1 行。

```
SQL> select * from emp_log;
```

WHO	WHEN	ACTION
SCOTT	02-5 月 -08	UPDATE

④ 在 EMP 表中删除一行记录，查看触发器的运行情况。

```
SQL> delete emp
  2  where empno=8124;
```

已删除 1 行。

```
SQL> select * from emp_log;
```

WHO	WHEN	ACTION
SCOTT	02-5 月 -08	UPDATE
SCOTT	02-5 月 -08	DELETE

从查询结果可以看出，触发器成功地使用谓词判断出了触发事件，并将其记录到了日志记录表 EMP_LOG 中。

如果仔细观察上面创建的触发器，可以发现在触发器中指定了 BEFORE 关键字，即语句执行前被触发，这使它非常适合于强化安全、启用业务规则、进行日志操作等。虽然也可以使用 AFTER 关键字，但是，最好不要用 AFTER 语句触发器进行安全检查。因为，这种触发器会在 Oracle 执行操作后再执行触发器，如果随后的安全检查失败，则可能还需要撤销改变，这将导致数据进行不必要的回退工作。因此，可以根据自己的实际情况指定语句触发器是之前触发（BEFORE），还是之后触发（AFTER）。

10.3.3 行级触发器

在创建触发器时，如果使用了 FOR EACH ROW 选项，则创建的触发器为行级触发器。对于行级触发器而言，当一个 DML 语句操作，影响数据库中的多行数据时，行级触发器会针对每一行执行一次。

在行级触发器中有一个很重要的特点，当创建 BEFORE 行级触发器时，可以在触发器中引用受到影响的行值，甚至可以在触发器中设置它们。

下面将在表上创建一个行级触发器，并使用一种数据库对对象（序列）生成主键值，这是非常常见的 FOR EACH ROW 触发器用途。

① 创建一个测试表 FOO，以及随同使用的序列，序列的作用是自动生成一组排序数。

```
SQL> -- 创建一个表
SQL> create table foo(sid number,sname varchar2(20));
表已创建。

SQL> -- 创建序列
SQL> create sequence seq_foo;
序列已创建。
```

② 创建生成主键的行级触发器。

```
SQL> create or replace trigger foo_trigger
  2    before insert or update of sid
  3    on foo
  4    for each row-- 行级触发器
  5    begin
  6    if inserting then
  7    select seq_foo.nextval
  8    into :new.sid
  9    from dual;
 10    else
 11    raise_application_error(-20020,' 不允许更新 ID 值！');
 12    end if;
 13    end;
 14    /

触发器已创建
```

③ 现在可以尝试向表 FOO 中添加两行数据，以测试触发器是否能够成功运行。

```
SQL> insert into foo(sid,sname)
  2    values(1,' 董鹏 ');
已创建 1 行。

SQL>
SQL> insert into foo(sname)
  2    values(' 刘丽 ');
已创建 1 行。
```

```
SQL> select * from foo;
    SID              SNAME
    ----------       --------------------
    1                董鹏
    2                刘丽
```

从查询结果中可以看出，无论是否为 SID 列提供值，SID 列的值都会使用 SEQ_FOO.NEXTVAL 的值，这是因为在表中引用了 :NEW.SID 值。

在行级触发器中，可以访问受到影响的行值，这主要是通过引用列名称的相关性标识符来实现的。通过引用具有相关性标识符的列，即可获取语句执行前和语句执行后的值。前映像的默认相关性标识符为 :OLD，后映像的相关性标识符为 :NEW。在引用受影响的列值时，需要注意以下几点。

※ 在 INSERT 触发器中，由于不存在先前的数据，所以不能使用前映像 :OLD，只能使用后映像 :NEW。

※ 与此相反，在 DELETE 触发器中则没有后映像 :NEW 的值。

※ 对于 UPDATE 触发器而言，其同时具有各个列的前映像值 :NEW 和后映像值 :OLD。

在定义触发器时，可以使用 REFERENCING 子句改变列的相关名称。例如，在下面的示例将使用 REFERENCING 子句指定相关性标识符的名称，并重新定义触发器 FOO_TRIGGER。

```
SQL> create or replace trigger foo_trigger
  2  before insert or update of sid
  3  on foo
  4  referencing new as new_value
  5  old as old_value
  6  for each row-- 行级触发器
  7  begin
  8  if inserting then
  9  select seq_foo.nextval
 10  into :new_value.sid
 11  from dual;
 12  else
 13  raise_application_error(-20020,' 不允许更新 ID 值！');
 14  end if;
 15  end;
 16  /

触发器已创建
```

通常没有必要重命名 :NEW 和 :OLD，Oracle 提供这个能力是为了避免混淆相似的命名对象。因此，如果没有必要，应该尽量避免改变相关名称。

10.3.4 INSTEAD OF 触发器

INSTEAD OF 触发器也称"替代触发器"，定义 INSTEAD OF 触发器后，用户对表的 DML 操作将不再被执行，而是执行触发器主体的操作。通常情况下，INSTEAD OF 触发器是定义在视图上的，而不是在表上定义的触发器，它是用来替换所使用实际语句的触发器。

因为一个视图通常是由多个基表连接而成的，这种视图不允许进行 INSERT、UPDATE 和

DELETE 的 DML 操作。当为视图编写 INSTEAD OF 触发器后，用户对视图的 DML 操作就不会执行，而是执行触发器中的 PL/SQL 语句块，这样就可以通过在 INSTEAD OF 触发器中编写适当的代码，从而对构成视图的各个表进行操作。

替代触发器与其他触发器类以，只是在触发器定义的头部使用了 INSTEAD OF 子句。下面通过一个示例来演示 INSTEAD OF 触发器的应用方法。

① 创建一个视图，显示雇员的基本信息和所在部门的名称。

```
SQL> connect system/admin
已连接。
SQL> grant create view to scott;
授权成功。

SQL> connect scott/tiger
已连接。
SQL> create view emp_dep_view
  2    as select empno,ename,job,sal,dname
  3    from emp,dept
  4    where emp.deptno=dept.deptno;

视图已创建。
```

② 如果试图向表中添加记录，则由于视图引用了两个基表，所以添加记录会失败。

```
SQL> insert into emp_dep_view(empno,ename,job,sal,dname)
  2    values(8000,'董鹏','MANAGER',1500,'SALES');
insert into emp_dep_view(empno,ename,job,sal,dname)
                                                   *
第 1 行出现错误：
ORA-01776：无法通过连接视图修改多个基表
```

③ 现在为视图 EMP_DEP_VIEW 创建一个 INSTEAD OF 触发器，以便使用自定义的操作覆盖系统预定义的操作。

```
SQL> create or replace trigger insert_emp_deb_trigger
  2    instead of
  3    insert on emp_dep_view
  4    for each row
  5    declare
  6    var_deptno emp.deptno%type;
  7    begin
  8    insert into emp(empno,ename,job,sal)
  9    values(:new.empno,:new.ename,:new.job,:new.sal);
 10
 11    select deptno
 12    into var_deptno
 13    from dept
 14    where dname=:new.dname;
 15
 16    update emp
 17    set deptno=var_deptno
 18    where empno=:new.empno;
 19    end insert_emp_deb_trigger;
 20    /

触发器已创建
```

④ 使用同样的语句测试触发器，并查看触发器的运行情况。

```
SQL> insert into emp_dep_view(empno,ename,job,sal,dname)
  2  values(8125,'董鹏','MANAGER',1500,'SALES');
已创建 1 行。

SQL> select empno,ename,job,sal,dname
  2  from emp_dep_view
  3  where dname='SALES';

EMPNO          ENAME          JOB            SAL        DNAME
----------     ----------     ---------      --------   ------------
7499           ALLEN          SALESMAN       1600       SALES
...

已选择 7 行。
```

视图 EMP_DEP_VIEW 显示了雇员的基本信息和所在部门的名称，当向该视图添加数据时，本意是将雇员的基本信息添加到 EMPLOYEES 表，并使用部门名称对应的部门号添加到 EMP 表的 DEPT 列中。当直接通过视图添加数据时，由于系统无法预知用户添加数据的本意，所以用户需要使用 INSTEAD OF 触发器替换系统预定义的操作。

提示：

在创建 INSTEAD OF 触发器时，没有 BEFORE 和 AFTER 关键字规定触发时间，实际上，INSTEAD OF 等同于使用 AFTER 关键字的行级触发器，它会为每个受到影响的行触发一次。

10.3.5 用户事件触发器

用户事件触发器是建立在模式级操作上的触发器，激活该类型触发器的用户事件包括：CREATE、ALTER、DROP、ANALYZE、ASSOCIATE STATISTICS、DISASSOCIATE、STATISTICS、COMMENT、GRANT、REVOKE、RENAME、TRUNCATE、LOGOFF、SUSPEND 和 LOGON。

下面的示例将创建一个用户模式级触发器，以记录用户删除的数据库对象。

① 以 SCOTT 身份连接数据库，并建立一个日志信息表。

```
SQL> create table droped_objects(
  2  object_name varchar2(30),
  3  object_type varchar2(30),
  4  dropped_on date);
表已创建。
```

② 创建用户事件触发器，以便记录用户删除的数据库对象。

```
SQL> create or replace trigger log_drop_trigger
  2  before drop on scott.schema
  3  begin
  4  insert into droped_objects values(
  5  ora_dict_obj_name,
  6  ora_dict_obj_type,
  7  sysdate);
  8  end;
  9  /
```

触发器已创建

在编写用户事件触发器时，经常需要使用一些事件属性函数，例如，上面示例中的 ORA_ DICT_OBJ_NAME 和 ORA_DICT_OBJ_TYPE 函数。常用的事件属性函数如下表所示。

事件属性函数	说明
ora_client_ip_address	返回客户端的 ip 地址
ora_Database_name	返回当前数据库名
ora_des_encrypted_password	返回 des 加密后的用户口令
ora_dict_obj_name	返回 ddl 操作所对应的数据库对象名
ora_dict_obj_name_list(name_list out ora_name_list_t)	返回在事件中被修改的对象名列表
ora_dict_obj_owner	返回 ddl 操作所对应的对象的所有者名
ora_dict_obj_owner_list(owner_list out ora_name_list_t)	返回在事件中被修改的对象的所有者列表
ora_dict_obj_type	返回 ddl 操作所对应的数据库对象的类型
ora_grantee(user_list out ora_name_list_t)	返回授权事件的授权者
ora_instance_num	返回例程号
ora_is_alter_column(column_name in varchar2)	检测特定列是否被修改
ora_is_creating_nested_table	检测是否正在建立嵌套表
ora_is_drop_column(column_name in varchar2)	检测特定列是否被删除
ora_is_servererror(error_number)	检测是否返回了特定 Oracle 错误
ora_login_user	返回登录用户名
ora_sysevent	返回触发器的系统事件名

③　删除 SCOTT 模式下的一些表或视图，测试触发器的运行情况。

```
SQL> drop table foo;
表已删除。

SQL> drop view emp_dep_view;
视图已删除。

SQL> select * from droped_objects;

OBJECT_NAME      OBJECT_TYPE      DROPPED_ON
-----------      -----------      ------------------
FOO              TABLE            02-5 月 -08
EMP_DEP_VIEW     VIEW             02-5 月 -08
```

10.4　程序包

程序包其实就是被组合在一起的相关对象的集合，当程序包中任何函数或存储过程被调用时，程序包就被载入内存中，这样程序包中的任何函数或存储过程的子程序访问速度将大幅提升。例如，在 PL/SQL 程序中，为了输出运行结果，在程序的代码中使用了 DBMS_OUTPT.PUT_ LINE 语句。事实上，这是调用 DBMS_OUTPUT 程序包中的 PUT_LINE 过程。DBMS_OUTPUT 程序包的主要功能就是在 PL/SQL 程序中的输入和输出。

程序包由两个部分组成——规范和包主体，在规范中描述程序包中所使用的变量、常量、游标和子程序，程序包主体则完全定义子程序和游标。

10.4.1 程序包规范

对于程序包，规范就像一个说明书，它说明了在程序包中哪些过程或函数可以使用，如何使用。程序包规范是必需的，并且必须在程序包主体之前创建。

创建程序包规范的语法形式如下。

```
create [or replace] package package_name is
  [public_variable_declarations…]
  [public_type_declarations…]
  [public_exception_declarations…]
  [public_cursor_declarations…]
  [function_declarations…]
  [procedure_specifications…]
end [package_name]
```

从上面的语法规则中可以看出，在程序包规范中可以包含过程、函数、变量、异常、游标和类型的声明。过程和函数的声明只包含其头部信息，而不包含过程和函数体，过程和函数体则被包含在程序包主体中。

在下面的示例，定义了一个程序包 SCOTT_EMP_PKG，并在程序包规范中定义了一个过程 UPDATE_SAL() 和一个函数 SELECT_NAME()。

```
SQL> create or replace package scott_emp_pkg is
  2   procedure update_sal(deptno_param number,sal_param number);-- 过程
  3   function select_name(empno_param number) return varchar2;-- 函数
  4   end scott_emp_pkg;
  5   /

程序包已创建。
```

在上面的程序包规范中没有提供任何实际的代码，只是简单定义了过程和函数的名称和参数，而过程和函数体则被排除在外。在程序包规范中仅显示了程序包中包含哪些内容，而具体的实现则包含在程序包的主体部分。

> **提示：**
>
> 需要注意规范中声明的各项目（过程、函数和变量等）顺序，如果各项目之间是无关的，那么项目之间的顺序就无关紧要了。但是如果一个项目被另一个项目引用，那么必须在程序包规范中先声明被引用的项目。

调用程序包内的过程与调用独立的过程相似，唯一的不同之处在于，调用程序包内的过程时，还需要引用程序包名加以限定。如果现在试图调用 SCOTT_EMP_PKG 包内的过程，则会导致出现如下所示的错误。

```
SQL> declare
  2   var_dno number;
  3   var_eno number;
  4   var_sal number;
  5   var_name varchar2(20);
  6   begin
  7   var_dno:=10;
  8   var_sal:=100;
  9   scott_emp_pkg.update_sal(var_dno,var_sal);
```

```
10    var_eno:=7782;
11    var_name:=scott_emp_pkg.select_name(var_eno);
12    dbms_output.put_line(var_name);
13    end;
14    /
declare
*
第 1 行出现错误:
ORA-04067: 未执行，package body "SCOTT.SCOTT_EMP_PKG" 不存在
ORA-06508: PL/SQL: 无法找到正在调用 : "SCOTT.SCOTT_EMP_PKG" 的程序单元
ORA-06512: 在 line 9
```

该错误是因为程序包主体不存在，这些过程还没有实现，系统无法确定应该执行的操作。因此，接下来的任务就是创建程序包的主体。

10.4.2　主体

程序包主体包含了在规范中声明的过程和函数的实现代码，程序包主体的名称必须与规范的名称相同，这个相同的名称将规范与主体结合在一起组成程序包。另外，程序包主体中定义的过程和函数的名称、参数和返回值等必须与规范中声明的完全匹配。创建程序包主体使用的 CREATE PACKAGE BODY 语句如下。

```
create [or replace] package body package_name is
   [pragma serially_reusable;]
   [collection_type_definition ...]
   [record_type_definition ...]
   [subtype_definition ...]
   [collection_declaration ...]
   [constant_declaration ...]
   [exception_declaration ...]
   [object_declaration ...]
   [record_declaration ...]
   [variable_declaration ...]
   [cursor_body ...]
   [function_spec ...]
   [procedure_spec ...]
   [call_spec ...]
[begin
   sequence_of_statements]
end [package_name]
```

程序包主体中的内容是私有的，它实现了程序包规范部分定义的细节内容，并且对调用者是不可见的。在程序包主体中有一个比较特殊的部分，即 BEGIN 表示的一个可选的初始化部分，它用于初始化程序包中的变量等。

在了解创建程序包主体的语法后，下面将为 SCOTT_EMP_PKG 程序包创建主体，实现过程 UPDATE_SAL() 和一个函数 SELECT_NAME()，代码如下。

```
SQL> create or replace package body scott_emp_pkg is
  2    procedure update_sal(deptno_param number,sal_param number) is
  3    begin
  4    update emp
  5    set sal=sal+sal_param
  6    where deptno=deptno_param;
```

```
  7   end update_sal;
  8
  9   function select_name(empno_param number) return varchar2 is
 10   e_ename varchar2(20);
 11   begin
 12   select ename
 13   into e_ename
 14   from emp
 15   where empno=empno_param;
 16   return e_ename;
 17   exception
 18   when no_data_found then
 19   dbms_output.put_line(' 无效的工作编号 ');
 20   end select_name;
 21   end scott_emp_pkg;
 22   /
```

程序包体已创建。

在为程序包创建主体后，即可像普通的过程和函数一样调用。

```
SQL> set serveroutput on
SQL> declare
  2   var_dno number;
  3   var_eno number;
  4   var_sal number;
  5   var_name varchar2(20);
  6   begin
  7   var_dno:=10;
  8   var_sal:=100;
  9   scott_emp_pkg.update_sal(var_dno,var_sal);
 10   var_eno:=7782;
 11   var_name:=scott_emp_pkg.select_name(var_eno);
 12   dbms_output.put_line(var_name);
 13   end;
 14   /
CLARK

PL/SQL 过程已成功完成。
```

10.4.3 重载

PL/SQL 允许两个或多个包级子程序拥有相同的名称，这就是 PL/SQL 程序的重载。在通常情况下，在程序包中的过程和函数必须具有唯一的名称，用唯一表示一个过程和函数。PL/SQL 允许重载，也就是在程序包中的过程和函数可以具有相同的名称，但需要它们的特性有所区别。也就是说，过程和函数的名称可以相同，但是，同名过程和函数的参数数量、次序和参数类型要有区别。

下面是一个错误的重载示例，因为两个过程都只包含了一个唯一的 NUMBER 参数。

```
procedure foo(param1 number);
procedure foo(param2 number);
```

下面的过程声明也是非法的，因为从参数的传入模式不能区别两个过程。

```
procedure foo(param1 in number);
```

```
procedure foo(param2 out number);
```

以下声明的过程是合法的。

```
procedure foo(param1 number);
procedure foo(param1 varchar2);

procedure foo(param1 number, p_param1 number);
procedure foo(param1 number);

function foo  return number;
function foo(param1 number) return varchar2;
```

提示：

如果过程或函数的参数类型虽然不同，但数据类型属于同一家族时，也不能对它们进行重载。

例如，下面对过程的重载也是非法的，因为 NUMBER 和 INTEGER 都属于同一家族的数据类型。

```
procedure foo(param1 number);
procedure foo(param2 integer);
```

对过程和函数重载后，可以使调用者在调用时更加方便。例如，Oracle 提供的 TO_CHAR() 函数就是一个重载函数。

```
function to_char (right date) return varchar2;
function to_char (left number) return varchar2;
function to_char(left date, right varchar2) return varchar2;
function to_char (left number, right varchar2) return varchar2;
```

在调用重载函数时，PL/SQL 会按照参数的个数和类型来解析对函数的调用。TO_CHAR 函数是系统自带的重载函数，用户也可以根据需要自定义重载函数。以下的示例将重载 ADD 函数，实现对各种数据类型的数据相加。

① 建立程序包规范，声明重载的函数。

```
SQL> create or replace package utilities is
  2   function add(num1 number,num2 number) return number;
  3   function add(str1 varchar2,str2 varchar2) return varchar2;
  4   function add(date1 date,afterdate number) return Date;
  5   end utilities;
  6   /

程序包已创建。
```

提示：

需要注意规范中声明的各项目（过程、函数和变量等）的顺序。如果各项目之间是无关的，那么项目之间的顺序就无关紧要了。但如果一个项目被另一个项目引用，那么必须在程序包规范中先声明被引用的项目。

② 接下来就需要为程序包创建主体，实现各个重载的函数。

```
SQL> create or replace package body utilities is
  2   function add(num1 in number,num2 in number) return number is
  3   result number;
```

```
 4   begin
 5   result:=num1+num2;
 6   return result;
 7   end add;
 8   function add(str1 varchar2,str2 varchar2) return varchar2 is
 9   result varchar2(2000);
10   begin
11   result:=str1 || str2;
12   return result;
13   end add;
14   function add(date1 date,afterDate number) return Date is
15   result date;
16   begin
17   result:=date1+afterDate;
18   return result;
19   end add;
20   end utilities;
21   /
```

程序包体已创建。

上面在重载 ADD 函数时，分别实现了对数字、字符串和日期类型值的相加运算。

③ 现在可以测试已经创建的程序包，查看其中重载的函数是否可以根据传入的参数，选择不同的函数进行运算。

```
SQL> set serverout on
SQL> begin
  2   dbms_output.put_line(utilities.add(12,24));
  3   dbms_output.put_line(utilities.add('Hello',' World'));
  4   dbms_output.put_line(utilities.add(sysdate,5));
  5   end;
  6   /
36
Hello World
06-5 月 -08
```

PL/SQL 过程已成功完成。

从结果可以看出，重载函数后用户只需要在调用函数时传入不同类型的参数值，PL/SQL 引擎会根据参数的数据类型决定选取哪个函数运行，这不仅方便了用户调用函数，同时也解决了开发者对相同功能的函数和过程的命名困扰。

10.5 练习：创建过程

过程是一种命名的 PL/SQL 程序块，在本练习中，将在 HR 模式中创建过程，并使用过程访问其中的数据表。

操作步骤：

① 创建用于从 EMPLOYEES 表中查询信息的过程。

```
SQL> create or replace procedure printemployees is
  2   begin
```

```
 3   for emp_cur in (select * from employees) loop
 4   dbms_output.put(emp_cur.employee_id||' ');
 5   dbms_output.put(emp_cur.last_name||' ');
 6   dbms_output.put(emp_cur.job_id||' ');
 7   dbms_output.put(emp_cur.salary||' ');
 8   dbms_output.put_line(null);
 9   dbms_output.put_line('********************');
10   end loop;
11   end printemployees;
12   /
```

过程已创建。

② 调用该过程。

```
SQL> exec printemployees;
```

PL/SQL 过程已成功完成。

③ 创建一个过程，在该过程中将连接查询 EMPLOYEES 和 DEPARTMENT 表，并按部门分类显示员工的信息。另外，该过程还需要一个输入部门参数。

```
SQL> create or replace procedure catalog_employee(catalog in varchar2) is
 2   begin
 3   for emp_one in (select * from employees
 4   where department_id=(select department_id from departments
 5   where department_name=catalog))
 6   loop
 7   dbms_output.put(emp_one.employee_id ||' ');
 8   dbms_output.put(emp_one.last_name||' ');
 9   dbms_output.put(emp_one.job_id||' ');
10   dbms_output.put(emp_one.salary||' ');
11   dbms_output.put_line(null);
12   dbms_output.put_line('********************');
13   end loop;
14   end catalog_employee;
15   /
```

过程已创建。

④ 运行 CATALOG_EMPLOYEE 过程时，需要为其传一个参数，以指定查询特定部门的员工信息。

```
SQL> declare
 2   dept_name varchar2(20):='Shipping';
 3   begin
 4   catalog_employee(dept_name);
 5   end;
 6   /
```

PL/SQL 过程已成功完成。

10.6 练习：创建触发器

触发器是关系数据库系统提供的一项技术，是与一个表或数据库事件联系在一起的，类似过程和函数。在本练习中，将在 SCOTT 模式中创建一些常用的触发器。

操作步骤：

① 创建一个触发器，无论用户插入新记录，还是修改 EMP 表的 JOB 列，触发器都会将用户指定的 JOB 列的值转换成大写。

```
SQL> create or replace trigger modify_job_trigger
  2  before insert or update of job
  3  on emp
  4  for each row
  5  begin
  6  if inserting then
  7  :new.job:=upper(:new.job);
  8  else
  9  :new.job:=upper(:new.job);
 10  end if;
 11  end;
 12  /

触发器已创建
```

② 向 EMP 表中插入数据，以确认触发器是否能够正常运行。

```
SQL> insert into emp(empno,ename,job,sal)
  2  values(8120,'LILI','clerk',1250)
  3  select * from emp
  4  where empno=8120;
```

③ 修改 DEPT 表中的 DEPTNO 字段时，在 EMP 表中的对应值也做相应修改。

```
SQL> create or replace trigger modify_deptno_triger
  2  before update
  3  on dept
  4  for each row
  5  begin
  6  update emp
  7  set deptno=:new.deptno
  8  where deptno=:old.deptno;
  9  end;
 10  /

触发器已创建
```

④ 修改 DEPT 表中的 DEPTNO 字段，确认触发器是否正常运行。

```
SQL> update dept
  2  set deptno=70
  3  where dname='SALES';

已更新 1 行。
```

10.7 新手训练营

练习 1：创建并调用存储过程

本练习中，将创建并调用包含 WELCOME 内容的 WEL 存储过程。首先，创建名为 WEL 的
存储过程。

```
SQL> create or replace procedure wel is
  2  begin
  3  dbms_output.put_line('WELCOME');
  4  end wel;
  5  /

过程已创建。
```

然后，调用 WEL 存储过程。

```
SQL> set serverout on
SQL> begin
  2  wel;
  3  end;
  4  /
WELCOME

PL/SQL 过程已成功完成。
```

练习 2：创建求和函数

本练习中，将创建并调用包含求和函数的存储过程。首先，创建用于求和的函数。

```
SQL> create or replace function total (num1 number,num2 number)
  2  return number is
  3  res number;
  4  begin
  5  res:=(num1+num2);
  6  return(res);
  7  end total;
  8  /

函数已创建。
```

然后，调用函数。

```
SQL> set serveroutput on
SQL> declare
  2  sum_number number;
  3  begin
  4  sum_numbe:=total(20,50);
  5  dbms_output.put_line(sum_numbe);
  6  end;
  7  /
70

PL/SQL 过程已成功完成。
```

练习 3：基于 ACMT 表创建触发器

本练习中，将创建一个简单的语句级触发器，该触发器将记录用户对 ACMT 表的操作。首先，创建日志信息表 ACMT_LOG。

```
SQL> create table acmt_log(
  2   who varchar2(30),
  3   when date);

表已创建。
```

在 ACMT 表上创建语句级触发器，将用户对 ACMT 表进行的操作记录到 ACMT_LOG 表中。

```
SQL> create or replace trigger acmt_op
  2   before insert or update or delete
  3   on acmt
  4   begin
  5   insert into acmt_log(who,when)
  6   values(user,sysdate);
  7   end acmt_op;
  8   /

触发器已创建
```

第 11 章

索引

本章内容

索引是一种与表相关的可选数据结构,用于加速数据的存取。通过在表中的一个或多个字段上创建索引,不仅能够加快针对该表的 SQL 查询语句的执行速度,而且还可以在很大程度上减少查询时的硬盘 I/O 操作。而索引组织表(也称为 IOT)是一种特殊的表,它将表中的数据以 B 树索引的方式来组织表中的数据,利用索引组织表能够显著提高查询的速度。在本章中,将详细介绍索引和索引组织表的应用方法和技巧,从而协助用户熟练完成表查询和组织表数据等一系列的表操作。

11.1 索引概述

在 Oracle 中，索引是一种提供服务器在表中快速查找一个行的数据库结构。合理地使用索引，不仅可以快速存取数据，而且还实现了表与表之间的参照完整性。

11.1.1 索引基础

如果一个表中包含很多条记录，当对表执行查询时，必须将所有的记录逐一取出，以便将每一条记录与查询条件进行比较，然后再返回满足条件的记录。这样进行操作的时间开销和 I/O 开销都是十分巨大的，这时就可以考虑通过建立索引来减少开销。

简单地说，如果将表看作一本书，索引的作用则类似于书中的目录。在没有目录的情况下，要在书中查找指定的内容必须阅读全书，而有了目录之后，只需要通过目录就可以快速找到包含所需内容的页。类似地，如果要在表中查询指定的记录，在没有索引的情况下，必须遍历整个表，而有了索引之后，只需在索引中找到符合查询条件的索引字段值，就可以通过保存在索引中的 ROWID（相当于页码）快速找到表中对应的记录。

因此，合理地使用索引可以大幅降低磁盘的 I/O 次数，从而提高数据的访问性能。假设 EMP 表中的数据占用了 10000 个数据块，如果 EMPNO 列上不存在索引，那么当执行查询操作时需要执行全表扫描，这种操作的 I/O 次数为 10000 次；如果 EMPNO 列上存在索引（假设索引层次为 2），那么，执行查询时将使用索引进行扫描（I/O 次数为 4 次）。

索引与表一样，不仅需要在数据字典中保存索引的定义，还需要在表空间中为其分配实际的存储空间。当创建索引时，Oracle 会自动在用户的默认表空间中或指定的表空间中创建一个索引段，为索引数据提供存储空间。与创建表的情况类以，在创建索引时也可以为其设置存储参数。

为某个表创建的索引不必和该表保存在同一个表空间中。如果将索引和对应的表分别存放在位于不同硬盘上的不同表空间中，反而能够提高查询的速度。因为 Oracle 能够并行读取不同硬盘中的数据，这样的查询可以避免产生 I/O 冲突。

11.1.2 索引原理

在创建索引时，Oracle 首先对将要建立索引的字段进行排序，然后将排序后的字段值和对应记录的 ROWID 存储在索引段中。例如，假设使用下面的语句为 EMP 表中的 ENAME 字段创建索引。

```
SQL> create index emp_ename on emp (ename);

索引已创建。
```

Oracle 首先在 EMP 表中按照 ENAME 字段进行排序，默认为升序排序，然后按照排序后的顺序将 ENAME 字段值和对应的 ROWID 逐个保存在索引中。建立索引的字段称为"索引字段"，例如 ENAME 字段即为索引字段。

在创建索引之后，如果执行一条在 WHERE 子句中引用了 ENAME 字段的查询。例如：

```
SQL> select ename,hiredate,sal
  2  from emp
  3  where enamc='SMITH';

ENAME            HIREDATE           SAL
------           ---------          ---------
SMITH            17-12 月 -80        960
```

  Oracle 将首先对索引中的 ENAME 字段进行一次快速搜索（因为索引中的 ENAME 字段已经排序，所以该搜索是非常快的），找到符合条件的 ENAME 字段值所对应的 ROWID，然后再利用 ROWID 到 EMP 表中提取相应的记录。这个操作比逐条读取 EMP 表中未排序的记录要快得多。可以看出，在索引中只保存索引字段的值与相应的 ROWID，这种组合称为"索引条目"。

  初学者经常会混淆索引与键，特别是对于唯一索引与主键。其实索引与键这两个术语在许多地方都可以互换，尤其是 Oracle 有时也会利用索引，特别是唯一索引实现的一些完整性约束。但是它们在本质上有着相当明显的区别。索引是存储在数据库中的一种实体结构，可以通过 SQL 语句创建、修改和删除。而键只是一个逻辑上的概念，在 Oracle 中，键是与完整性约束相对应的。

11.1.3 索引分类

  在 Oracle 中可以创建多种类型的索引，以适应各种表的特点。按照索引数据的存储方式可以将索引分为：B 树索引、反向键索引、位图索引和基于函数的索引等。按照索引列的个数，索引又可以分为单列索引和复合索引。按照索引列的唯一性，索引又可以分为唯一索引和非唯一索引。

> **提示：**
>
> 具有索引的表与不具有索引的表在编写 SQL 查询语句时没有任何区别。索引只是提供一种快速访问指定记录的方法。可以说，表是否具有索引，对其查询速度影响最大，而对其他方法的影响则非常小。索引一旦创建，将由 Oracle 自动管理和维护。例如，在向表中插入、更新或删除一条记录时，Oracle 会自动在索引中做出相应的修改。

  单列索引是基于单个列所建立的索引，而复合索引是基于两个列或多个列所建立的索引。需要注意，B 树索引列的个数不能超过 32 列，位图索引的个数不能超过 30 例。可以在同一个表上建立多个索引，但要求列的组合必须不同。使用以下语句建立的两个索引是合法的。

```
SQL> create index emp_name_job_index on emp(ename,job);

索引已创建。

SQL> create index emp_job_name_index on emp(job,ename);

索引已创建。
```

  如上所示，尽管索引 EMP_NAME_JOB_INDEX 和 EMP_JOB_NAME_INDEX 用到了相同的列（ENAME 和 JOB 列），但因为顺序不同，所以是合法的。如果顺序完全相同，则该复合索引是不合法的。

唯一索引是索引列的值不能有重复的索引；非唯一索引是索引列的值允许重复的索引。无论是唯一索引还是非唯一索此,索引列都允许 NULL 值。需要注意,当定义主键约束时或唯一约束时,Oracle 会自动在相应的约束列上建立唯一索引。

建立和规划索引时,必须选择合适的表和列。如果选择的表和列不合适,不仅无法提高查询速度,反而会极大地降低 DML 操作的速度。建立索引的策略如下:

※ 索引应该建立在 WHERE 子句经常引用的表列上,如果在大表上频繁使用某列或某几列作为条件执行检索操作,并且检索行数低于总行数的 15%,那么应该考虑在这些列上建立索引。

※ 为了提高多表连接的性能,应该在连接列上建立索引。

※ 不要在小表上建立索引。

※ 如果经常需要基于某列或某几列执行排序操作,那么通过在这些列上建立索引,可以加快数据排序的速度。

※ 限制表的索引个数。索引主要用于加速查询速度,但会降低 DML 操作的速度。索引越多,DML 操作的速度越慢,甚至会极大地影响 INSERT 操作和 DELETE 操作的速度。因此,规划索引时,必须仔细权衡查询和 DML 的需求。

※ 删除不再需要的索引。因为索引会降低 DML 速度,所以应该删除不合理或不需要的索引。不合理的索引包括:在小表上建立的索引,因为表很小,使用索引不会加速查询速度;查询语句不会引用的索引。

※ 指定索引块空间的使用参数。基于表建立索引时,Oracle 会将相应表列数据添加到索引块。当为索引块添加数据时,Oracle 会按照 PCTFREE 参数确定在索引块上预留部分空间,该预留空间是为将来的 INSERT 操作准备的。如果将来在表上执行大量的 INSERT 操作,那么应该在建立索引时设置较大的 PCTFREE。需要注意,建立索引时不能指定 PCTUSED 关键字。

※ 指定索引所在的表空间。建立索引时,既可以将索引和基表放在相同表空间中,也可以放在不同表空间中。将表和索引部署到相同的表空间,可以简化表空间的管理;将表和索引部署到不同的表空间,可以降低访问表和索引的区别,从而提高访问性能。

※ 当在大表上建立索引时,使用 NOLOGGING 选项可以最小化重做记录。使用 NOLOGGING 选项可以节省重做日志空间、降低索引建立时间、提高索引并行建立的性能。

11.2 建立索引

建立索引是使用 CREATE INDEX 语句来完成的。一般情况下,建立索引是由表的所有者完成的,如果要以其他用户身份建立索引,则要求用户必须具有 CREATE ANY INDEX 系统权限或者相应表的 INDEX 对象权限。

11.2.1　建立 B 树索引

B 树索引是 Oracle 中默认的、最常用的索引类型。B 树索引是以 B 树结构组织并存放索引数据的。默认情况下，B 树索引中的数据是升序排列的。如果表包含的数据非常多，并且经常在 WHERE 子句中引用某列或某几个列，则应该基于该列或几个列建立 B 树索引。B 树索引由根块、分枝块和叶块 3 部分组成，其中主要数据都集中在叶子结点。

※　根块：索引顶级块，它包含指向下一级节点的信息。

※　分枝块：包含指向下一级节点（分支块或叶块）的信息。

※　叶块：包含索引入口数据，索引入口包含索引列的值和记录行对应的物理地址 ROWID。

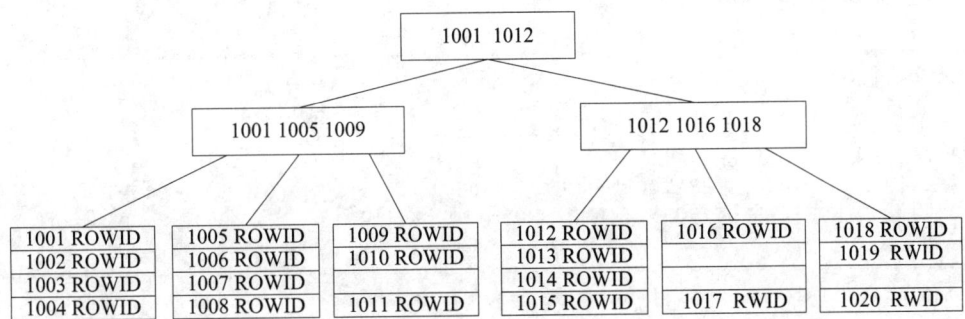

在 B 树索引中无论用户要搜索哪个分枝的叶块，都可以保证所经过的索引层次都是相同的。Oracle 采用这种方式的索引，可以确保无论索引条目位于何处，都只需要花费相同的 I/O 即可获取它。这就是为什么称为 B 树索引，其中的 B 为"平衡"（Balanced）之意。

例如，使用这个 B 树索引搜索编号为 1015 的结点时，首先要访问根结点，从根结点中可以发现，下一步应该搜索右边的分枝（因为 1015 大于 1012）。因此必须第 2 次读取数据，读取右边分枝结点。从右边分枝结点可判断出，要搜索的索引条目位于最左边的叶子结点中。在那里可以很快找到要查询的索引条目，并根据索引条目中的 ROWID，找到所要查询的记录位置。

这样，当对建立 B 树索引的表进行查询时，只需要读取 4 次数据（第一次读取根结点，第二次读取分枝结点，第三次读取叶子结点，最后一次用于从表中获取相关数据）。与在表中进行完全搜索可能要读取几十次数据相比，使用索引检索数据通常要快得多。

如果在 WHERE 子句中要经常引用某列或某几列，应该基于这些列建立 B 树索引。如果经常执行类似于 SELECT * FROM EMP WHERE ENAME=' SCOTT' 的语句，可以基于 ENAME 列建立 B 树索引。建立 B 树索引的示例如下。

```
SQL> create index emp_ename_index on emp(ename)
  2  pctfree 30
  3  tablespace users;

索引已创建。
```

如上所示，子句 PCTFREE 指定为将来 INSERT 操作所预留的空闲空间，子句 TABLESPACE 用于指定索引段所在的表空间。假设表已经包含了大量数据，那么在建立索引时应该仔细规划 PCTFREE 的值，以便为以后的 INSERT 操作预留空间。

从 Oracle 10g 开始，Oracle 会自动搜索表及其索引的统计信息。建立 B 树索引后，如果在 WHERE 子句中引用索引列，Oracle 会根据统计信息确定是否使用 B 树索引定位表行数据。下面以在 WHERE 子句中引用 B 树索引列并显示其执行计划，说明 Oracle 使用 B 树索引的方法。

```
SQL> set autotrace on explain
SQL> select ename,hiredate,sal
  2  from emp
  3  where ename='SCOTT';


ENAME           HIREDATE              SAL
----------      --------------        ----------
SCOTT           19-4 月 -87           3000

执行计划
----------------------------------------------------------
Plan hash value: 3276858156


----------------------------------------------------------------------
| Id  | Operation                    | Name | Rows | Bytes | Cost (%CPU)| Time     |
----------------------------------------------------------------------
|   0 | SELECT STATEMENT             |      |    1 |    18 |  2(0) | 00:00:01 |
|   1 | TABLE ACCESS BY INDEX ROWID  | EMP  |    1 |    18 |  2(0) | 00:00:01 |
|*  2 | INDEX RANGE SCAN             | EMP_ENAME_INDEX | 1 |  | 1(0)| 00:00:01 |
----------------------------------------------------------------------
Predicate Information (identified by operation id):
----------------------------------------------------------------------
   2 - access("ENAME"='SCOTT')
```

11.2.2 建立位图索引

索引的作用，简单地说就是能够通过给定的索引列值，快速找到对应的记录。在 B 树索引中，通过在索引中保存排过序的索引列的值，以及记录的物理地址 ROWID 来实现快速查找。但是对于一些特殊的表，B 树索引的效率可能会很低。

例如，在某个具有性别一列的表中，该列的所有取值只能有两个——男或女。如果在性别列上创建 B 树索引，那么创建的 B 树只有两个分枝，如下图所示。那么，使用该索引对该表进行检索时，将会返回接近一半的记录，这样也就失去了索引的基本作用。

当列的基数很低时，为其建立 B 树索引显然不合适。"基数低"表示在索引列中，所有取值的数量比表中行的数量少。如"性别"列只有两个取值；再例如某个拥有 10000 行的表，它的一个列包含 100 个不同的取值，则该列仍然满足低基数的要求，因为该列与行数的比例为 1%。

Oracle 推荐，当一个列的基数小于 1% 时，则这些列不再适合建立 B 树索引，而适用位图索引。

位图索引以位值标识索引行数据，它主要用于在 DSS 系统中执行数据统计、数据汇总等操作。B 树索引建立在重复值很少的列上，而位图索引建立在重复值很多、不同值相对固定的列上。使用位图索引可以节省大量磁盘空间，它所占用的空间仅是在相同列上建立 B 树索引所引用空间的 1/20 ～ 1/10。建立位图索引时，Oracle 会基于每个不同值建立一个位图。假设要基于 EMPLOYEES 表的 SEX 列建立位图索引，因为该列只有两个不同的值，所以只会建立两个位图。当行数据匹配于位图值时，相应位置为 1，否则为 0，如下图所示。

当在表中低基数的列上建立位图索引时，系统将对表进行一次全表扫描，为遇到的各个取值构建"图表"。例如，对于上述 EMPLOYEES 表的 SEX 列而言，因为它仅包含两种取值，因此，在这个图表的顶部列出了两个值。在 Oracle 系统为创建位图索引进行全表扫描时，同时也将创建位图索引记录，各个行都以在表中出现的顺序列出。在位图索引的图表中，各个值的列下面都标记了一个 0 或 1。0 表示"否，该值不存在于这一行"；1 表示"是，该值存在于这一行"。

可以注意到，1 和 0 虽然自己不能作为指向行的指针，但是，如果给定表的起始物理地址和终止物理地址，则由于图表中各个 0 和 1 的位置与表行的位置是相对应的，所以可以计算获取表中相应行的物理位置。

由于 SEX 列只有两种数据，并且经常需要基于该列执行数据统计、数据汇总等操作，所以应该基于该列建立位图索引。在创建位图索引时，只需要在 CREATE INDEX 语句中显式地指定 BITMAP 关键字。例如，下面的语句在 EMP 的 JOB 列创建位图索引。

```
SQL> create bitmap index emp_job_bmp
  2  on emp(job)
  3  tablespace users;

索引已创建。
```

初始化参数 CREATE_BITMAP_AREA_SIZE 用于指定建立位图索引时分配的位图区尺寸，默认值为 8MB，该参数值越大，建立位图索引的速度越快。为了加快位图索引的速度，应将该参数设置为更大的值。因为该参数是静态参数，所以修改后必须重新启动数据库才能生效。修改该参数的示例如下。

```
SQL> connect system/password
已连接。
SQL> alter system set create_bitmap_area_size=8388608
  2  scope=spfile;

系统已更改。
```

由于 Oracle 11g 会自动搜集表和索引的统计信息，当在 WHERE 子句中引用位图索引列时，Oracle 会自动根据统计值确定是否要引用位图索引。下面在 WHERE 子句中引用位图索引列，并显示其执行计划。

```
SQL> set autotrace on explain
SQL> select count(*) from emp
  2  where job='SALESMAN';

  COUNT(*)
----------
         4

执行计划
----------------------------------------------------------
Plan hash value: 2421906430

---------------------------------------------------------------------------
| Id | Operation              | Name       | Rows | Bytes | Cost (%CPU)| Time     |
---------------------------------------------------------------------------
|  0 | SELECT STATEMENT       |            |  1 | 8 | 1 (0) | 00:00:01 |
|  1 |  SORT AGGREGATE        |  | 1 | 8 |            |          |
|  2 |   BITMAP CONVERSION COUNT |       | 3 | 24 | 1 (0) | 00:00:01 |
|* 3 |    BITMAP INDEX FAST FULL SCAN | EMP_JOB_BMP |  |      |          |          |
---------------------------------------------------------------------------
Predicate Information (identified by operation id):
---------------------------------------------------
   3 - filter("JOB"='SALESMAN')
```

对于 B 树索引而言，使用 OR 谓词效率很低。使用位图索引时，因为可以执行位图合并，所以使用 AND、OR 或 NOT 谓词的效率很高。初始化参数 BITMAP_MERGE_AREA_SIZE 用于指定合并位图时分配的内存尺寸，默认值为 1MB，该参数值越大，位图合并速度越快。为了加快位图合并速度，应将该参数设置为更大的值。因为该参数是静态参数，所以修改后必须重新启动数据库才能生效。修改该参数的示例如下。

```
SQL> alter system set bitmap_merge_area_size=2048000
  2  scope=spfile;

系统已更改。
```

这样，当在 WHERE 子句中引用位图列，并使用 AND、OR 或 NOT 谓词时，Oracle 会执行位图合并操作。例如：

```
SQL> set autotrace on explain
SQL> select count(*) from emp
  2  where job='SALESMAN' or job='CLERK';

  COUNT(*)
----------
         9

执行计划
----------------------------------------------------------
Plan hash value: 2421906430

----------------------------------------------------------------------------
```

```
| Id  | Operation | Name | Rows | Bytes | Cost (%CPU) | Time |
------------------------------------------------------------------------
|  0  | SELECT STATEMENT |        | 1 | 8 | 1   (0) | 00:00:01 |
|  1  | SORT AGGREGATE |          | 1 | 8 |         |          |
|  2  | BITMAP CONVERSION COUNT | | 6 | 48 | 1  (0) | 00:00:01 |
|* 3  | BITMAP INDEX FAST FULL SCAN| EMP_JOB_BMP |  |  |  |  |

------------------------------------------------------------------------
Predicate Information (identified by operation id):
------------------------------------------------------
 3 - filter("JOB"='CLERK' OR "JOB"='SALESMAN')
```

11.2.3 建立反向键索引

在 Oracle 中，系统会自动为表的主键列建立索引，这个默认的索引是普通的 B 树索引。通常，用户会希望表的主键是一个自动增长的序列编号，这样的列就是所谓的单调递增序列编号列。当在这种顺序递增的列上建立普通的 B 树索引时，如果表的数据量非常庞大，将导致索引数据分布不均。为了分析原因，可以考虑常规的 B 树索引，如下图所示。

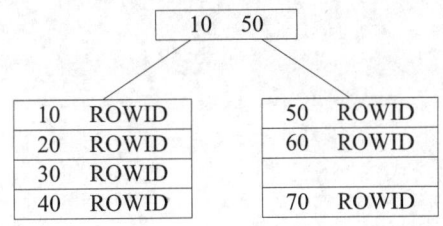

可以看到，这是一个典型的常规 B 树索引。如果现在要为其添加新的数据，由于主键列的单调递增性，很明显不需要重新访问早先的叶子节点。接下来的数据获得的主键为 80，下一组数据的主键为 90，以此类推。

这种方法在某些方面是具有优势的，由于它不存在向已经存在的表项之间嵌入新的表项，所以不会发生叶子节点的数据块分割。这意味着，单调递增序列上的索引能够完全利用它的叶子节点，非常紧密地存放数据块，可以有效地利用存储空间。然而这种优势是需要付出代价的，每条记录都会占据最后的叶子结点，即使删除了先前的节点，也会导致同样的问题。这最终会导致对某一边的叶子节点的大量争用。所以，就需要设计一个规则，阻止用户在单调递增序列上建立索引后出现叶子节点偏向某一个方向。遗憾的是，序列编号通常是用来做表的主键的，每个主键都需要建立索引，如果用户没有建立索引，则 Oracle 也会自动建立这样的索引。但是，Oracle 还提供了另一个索引机制，即反向键索引，它可以将添加的数据随机分散到索引中。

反向键索引是一种特殊类型的 B 树索引，在基于顺序递增列上建立索引时非常有用。反向键索引的工作原理非常简单，在存储结构方面它与常规的 B 树索引相同。然而，如果用户使用序列在表中输入新记录，则反向键索引首先反向每个列键值的字节，然后在反向后的新数据上进行索引。例如，如果用户输入的索引列为 2008，则反向转换后为 8002；2041 反向转换后为 1402。需要注意，刚才提及的两个序列编号是递增的，但是当进行反向键索引时是非递增的。这意味着，如果将其添加到叶子结点，可能会在任意的叶子结点中进行，这样就使新数据在值的范围上的分布通常比原来的有序数更均匀。

对于 EMP 表的 EMPNO 列而言，由于该列是顺序递增的，所以为了均衡索引数据分布，应在该列上建立反向索引。创建反向键索引时只需要在 CREATE INDEX 语句中指定关键字 REVERSE 即可。例如，下面的语句为表 EMP 的 EMPNO 列创建了反向键索引。

```
SQL> create index pk_emp
  2  on emp(empno) reverse
  3  tablespace users;
```

如果在该列上已经建立了普通 B 树索引，那么可以使用 ALTER INDEX … REBUILD 将其重新建立为反向键索引。例如：

```
SQL> alter index pk_emp
  2  rebuild reverse;

索引已更改。
```

从 Oracle 11g 开始，Oracle 会自动搜集表和索引的统计信息。当在 WHERE 子句中引用反向索引列时，Oracle 会自动根据统计值确定是否引用反向索引。下面在 WHERE 子句中引用反向键索引列，并显示其执行计划。

```
SQL> set autotrace on explain
SQL> select ename
  2  from emp
  3  where empno=7499;

ENAME
----------
ALLEN

执行计划
----------------------------------------------------------
Plan hash value: 2949544139

--------------------------------------------------------------------------
| Id | Operation | Name | Rows | Bytes | Cost (%CPU)| Time |
--------------------------------------------------------------------------
| 0 | SELECT STATEMENT | | 1 | 10 | 1 (0)| 00:00:01 |
| 1 | TABLE ACCESS BY INDEX ROWID| EMP | 1 | 10 | 1 (0)| 00:00:01 |
|* 2 | INDEX UNIQUE SCAN | PK_EMP | 1 | | 0 (0)| 00:00:01 |
--------------------------------------------------------------------------

Predicate Information (identified by operation id):
----------------------------------------------------------
   2 - access("EMPNO"=7499)
```

提示：

键的反转对用户而言是完全透明的，用户只需要像常规方式一样查询数据即可，对键的反转处理将由系统自动完成。

11.2.4 基于函数的索引

用户在使用 Oracle 数据库时，最常遇到问题之一就是它对字符大小写很敏感。如果在 EMP 表中，存储的雇员姓名为 SMITH，则用户使用小写搜索时，将无法找到该行记录。如果用户不能够确定输入数据的格式，那么就会产生一个严重的错误。例如：

```
SQL> select empno,ename,job,sal from emp
  2  where ename='smith';
未选定行
```

这可以通过使用 Oracle 字符串函数对其进行转换，然后再使用转换后的数据进行检索。例如：

```
SQL> select empno,ename,job,sal from emp
  2  where upper(ename)=upper('smith');

EMPNO      ENAME        JOB          SAL
------     ------       ------       ---------
7369       SMITH        CLERK        800
```

采用这种方法后，无论用户输入数据时所使用字符的大小写如何组合，都可以使用该语句检索到数据。但是，在使用这样的查询时，由于用户不是基于表中存储的记录进行搜索的。即，如果搜索的值不存在于表中，那么它就一定也不会在索引中，所以，即使在 ENAME 列上建立索引，Oracle 也会被迫执行全表搜索，为所遇到的各个行计算 UPPER 函数。

为了解决这个问题，Oracle 提供了一种新的索引类型——基于函数的索引。基于函数的索引只是常规的 B 树索引，但它存放的数据是由表中的数据应用函数后得到的，而不是直接存放在表中数据本身。

由于在 SQL 语句中经常使用小写字符串，所以为了加快数据访问速度，应基于 LOWER 函数建立函数索引。例如：

```
SQL> create index idx_ename
  2  on emp(lower(ename));

索引已创建。
```

在创建这个函数索引之后，如果在查询条件中包含相同的函数，则系统会利用它来提高查询的执行速度。例如，下面的查询在 WHERE 子句中使用函数，并显示其执行计划。

```
SQL> set autotrace on explain
SQL> select ename,job,sal
  2  from emp
  3  where lower(ename)='martin';

ENAME        JOB          SAL
----------   ---------    ----------
MARTIN       SALESMAN     1250

执行计划
----------------------------------------------------------
Plan hash value: 898688482
----------------------------------------------------------
| Id | Operation | Name | Rows | Bytes | Cost (%CPU)| Time     |
----------------------------------------------------------
|  0 | SELECT STATEMENT |       | 1 | 25 | 2  (0)| 00:00:01 |
|  1 | TABLE ACCESS BY INDEX ROWID| EMP | 1 | 25 | 2  (0)| 00:00:01 |
```

```
|*.2 | INDEX RANGE SCAN | IDX_ENAME | 1 |      | 1  (0) |  00:00:01 |

-----------------------------------------------------------------------
Predicate Information (identified by operation id):
-----------------------------------------------------
   2 - access(LOWER("ENAME")='martin')
```

如果用户在自己的模式中创建基于函数的索引，则必须具有 QUERY REWRITE 系统权限。如果用户要在其他模式中创建索引，必须具有 CREATE ANY INDEX 和 GLOBAL QUERY REWRITE 权限。

11.3 修改索引

修改索引是使用 ALTER INDEX 命令完成的。一般情况下，修改索引是由索引的所有者完成的，如果要以其他用户身份修改索引，则要求该用户必须具有 ALTER ANY INDEX 系统权限或在相应表上的 INDEX 对象权限。

11.3.1 合并索引和重建索引

在为表建立索引后，随着对表不断进行更新、插入和删除操作，索引中将会产生越来越多的存储碎片，这对索引的工作效率会产生负面影响。这时用户可以采取两种方式来清除碎片——重建索引和合并索引。合并索引只是将 B 树中叶子节点的存储碎片合并在一起，并不会改变索引的物理组织结构。例如，下面的语句对索引 EMP_ENAME_INDEX 执行合并操作。

```
SQL> alter index emp_ename_index
  2   coalesce deallocate unused;
索引已更改。
```

下图解释了对索引执行合并操作后的效果。假设在执行该操作之前，B 树索引的前两个叶块都有 50% 的空闲空间。在合并索引后，可以将它们的数据合并到一个索引叶块中。

合并前   合并后

消除索引碎片的另一个方法是重建索引，重建索引可以使用 ALTER INDEX…REBUILD 语句实现。重建操作不仅可以消除存储碎片，同时还可以改变索引的全部存储参数设置，以及改变索引的存储表空间。重建索引实际上是在指定的表空间中重新建立一个新的索引，然后再删除原来的索引。例如，下面的语句对索引 EMP_ENAME_INDEX 进行重建。

```
SQL> alter index emp_ename_index rebuild;
索引已更改。
```

在使用 ALTER INDEX…REBUILD 语句重建索引时，还可以在其中使用 REVERSE 子句，将一个反向键索引更改为普通索引，反之，可以将一个普通的 B 树索引转换为反向键索引。另外，也可以使用 TABLESPACE 子句，以指定重建索引的存放位置。

```
SQL> alter index emp_job rebuild
  2  tablespace example;
```

11.3.2　删除索引

删除索引是使用 DROP INDEX 语句完成的。一般情况下，删除索引是由索引所有者完成的，如果以其他用户身份删除索引，则要求该用户必须具有 DROP ANY INDEX 系统权限或在相应表上的 INDEX 对象权限。通常在如下情况下需要删除某个索引。

※　该索引不再需要时，应该删除该索引，以释放其所占用的空间。

※　如果移动了表中的数据，导致索引中包含过多的存储碎片，此时需要删除并重建索引。

※　通过一段时间的监视，发现很少有查询会使用到该索引。

索引被删除后，它所占用的所有盘区都将返回给包含它的表空间，并可以被表空间中其他对象使用。索引的删除方式与索引创建采用的方式有关，如果使用 CREATE INDEX 语句显式地创建该索引，则可以用 DROP INDEX 语句删除该索引。例如：

```
SQL> drop index emp_job_bmp;
索引已删除。
```

如果索引是定义约束时由 Oracle 自动建立的，则必须禁用或删除该约束本身。另外，在删除一个表时，Oracle 也会删除所有与该表相关的索引。

关于索引最后需要注意一点，虽然一个表可以拥有任意数目的索引，但是表中的索引数目越多，维护索引所需的开销就越大。每当向表中插入、删除和更新一条记录时，Oracle 都必须对该表的所有索引进行更新。因此，用户还需要在表的查询速度和更新速度之间找到一个合适的平衡点。也就是说，应该根据表的实际情况，限制在表中创建的索引数量。

11.3.3　显示索引信息

为了显示 Oracle 索引的信息，Oracle 提供了一系列的数据字典视图。通过查询这些数据字典视图，用户可以了解索引的各方面信息。

1. 显示表的所有索引

索引是用于加速数据存储的数据库对象。通过查询数据字典视图 DBA_INDEXES，可以显示数据库的所有索引；通过查询数据字典视图 ALL_INDEXES，可以显示当前用户可访问的所有索引；查询数据字典视图 USER_INDEXES，可以显示当前用户的索引信息。下面以显示 SCOTT 用户的 EMP 表的所有索引为例，说明使用数据字典视图 DBA_INDEXES 的方法。

```
SQL> connect system/password
已连接。
SQL> select index_name,index_type,uniqueness
```

```
  2    from dba_indexes
  3    where owner='SCOTT' and table_name='EMP';

INDEX_NAME                  INDEX_TYPE              UNIQUENESS
-----------                 ----------              --------------
EMP_ENAME_INDEX             NORMAL                  NONUNIQUE
EMP_JOB_BMP                 BITMAP                  NONUNIQUE
IDX_ENAME                   FUNCTION-BASED          NORMAL ONUNIQUE
PK_EMP                      NORMAL/REV              UNIQUE
```

如上所示，INDEX_NAME 用于标识索引名；INDEX_TYPE 用于标识索引类型；NORMAL 表示普通 B 树索引；REV 表示反向键索引；BITMAP 表示位图索引；FUNCTION 表示基于函数的索引。UNIQUENESS 用于标识索引的唯一性；OWNER 用于标识对象的所有者；TABLE_NAME 用于标识表名。

2. 显示索引列

创建索引时，需要提供相应的表列。通过查询数据字典视图 DBA_IND_COLUMNS，可以显示所有索引的表列信息；通过查询数据字典视图 ALL_IND_COLUMNS，可以显示当前用户可访问的所有索引的表列信息；通过查询数据字典视图 USER_IND_COLUMNS，可以显示当前用户索引的表列信息。

例如，下面的语句将显示 SCOTT 用户的 PK_EMP 索引列信息。

```
SQL> col column_name format a20
SQL> select column_name,column_position,column_length
  2    from user_ind_columns
  3    where index_name='PK_EMP';

COLUMN_NAME                 COLUMN_POSITION         COLUMN_LENGTH
-----------                 ----------------        ------------
EMPNO                       1                       22
```

如上所示，COLUMN_NAME 用于标识索引列的名称；COLUMN_POSITION 用于标识列在索引中的位置；COLUMN_LENGTH 用于标识索引列的长度。

3. 显示索引段的位置及尺寸

建立索引时，Oracle 会为索引分配相应的索引段，索引数据会被存放在索引段中，并且段名与索引名完全相同。通过查询数据字典视图 DBA_SEGMENTS，可以显示数据库所有段的详细信息；通过查询数据字典视图 USER_SEGMENTS，可以显示当前用户段的详细信息。

例如，下面的语句将显示 SCOTT 用户的 PK_EMP 段的信息。

```
SQL> select tablespace_name,segment_type,bytes
  2    from user_segments
  3    where segment_name='PK_EMP';

TABLESPACE_NAME             SEGMENT_TYPE            BYTES
---------------             ------------            ----------
USERS                       INDEX                   65536
```

其中，TABLESPACE_NAME 用于标识段所在的表空间；SEGMENT_TYPE 用于标识段的类型；BYTES 用于标识段的尺寸；SEGMENT_NAME 用于标识段的名称。

4. 显示函数索引

建立函数索引时，Oracle 会将函数索引的信息存放到数据字典中。通过查询数据字典视图 DBA_IND_EXPRESSIONS，可以显示数据库所有函数索引所对应的函数或表达式；通过查询数据字典 USER_IND_EXPRESSIONS，可以显示当前用户函数索引所对应的函数或表达式。

例如，下面的语句显示 EMP 表中基于函数的索引信息。

```
SQL> select column_expression
  2  from user_ind_expressions
  3  where index_name='IDX_ENAME';

COLUMN_EXPRESSION
-------------------------------------
LOWER("ENAME")
```

11.4 索引组织表

索引组织表是 Oracle 提供的一种特殊的表，它将数据和索引数据存储在一起，或者说索引组织表是按照索引的结构方式来组织和存储表中的数据。索引化组织表适用于经常通过主键字段值来查询整条记录的情况，这样可以大幅提高查询的效率。其典型的应用就是类似于字典的情形，主要用于搜索一些有意义的信息。

11.4.1 索引组织表与标准表

索引组织表也称为 IOT，索引组织表实际上是一个表，不过它的存储结构不像普通的表那样采用堆组织方式，而是采用索引的组织方式。对于普通表而言，其存储结构是将记录无序地存放在数据段中，而索引组织表是将记录按照某个主键列进行排序后，再以 B 树的组织方式存放在数据段中。

由于整条记录都被保存在索引中，所以索引组织表不需要使用 ROWID 来确定记录的位置。在索引组织表中只需要知道主键列的值，就能够直接找到相应记录的完整内容。因此，索引组织表提供了一种对表数据快速的、基于主键的快速访问功能。但是，这是以牺牲插入和更新性能为代价的。下图示意性地列出了索引组织表与标准表之间的区别。

对于普通表而言，表、索引数据分别存放在表段、索引段，要占用更多的空间；而对于索引表而言，主键列和非主键列的数据都被存放在主键索引段中。当经常要使用主键列定义表数据时，应该建立索引表。使用索引表，一方面降低了磁盘和内存空间的占用；另一方面也可以提高访问性能。

建立索引表也是使用 CREATE TABLE 语句完成的。需要注意，建立索引组织表时，必须指定 ORGANIZATION INDEX 关键字，并且在索引组织表中必须定义主键约束。例如，下面的语句建立了一个索引组织的 EMPLOYEES 表。

```
SQL> create table employees(
  2  empno number(5) primary key,
  3  ename varchar2(15) not null,
  4  job varchar2(10),
  5  hiredate date default (sysdate),
  6  sal number(7,2),
  7  deptno number(3) not null
  8  ) organization index
  9  tablespace users;

表已创建。
```

如果向索引组织表中添加数据，Oracle 会根据主键列进行排序，然后再将数据写入磁盘。这样在使用主键列查询时，在索引组织表上可以得到更好的读取性能。在标准堆表上进行相同的查询时，需要首先读取索引，然后再判断数据块在磁盘上的位置，最后 Oracle 必须将相关的数据块放入内存中。而索引组织表将所有数据都存储在索引中，所以不需要再去查找存储数据的数据块。这样，相同的查询在索引组织表中执行的效率是标准堆表的两倍。

虽然索引组织表的查询执行效率比堆表高，但是索引组织表比堆表更难以维护。当向堆表中添加数据时，Oracle 只需要简单地在表的盘区中找到一个可用的空间保存数据。而索引组织表由于需要对数据按照 B 树结构进行组织，所以 Oracle 要根据所添加数据的主键，将数据写入合适的数据块。这就不可避免地要在数据块中移动已经存在的行，以提供足够的空间存放新行。

11.4.2 修改索引组织表

与普通表一样，索引组织表也可以使用 ALTER TABLE 语句完成。但是，索引组织表的主键约束不能被删除、延期和禁止。

1．移动索引组织表

索引组织表是基于 B 树索引建立的，当在该表上执行了一系列的 UPDATE 操作后，将导致索引组织表产生空间碎片。通过移动索引组织表，可以删除空间碎片。例如：

```
SQL> alter table employees
  2  move tablespace example;

表已更改。
```

2．增加溢出段

建立索引表时，既可以指定 OVERFLOW 关键字建立溢出段，也可以不指定 OVERFLOW 关键字。如果建立索引组织表时没有指定 OVERFLOW，那么建立索引组织之后可以使用 ALTER TABLE 为其添加溢出段。例如：

```
SQL> alter table employees add overflow tablespace users;
表已更改。
```

3．修改溢出段

修改索引表时，OVERFLOW 选项之前的所有选项只适用于索引段，而 OVERFLOW 之后的选项只适用于溢出段。例如：

```
SQL> alter table employees
  2  overflow initrans 5;

表已更改。
```

4．转换索引组织表为普通表

建立索引组织表后，可以使用 CREATE TABLE AS SELECT 语句将其转变为普通表。例如：

```
SQL> create table employees_new
  2  as select * from employees;

表已创建。
```

11.5　练习：索引的应用

在本练习中，将通过第 5 章创建的 CONTRACT 表来创建索引，并查看索引的使用情况。

操作步骤：

① 使用如下的语句，在 CONTRACT 表的 CONRACTNUMBER 列上创建 B 树非唯一索引。

```
SQL> create index con_index on contract(conractnumber)
  2  tablespace users;

索引已创建。
```

② 在 CONTRACT 的 CATEGORY 列上创建位图索引。

```
SQL> create bitmap index sat_index on contract (category)
  2  tablespace users;

索引已创建。
```

③ 执行如下的查询语句，并查看 Oracle 的执行计划。

```
SQL> set autotrace traceonly
SQL> select * from contract
  2  where conractnumber='A211011';
```

④ 根据索引的使用情况，并删除不常使用的索引。

```
SQL> alter index con_index monitoring usage;

索引已更改。
SQL> select * from v$object_usage
  2 where table_name=upper('contract');
```

⑤ 查看索引的状态，是否存在过多的碎片，当被删除的叶节点过多时，就说明该 B 树索引存在过多的碎片，这就需要重建或合并该索引。

```
SQL> analyze index con_index validate contract;
SQL>select  br_pows,br_blks,lf_rows,del_lf_rows
  2 from index_stats
  3 where name=upper('name_index');
  4 alter index con_index COALESCE DEALLOCATE UNUSED;-- 合并索引
  5 alter index con_index REBUILD; -- 在原来的表空间重建索引
```

11.6 练习：创建 SCORE 表

在本练习中，将通过创建的 SCORE 表，为 SCORE 表添加数据，以及创建索引、查看索引等操作，详细介绍创建表、添加表数据及创建索引的使用方法。

操作步骤：

① 首先，使用 CREATE 语句创建 SCORE 表，并为其指定表空间。

```
SQL> create table score(
  2 studentid number,
  3 name varchar2(30),
  4 peacetime number,
  5 midterm number,
  6 final number,
  7 totalscore number,
  8 average number)
  9 tablespace users;

表已创建。
```

② 然后，为 SCORE 表添加相应的数据记录。

```
SQL> insert into score values(012,' 李毅 ',96,68,96,260,86.67);
已创建 1 行。
SQL> insert into score values(013,' 李青 ',78,78,58,214,71.33);
已创建 1 行。
......
SQL> commit;
提交完成。
```

③ 下面使用 SELECT FROM 命令，查询 SCORE 表，并显示该表数据。

```
SQL> select * from score;
```

STUDENTIDNAME	PEACETIME	MIDTERMFINAL	TOTALSCORE	AVERAGE
----------	---------	---------	--------	--------
12李毅　96	68	96	260	86.67
13李青　78	78	58	214	71.33
14陈晓娟　89	68	89	246	82
15张一　65	94	77	236	78.67

④　基于 NAME 列建立 B 树索引。

```
SQL> create index name_index on score(name)
  2  tablespace users;
```

索引已创建。

⑤　引用 B 树索引列并显示其执行计划。

```
SQL> set autotrace on explain
SQL> select name,totalscore,average
  2  from score
  3  where name=' 李青 ';
```

NAME	TOTALSCORE	AVERAGE
------------	--------------------	----------------
李青	214	71.33

执行计划

Plan hash value: 541617744

Id	Operation	Name	Rows	Bytes	Cost (%CPU)	Time
0	SELECT STATEMENT		1	43	2 (0)	00:00:01
1	TABLE ACCESS BY INDEX ROWID BATCHED	SCORE	1	43	2 (0)	00:00:01
* 2	INDEX RANGE SCAN	NAME_INDEX	1		1 (0)	00:00:01

Predicate Information (identified by operation id):
----

   2 - access("NAME"=' 李青 ')

Note

   - dynamic statistics used: dynamic sampling (level=2)

⑥　在 SCORE 表的 STUDENTID 列中创建位图索引。

```
SQL> create bitmap index score_id_bmp
  2  on score(studentid)
  3  tablespace users;
```

索引已创建。

⑦　删除所创建的索引。

```
SQL> drop index score_id_bmp;
```

```
    索引已删除。

SQL> drop index name_index;
    索引已删除。
```

11.7 新手训练营

练习 1：创建 B 树索引

本练习中，将基于 STAFF 表中的 NAME 列创建 B 树索引。

```
SQL> create index name_index on staff(name)
  2  pctfree 30
  3  tablespace users;

索引已创建。
```

然后，在 WHERE 子句中引用 B 树索引列并显示其执行计划。

```
SQL> set autotrace on explain
SQL> select name,department,vworkinglife
  2  from staff
  3  where name='刘娟';
```

NAME	DEPARTMENT	VWORKINGLIFE
刘娟	人事部	13

执行计划
```
--------------------------------------------------------------
Plan hash value: 654100965
--------------------------------------------------------------
| Id  | Operation | Name | Rows  | Bytes | Cost (%CPU)| Time     |

--------------------------------------------------------------
|  0 | SELECT STATEMENT |       | 1 | 16 | 2 (0)| 00:00:01 |

|  1 |  TABLE ACCESS BY INDEX ROWID BATCHED| STAFF | 1 | 16 | 2 (0)| 00:00:01 |

|* 2 |  INDEX RANGE SCAN | NAME_INDEX | 1 |    | 1 (0)| 00:00:01 |
--------------------------------------------------------------
Predicate Information (identified by operation id):
--------------------------------------------------------------
   2 - access("NAME"='刘娟')
```

练习 2：创建位图索引

本练习中，将基于 ACMT 表中的 POST 列创建位图索引。

```
SQL> create bitmap index acmt_post_bmp
  2  on acmt(post)
```

```
   3  tablespace users;
```

索引已创建。

练习 3：创建反向键索引

本练习中，对于 ATTENDANCE 表的 ID 列而言，由于该列是顺序递增的，所以为了均衡索引数据分布，应在该列上建立反向索引。

```
SQL> create index pk_attendance
  2  on attendance(id) reverse
  3  tablespace users;
```

练习 4：创建索引组织表

本练习中，将使用 CREATE TABLE 语句，创建一个索引组织表。

```
SQL> create table elys(
  2  mpno number(5) primary key,
  3  name varchar2(15) not null,
  4  job varchar2(10),
  5  hiredate date default (sysdate),
  6  sal number(7,2),
  7  ptno number(3) not null
  8  ) organization index
  9  tablespace users;
```

表已创建。

第 12 章
其他模式对象

本章内容

在 Oracle 中，除表、索引和索引组织表外，簇、簇表和外部表等也是重要的模式对象。在本章中，首先，将介绍如何创建分区表，以及基于分区表的索引，然后介绍 Oracle 利用外部数据的一种方法——外部表，最后对其他一些模式对象，包括簇和临时表等常用的模式对象进行简单介绍。

12.1 管理表分区与索引分区

在当今的企业应用中，需要处理的数据量可以达到几十到几百吉字节，甚至到太字节级。为了提高对这些巨型数据库和巨型表的读写速度，Oracle 提供了一种分区技术，用户可以在创建表时应用分区技术，将数据分区保存。本节将对 Oracle 中的分区表，以及基于分区表的分区索引技术进行介绍。

12.1.1 分区的概念

分区是指将巨型的表或索引分割成相对较小的、可独立管理的部分，这些独立的部分称为"原来表"或"索引的分区"。分区后的表与未分区的表，在执行查询语句或其他 DML 语句时没有任何区别，一旦进行分区之后，还可以使用 DDL 语句对每个单独的分区进行操作。因此，对巨型表或者索引进行分区后，能够简化对它们的管理和维护操作，而且分区对于最终用户和应用程序是完全透明的。

在对表进行分区后，每个分区都具有相同的逻辑属性。例如，各个分区都具有相同的字段名、数据类型和约束等。但是各个分区的物理属性可以不同，例如，各个分区可以具有不同的存储参数，或者位于不同的表空间中。

如果对表进行了分区，表中的每一条记录都必须明确地属于某一个分区。记录应当属于哪一个分区是由记录中分区字段的值决定的。分区字段可以是表中的一个字段或多个字段的组合，这是在创建分区表时确定的。在对分区表执行插入、删除或更新等操作时，Oracle 会自动根据分区字段的值来选择所使用的分区。分区字段由 1 ～ 16 个字段以某种顺序组成，但不能包含 ROWID 等伪列，也不能包含全为 NULL 值的字段。

下图显示了一个典型的分区表。通常在对表进行分区时也会将对应的索引进行分区，但是未分区的表可以具有分区的索引，而分区的表也可以具有未分区的索引。

一个表可以被分割成任意数目的分区，但如果表中包含 LONG 或 LONG RAW 类型的字段，则不能对表分区。对于索引组织表而言，虽然也可以分区，但是有如下一些限制。

※　索引组织表仅支持范围和散列分区，不能以列表或复合方式对索引组织表进行分区。

※　分区字段必须是主键字段的一个子集。

※　如果在索引组织表中使用了 OVERFLOW 子句，溢出存储段将随表的分区进行相同的分割。

下面给出了应该考虑对表进行分区的一些常见情况。

※ 如果一个表的大小超过了 2GB，通常会对它进行分区。

※ 如果要对一个表进行并行 DML 操作，则必须对它进行分区。

※ 如果为了平衡硬盘 I/O 操作，需要将一个表分散存储在不同的表空间中，这时就必须对表进行分区。

※ 如果需要将表的一部分设置为只读，而另一部分为可更新的，则必须对它进行分区。

12.1.2 建立分区表

在 Oracle 数据库中，根据对表或索引的分区方法可以创建 5 种类型的分区表：范围分区、散列分区、列表分区、组合范围散列分区和组合范围列表分区。每种分区表都有自己的特点，在创建分区表时，应当根据表应用的情况选择合适的分区类型。

1．范围分区表

范围分区就是根据分区字段的取值范围进行分区的，并将数据存储在不同的分区段中。如果表的数据可以按照逻辑范围进行划分，并在不同范围内分布比较均衡，那么可以使用范围分区。例如，根据日期值进行分区，将不同日期的数据存储在不同的分区上。

如下图所示，假设有一个销售表 SALES，该表的数据总量达到 1000GB，每个季度平均250GB。如果使用普通表存储数据，1000GB 数据会存放到一个表段 SALES 中，那么在统计一季度销售数据时需要扫描 1000GB 数据；如果使用分区表，则可以将一、二、三、四季度数据分别存放到不同分区段中，此时统计一季度销售数据时只需要扫描 250GB 的数据。显而易见，使用范围分区可以大幅降低 I/O 次数，从而提高了磁盘的 I/O 性能。

普通表

分区表

一季度销售数据

二季度销售数据

三季度销售数据

四季度销售数据

例如，下面的示例建立一个范围分区表，将每个季度的销售数据部署到不同的表分区段。建立范围分区时，必须指定分区方法 RANGE、分区列以及每个分区列值的具体范围。

```
SQL> create table sales_range(
  2    customer_id number(3),
  3    sales_amount number(10,2),
  4    sales_date date not null
  5  )partition by range(sales_date)(
  6    partition part_01 values less than(to_date('2017-04-01','yyyy-mm-dd')) tablespace space01,
```

```
  7      partition part_02 values less than(to_date('2017-07-01','yyyy-mm-
dd')) tablespace space02,
  8      partition part_03 values less than(to_date('2017-10-01','yyyy-mm-
dd')) tablespace space03,
  9      partition part_o4 values less than(maxvalue) tablespace space04
 10   );

表已创建。
```

如上所示，PARTITION BY RANGE(column) 用于指定范围分区方法以及分区键列，PARTITION 用于指定每个分区的名称，如果不指定每个分区的名称，则 Oracle 会自动为分区命名。VALUES LESS THAN 用于指定分布到该范围分区的数据范围，TABLESPACE 用于指定分区段所在的表空间。执行下述语句后，不仅建立了分区表 SALES，而且将分区段 PART_01、PART_02、PART_03 和 PART_04 分别部署到表空间 SPACE01、SPACE02、SPACE03 和 SPACE04 中。

在使用 INSERT 语句为范围分区表插入数据时，必须为分区列提供数据，并且分区列的数据必须符合相应的分区范围。当在分区表 SALES 上执行 INSERT 操作时，Oracle 会根据 SALES_DATE 值的范围，在相应分区中插入数据。例如：

```
SQL> alter session set nls_date_format='YYYY-MM-DD';
会话已更改。

SQL> insert into sales_range values(1,30000,'2017-02-25');
已创建 1 行。

SQL> insert into sales_range values(2,28500,'2017-05-17');
已创建 1 行。

SQL> insert into sales_range values(3,37000,'2017-11-02');
已创建 1 行。

SQL> insert into sales_range values(4,42500,'2017-08-15');
已创建 1 行。
```

执行以上 INSERT 操作后，第一条数据会被存放到 PART_01 分区，第二条数据会被存放到 PART_02，第三条数据会被存放到 PART_03 分区，第四条数据会被存放在 PART_04 分区中。

建立分区表后，如果要查询该分区表的所有数据，与查询普通表的方法没有任何区别，Oracle 会在每个分区上执行全表扫描。例如：

```
SQL> set autotrace on explain
SQL> select * from sales_range;
```

建立分区表后，也可以通过在表名后指定分区名，以显示特定分区的所有数据，Oracle 只会在相应的表分区上执行全表扫描。例如：

```
SQL> set autotrace on explain
SQL> select * from sales partition(part_02);
```

在建立分区表时，Oracle 会为每个分区建立一个分区段，并且可以将不同分区部署到不同的表空间中。通过查询数据字典视图 USER_SEGMENTS，可以显示分区段及其所在的表空间。例如：

```
SQL> col tablespace_name format a15
SQL> col segment_name format a15
SQL> col partiton_name format a15
SQL> select segment_name,partition_name,tablespace_name
  2  from user_segments
```

```
   3  where segment_name='SALES_RANGE';

SEGMENT_NAME            PARTITION_NAME          TABLESPACE_NAME
-------------           --------------          ----------------
SALES_RANGE             PART_01                 SPACE01
SALES_RANGE             PART_02                 SPACE02
SALES_RANGE             PART_03                 SPACE03
SALES_RANGE             PART_O4                 SPACE04
```

提示：

Oracle 认为 NULL 值大于一切非 NULL 值，因此，如果分区字段的值为 NULL，则必须在某个分区中使用 MAXVALUE 关键字指定上限。

2．散列分区

　　散列分区是指按照 Oracle 提供的散列（hash）函数计算列值数据，并最终按照函数结果分区大表数据。在进行范围分区时，有时用户无法对各个分区中可能具有的记录数目进行预测，这会导致某个分区中记录数目过多，而其他分区中记录很少的不平衡分区情况。在这种情况下，用户可以考虑创建散列分区表。

　　散列分区是通过散列算法将数据均匀分布到各分区，通过在 I/O 设备上进行散列分区，从而使这些分区大小一致。创建散列分区表时，必须指定分区方法、分区列以及分区个数。

　　下面是一个典型的散列分区的示例，该示例将销售数据表 SALES_HASH 中的数据依据 CUSTOMER_ID 进行散列分区。

```
SQL> create table sales_hash(
   2    customer_id number(3),
   3    sales_amount number(10,2),
   4    sales_date date not null
   5  )partition by hash(customer_id)
   6  partitions 4
   7  store in(space01,space02,space03,space04);

表已创建。
```

　　在上面的 CREATE TABLE 语句中，通过 PARTITION BY HASH 子句说明对表进行的是散列分区，然后使用 PARTITIONS 关键字指定分区的数目（不指定分区名称）。如果要将各个分区分散存储在不同的表空间中，可以使用 STORE IN 子句指定一个与分区数目相同的表空间列表，这时各个分区的名称由 Oracle 自动生成。

　　散列分区表的分区字段可以由多个字段组成。例如，使用下面的语句为销售记录创建另一个散列分区表 SALES_HASH2，其中根据 CUSTOMER_ID 和 SALES_DATE 字段进行散列分区。

```
SQL> create table sales_hash2(
   2    customer_id number(3),
   3    sales_amount number(10,2),
   4    sales_date date not null
   5  )partition by hash(customer_id,sales_date)
   6  (
   7    partition part_01 tablespace space01,
   8    partition part_02 tablespace space02,
```

```
 9      partition part_03 tablespace space03,
10      partition part_04 tablespace space04
11  );
```

表已创建。

上面的语句直接为各个分区指定了名称和所处表空间，因此不必再使用 STOREIN 子句。

在使用 INSERT 语句为散列分区表添加数据时，必须为分区列提供数据。当在散列分区表上执行 INSERT 操作时，Oracle 会在分区列上使用内置散列函数进行运算，然后根据运算结果均匀地分布到不同的分区段上。

查询散列分区表的所有数据与查询普通表的方法没有任何区别，Oracle 会在每个表分区上执行全表扫描。如果在 WHERE 子句中引用分区列，则 Oracle 会自动根据内置散列函数确定记录所在的散列分区。

3．列表分区

如果分区字段的值不能划分范围（非数字或日期数据类型），并且分区字段的取值范围只是一个包含少数值的集合，则可以对表进行列表分区。在进行列表分区时，需要为每个分区指定一个取值列表，分区字段的取值处于同一个取值列表中的行将被存储在同一个分区中。

列表分区适用于那些分区字段是一些无序的或者无关的取值集合的表，在分区时分区字段只能是一个单独的字段。下面是一个典型的列表分区的示例：为销售记录表创建一个列表分表 SALES_LIST，其中根据销售地点 SALES_STATE 字段进行列表分区。

```
SQL> create table sales_list(
  2    customer_id number(3),
  3    sales_amount number(10,2),
  4    sales_state varchar2(20),
  5    sales_date date not null
  6  )
  7  partition by list(sales_state)(
  8    partition sales_east values ('大连','青岛'),
  9    partition sales_west values ('西安','太原')
 10  );
表已创建。
```

在 CREATE TABLE 语句中通过 PARTITION BY LIST 子句说明对表进行列表分区，每个分区的定义同样由 PARTITION 关键字开头，其后跟随可选的分区名。

VALUES 子句用于指定一个分区对应的取值列表。按照销售地点的位置，将 SALES_STATE 字段的所有取值分为两个列表——东部和西部。Oracle 会对表中每条记录的分区字段进行检查，如果分区字段值位于某个取值列表中，则系统会将相应的记录存放到相应的分区中。

4．组合范围散列分区

有时候根据范围分区后，还需要将每个分区内的数据再散列地分布在几个表空间中，这样的分区为"组合范围散列分区"。组合范围散列分区是范围分区的一种改进形式，使它同时具有范围分区和散列分区的优势。

下面是一个典型的散列分区的示例：为销售记录表创建一个组合范围散列分区表 SALES_

RANGE_HASH，其中首先根据销售时间 SALES_DATE 进行范围分区，然后根据 CUSTOMER_ID 字段对得到的每个分区再进行散列分区。

```
SQL> create table sales_range_hash(
  2  customer_id number(3),
  3  sales_amount number(10,2),
  4  sales_state varchar2(20),
  5  sales_date date not null
  6  )
  7   partition by range(sales_date)
  8   subpartition by hash(customer_id)
  9   subpartitions 3(
 10   partition part_01 values less than(to_date('2017-04-01','yyyy-mm-dd'))
 11    ( subpartition p_1_1 tablespace space01,
 12      subpartition p_1_2 tablespace space02,
 13      subpartition p_1_3 tablespace space03),
 14   partition part_02 values less than(to_date('2017-07-01','yyyy-mm-dd'))
 15    ( subpartition p_2_1 tablespace space01,
 16      subpartition p_2_2 tablespace space02,
 17      subpartition p_2_3 tablespace space03),
 18   partition part_03 values less than(to_date('2017-10-01','yyyy-mm-dd'))
 19    ( subpartition p_3_1 tablespace space01,
 20      subpartition p_3_2 tablespace space02,
 21      subpartition p_3_3 tablespace space03),
 22   partition part_04 values less than(maxvalue)
 23    ( subpartition p_4_1 tablespace space01,
 24      subpartition p_4_2 tablespace space02,
 25      subpartition p_4_3 tablespace space03)
 26  );

表已创建。
```

在创建组合范围散列分区表时，首先使用 PARTITION BY RANGE 子句，根据 SALES_DATE 字段对表进行范围分区，然后再使用 SUBPARTITION BY HASH 子句，根据 CUSTOMER_ID 字段对各个分区再进行散列分区。SALES_RANGE_HASH 表总共由 12 个分区组成，在定义子分区时，使用 TABLESPACE 关键字指定子分区所处的表空间。下图显示了组合范围散列分区表中，各个子分区的情况。

5. 组合范围列表分区

组合范围列表分区是对范围和列表分区技术的组合。在该类型的分区表中，首先对表进行范围分区，然后针对每个单独的范围分区再使用列表分区技术进一步细分。与组合范围散列分区不同，范围列表分区中每个子分区的内容表示数据的逻辑子集，由适当的范围和列表分区设置来描述。

例如，下面的语句首先将表 SALES_RANGE_LIST 分为两个分区，然后再对每个分区以列表分区的形式进行子分区。

```
SQL> create table sales_range_list(
  2  customer_id number(3),
  3  sales_amount number(10,2),
  4  sales_state varchar2(20),
  5  sales_date date not null
  6  )
  7    partition by range(sales_date)
  8    subpartition by list(sales_state)(
  9    partition part_01 values less than(to_date('2017-04-01','yyyy-mm-dd'))
 10    ( subpartition p_1_1 values ('西安','太原') tablespace space01,
 11        subpartition p_1_2 values ('青岛','大连') tablespace space02),
 12    partition part_02 values less than(to_date('2017-07-01','yyyy-mm-dd'))
 13    ( subpartition p_2_1 values ('西安','太原') tablespace space01,
 14        subpartition p_2_2 values ('青岛','大连') tablespace space02),
 15    partition part_03 values less than(to_date('2017-10-01','yyyy-mm-dd'))
 16    ( subpartition p_3_1 values ('西安','太原') tablespace space01,
 17        subpartition p_3_2 values ('青岛','大连') tablespace space02),
 18    partition part_04 values less than(maxvalue)
 19    ( subpartition p_4_1 values ('西安','太原') tablespace space01,
 20        subpartition p_4_2 values ('青岛','大连') tablespace space02)
 21    );

表已创建。
```

12.1.3 修改分区表

对分区表而言，可以像普通表一样使用 ALTER TABLE 语句进行修改。因此，本节主要介绍分区表所特有的修改方法。

1. 为范围分区表添加分区

如果要在范围分区表的尾部增加新分区，可以使用 ADD PARTITION 选项。下面以在范围分区表 SALES_RANGE 的尾部增加一个新分区为例，说明在范围分区表的尾部增加分区的方法。

```
SQL> alter table sales_range
  2  add partition part_05 values less than(to_date('2009-04-01','yyyy-mm-dd'));
表已更改。

SQL> select segment_name,partition_name,tablespace_name
  2  from user_segments
  3  where segment_name='SALES_RANGE';
```

```
SEGMENT_NAME            PARTITION_NAME          TABLESPACE_NAME
------------            --------------          ---------------
SALES_RANGE             PART_01                 SPACE01
SALES_RANGE             PART_02                 SPACE02
SALES_RANGE             PART_03                 SPACE03
SALES_RANGE             PART_05                 USERS
SALES_RANGE             PART_04                 SPACE04
```

如果在创建分区表时，最后一个分区的上限值为 MAXVALUE，则无法在分区表的尾部添加新分区，反之将返回如下错误。

```
SQL> alter table sales_range
  2  add partition part_05 values less than(to_date('2009-04-01','yyyy-mm-dd'));

add partition part_05 values less than(to_date('2009-04-01','yyyy-mm-dd'))
                      *
第 2 行出现错误：
ORA-14074：分区界限必须调整为高于最后一个分区界限
```

如果在范围分区表的顶部或中间增加分区，可以使用 SPLIT PARTITION 选项。下面以在范围分区表 SALES_RANGE 的中间增加分区为例，说明使用 SPLIT PARTITION 选项的方法。

```
SQL> alter table sales_range
  2  split partition part_03 at (to_date('2017-08-15','yyyy-mm-dd'))
  3  into (partition part_03_01,partition part_03_02);

表已更改。
```

2．为散列分区表增加分区

如果要为散列分区表增加分区，既可以指定分区名，也可以不指定分区名。如果不指定分区名，Oracle 会自动生成一个分区名。下面以分区表 SALES_HASH 为例，为散列分区表增加分区。

```
SQL> alter table sales_hash
  2  add partition part_05;

表已更改。

SQL> select segment_name,partition_name,tablespace_name
  2  from user_segments
  3  where segment_name='SALES_HASH';

SEGMENT_NAME            PARTITION_NAME          TABLESPACE_NAME
------------            --------------          ---------------
SALES_HASH              PART_05                 USERS
SALES_HASH              SYS_P61                 SPACE01
SALES_HASH              SYS_P62                 SPACE02
SALES_HASH              SYS_P63                 SPACE03
SALES_HASH              SYS_P64                 SPACE04
```

3．为列表分区表增加分区

如果要为列表分区表增加新分区，则必须提供相应的离散值。下面以为分区表 SALES_LIST 增加新分区为例，说明为列表分区表增加分区的方法。

```
SQL> alter table sales_list add partition part_north
  2  values('北京','哈尔滨');
```

```
表已更改。

SQL> select segment_name,partition_name,tablespace_name
  2  from user_segments
  3  where segment_name='SALES_LIST';


SEGMENT_NAME            PARTITION_NAME         TABLESPACE_NAME
------------            --------------         ---------------
SALES_LIST              PART_NORTH             USERS
SALES_LIST              SALES_EAST             USERS
SALES_LIST              SALES_WEST             USERS
```

4. 为范围散列组合分区表增加主分区和子分区

为范围散列组合分区表增加分区时，不仅需要指定主分区，还应该指定子分区的个数。如果不指定分区个数，Oracle 会使用表级的默认子分区。例如，下面的语句向 SALES_RANGE_HASH 表增加一个主分区。

```
SQL> alter table sales_range_hash add partition p_5
  2  values less than (to_date('2009-04-01','yyyy-mm-dd'));

表已更改。

SQL> select segment_name,partition_name,tablespace_name
  2  from user_segments
  3  where segment_name='SALES_RANGE_HASH';

SEGMENT_NAME            PARTITION_NAME         TABLESPACE_NAME
------------            --------------         ---------------
SALES_RANGE_HASH        P_1_1                  SPACE01
SALES_RANGE_HASH        P_1_2                  SPACE02
SALES_RANGE_HASH        P_1_3                  SPACE03
SALES_RANGE_HASH        P_2_1                  SPACE01
SALES_RANGE_HASH        P_2_2                  SPACE02
SALES_RANGE_HASH        P_2_3                  SPACE03
SALES_RANGE_HASH        P_3_1                  SPACE01
SALES_RANGE_HASH        P_3_2                  SPACE02
SALES_RANGE_HASH        P_3_3                  SPACE03
SALES_RANGE_HASH        P_4_1                  SPACE01
SALES_RANGE_HASH        P_4_2                  SPACE02
SALES_RANGE_HASH        P_4_3                  SPACE03
SALES_RANGE_HASH        SYS_SUBP65             USERS
SALES_RANGE_HASH        SYS_SUBP66             USERS
SALES_RANGE_HASH        SYS_SUBP67             USERS

已选择 15 行。
```

为范围散列分区表增加子分区时，需要在 ALTER TABLE … MODIFY PARTITION 语句中使用 ADD SUBPARTITION 选项，为表指定添加的子分区。例如，下面的语句为分区 P_5 增加一个子分区。

```
SQL> alter table sales_range_hash modify partition p_5
  2  add subpartition;

表已更改。
```

5. 为范围列表分区表增加主分区和子分区

当为范围列表分区表添加分区时，不仅需要指定主分区，还应该指定子分区。如果不指定子分区，Oracle 会使用分区模板；如果不指定分区模板，Oracle 只会建立一个默认子分区。例如，下面的语句为 SALES_RANGE_LIST 表增加主分区。

```
SQL> alter table sales_range_list add partition p5
  2   values less than (to_date('2009-04-01','yyyy-mm-dd'))(
  3     subpartition p_5_1 values ('西安','太原') tablespace space01,
  4     subpartition p_5_2 values ('青岛','大连') tablespace space02);

表已更改。
```

为范围列表分区表添加子分区时，需要使用 ALTER TABLE … MODIFY PARTITION 语句的 ADD SUBPARTITION 子句。例如，下面的语句为分区 P_5 增加一个子分区。

```
SQL> alter table sales_range_list modify partition p5
  2   add subpartition p_5_3 values ('北京','哈尔滨');

表已更改。
```

6. 删除分区

如果要删除范围分区表、列表分区表或范围列表组合分区表的某个分区时，可以使用 ALTER TABLE … DROP PARTITION 语句。例如，下面的语句删除了 SALES_RANGE 表的 PART_05 分区。

```
SQL> alter table sales_range
  2   drop partition part_05;

表已更改。
```

如果要删除范围列表组合分区表的子分区时，可以使用 ALTER TABLE … DROP SUBPARTITION 语句。例如，下面的语句删除了 SALES_RANGE_LIST 表中的 P_5_3 子分区。

```
SQL> alter table sales_range_list drop subpartition p_5_3;

表已更改。
```

删除散列分区表或者范围散列组合分区表中的分区时，可以使用 ALTER TABLE … COALESCE PARTITION 语句。例如，下面的语句删除了散列分区表 SALES_HASH 的一个分区。

```
SQL> alter table sales_hash coalesce partition;

表已更改。
```

删除范围散列分区表的子分区时，可以在 ALTER TABLE…MODIFY PARTITION 语句中使用 COALESCE SUBPARTITION 子句。例如，下面的语句删除了 SALES_RANGE_HASH 分区表中分区 PART_04 的一个散列子分区。

```
SQL> alter table sales_range_hash modify partition part_04
  2   coalesce subpartition;

表已更改。
```

7. 交换分区数据

使用 ALTER TABLE … EXCHANGE PARTITION 语句可以将表分区中的数据交换到普通表中，也可以将普通表数据交换到表分区中。例如，下面的语句将分区表 SALES_RANGE 的分区 PART_01 的数据交换到表 SALES_1 中。

```
SQL> create table sales_1
  2  as select * from sales_range;

表已创建。

SQL> alter table sales_range exchange partition part_01
  2  with table sales_1;

表已更改。
```

8. 修改分区表名称

使用 ALTER TABLE … RENAME PARTITION 语句可以修改分区表中分区的名称。例如，下面的语句将 SALES_RANGE 分区表中的 PART_01 修改为 P_1。

```
SQL> alter table sales_range rename partition part_01 to p_1;

表已更改。
```

9. 合并分区

使用 ALTER TABLE … MERGE PARTITION 语句可以将多个分区的内容合并为一个分区。例如，下面的语句将分区表 SALES_RANGE 中的 PART_03_01 和 PART_03_02 两个分区合并为 P_3 分区。

```
SQL> alter table sales_range merge partitions part_03_01,part_03_02
  2  into partition p_3;

表已更改。
```

10. 重组分区

使用 ALTER TABLE … MOVE PARTITION 语句可以重组特定分区的所有数据。通过该语句可以将特定分区数据移动到其他表空间，或删除特定分区的迁移记录。例如，下面的语句将 SALES_RANGE 的分区 P_1 移动到 USERS 表空间。

```
SQL> alter table sales_range move partition p_1
  2  tablespace users;

表已更改。
```

12.1.4 分区索引和全局索引

对于分区表而言，每个表分区对应一个分区段。当在分区表上建立索引时，既可以建立全局索引，也可以建立分区索引。对于全局索引，其索引数据会存放在一个索引段中；而对于分区索引，则索引数据都会被存放到几个索引分区段中。对索引进行分区的目的与对表进行分区是一样的，都是为了更易于管理和维护巨型对象。

在 Oracle 中，一共可以为分区表建立 3 种类型的索引，下面分别介绍它们的特点和适用情况。

1. 本地分区索引

本地分区索引是为分区表中的各个分区单独地建立分区的，各个索引分区之间是相互独立的。本地分区索引相对比较简单，也比较容易管理。下图显示了本地分区索引和分区表之间的对应关系。

在为分区表创建本地索引后，Oracle 会自动对表的分区和索引的分区进行同步处理。为分区表添加新的分区后，Oracle 会自动为新分区建立新的索引。与此相反，如果表的分区依然存在，则用户将不能删除它所对应的索引分区。在删除表的分区时，系统会自动删除所对应的索引分区。

例如，下面的语句为范围分区表 SALES_RANGE 创建了本地分区索引。

```
SQL> create index sales_local_idx
  2  on  sales_range(customer_id) local;

索引已创建。
```

2. 全局分区索引

全局分区索引是对整个分区表建立的索引，然后再由 Oracle 对索引进行分区。全局分区索引的各个分区之间不是相互独立的，索引分区与分区表之间也不是简单的一对一关系。下图显示了全局分区索引与分区表的对应关系。

例如，下面的语句为分区表 SALES_LIST 创建了全局分区索引。

```
SQL> create index sales_global_part_idx
  2  on sales_list(customer_id)
  3  global partition by range(customer_id)
  4  (
  5    partition part1 values less than(300) tablespace space01,
  6    partition part2 values less than(maxvalue) tablespace space02
```

```
   7  );

索引已创建。
```

3. 全局非分区索引

全局非分区索引就是对整个分区表建立索引,但是不对索引进行分区。下图显示了全局非分区索引和分区表之间的对应关系。

例如,下面的语句为分区表 SALES_HASH 创建了全局非分区索引。

```
SQL> create index sales_global_idx
  2  on sales_hash(customer_id);

索引已创建。
```

本地分区索引通常用于决策支持系统环境中,而全局分区索引和全局非分区索引则通常用于在线事务环境中。本地分区索引的管理,大部分是由 Oracle 自动完成的,而全局分区索引的部分管理操作比较特殊,需要 DBA 进行更多的干预。

12.2 外部表和临时表

外部表是表结构被存储在数据字典中,而表数据被存放在 OS 文件中的表。通过使用外部表,不仅可以在数据库中查询 OS 文件的数据,还可以使用 INSERT 方式将 OS 文件数据装载到数据库中,从而实现 SQL*Loader 所提供的功能。

Oracle 的临时表与其他关系数据库中的区别在于,Oracle 中的临时表是"静态"的,也就是说,用户不需要在每次使用临时表时都重新建立,它与普通的数据表一样被数据库保存,其结构从创建开始直到被删除期间一直是有效的,并且被作为模式对象存在于数据字典中。

12.2.1 建立外部表

建立外部表也是使用 CREATE TABLE 语句来完成的,但建立外部表必须指定 ORGANIZATION EXTERNAL 子句。与建立普通表不同,建立外部表包括两部分:一部分描述列的数据类型,另一部分描述 OS 文件数据与表列的对应关系。

建立外部表后,可以查询外部表的数据,在外部表上执行连接查询,或者对外部表的数据进行排序。但是,在外部表上不能执行 DML 操作,也不能在外部表上建立索引。

为了演示如何建立外部表，这里将使用包含逗号分隔符的文件"成绩表 .CSV"，该类型的文件可以被 Excel 使用。

① 为了建立外部表，Oracle 需要知道外部文件在操作系统中的位置，这可以通过使用目录对象作为服务器文件系统上目录的别名来解决。创建时还需为非特权用户或 DBA 用户授予 CREATE ANY DIRECTORY 系统权限。另外，为了使数据库用户可以访问特定目录下的 OS 文件，必须将读写目录对象的权限授予用户。

```
SQL>conn / as sysdba
已连接。
SQL> create directory exterior_data
  2    as 'd:\orcldata\exterior';
目录已创建。
SQL> grant read,write on directory exterior_data to scott;
授权成功。
```

在上面的语句中，建立了一个名为 EXTERIOR_DATA 的目录，该目录指向服务器上 D:\ORCLDATA\EXTERIOR 目录，该目录也是存放 EMPLOYEES.XLS 数据文件的位置。

② 在指定数据文件的位置后，就可以使用 CREATE TABLE ... ORGANIZATION EXTERNAL 语句创建外部表了。这里需要注意，数据文件中的数据并不会被存储在数据库中。创建的外部表 EXT_EMP 的语句如下。

```
SQL> create table ext_emp
  2   (empno number(4),
  3    ename varchar2(12),
  4    job varchar2(12) ,
  5    mgr number(4) ,
  6    hiredate date,
  7    salary number(8),
  8    comm number(8),
  9    deptno number(3))
 10  organization external
 11  (type oracle_loader
 12  default directory exterior_data
 13  access parameters(
 14  records delimited by newline
 15  fields terminated by ',')
 16  location('employees.csv'));

表已创建。
```

创建外部表的语句要比创建普通表的复杂，CREATE TABLE 语句与创建普通表的语句前半部分相同。后面的 ORGANIZATION EXTERNAL 子句指出正在建立的表是外部表，其中的 TYPE 关键字指定访问外部表数据文件时所使用的访问驱动程序，该程序可以将数据从它们最初的格式转换为能向服务器提供的格式。ACCESS PARAMETERS 选项就是用于驱动程序访问数据文件时，进行转换的参数设置，其中，FIELDS TERMINATED BY 选项决定了字段之间的分隔符。

12.2.2 处理外部表错误

在将数据文件中的数据转换为表中列数据时，不可避免地会出现一些错误。当出现错误时，用户就需要收集错误信息，从中找到导致出现错误的原因并加以纠正。在创建外部表时，关于错误处理的子句包括：REJECT LIMIT、BADFILE 和 LOGFILE。

1．REJECT LIMIT 子句

如果在创建外部表时，使用了 REJECT LIMIT 子句，则在将数据文件中的数据转换为表定义的列数据期间，数据库将允许出现特定数量的错误。如果用户在执行一个查询，而 Oracle 遇到了超过这个转换数量的错误，那么查询将会失败。

在默认情况下，REJECT LIMIT 子句指定的数值为 0。可以使用 REJECT LIMIT 子句设置允许出现的错误数为 UNLIMITED，这样查询就不会失败。如果外部数据文件中的所有记录都由于转换错误而失败，那么查询这个外部表时将返回 0 行。

例如，在下面的示例将重新创建外部表 EMPLOYEES_EXTERNAL，并在指定字段分隔符时使用分号";"，很显然，这在转换数据时将发生错误。但是，由于在其中使用了 REJECT LIMIT 子句指定错误数为 UNLIMITED，所以可以成功创建外部表。

```
SQL> create table ext_emp
  2  (
  ...
)
 10   organization external
 11   (type oracle_loader
 12   default directory exterior_data
 13   access parameters(
 14   records delimited by newline
 15   fields terminated by ',')
 16   location('employees.csv'));
 17   reject limit unlimited;

表已创建。
```

虽然忽略了在创建外部表时发生的错误，但是，这意味着 Oracle 可能无法读取数据文件中的数据。如果这时用户使用 SELECT 语句查询该外部表，则无法返回正常的数据。

2．BADFILE 和 NOBADFILE 子句

当读取外部表的数据文件时，数据库可能会遇到数据类型转换错误，不能将源文件转换成数据库中为外部表定义的列。这时可以在创建外部表时使用了 BADFILE 子句，所有不能转换的数值都会被写入 BADFILE 指定的文件中。

```
SQL> create table ext_emp
  2  (empno number(4),
  ...
  9   deptno number(3))
 10   organization external
 11   (type oracle_loader
 12   default directory exterior_data
 13   access parameters(
 14   records delimited by newline
 15   badfile exterior_data:'emp.text'
 16   fields terminated by ',')
 17   location('employees.csv'))
 18   reject limit unlimited;
```

```
表已创建。
```

根据前面的示例,如果在外部 OS 文件中有这样一条记录:

```
79814,ATG,MANAGER,7839,1990-12-26,2500,0,10
```

则 Oracle 不能读取它,因为 79814 为 5 位数,而 EMPNO 的定义允许 4 位数。查询该表将返回能够成功转换的所有记录,而不能转换的记录则会被记录到 BADFILE 文件中。

与 BADFILE 子句相反,如果在建立外部表时使用 NOBADFILE 子句,Oracle 将会忽略数据类型转换错误。如果用户在创建表时没有规定 BADFILE 和 NOBADFILE,在默认情况下,Oracle 将使用名称与外部表相同,但扩展名为 .BAD 的文件,并且该文件位于数据文件所处的目录中。

BADFILE 可以为表的所有者提供一个可供分析的文件,找到发生错误的记录,以便 DBA 调整数据或者表定义,确保源文件中的所有数据都可以由 Oracle 读取。

3. LOGFILE 和 NOLOGFILE 子句

在第一次建立表时,外部表中会经常发生错误。例如,操作系统限制 Oracle 读取文件,或者数据文件不存在等。当发生错误时,Oracle 将在日志文件中记录这些错误。LOGFILE 子句用于指定记录错误信息的日志文件。如果要忽略访问外部数据源时所遇到的错误,则可以使用 NOLOGFILE 子句,这样 Oracle 将不会将错误信息写入任何日志文件中。

如果在创建外部表时没有规定 LOGFILE 或者 NOLOGFILE,Oracle 将会使用默认设置建立一个 LOGFILE 文件,该文件的名称与外部表相同,扩展名为 .LOG,该文件与数据文件位于同一个目录。

12.2.3 修改外部表

当在操作系统环境中修改了数据文件所对应的 OS 路径后,为了使 Oracle 能够正确标识 OS 文件所在的目录,则必须改变 DIRECTORY 对象。例如,下面的语句修改外部表 EXT_EMP 的默认 DIRECTORY 对象为 EXT_NEW。

```
SQL>alter table ext_emp default direct ext_new;
```

当在操作系统中修改了 OS 文件名后,为了使 Oracle 能够正确标识该 OS 文件,则必须按逻辑修改外部表对应的 OS 文件。例如,下面的语句修改外部表 EXT_EMP 对应的 OS 文件 EMP.CVS。

```
SQL>alter table ext_emp location('emp.csv');
```

当数据文件的数据格式发生变化时,如分隔符由“,”变为“;”,这就需要改变访问参数设置。例如:

```
SQL>alter table ext_emp access parameters
2   (fields terminated by ';')
```

12.2.4　临时表

临时表与其他类型表的不同之处是：临时表只有在用户向表中添加数据时，才会为其分配存储空间；而其他类型的表则在使用 CREATE TABLE 语句执行之后就分配一个盘区，并且为临时表分配的空间来自临时表空间，这就避免了与永久对象争用存储空间。不仅如此，临时表中存储数据也是以事务或者会话为基础的，当用户当前的事务结束或会话终止，就会因为释放该临时表占用的存储空间而丢失数据。尽管临时表的数据存储机制与堆表的数据存储机制有明显的差异，但是用户可以像在堆表上进行操作一样，在临时表上建立索引、视图和触发器等。

通过临时表，可以避免每当用户应用中需要使用临时表存储数据时，必须重新创建临时表。

由于临时表中存储的数据，只在当前事务处理或者会话进行期间有效，因此，创建的临时表分为事级别临时表和会话级别临时表。这就需要在使用 CREATE GLOBAL TEMPORARY TABLE 语句创建临时表时，还需要使用如下的子句说明创建的临时表级别。

※　如果要创建一个事务级别的临时表，需要使用 ON COMMIT DELETE ROWS 子句。事务级别的临时表在 Oracle 每次提交事务后，其中的记录会被自动删除。

※　如果要创建一个会话级别的临时表，则需要使用 ON COMMIT PRESERVE ROWS 子句。会话级别的临时表在用户连接服务器期间，其中的记录将被一直保存，并持续到用户断开与服务器的连接为止。

12.3　簇与簇表

簇是一种用于存储数据表中数据的方法。簇实际上是一组表，由一组共享相同数据块的多个表组成。因为这些表有公共的列并且经常一起被使用，所以将这些表组合在一起，不仅降低了簇键列所占用的磁盘空间，而且可以大幅降低特定 SQL 操作的 I/O 次数，从而提高数据访问性能。

12.3.1　索引簇

索引簇是指使用索引定义簇键列数据的方法。如果用户需要执行连接查询显示主从表的数据，则应该将主从表组织到索引簇。

1. 普通表与索引簇

在建立普通表时，Oracle 会为该表分配相应的表段。例如，当建立表 DEPT 和 EMP 时，Oracle 会分别为这两张表分配表段 DEPT 和 EMP，并且它们的数据被分别存放在这两个表段中。

如下页图所示，表 EMP 中的所有数据被存放到表段 EMP 中，而表 DEPT 中的数据则被存放到表段 DEPT 中。因为这两个表被存放在不同的位置，所以在执行连接查询语句时，至少需要扫描两个数据块才能检索到关联的数据。

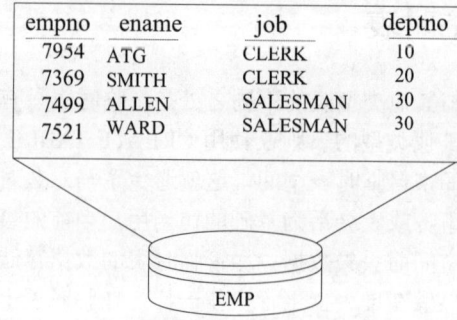

使用索引簇存储表数据时，Oracle 会将不同表的相关数据按照簇键值存放在簇段中。例如，当建立索引簇 EMP_DEPT 时，并将 EMP 和 DEPT 表组织到索引簇后，Oracle 会按照簇键 DEPTNO 存放相关数据，如下图所示。

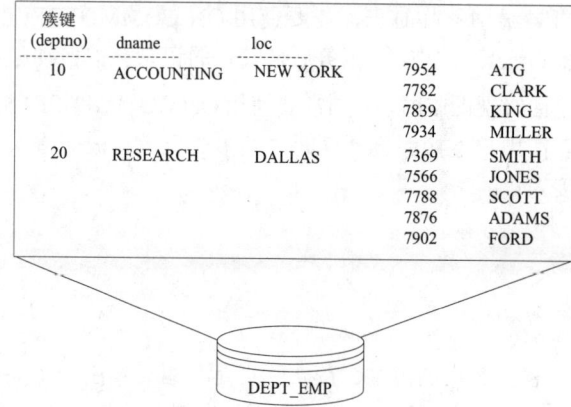

表 EMP 和 DEPT 中的所有数据被存储在簇段 DEPT_EMP 中，因为关联数据被存储到同一个数据块，所以当执行如下的连接查询语句检索部门为 10 及该部门的雇员信息时，只需要扫描一个数据块就可以检索到关联数据。在这种情况下，使用索引簇显然速度更快。

```
select t2.deptno,t2.dname,t2.loc,t1.empno,t1.ename from emp t1,dept t2
where t1.deptno=t2.deptno and t1.deptno=10;
```

2. 建立索引簇

使用索引簇时，簇键列数据是通过索引来定位的。如果用户经常使用主从查询显示相关表的数据，可以将这些表组织到索引簇中，并应该将主外键列作为簇键列。如果在自己模式中创建索引簇时，用户必须具有 CREATE CLUSTER 系统权限，以及能够包含该索引簇的表空间限额或具有 UNLIMITED TABLESPACE 系统权限。如果想在其他模式中创建索引簇，则还必须具有 CREATE ANY CLUSTER 系统权限。

例如，下面的语句建立了索引簇 DEPT_EMP_CLU，在这个簇中通过 DEPTNO 字段对 SCOTT.EMP 和 SCOTT.DEPT 两个表进行聚簇存储。

```
SQL> create cluster dept_emp_clu (deptno number(3))
  2  pctfree 20 pctused 60
```

```
  3   size 500 tablespace space01;
```

簇已创建。

如上所示，簇键列为 DEPTNO，PCTFREE 用于指定在数据块内为 UPDATE 操作所预留的
空间；PCTUSED 则指定将数据块标记为可重新插入数据时已用空间的最低百分比；SIZE 用于
指定每个簇键值相关行数据所占用的总计空间，其默认值为一个数据块的尺寸；TABLESPACE
用于指定簇段所在的表空间。

在建立索引簇时，为了将表组织到簇中，在创建表时必须使用 CLUSTER 子句指定新创建表
所使用的簇以及簇键列。另外，创建的簇表将从所使用的索引簇中分配存储空间。例如，下面
将以 DEPT_COPY 表增加到簇 DEPT_EMP_CLU 为例，说明增加主表到簇中的方法。

```
SQL> create table dept_copy(
  2     deptno number(3) primary key,
  3     dname varchar2(30),
  4     loc varchar2(20)
  5   )cluster dept_emp_clu(deptno);
```

表已创建。

如上所示，执行了以上语句之后，系统会将表 DEPT_COPY 数据组织到簇中，并且主键列
DEPTNO 会作为簇键列。下面的语句将表 EMP_COPY 增加到簇 DEPT_EMP_CLU 中。

```
SQL> create table emp_copy(
  2     empno number(4) primary key,
  3     ename varchar2(20),
  4     job varchar2(10),
  5     mgr number(4),
  6     hiredate date,
  7     sal number(7,2),
  8     comm number(7,2),
  9     deptno number(3) references dept_copy)
 10   cluster dept_emp_clu(deptno);
```

表已创建。

如上所示，执行了上述语句后，会将表 EMP_COPY 中的数据组织到簇中，并且外键列
DEPTNO 会作为簇键列。

为了能够向簇表中添加数据，用户还必须先建立簇索引，否则，系统将返回如下的错误。

```
SQL> insert into dept_copy(deptno,dname,loc)
  2   values(10,'ACCOUNTING','NEW YORK');
insert into dept_copy(deptno,dname,loc)
            *
第 1 行出现错误：
ORA-02032：聚簇表无法在簇索引建立之前使用
```

因为 Oracle 会自动基于簇键列建立簇索引，所以在建立簇索引时不需要指定列名。例如：

```
SQL> create index dept_emp_idx
  2   on cluster dept_emp_clu
  3   tablespace users;
```

索引已创建。

在选择簇表时，应考虑如下两种因素：

※ 相关的表主要用于执行 SELECT 操作，而不是执行 INSERT 和 UPDATE 操作。

※ 经常需要在相关表之间执行连接查询。

建立索引簇时，通过指定 PCTFREE 和 PCTUSED 选项，可以控制数据块的使用空间。如果建立簇时指定 PCTFREE 和 PCTUSED 选项，Oracle 会忽略表级的相应选项设置，而会自动使用簇级的相应设置。

3. 修改和删除簇

建立簇后，用户还可以对簇进行修改。对簇可以进行的修改包括：修改数据块的使用参数、扩展簇段、释放簇段空间、改变 SIZE 选项和删除索引簇。

建立索引簇后，如果数据块的参数设置不合适，则可以使用 ALTER CLUSTER 命令改变 PCTFREE 和 PCTUSED 选项。例如：

```
SQL> alter cluster dept_emp_clu
  2  pctfree 30 pctused 40;

簇已变更。
```

在使用 SQL*Loader 为簇表装载数据时，如果簇段空间不足，这将导致簇段动态扩展，从而降低数据装载速度。为了避免簇的动态分配，应该在执行装载操作前，手动为簇段分配足够的空间。需要注意，散列簇不能扩展。例如：

```
SQL> alter cluster dept_emp_clu
  2  allocate extent;

簇已变更。
```

在建立索引簇时，使用 SIZE 选项可以指定每个簇键值所占用的平均空间。如果该选项设置太小，则可能会导致记录迁移。如果该选项设置不合适，可以使用 ALTER CLUSTER 修改其设置。需要注意，散列簇的 SIZE 选项不能修改。例如：

```
SQL> alter cluster dept_emp_clu size 1024;

簇已变更。
```

如果索引簇包含簇表，那么当删除索引簇时，必须先删除其簇表，否则，将返回如下所示的错误。

```
SQL> drop cluster dept_emp_clu;
drop cluster dept_emp_clu
*
第 1 行出现错误：
ORA-00951: 簇非空
```

如果希望在删除簇的同时删除簇表，可以在 DROP CLUSTER 语句中使用 INCLUDING TABLES 选项，以级联删除簇表及簇。

12.3.2 散列簇

散列簇是指使用散列（HASH）函数定位行的位置。通过散列簇，可以将静态表的数据均匀地分布到数据块中。将表组织到散列簇后，如果使用 WHERE 子句引用簇键列，Oracle 会根据散列函数结果定位表行数据。合理地使用散列簇，可以大幅降低磁盘 I/O，从而提高数据的访问性能。

1．散列簇定位数据

当在普通表上建立 B 树索引后，如果在 WHERE 子句中引用索引列，Oracle 会自动使用索引定位表行数据。如下图所示，假设索引层次为 2，那么执行查询语句时，Oracle 会根据索引定位其数据行，I/O 次数为 4。

将静态表组织到散列簇时，Oracle 会根据散列函数结果分布表行数据。当在 WHERE 子句中引用散列簇键列时，Oracle 会根据散列值确定表行位置，从而直接检索其数据值。如下图所示，假设在 EMPLOYEES 表中具有 1000 行记录，因为员工记录数相对固定，所以可以考虑将其数据组织到散列簇中。如果将 EMPLOYEES 表组织到散列簇中，并使用散列函数 MOD(EMPNO,100)，那么 157、257、357 等员工信息就会存放到相同的数据块中。当执行 SELECT * FROM EMPLOYEES WHERE EMPNO=567 语句时，只需要一次 I/O 操作。从这里可以看出，使用散列簇的性能显然优于使用索引定位的数据。

簇键值	EMPNO	其他列
66	66	…
	166	…
	266	…
	366	…
67	67	…
	167	…
	267	…

2．建立散列簇

使用散列簇时，表行数据是通过簇键列定位的。如果经常在等值查询中引用簇键列，可以将表组织到散列簇；如果经常在范围查询中引用特定列，则不应该将表组织到散列簇。另一方面，如果表数据是静态的，则可以考虑将该表组织到散列簇；反之，如果表数据的变化是非常频繁的，那么使用散列簇是不合理的。

在建立散列簇时，需要使用 HASH IS 定义散列函数。如果不指定 HASH IS 子句，Oracle 会使用默认散列函数。为了避免浪费存储空间，在建立散列簇之前，应该规划好簇键列相关行数据占用的平均空间。例如：

```
SQL> create cluster employee_clu(empno number(4))
  2  size 500 hashkeys 1000 hash is mod(empno,100)
  3  tablespace space01;

簇已创建。
```

如上所示，SIZE 子句指定每个散列簇键值的数据行所占用的总计空间，如果未指定该选项，Oracle 会自动为每个簇键值保留一个数据块的空间。HASHKEYS 用于指定散列键值的个数，该选项是必需的；HASH IS 用于指定用户自定义的散列函数，如果未指定该选项，Oracle 会自动使用系统提供的散列函数；TABLESPACE 用于指定簇段所在的表空间。

建立簇表时，用户必须具有 CREATE TABLE 系统权限；如果要在其他模式中建立簇表，则必须具有 CREATE ANY TABLE 系统权限。例如，下面的语句将表 EMPLOYEES 组织到散列簇。

```
SQL> create table employees(
  2      empno number(4) primary key,
  3      ename varchar2(20),
  4      job varchar2(10),
  5      mgr number(4),
  6      hiredate date,
  7      sal number(7,2),
  8      comm number(7,2),
  9      deptno number(3))
 10  cluster employee_clu(empno);

表已创建。
```

提示：

> 将静态表组织到散列簇后，如果在 WHERE 子句中引用簇键列，Oracle 会使用散列簇定位数据。

3．建立单表散列簇

单表散列簇是指只能存放单个表数据的散列簇。对于普通散列簇而言，每个散列簇可以包含共用相同簇键列的多个表；而对于单表散列簇而言，每个单表散列簇只能存放一张表的数据。

在建立单表散列簇时，必须指定 SINGLE TABLE 和 HASHKEYS 选项。为了提高空间利用率，还应该仔细规划并指定 SIZE 选项。例如，下面的语句建立了单表散列簇 EMP_CLU。

```
SQL> create cluster emp_clu(empno number(4))
  2  size 100 single table hashkeys 1000
  3  tablespace users;

簇已创建。
```

建立单表散列簇后，即可向簇中添加簇表。例如：

```
SQL> create table emp_sample(
  2  empno number(4),
  3  ename varchar2(20),
```

```
 4   sal number(7,2)
 5   )cluster emp_clu(empno);
```

表已创建。

4．修改和删除散列簇

修改散列簇是由 ALTER CLUSTER 语句完成的。一般情况下，修改簇是由簇的所有者完成的，如要以其他用户身份修改簇，则要求该用户必须具有 ALTER ANY CLUSTER 系统权限。但是，散列簇的 SIZE、HASHKEYS 和 HASH IS 等选项不能被修改。

使用 SQL*Loader 为簇表装载数据时，如果簇段表空间不足，将导致簇段动态扩展，这会降低数据的装载速度。为了避免簇段的动态分配，应该在执行装载操作前，手动为簇段分配足够的空间。例如：

```
SQL> alter cluster emp_clu allocate extent;
簇已变更。
```

如果簇段实际占用空间多于所需空间，则可以手动释放其所占用的多余空间。例如：

```
SQL> alter cluster emp_clu deallocate unused;
簇已变更。
```

如果散列簇包含簇表，则可以直接使用 DROP CLUSTER 语句删除散列簇。反之，如果散列簇中包含簇表，则必须在 DROP CLUSTER 命令中使用 INCLUDING TABLES 选项，以便级联删除簇表及散列簇。例如：

```
SQL> drop cluster emp_clu including tables;
簇已删除。
```

12.3.3　显示簇信息

建立索引簇或散列簇时，Oracle 会将簇的相关信息存放到数据字典中，通过查询数据字典视图 USER_CLUSTERS，可以显示当前用户所有的簇信息。例如，下面的语句将显示 SCOTT 用户所包含的所有簇。

```
SQL> select cluster_name,tablespace_name,key_size
  2  from user_clusters;

CLUSTER_NAME         TABLESPACE_NAME        KEY_SIZE
-------------        ----------------       ----------
EMPLOYEE_CLU         SPACE01                500
DEPT_EMP_CLU         SPACE01                1024
```

在建立索引簇或散列簇时，Oracle 会为其分配簇段，并将其信息存放到数据字典中。通过查询数据字典视图 USER_SEGMENTS，可以显示当前用户中簇段的信息。例如：

```
SQL> select segment_name,segment_type,tablespace_name,bytes
  2  from user_segments
  3  where segment_name='DEPT_EMP_CLU';

SEGMENT_NAME         SEGMENT_TYPE       TABLESPACE_NAME       BYTES
-------------        -------------      ----------------      ------
DEPT_EMP_CLU         CLUSTER            SPACE01               131072
```

在建立索引簇或散列簇时指定的簇键列，Oracle 会将簇键列的信息存放到数据字典中。可以通过查询数据字典视图 USER_CLU_COLUMNS，显示当前用户所有簇的簇键列信息。例如，下面的语句将显示 SCOTT 用户的 DEPT_EMP_CLU 簇的簇键列信息。

```
SQL> select clu_column_name,table_name,tab_column_name
  2  from user_clu_columns
  3  where cluster_name='DEPT_EMP_CLU';

CLU_COLUMN_NAME          TABLE_NAME          TAB_COLUMN_NAME
----------------         -----------         ----------------------
DEPTNO                   DEPT_COPY           DEPTNO
DEPTNO                   EMP_COPY            DEPTNO
```

在建立散列簇时，Oracle 会将其散列函数信息存放到数据字典中。通过查询数据字典视图 USER_CLUSTER_HASH_EXPRESSIONS，可以显示当前用户所有散列簇的散列函数。例如，下面的语句将显示 SCOTT 用户的所有散列簇和散列函数。

```
SQL> col hash_expression format a30
SQL> select cluster_name,hash_expression
  2  from user_cluster_hash_expressions;

CLUSTER_NAME                     HASH_EXPRESSION
--------------                   ------------------------------
EMPLOYEE_CLU                     mod(empno,100)
```

12.4 练习：应用外部表

在本练习中，将在 SCOTT 模式中练习如何创建外部表，并练习如何通过外部表，将外部数据导入数据库。

操作步骤：

① 创建两个文本文件 F1 和 F2，在两个文件中输入如下的数据并保存。

F1.txt 文件：

132,OneLine

464,TwoLine

F2.TEXT 文件：

133,ThreeLine

467,FourLine

② 以 SYSTEM 身份连接数据库，并创建指向两个数据文件所在位置的目录对象，然后将该目录的读写权限授予 SCOTT 用户。

```
SQL> create directory ext_data as 'd:\exterior';
目录已创建。

SQL> grant read,write on directory ext_data to scott;
授权成功。
```

注意，这里假设将数据文件存放在 D:\EXTERIOR 目录。

③　连接 SCOTT 模式，创建外部表。

```
SQL>create table exterior_table
  2  (id number(5),
  3  tip varchar(20))
  4  ORGANIZATION EXTERNAL
  5  (
  6  TYPE ORACLE_LOADER
  7  DEFAULT DIRECTORY ext_data
  8  ACCESS Parameters
  9  (
 10  RECORDS DELIMITED BY NEWLINE
 11  badfile 'bad_dev.txt'
 12  LOGFILE 'log_dev.txt'
 13  FIELDS TERMINATED BY ','
 14  )
 15  LOCATION('F1.txt','F2.txt')
 16  );
表已创建。
```

④　查询外部表，显示两个数据文件中的数据。

```
SQL>select * from exterior_table;
```

⑤　在文本文件 F1.TXT 中添加一行数据，然后再使用上一步中的语句查询外部表，这时显示的数据应该包括新添加的数据行。

⑥　在外部表中，用户不可以直接修改、添加数据，为了解决这个问题，可以将外部表中显示的数据导入数据库。将外部表导入数据库使用的语句如下。

```
SQL>create table imp_table
  2  as
  3  select * from exterior_table;
```

12.5 练习：应用簇表

簇是一种用于存储数据表中数据的方法，在本练习中将通过创建簇表及索引簇，来详细介绍簇表的使用方法。

操作步骤：

①　建立索引簇 SLA_CLU，在该簇中通过 PID 字段对 SALE 表进行聚簇存储。

```
SQL> create cluster sla_clu (pid number)
  2  pctfree 20 pctused 60
  3  size 500 tablespace users;

簇已创建。
```

②　将 SALE_COPY 表添加到簇 SLA_CLU。

```
SQL> create table sale_copy(
  2  pid number primary key,
  3  pname varchar2(30),
```

```
   4   total number
   5   )cluster sla_clu(pid);
```

表已创建。

③ 基于簇键列建立簇索引。

```
SQL> create index sla_idx
  2   on cluster sla_clu
  3   tablespace users;
```

索引已创建。

④ 建立索引簇后，可以使用 ALTER CLUSTER 命令改变 PCTFREE 和 PCTUSED 选项。

```
SQL> alter cluster sla_clu
  2   pctfree 30 pctused 40;
```

簇已变更。

⑤ 使用数据字典视图 USER_CLUSTERS 查询当前用户所包含的所有簇。

```
SQL> select cluster_name,tablespace_name,key_size
  2   from user_clusters;

CLUSTER_NAME       TABLESPACE_NAME       KEY_SIZE
-----------------------------------------------------------------------
C_USER             SYSTEM                372
C_OBJ              SYSTEM                800
C_FILE_BLOCK       SYSTEM                225
C_COBJ             SYSTEM                300
SLA_CLU            USERS                 500
......

已选择 11 行。
```

⑥ 通过查询数据字典视图 USER_SEGMENTS，可以显示指定簇段的信息。

```
SQL> select segment_name,segment_type,tablespace_name,bytes
  2   from user_segments
  3   where segment_name='SLA_CLU';

SEGMENT_NAME        SEGMENT_TYPE      TABLESPACE_NAME     BYTES
------------        --------------    ----------------    ------
SLA_CLU             CLUSTER           USERS               65536
```

12.6 新手训练营

练习1：建立分区表

本练习中，将建立一个范围分区表。

```
SQL> create table sal_range(
  2   sid number(3),
  3   volume number,
  4   date date not null
  5   )partition by range(sal_date)(
```

```
     6      partition part_01 values less than(to_date('2017-04-01','yyyy-mm-
dd')) tablespace users01,
     7      partition part_02 values less than(to_date('2017-07-01','yyyy-mm-
dd')) tablespace users02,
     8      partition part_03 values less than(to_date('2017-10-01','yyyy-mm-
dd')) tablespace users03,
     9      partition part_o4 values less than(maxvalue) tablespace users04
    10  );
```

表已创建。

练习 2：设置分区索引

本练习中，将为范围分区表 SAL_RANGE 创建分区索引。

```
SQL> create index sal_local_idx
  2  on  sal_range(sid) local;
```

索引已创建。

练习 3：建立索引簇

本练习中，将依据 STAFF 表中的 VWORKINGLIFE 创建索引簇。

```
SQL> create cluster staff_clu (vworkinglife number)
  2  pctfree 20 pctused 60
  3  size 500 tablespace users08;
```

簇已创建。

练习 4：为索引簇增加主表

本练习中，将 ACT 表添加到簇 STAFF_CLU 中。

```
SQL> create table act(
  2    aid number(3) primary key,
  3    aname varchar2(30),
  4    loc varchar2(20)
  5  )cluster staff_clu(vworkinglife);
```

表已创建。

练习 5：建立散列簇

本练习中，将依据 ACMT 表创建名为 AC_CLU 的散列簇。

```
SQL> create cluster ac_clu(id number)
  2  size 500 hashkeys 1000 hash is mod(id,100)
  3  tablespace users10;
```

簇已创建。

然后，将表 BUCKLE_COP 组织到散列簇。

```
SQL> create table buckle_cop(
  2    id number primary key,
```

```
 3     name varchar2(20),
 4     wages number,
 5     pension number,
 6     medical number,,
 7     unemployment number,
 8     housingfund number,
 9     )
10   cluster ac_clu(id);

表已创建。
```

练习 6：显示簇信息

本练习中，将查看 SYSTEM 用户模式下所包含的所有簇。

```
SQL> select cluster_name,tablespace_name,key_size
  2  from user_clusters;

CLUSTER_NAME            TABLESPACE_NAME              KEY_SIZE
--------------------------------------------------------------------------------
C_USER                  SYSTEM                       372
C_OBJ                   SYSTEM                       800
C_MLOG                  SYSTEM
C_FILE_BLOCK            SYSTEM                       225
C_COBJ                  SYSTEM                       300
SLA_CLU                 USERS                        500
......

已选择 11 行。
```

练习 7：创建全局分区索引

本练习中，将为分区表 SAL_RANGE 创建全局分区索引。

```
SQL> create index sal_global_part_idx
  2  on sal_list(id)
  3  global partition by range(id)
  4  (
  5  partition part1 values less than(300) tablespace users11,
  6  partition part2 values less than(maxvalue) tablespace users12
  7  );

索引已创建。
```

第 13 章
管理控制与日志文件

本章内容

Oracle 数据库包含数据、控制和重做日志 3 种文件，其中数据
文件是用来存储数据的，而控制文件和日志文件则是用于维护
Oracle 数据库正常运行的。保证控制文件和重做日志文件的可
用性和可靠性是确保 Oracle 数据库正常、可靠运行的前提条
件。在本章中，将详细介绍控制文件和重做日志文件的日常管
理和维护，以及如何切换数据库到归档模式的方法，并且利用
LogMiner 对日志文件进行分析。

13.1 管理控制文件

每个 Oracle 数据库都必须至少具有一个控制文件。控制文件是一个很小的二进制格式的操作系统文件，在其中记录了关于数据库物理结构的基本信息，包括数据库的名称、相关的数据文件和重做日志文件的名称和位置，以及当前的日志序列号等内容。在加载数据库时，Oracle 实例将读取控制文件中的内容，如果无法找到可用的控制文件，数据库将无法加载，并且很难恢复。

13.1.1 控制文件简介

控制文件是 Oracle 数据库中最重要的物理文件，它以二进制文件的形式存在，不仅记载了数据库的物理结构信息（即构成数据库的数据文件和日志文件），在装载和打开数据库时也需要这些文件，而且它们还记载了日志序列号、检查点和日志历史信息，同步和恢复数据库时也需要这些信息。在创建数据库时会创建控制文件，如果数据库发生改变，则系统会自动修改控制文件，以记录当前数据库的状态。

控制文件主要包括如下几项内容。

※ 数据库名（Database name）和标识（SID）

※ 数据库创建时间戳

※ 表空间名

※ 数据文件、重做日志文件名称和位置

※ 当前重做日志文件序列号

※ 检查点信息

※ UNDO SEGMENT 的起始和结束

※ 重做日志归档信息

※ 备份信息

控制文件是一种较小的 Oracle 数据库文件，大小一般在 2 ～ 10MB，大小变化主要由永久参数和 RMAN 信息决定。执行 CREATE Database 命令建立数据库时，通过设置永久参数可以设置 Oracle 数据库的最大实例个数、最大数据文件数量、最大日志组数量、最大日志成员数量以及最大日志历史个数等信息。为了存放数据文件、日志组、日志成员、日志历史等信息，控制文件需要为它们提供预留空间，这些永久参数包括：

※ MAXINSTANCES：用于指定可以同时访问数据库的最大例程数量。

※ MAXDATAFILES：用于指定 Oracle 数据库的最大数据文件数量。

※ MAXLOGFILES：用于指定 Oracle 数据库的最大日志组数量。

※ MAXLOGMEMBERS：用于指定每个日志组的最大日志成员数量。

※ MAXLOGHISTORY：用于指定控制文件可记载日志历史的最大数量。

使用 RMAN 执行备份操作时，RMAN 会将备份信息记载到控制文件中。初始化参数 CONTROL_FILE_RECORD_KEEP_TIME 指定了 RMAN 备份信息在控制文件中的保留时间，其默认值为 7。该参数设置越大，RMAN 备份信息的保留时间就越长，控制文件也会越大。需要注意，如果使用 RMAN 备份 Oracle 数据库，那么控制文件的大小可能会动态变化。

13.1.2　复合控制文件

因为控制文件非常重要，所以为了防止控制文件的损坏或丢失，应该将控制文件复合。Oracle 建议每个数据库应该包含两个或两个以上的控制文件。但需要注意，Oracle 数据库最多可以包含 8 个控制文件。当复合控制文件时，为了防止磁盘损坏导致控制文件丢失或损坏，应该将控制文件分布到不同的磁盘上，如下图所示。

如果在启动实例时使用了 PFILE，在需要手动编辑文本参数文件，并修改初始化参数 CONTROL_FILE 时，修改控制文件为复合形式，具体步骤如下。

① 手动修改初始化参数 CONTROL_FILE。

因为 Oracle 是通过初始化参数 CONTROL_FILE 来定位并打开控制文件的，所以为了复合控制文件，必须手动修改初始化参数，例如：

```
control_files=("d:\app\Administrator\oradata\orcl\control01.ctl",
"d:\app\Administrator\oradata\orcl\control02.ctl",
"d:\app\Administrator\oradata\orcl\control03.ctl",
"e:\oradata\orcl\control01b.ctl",
"e:\oradata\orcl\control02b.ctl",
"d:\oradata\orcl\control03b.ctl")
```

需要注意，在编辑 PFILE 文件时，在 D 盘上的控制文件是原有控制文件，而在 E 盘上的控制文件为新加的控制文件，但目前还不存在。

② 关闭数据库。

修改了静态参数 CONTROL_FILES 后，必须先关闭 Oracle 数据库，然后重新启动数据库，此时参数设置才能生效。

③ 复制控制文件。

复制控制文件时，因为多个控制文件互为镜像，为了确保文件内容完全一致，必须关闭数据库后再复制控制文件。例如：

```
SQL> host copy d:\app\Administrator\oradata\orcl\control01.ctl  e:\oradata\
orcl\control01b.ctl;
    已复制        1 个文件。
```

④ 启动数据库。

完成复制控制文件后，必须重新启动数据库，Oracle 实例才会根据 CONTROL_FILES 参数读取相应的控制文件，从而启用复合控制文件。启用复合控制文件后，Oracle 将同时写入所有的控制文件，但是只会读取 CONTROL_FILES 参数所指定的第一个控制文件。在启动实例时，可以使用 PFILE 参数指定 PFILE 文件名。

```
startup pfile= d:\app\Administrator\admin\orcl\pfile\init.ora
```

如果启动实例时使用 SPFILE，在复合控制文件时需要执行 ALTER SYSTEM 命令，修改初始化参数 CONTROL_FILES，具体步骤如下。

① 修改初始化参数 CONTROL_FILES。

因为 Oracle 是通过该初始化参数定位并打开控制文件的，所以为了启用复合控制文件，需要使用 ALTER SYSTEM 语句修改该初始化参数，以便添加新的控制文件。

```
SQL> alter system set control_files='d:\app\Administrator\oradata\orcl\
control01.ctl',
  2  'd:\app\Administrator\oradata\orcl\control02.ctl',
  3  'd:\app\Administrator\oradata\orcl\control03.ctl',
  4  'e:\oradata\orcl\control01b.ctl',
  5  'e:\oradata\orcl\control02b.ctl',
  6  'e:\oradata\orcl\control03b.ctl'
  7  scope=spfile;

系统已更改。
```

② 关闭数据库，将已有的控制文件复制多份，修改名称后保存到不同的位置上。

```
SQL> shutdown immediate
数据库已经关闭。
已经卸载数据库。
ORACLE 例程已经关闭。
SQL> host copy d:\app\Administrator\oradata\orcl\control01.ctl  e:\oradata\
orcl\control01b.ctl;
已复制         1 个文件。

SQL> host copy d:\app\Administrator\oradata\orcl\control02.ctl  e:\oradata\
orcl\control02b.ctl;
已复制         1 个文件。

SQL> host copy d:\app\Administrator\oradata\orcl\control03.ctl  e:\oradata\
orcl\control03b.ctl;
已复制         1 个文件。
```

③ 启动数据库。

现在可以重新连接数据库，查询数据字典 V$CONTROLFILE，确认是否启用了控制文件 CONTROL04.CTL。使用的控制文件如下：

```
SQL> startup
ORACLE 例程已经启动。

Total System Global Area  376635392 bytes
Fixed Size                  1333312 bytes
Variable Size             272631744 bytes
Database Buffers           96468992 bytes
Redo Buffers                6201344 bytes
```

```
数据库装载完毕。
数据库已经打开。

SQL>  select name from v$controlfile;
NAME
----------------------------------------------------------------
D:\APP\ADMINISTRATOR\ORADATA\ORCL\CONTROL01.CTL
D:\APP\ADMINISTRATOR\ORADATA\ORCL\CONTROL02.CTL
D:\APP\ADMINISTRATOR\ORADATA\ORCL\CONTROL03.CTL
E:\ORADATA\ORCL\CONTROL01B.CTL
E:\ORADATA\ORCL\CONTROL02B.CTL
E:\ORADATA\ORCL\CONTROL03B.CTL

已选择 6 行。
```

启用复合控制文件后，由于多个控制文件互为镜像，内容总是完全一致的，这样在装载 Oracle 数据库时，系统会读取并打开 CONTROL_FILES 参数所对应的所有控制文件。需要注意，启用复合控制文件后，如果某个控制文件丢失或损坏，数据库将无法装载，在启动实例时，将产生如下的错误。

```
ORA-00205: error in identifying controlfile, check alert log for more info
```

出现上面的错误时，应该修改初始化参数 CONTROL_FILES，去除损坏或丢失的控制文件，然后重新启动数据库。

13.1.3 建立控制文件

在一般情况下，如果使用了复合控制文件，并且将各个控制文件分别存储在不同的磁盘中，则丢失全部控制文件的可能性将非常小。但是，如果数据库的控制文件全部丢失，这时唯一的补救方法就是以手动方式重新创建控制文件。

另外，如果 DBA 需要改变数据库的某个永久性参数，也需要重新创建控制文件。永久性参数是在创建数据库时设置的一些参数，主要包括：数据库名称、MAXLOGFILES（最大的重做日志文件数）、MAXLOGMEMBERS（最大的重做日志组成员数）等。

下面介绍创建新的控制文件的命令 CREATE CONTROLFILE 语句的基本用法，具体步骤如下。

① 查看数据库中所有的数据文件和重做日志文件的名称和路径。

在创建新控制文件时，首先需要了解数据库中的数据文件和重做日志文件。如果数据库中所有的控制文件和重做日志文件都已经丢失，这时数据库将无法打开，因此也就无法通过查询数据字典获得数据文件和日志文件的信息，这时唯一的办法就是查看警告文件中的内容。如果数据库可以打开，那么可以通过执行下面的查询来生成文件列表。

```
SQL> select member from v$logfile;
SQL> select name from v$datafile;
SQL> select name from v$controlfile;
```

如果既无法打开数据库，又无法打开可靠的文件列表，那么就只能够用手工方式通过查找操作系统文件来制作文件列表。

② 关闭数据库。

如果数据库处于打开状态，则可以采取正常模式关闭数据库。

```
SQL> connect as sysdba
 ...
SQL> shutdown immediate
数据库已经关闭。
已经卸载数据库。
ORACLE 例程已经关闭。
```

③ 在操作系统级别备份所有的数据文件和重做日志文件。

在使用 CREATE CONTROLFILE 语句创建新的控制文件时，如果操作不当可能会损坏数据文件和日志文件，因此，需要事先对其进行备份。

④ 启动实例，但是不加载数据库。

在建立控制文件时，要求实例处于 NOMOUNT 状态，即不打开控制文件。

```
SQL> startup nomount
ORACLE 例程已经启动。

Total System Global Area  401743872 bytes
Fixed Size                  1333480 bytes
Variable Size             255854360 bytes
Database Buffers          138412032 bytes
Redo Buffers                6144000 bytes
```

⑤ 建立控制文件。

利用先前获得的文件列表，执行 CREATE CONTROLFILE 命令创建一个新的控制文件。需要注意，建立控制文件要求用户必须具有 SYSDBA 权限。例如：

```
SQL> create controlfile
  2  reuse Database "orcl"
  3  logfile
  4  group 1 'D:\APP\USER\ORADATA\ORCL\REDO01.LOG',
  5  group 2 'D:\APP\USER\ORADATA\ORCL\REDO02.LOG' ,
  6  group 3 'D:\APP\USER\ORADATA\ORCL\REDO03.LOG'
  7  datafile
  8  'D:\APP\USER\ORADATA\ORCL\SYSTEM01.DBF',
  9  'D:\APP\USER\ORADATA\ORCL\SYSAUX01.DBF',
 10  'D:\APP\USER\ORADATA\ORCL\UNDOTBS01.DBF',
 11  'D:\APP\USER\ORADATA\ORCL\USERS01.DBF',
 12  'D:\APP\USER\ORADATA\ORCL\EXAMPLE01.DBF',
 13  'D:\ORACLEDATA\BF_TBS01.DBF',
 14  'D:\ORACLEDATA\BIGBLICK_TBS01.DBF',
 15  'D:\ORACLEDATA\UNDO02.DBF',
 16  'D:\ORACLEDATA\USER_03.DBF',
 17  'D:\ORACLEDATA\USER04.DBF',
 18  'D:\ORACLEDATA\UNDOTBS02.DBF'
 19  maxlogfiles 50
 20  maxlogmembers 3
 21  maxinstances 6
 22  maxdatafiles 200
 23  noresetlogs
 24  noarchivelog;

控制文件已创建。
```

其中，Database 用于指定数据库名，该名称必须与初始化参数 DB_NAME 完全一致；

NORESETLOGS 选项用于指定仍然使用原有重做日志，如果不希望使用重做日志，可以指定 RESETLOGS 选项；LOGFILE 用于指定数据库原有重做门志的组号、尺寸以及对应的日志成员；DATAFILE 用于指定数据库原有的数据文件；CHARCTER SET 用于指定数据库字符集。

⑥　编辑初始化参数 CONTROL_FILES，使其指向新建的控制文件。

如果控制文件所在磁盘出现损坏，那么必须使用 ALTER SYSTEM 命令改变控制文件的存放位置。

```
SQL> alter system set control_files=
  2   'd:\app\Administrator\oradata\orcl\control01.ctl',
  3   'd:\app\Administrator\oradata\orcl\control02.ctl',
  4   'd:\app\Administrator\oradata\orcl\control03.ctl'
  5   scope=spfile;

系统已更改。
```

⑦　打开数据库。

如果没有执行恢复操作，就可以以下面的方式正常打开数据库。

```
SQL> alter Database open;
```

如果在创建控制文件时使用了 RESETLOGS 语句，则可以按下面的方法以恢复方式打开数据库。

```
SQL> alter Database open resetlogs;
```

现在，新的控制文件已经创建成功，并且数据库已经使用新创建的控制文件打开。

13.1.4　控制文件的备份与恢复

为了提高数据库的可靠性，降低由于丢失控制文件而造成灾难性后果的可能性，DBA 需要经常对控制文件进行备份。特别是当修改了数据库结构之后，需要立刻对控制文件进行备份。

备份控制文件是由 ALTER Database BACKUP CONTROLFILE 语句完成的，有两种备份方式：一种是将控制文件备份为二进制文件；另一种是备份为脚本文件。例如，下面的语句可以将控制文件备份为一个二进制文件，即复制当前的控制文件。

```
SQL> alter Database backup controlfile
  2   to 'd:\backup_controlfile\control_08-05-04.bkp';
数据库已更改。
```

使用下面的语句可以将控制文件备份为可读的文本文件。

```
SQL> alter Database backup controlfile to trace;
数据库已更改。
```

将控制文件以文本形式备份时，所创建的文件也称为"跟踪文件"，该文件实际上是一个 SQL 脚本，可以利用它来重新创建新的控制文件，跟踪文件的存放位置由参数 USER_DUMP_DEST 决定。

```
SQL> show parameter user_dump_dest
NAME                    TYPE         VALUE
-------------------------------------------------------------------
user_dump_dest string d:\app\Administrator\diag\rdbms\orcl\orcl\trace
```

创建了控制文件的备份后，如果发生磁盘物理损坏，只需要修改初始化参数 CONTROL_FILES 的值，使它指向备份的控制文件，然后即可重新启动数据库。

现在假设参数 CONTROL_FILES 所指定的某个控制文件损坏，但是存在这个控制文件的一个复合副本，则可以采用下面的方法恢复。

① 关闭数据库。

```
SQL> connect as sysdba
SQL> shutdown immediate;
```

② 通过操作系统命令使用一个完好的镜像副本覆盖损坏的控制文件。如果因为永久性介质故障的原因，不能访问 CONTROL_FILES 参数指定的某个控制文件，则可以编辑初始化参数 CONTROL_FILES，用新控制文件的位置替换原来损坏的位置。

③ 重新启动数据库。

```
SQL> startup
```

13.1.5 查看与删除控制文件

数据库中控制文件的信息同样也被存储在数据字典中，以便于用户对其进行查看或删除。

1. 查看控制文件

在下表中列出了各种包含控制文件信息的数据字典视图和动态性能视图。

数据字典视图	描述
V$CONTROLFILE	包含所有控制文件的名称和状态信息
V$CONTROLFILE_RECORD_SECTION	包含控制文件中各个记录文档段的信息
V$PARAMETER	包含了系统的所有初始化参数，从中可以查询参数 CONTROL_FILES 的值

控制文件是一个二进制文件，其中被分隔为许多部分，分别记录各种类型的信息。每一类信息称为一个记录文档段。控制文件的大小在创建时即被确定，其中各个记录文档段的大小也是固定的。例如，在创建数据库时通过 MAXDATAFILES 子句指定数据库最多能具有的数据文件，那么在控制文件中只会为 DATAFILE 记录文档段分配相应的存储空间。若数据库的数据文件超过了 MAXDATAFILES 的规定，则无法在控制文件中保存相应的信息。

通过查询 V$CONTROL_RECORD_SECTION 视图，可以获取控制文件中各个记录文档段的基本信息，包括记录文档段的类型、文档段中每条记录的大小、记录文档段中能存储的条目数等。例如：

```
SQL> select type,record_size,records_total,records_used
  2  from v$controlfile_record_section;

TYPE            RECORD_SIZE    RECORDS_TOTAL    RECORDS_USED
-----           -----------    -------------    ------------
Database        316            1                1
CKPT PROGRESS   8180           11               0
REDO LOG        72             16               3
DATAFILE        520            100              11
FILENAME        524            2298             9
```

以 DATAFILE 类型的记录文档段为例，从查询结果中可以看出，该数据库最多可以拥有 100 个数据文件，现在已经创建了 11 个数据文件。

2．删除控制文件

为了防止控制文件被损坏，应该启用复合控制文件。但是，当多个复合控制文件中任意一个被损坏后，都将导致无法装载 Oracle 数据库。这时为了使数据库可以正常工作，只需要删除损坏的控制文件即可。

删除损坏控制文件的步骤如下。

① 关闭数据库（SHUTDOWN）。

② 编辑初始化参数 CONTROL_FILES，使其中不再包含要删除的控制文件的名称。

③ 重新启动数据库。

该操作并不能从磁盘中物理地删除控制文件，物理删除控制文件可以在从数据库中删除控制文件后，使用操作系统命令来删除不需要的控制文件。

13.2 管理重做日志文件

在 Oracle 中，事务对数据库所做的修改，将以重做记录的形式保存在重做日志缓存中。当事务提交时，由 LGWR 进程将缓存中与该事务相关的重做记录全部写入重做日志文件，此时该事务被认为成功提交。重做日志对数据库恢复来说是至关重要的，因此，对日志的管理也是 DBA 的日常工作之一。

13.2.1 重做日志简介

日志文件也称为"重做日志文件"（Redo Log File），重做日志文件用于记载事务操作所引起的数据库变化。执行 DDL 或 DML 操作时，Oracle 会将事务变化的信息依次写入重做日志。当丢失或损坏数据库中的数据时，Oracle 会根据重做日志文件中的记录，恢复丢失的数据。

1．重做记录

重做日志文件由重做记录组成，重做记录又称为"重做条目"，它由一组修改向量组成，每个修改向量都记录了数据库中某个数据块所做的修改。例如，如果用户执行了一条 UPDATE 语句对某个表中的一条记录进行修改，同时将生成一条重做记录。这条重做记录可能由多个变更向量组成，在这些变更向量中记录了所有被这条语句修改过的数据块中的信息，被修改的数据块包括表中存储这条记录的数据块以及回退段中存储的相应回退条目的数据块。如果由于某种原因导致数据库丢失了这条 UPDATE 语句操作的结果，则可以通过与这条 UPDATE 语句对应的重做记录找到被修改的结果并复制到各个数据块中，从而完成数据恢复。

利用重做记录，不仅能够恢复对数据文件所做的修改操作，还能够恢复对回退段所做的修改操作。因此，重做日志文件不仅可以保护用户数据库，还能够保护回退段数据。在进行数据库恢复时，Oraclc 会读取每个变更向量，然后将其中记录的修改信息重新应用到相应的数据块上。

重做记录将以循环方式在 SGA 区的重做日志高速缓存中进行缓存，并且由后台进程 LGWR 写入重做日志文件中。当一个事务被提交时，LGWR 进程将与该事务相关的所有重做记录全部写入重做日志文件中，同时生成一个系统变更码 SCN。系统变更码 SCN 会随重做记录一起保存到重做日志文件中，以标识与重做记录相关的事务。只有当某个事务所产生的重做记录全部被写入重做日志文件后，Oracle 才会认为该事务提交成功。

2．写入重做日志文件

在 Oracle 中，用户对数据库所做的修改首先被保存在内存中，这样可以提高数据库的性能，因为对内存中的数据进行操作要比对磁盘进行操作快得多。Oracle 每隔一段时间就会启动 LGWR 进程，将内存中的重做记录保存到重做日志文件中。因此，即使发生故障导致数据库崩溃，Oracle 也可以利用重做信息来恢复丢失的数据。

每个 Oracle 数据库都至少拥有两个重做日志文件，即当一个重做日志文件被写满后，后台进程 LGWR 开始写入下一个重做日志文件；当所有日志文件都写满后，LGWR 进程再重新写入第一个重做日志文件。当前正被使用的一组重做日志文件称为"联机重做日志文件"。在安装 Oracle 时，默认创建 3 组重做日志文件，下图显示了重做日志的循环写入方式。

13.2.2 增加重做日志

如果发现 LGWR 经常处于等待状态，则需要考虑添加日志组及其成员，一个数据库最多可以拥有 MAXLOGFILES 个日志组。增加重做日志是使用 ALTER Database 语句完成的，执行该语句时要求用户必须具有 ALTER Database 系统权限。

1．增加重做日志组

当管理重做日志时，为防止后台进程 LGWR 等待写入日志组，DBA 必须选择合适的日志组个数。要增加重做日志组，可以使用带 ADD LOGFILE 子句的 ALTER Database 语句。例如，下面的语句向数据库中添加了一个新的重做日志组。

```
SQL> alter Database add logfile
  2  ('d:\app\Administrator\oradata\orcl\redo04.log',
  3  'e:\oradata\orcl\redo04b.log')
  4  size 10m;

数据库已更改。
```

新增的重做日志组具有两个成员，每个成员文件的大小均为 10MB。一般情况下，日志文件的大小在 10~50MB，Oracle 默认的日志文件大小为 50MB。

如果在 ALTER Database ADD LOGFILE 语句中指定 GROUP 子句，Oracle 将自动为新建的重做日志组设置编号，例如，下面的语句可以在创建日志组时指定为第 4 组。

```
SQL> alter Database add logfile group 4
  2  ('d:\app\Administrator\oradata\orcl\redo04.log',
  3  'e:\oradata\orcl\redo04b.log')
  4  size 10m;

数据库已更改。
```

使用组号可以更加方便地管理重做日志组，但是，对日志组的编号必须为连续的，不要跳跃式地指定日志组编号。也就是说，不要将组号编为 10、20、30 等这样不连续的数，否则会耗费数据库控制文件中的空间。

如果要创建一个非复合的重做日志文件，则可以使用如下的语句。

```
alter Database add logfile
 'd:\app\Administrator\oradata\orcl\redo01.log' reuse;
```

如果要创建的日志文件已经存在，则必须在 ALTER DTABASE 语句中使用 REUSE 子句，覆盖已有的操作系统文件。在使用了 REUSE 的情况下，不能再使用 SIZE 子句设置重做日志文件的大小，重做日志文件的大小将由已存在的日志文件的大小决定。

2．创建日志成员文件

建立日志组时，至少要为日志组指定一个日志成员。为了防止日志成员损坏而导致日志组无法使用，Oracle 建议每个日志组至少包含两个或两个以上的日志成员。如果日志组中只有一个日志成员，并且该日志成员出现损坏，那么当后台进程 LGWR 切换到该日志组时，Oracle 会停止工作，并对该数据库执行不完全恢复。

为重做日志组添加新的成员时，只需要使用带 ADD LOG MEMBER 子句的 ALTER Database 语句。例如，下面示例为第 1 组重做日志添加了一个新的成员日志文件。

```
SQL> alter Database add logfile member
  2  'e:\oradata\orcl\redo01b.log' to group 1;

数据库已更改。
```

此外，也可以通过指定重做日志组中其他成员的名称，以确定要添加的成员所属的重做日志组。例如，下面的语句为第 2 组添加一个新成员。

```
SQL> alter Database add logfile member
  2  'e:\oradata\orcl\redo02b.log' to
  3  ('d:\app\Administrator\oradata\orcl\redo02.log');
```

```
数据库已更改。
```

为日志组添加新的成员时，必须指定文件名，但是不可以指定大小，新成员的大小是由组中其他成员的大小决定的。

13.2.3 删除重做日志

当日志成员出现损坏或丢失时，后台进程 LGWR 不能将事务变化写入该日志成员中，在这种情况下应该删除该日志成员；当日志组尺寸不合适时，需要重新建立新日志组，并删除原有的日志组。删除重做日志是使用 ALTER Database 语句来完成的，执行该语句要求数据库用户必须具有 ALTER Database 系统权限。

1. 删除日志成员

要删除一个成员日志文件，只需要使用带 DROP LOGFILE MEMBER 子句的 ALTER Database 语句。例如，下面的语句将删除 4 号日志组的第 2 个成员。

```
SQL> alter Database drop logfile member
  2  'e:\oradata\orcl\redo04b.log';

数据库已更改。
```

上面语句只是在数据字典和控制文件中将重做日志成员的信息删除，并不会在操作系统中物理地删除相应的文件，这需要确认删除成功后手工在操作系统中删除文件。

2. 删除日志组

由于已经存在日志组的尺寸不能改变，所以当日志组尺寸不合适时，就需要重新建立日志组并指定合适尺寸，然后删除不符合尺寸要求的日志组。在删除一个日志组时，其中的成员文件也将全部被删除。在删除日志组时，首先需要考虑如下几点。

※ 无论日志组中有多少个成员，一个数据库至少需要两个日志组。

※ 只能删除处于 INACTIVE 状态的日志组。如果要删除 CURRENT 状态的重做日志组，则必须执行一个手工切换日志，将它切换到 INACTIVE 状态。

※ 如果数据库处于归档模式，在删除重做日志组之前必须确定它已经被归档。

因此，在删除重做日志组之前，可以查询 V$LOG 动态性能视图来获知各个重做日志组的状态以及它是否已经归档。例如：

```
SQL> select group#,archived,status from v$log;

GROUP#              ARC            STATUS
--------            ---            ----------------
1                   NO             CURRENT
```

2	NO	INACTIVE
3	NO	INACTIVE
4	YES	UNUSED

要删除一个重做日志组，需要使用带有 DROP LOGFILE 子句的 ALTER Database 语句。例如，下面的语句可以删除 4 号重做日志组。

```
SQL> alter Database drop logfile group 4;
```

同样，该语句只是在数据字典和控制文件中将重做日志组的记录信息删除，并不会物理地删除操作系统中相应的文件，这需要手工在操作系统中将相应的文件删除。

3．清空重做日志组

清空重做日志文件就是将重做日志文件中的内文全部初始化，这相当于删除该重做日志文件，然后再重新建立它。即使数据库只拥有两个重做日志组，或者要清空的重做日志组正处于 CURRENT 状态，在这些状态下都可以成功执行清空操作。

要清空一个重做日志组，需要使用带有 CLEAR LOGFILE 子句的 ALTER Database 语句。例如，下面的语句将清空 3 号重做日志组。

```
SQL> alter Database clear logfile group 3;
数据库已更改。
```

如果要清空的重做日志组尚未归档，则必须在 ALTER Database 语句中指定 UNARCHIVED 子句，例如：

```
SQL> alter Database clear unarchived logfile group 3;
数据库已更改。
```

> **提示：**
>
> 如果被清空的重做日志组没有被归档，则有可能造成数据丢失。

13.2.4　设置重做日志位置或名称

在所有后台进程中，LGWR 进程活动最为频繁，它需要不断地将事务变化由重做日志缓冲区写入重做日志中。在数据库、控制和重做日志这 3 种文件中，重做日志的 I/O 操作最频繁。为了提高 I/O 性能，应将重做日志分布到 I/O 操作相对较少、速度最快的磁盘设备上。规划重做日志时，应将同一个日志组的不同日志成员尽可能地分布到不同磁盘上，以防止磁盘损坏而导致所有日志成员丢失。例如，假设在初始阶段，日志组二中的日志成员被放在同一块磁盘上，但是后来出于完全和性能方法的考虑，DBA 为服务器新增加了一块磁盘，并且将日志组二中的一个日志成员移动到新磁盘上，此时就需要改变该日志成员的存放位置。

下面修改重做日志文件的名称和位置，具体操作步骤如下。

① 关闭数据库。

```
SQL> connect /as sysdba
SQL> shutdown
```

② 复制或移动日志成员到目标位置。当关闭数据库后，DBA 就可以使用操作系统命令复
制或移动日志成员到新位置。例如，修改原日志文件的名称。

③ 重新启动数据库实例，加载数据库，但是不打开数据库。

```
SQL> startup mount;
```

④ 使用带 RENAME FILE 子句的 ALTER Database 语句，重新设置重做日志文件的路径和
名称。

```
SQL> alter Database rename file
  2  'd:\app\Administrator\oradata\orcl\redo03.log',
  3  'd:\app\Administrator\oradata\orcl\redo02.log',
  4  'd:\app\Administrator\oradata\orcl\redo01.log'
  5  to
  6  'd:\app\Administrator\oradata\orcl\redo03a.log',
  7  'd:\app\Administrator\oradata\orcl\redo02a.log',
  8  'd:\app\Administrator\oradata\orcl\redo01a.log';
```

数据库已更改。

⑤ 打开数据库。

```
SQL> alter Database open;
```

⑥ 备份控制文件。

重新启动数据库后，对联机重做日志文件的修改将生效。通过查询数据字典 V$LOGFILE 可
以获知数据库现在所使用的重做日志文件。

13.2.5 显示重做日志信息

对于 DBA 而言，可能经常要查询重做日志文件，以了解其使用情况。要了解 Oracle 数据库
的日志文件信息，可以查询下表的数据字典视图和动态性能视图。

视图	说明
V$LOG	包含从控制文件中获取的所有重做日志文件的基本信息
V$LOGFILE	包含各个成员日志文件的信息，例如成员的状态和所属的重做日志组
V$LOG_HISTROY	包含重做日志文件的历史信息

下面列出了 V$LOG 的结构信息：

```
SQL> desc v$log
 名称                    是否为空 ?                      类型
 -----                  --------                      --------------
 GROUP#                                               NUMBER
 THREAD#                                              NUMBER
 SEQUENCE#                                            NUMBER
 BYTES                                                NUMBER
 MEMBERS                                              NUMBER
 ARCHIVED                                             VARCHAR2(3)
 STATUS                                               VARCHAR2(16)
 FIRST_CHANGE#                                        NUMBER
 FIRST_TIME                                           DATE
```

其中，GROUP# 字段显示的是重做日志文件组的编号；THREAD# 显示的是重做日志组所属

的日志写入线程；SEQUENCE# 字段显示的是重做日志组的日志序列号；BYTES 字段显示重做日志组中各个成员的大小；MEMBERS 字段显示的是重做日志组中的成员数；ARCHIVED 字段显示的是重做日志的归档情况；STATUS 字段显示重做日志组的状态（CURRENT 表示当前正在使用的，NACTIVE 表示非活动组，ACTIVE 表示归档未完成）；FIRST_CHANGE# 字段显示的是重做日志组上一次写入时的系统改变号 SCN；FIRST_TIME 字段显示的是重做日志组上一次写入的时间。

13.3 管理归档日志

归档日志是非活动重做日志的备份。通过使用归档日志，可以保留所有重做历史记录。当数据库处于 ARCHIVELOG 模式并进行日志切换时，后台进程 ARCH 会将重做日志的内容保存到归档日志中。当数据库出现介质故障时，使用数据文件的备份、归档日志和重做日志可以将数据库完全恢复。

13.3.1 日志操作模式

日志操作模式是指 Oracle 数据库处理重做日志的方式，它决定了是否保存重做日志，以保留重做日志所记载的事务变化。Oracle 数据库包括非归档日志（NOARCHIVELOG）模式和归档日志（ARCHIVELOG）模式。

1. NOARCHIVELOG（非归档模式）

NOARCHIVELOG 是指不保留重做记录的日志操作模式，只能用于保护实例故障，而不能保护介质故障。当数据库处于 NOARCHIVELOG 模式时，如果进行日志切换，生成的新内容将直接覆盖日志组原来的内容。

NOARCHIVELOG 模式具有如下特点。

※　当检查点完成后，后台进程 LGWR 可以覆盖原有重做日志的内容。

※　如果数据库备份后的重做日志内容已经被覆盖，那么当出现数据文件损坏时，只能恢复到过去的完全备份点。

2. ARCHIVELOG（归档模式）

Oracle 利用重做日志文件记录对数据库所做的修改，但是重做日志文件是以循环方式使用的，在发生日志切换时，原来重做日志中的重做记录会被覆盖。为了完整地记录数据库的全部修改过程，可以使 Oracle 数据库的日志操作模式处于归档模式。

当数据库运行在归档模式时具有如下优势。

※　如果发生磁盘介质损坏，则可以使用数据库备份与归档重做日志恢复已经提交的事务，保证不会发生任何数据丢失。

※ 利用归档日志文件，可以实现使用数据库打开状态下创建的备份文件来恢复数据库。

※ 如果为当前数据库建立一个数据库备份，通过持续地为备份数据库备份应用归档重做日志，可以保证源数据库与备份数据库的一致性。

在归档模式下，归档操作可以由后台进程 ARCn 自动完成，但是也可以由 DBA 手工来完成。为了提高效率、简化操作，通常使用自动归档模式。下图显示了利用归档进程 ARC0 进行自动归档操作的过程。

是否将数据库的日志操作置为归档模式，这取决于对数据库应用环境的可靠性和对可用性的要求。如果任何由于磁盘物理损坏而造成数据丢失都是不允许的，那么应该让数据库运行在归档模式下。这样，在发生磁盘介质故障后，DBA 就能使用归档重做日志文件和数据文件的备份来恢复丢失的数据了。

13.3.2　控制归档

在安装 Oracle 时，默认为数据库运行在非归档模式下，这样可以避免在创建数据库的过程中对生成的重做日志进行归档。当数据库开始正常运行后，就可以将它切换到归档模式中。要将数据库在归档模式与非归档式之间进行切换，需要使用带 ARCHIVELOG 或 NOARCHIVELOG 子句的 ALTER Database 语句。

1．改变日志操作模式

从 Oracle 10g 开始，改变日志操作模式已经变得很简单，且更容易管理。在 Oracle 11g 中，默认情况下，归档日志会存放到快速恢复区所对应的目录（由初始化参数 DB_RECOVERY_FILE_DEST 设定），并且会按照特定的格式生成归档日志文件名。当想要将归档日志放在默认的路径下时，只需执行 ALTER Database ARCHIVELOG 语句即可。

改变日志操作模式时，必须以 SYSDBA 和 SYSOPER 身份执行相应操作。将数据库由非归档模式切换为归档模式的具体操作步骤如下。

① 检查当前日志操作模式。

在改变日志操作模式之前，DBA 应首先检查当前日志操作模式。通过查询动态性能视图 V$Database，可以确定当前日志的操作模式。例如：

```
SQL> select log_mode from v$Database;

LOG_MODE
------------
NOARCHIVELOG
```

② 关闭数据库，然后装载数据库。

改变日志操作模式只能在 MOUNT 状态下进行，因此必须先关闭数据库，然后重新装载数据库。需要注意，如果要改变日志操作模式，那么在关闭数据库时不能使用 SHUTDOWN ABORT 命令。例如：

```
SQL> shutdown immediate;
SQL>startup mount
```

③ 改变日志操作模式，然后打开数据库。

将数据库转变为 MOUNT 状态后，就可以使用 ALTER Database 语句，将数据库切换到归档模式。改变日志操作模式后，打开数据库。例如：

```
SQL> alter Database archivelog;
数据库已更改。
SQL> alter Database open;
数据库已更改。
```

可以使用如下的语句查看数据库是否已经处于归档模式。

```
SQL> archive log list;
数据库日志模式              存档模式
自动存档                    启用
存档终点                    USE_DB_RECOVERY_FILE_DEST
最早的联机日志序列          68
下一个存档日志序列          71
当前日志序列                71
```

从这里可以看出，数据库是否已经被置于归档模式下，并且是否启用了自动归档功能，以及归档的重做日志等信息。

2. 配置归档进程

为避免 LGWR 进程出现等待状态，可以考虑启动多个 ARCn 进程。修改初始化参数 LOG_ARCHIVE_MAX_PROCESSES 可以调整启动 ARCn 进程的数量。当将数据库转变为 ARCHIVELOG 模式时，默认情况下 Oracle 会自动启动两个归档进程。通过改变初始化参数 LOG_ARCHIVE_MAX_PROCESSES 的值，DBA 可以动态地增加或减少归档进程的个数。例如：

```
SQL> alter system set log_archive_max_processes=5;
系统已更改。
```

13.3.3　配置归档文件格式

当数据库处于 ARCHIVELOG 模式时，如果进行日志切换，后台进程将自动生成归档日志。

归档日志的默认位置为 %ORACLE_HOEM%\RDBMS。在 Oracle 中，归档日志的默认文件名格式为 ARC%S%_%R%T。为了改变归档日志的位置和名称格式，必须改变相应的初始化参数。

初始化参数 LOG_ARCHIVE_FORMAT 用于指定归档日志的文件名称格式，设置该初始化参数时，可以指定以下匹配符。

※ %s：日志序列号。

※ %S：日志序列号，但带有前导 0。

※ %t：重做线程号。

※ %T：重做线程号，但带有前导 0。

※ %a：活动 ID 号。

※ %d：数据库 ID 号。

※ %r：RESETLOGS 的 ID 值。

需要注意，在 Oracle 中，配置归档日志文件格式时，必须带有 %s、%t 和 %r 匹配符，其他匹配符可有可无。配置了归档文件格式后，必须重新启动数据库。例如：

```
SQL> alter system set log_archive_format='%s_%t_%r.arc'
  2  scope=spfile;

系统已更改。
SQL> shutdown immediate;
SQL> startup
```

修改初始化参数 LOG_ARCHIVE_FORMAT 并重启数据库后，初始化参数配置将会生效。进行日志切换时，会生成该格式的归档日志文件。

13.3.4 配置归档位置

归档日志文件保存的位置称为"归档目标"，归档目标在初始化参数中进行设置。DBA 可以为数据库设置多个归档目标，不同的归档目标最好位于不同的磁盘中，以分布归档时磁盘的 I/O 操作。

通过设置初始化参数 LOG_ARCHIVE_DEST_n，可以为数据库指定 1～10 个归档目标（n 为 1～10 的整数）。在进行归档时，Oracle 会将重做日志组以相同的方式归档到每个归档目标中。利用 LOG_ARCHIVE_DEST_n 参数可以指定本地系统为归档目标，也可以指定远程的数据库为归档目标。

如果在设置 LOG_ARCHIVE_DEST_n 参数时使用了 LOCATION 关键字，则指定的归档目标为一个本地系统的目录。例如：

```
SQL> alter system set
  2  log_archive_dest_1='location=d:\oracledata\archive1';
系统已更改。

SQL> alter system set
  2  log_archive_dest_2='location=d:\oracledata\archive2';
系统已更改。
```

```
SQL> alter system set
  2  log_archive_dest_3='location=d:\oracledata\archive3';
系统已更改。
```

如果在设置 LOG_ARCHIVE_DEST_n 参数时使用了 SERVICE 关键字，指定的归档目标则是一个远程数据库。例如：

```
SQL>alter system set log_archive_dest_2='service=DBY1'
```

其中，DBY1 是一个远程备用数据库的服务名。

使用初始化参数 LOG_ARCHIVE_DEST_n 配置归档位置时，可以在归档位置上指定 OPTIONAL 或 MANDATORY 选项。指定 MANDATORY 选项时，可以设置 REOPEN 属性，其作用如下。

※ OPTIONAL：该选项是默认选项，使用该选项时，无论归档是否成功，都可以覆盖重做日志。

※ MANDATORY：该选项用于强制归档。使用该选项时，只有在归档成功后，重做日志才能被覆盖。

※ REOPEN：该属性用于指定重新归档的时间间隔，默认值为 300s。需要注意，REOPEN 属性必须跟在 MANDATORY 选项后面。

为了强制归档到特定位置，必须指定 MANDATORY 选项。下面以强制归档到特定目录为例，说明 MANDATORY 和 OPTIONAL 选项的使用方法。

```
SQL> alter system set
  2  log_archive_dest_1='location=d:\oracledata\archive1 mandatory';
系统已更改。

SQL> alter system set
  2  log_archive_dest_2='location=d:\oracledata\archive2 mandatory
reopen=500';
系统已更改。

SQL> alter system set
  2  log_archive_dest_3='location=d:\oracledata\archive3 optional';
系统已更改。
```

使用初始化参数 LOG_ARCHIVE_DEST_n 配置归档位置时，DBA 可以使用初始化参数 LOG_ARCHIVE_MIN_SUCCEED_DEST 控制本地归档的最小成功个数。例如：

```
SQL> alter system set
  2  log_archive_min_succeed_dest=2;
系统已更改。
```

执行上述语句后，如果生成的归档日志少于两份，重做日志将不能被覆盖。

另外，DBA 可以使用初始化参数 LOG_ARCHIVE_DEST_STATE_n 控制归档位置的可用性。设置该参数为 ENABLE，表示会激活相应的归档位置；设置该参数为 DEFER，表示会禁用相应的归档位置。当归档日志的所在磁盘损坏或填满时，DBA 需要暂时禁用该归档位置。例如：

```
SQL> alter system set
  2  log_archive_dest_state_3=defer;
系统已更改。
```

执行以上语句后，会禁用初始化参数 LOG_ARCHIVE_DEST_STATE_3 所对应的归档位置。

为了重新启用该归档位置，可以执行以下语句。

```
SQL> alter system set
  2  log_archive_dest_state_3=enable;
系统已更改。
```

> **提示:**
>
> 从 Oracle 10g 开始已不再使用 log_archive_dest 参数，若设置该参数后重启实例，则系统会提示"使用了过时的参数"的错误提示。另外，不能同时使用 log_archive_dest 和 log_archive_dest_n 参数，在设置 log_archvie_dest_n 之前必须先清除 log_archive_dest 参数。

13.3.5 显示归档日志信息

查询关于归档的信息有两种方法：一种是使用数据字典和动态性能视图；另一种是使用 ARCHIVE LOG LIST 命令。在 SQL*Plus 中执行 ARCHIVE LOG LIST 命令，将显示当前数据库的归档信息。例如：

```
SQL> connect /as sysdba
已连接。
SQL> archive log list;
数据库日志模式              存档模式
自动存档                    启用
存档终点                    d:\oracledata\archive3
最早的联机日志序列          68
下一个存档日志序列          71
当前日志序列                71
```

通过上述信息可以得知：

※ 数据库处于归档模式。

※ 自动归档功能被启用。

※ 归档目标为本地目录 d:\oracledata\archive3。

※ 已经归档的最早的重做日志序号为 68。

※ 当前正在归档的重做日志序列号为 71。

在下表中列出了各种包含归档信息的数据字典视图和动态性能视图。

数据字典视图	描述
V$Database	可以用于查询数据库是否处于归档模式
V$ARCHIVED_LOG	包含从控制文件中所有已经归档的日志信息
V$ARCHIVED_DEST	包含所有归档目标信息
V$ARCHIVE_PROCESSES	包含已启动的 ARCn 进程状态信息
V$BACKUP_REDOLOG	包含所有已经备份的归档日志信息
V$LOG	包含所有重做日志组的信息，在其中可以查看日志组是否需要归档

13.4　查看日志信息

在重做日志文件中记录了数据库中曾经发生过的操作，当对重做日志进行归档后，所有已经执行的操作都将被记录在案。DBA 可以利用这些归档日志，将数据库恢复到任意时刻的状态，还可以利用一些工具对日志进行分析，以便对数据库操作进行跟踪和统计分析。本节将介绍如何利用 LogMiner 工具对归档日志进行基本的分析。

13.4.1　LogMiner 概述

使用 LogMiner 工具可以对重做日志文件或归档重做日志文件进行分析，以便 DBA 对数据库用户的操作进行审计，或者撤销数据库中已经执行过的、指定的操作。此外，DBA 还能通过分析日志文件来追踪某个用户的所有操作，或者追踪某个数据库对象的变更过程，并且由此生成统计信息。

LogMiner 工具由一系列内置 DBMS 包和动态视图组成。在使用 LogMiner 的过程中，主要用到以下两个 DBMS 包。

※　DBMS_LOGMNR_D：在这个包中包含提取数据字典信息和创建 LogMiner 字典文件所必需的过程，即 dbms_logmnr_d.build() 过程。

※　DBMS_LOGMNR：在这个包中包含初始化和运行 LogMiner 所必需的过程。它有 3 个过程：用来添加 / 删除用于分析的日志文件的过程 add_logfile()；用来开启日志分析，同时确定分析的时间 /SCN 号，以及确认是否使用提取出来的数据字典信息的过程 start_logmnr()；用来终止分析会话、回收 LogMiner 所占用内存的过程 end_logmnr()。

DBMS 包是随 Oracle 服务器软件一同提供的另一种类型的实用工具。在 DBMS 包中包含了许多 PL/SQL 过程，利用这些过程能够完成许多数据库的操作。组成 LogMiner 的包均位于 SYS 模式中。

与 LogMiner 相关的数据字典包括：

※　v$logmnr_dictionary：包含 LogMiner 可能使用的数据字典信息，因 logmnr 可以有多个字典文件，该视图用于显示这方面信息。

※　v$logmnr_parameters：当前 LogMiner 所设定的参数信息。

※　v$logmnr_logs：当前用于分析的日志列表。

※　v$logmnr_contents：日志分析结果。

在 Oracle 中，还需要安装 LogMiner 工具。在数据库安装目录下的 rdbms\admin 子目录中，可以找到两个 SQL 脚本文件——dbmslm.sql 和 dbmslmd.sql。这两个脚本必须均以 SYS 用户身份运行。其中第一个脚本用来创建 DBMS_LOGMNR 包，该包用来分析日志文件；第二个脚本用来创建 DBMS_LOGMNR_D 包，该包用来创建数据字典文件。下面是运行脚本安装 LogMiner 的过程。

```
SQL> @ D:\app\Administrator\product\11.1.0\db_1\RDBMS\ADMIN\dbmslmd.sql;
程序包已创建。
同义词已创建。
```

```
SQL> @ D:\app\Administrator\product\11.1.0\db_1\RDBMS\ADMIN\dbmslm.sql;

程序包已创建。
授权成功。
同义词已创建。
```

利用 LogMiner 分析日志组文件的操作主要有以下几步。

① 解读数据字典，创建 LogMiner 字典文件。

② 指定用于分析的重做日志文件。

③ 启动 LogMiner。

④ 生成分析结果视图。

⑤ 结束 LogMiner。

13.4.2 创建 LogMiner 使用的字典文件

LogMiner 只有在实例启动的情况下才可以运行。在使用 LogMiner 工具分析重做日志文件之前，可以使用 DBMS_LOGMNR_D 包，将数据字典导出为一个文本文件。该字典文件是可选的，LogMiner 使用一个字典文件来实现 Oracle 内部对象名称的转换，如果没有这个字典文件，则直接显示内部对象编号，这部分内容是无法直接理解的。

创建字典文件的目的就是让 LogMiner 引用所涉及的内部数据字典，提供它们实际的名称，而不是系统内部的对象编号。数据字典文件是一个文本文件，用于存放表及对象 ID 号之间的对应关系。当使用字典文件时，它会在表名和对象 ID 号之间建立一一对应的关系。如果要分析的数据库中的表有变化，则影响数据库的数据字典也会发生变化，这时就需要重新创建该字典文件。

如果要使用字典文件，数据库至少应该处于 MOUNT 状态。然后执行 DBMS_LOGMNR_D.BUILD 过程，将数据字典信息提取到一个外部文件中。下面是具体步骤。

① 确认设置了初始化参数 UTL_FILE_DIR，并确认 Oracle 对该目录拥有读写权限，然后启动实例。

```
SQL> show parameter utl

NAME                           TYPE        VALUE
------                         -----       --------------
create_stored_outlines         string
utl_file_dir                   string
```

参数 UTL_FILE_DIR 指定的目录主要用于存放 DBMS_LOGMNR_D.BUILD 过程所产生的字典信息文件。如果未设置该参数，则可以通过如下的语句修改。

```
SQL> alter system set utl_file_dir='e:\orcldata\logminer' scope=spfile;
系统已更改。
```

② 重新数据库（STARTUP）。

由于 UTL_FILE_DIR 参数不是一个动态参数，在为其设置参数值后，还需要重新启动数据库。

③ 执行 PL/SQL 过程 DBMS_LOGMNR_D.BUILD 创建字典文件。

```
SQL> execute dbms_logmnr_d.build('e:\orcldata\logminer\sqltrace.ora','e:\
orcldata\logminer');
    PL/SQL 过程已成功完成。
```

其中，第一个参数用于指定字典文件的存放位置，它必须完全匹配 UTL_FILE_DIR 的值；第二个参数用于指示字典文件的名称。

13.4.3　分析日志文件

创建 LogMiner 字典文件后，便可以着手分析日期文件了。在使用 LogMiner 进行日志分析之前，必须指定它将对哪些重做日志文件进行分析。

1．指定分析的日志文件

LogMiner 可以一次对多个重做日志文件进行分析。执行 DBMS_LOGMNR.ADD_LOGFILE 过程可以指定要分析的重做日志文件。利用这个过程可以依次添加多个重做日志文件，或删除已经添加的重做日志文件。下面是指定重做日志文件列表的具体操作步骤。

① 确保数据库实例已经启动（STARTUP）。

② 创建重做日志文件列表。

通过指定 DBMS_LOGMNR.ADD_LOGFILE 过程的 NEW 选项来创建重做日志文件的列表。例如，利用下面的语句建立一个重做日志文件列表，并向其中添加一个重做日志文件。

```
SQL> execute
dbms_logmnr.add_logfile(logfilename=>'d:\app\user\oradata\orcl\redo01a.
log',options=>dbms_logmnr.new);
```

③ 根据需要，使用 ADDFILE 选项继续向列表中添加其他的重作日志文件。例如，利用下面的语句向列表中添加重做日志文件。

```
execute dbms_logmnr.add_logfile(logfilename=>'d:\app\user\oradata\orcl\
redo02a.log',
    options=>dbms_logmnr.addfile);
```

④ 如果需要，还可以通过指定 DBMS_LOGMNR.ADD_LOGFILE 过程的 REMOVEFILE 选项来删除重做日志文件。例如，利用下面的语句可以将重做日志文件 REDO02A.LOG 从日志文件列表中删除。

```
execute  dbms_logmnr.add_logfile(logfilename=>'d:\app\user\oradata\orcl\
redo02a.log',
    options=>dbms_logmnr.removefile);
```

DBMS_LOGMNR.ADD_LOGFILE 过程的 OPTIONS 各选项表述如下。

※ NEW：表示创建一个新的日志文件列表。

※ ADDFILE：表示向列表中添加日志文件。

※ REMOVEFILE：与 addfile 相反，在列表中删除日志文件。

2. 启动 LogMiner

在为 LogMiner 创建了字典文件，并且指定了要分析的重做日志文件列表后，就可以启动 LogMiner 开始分析日志文件了。执行 DBMS_LOGMNR.START_LOGMNR 过程将启动 LogMiner。

启动 LogMiner 非常方便，只需要执行 DBMS_LOGMNR.START_LOGMNR 过程即可。在执行该过程时，需要为参数 DICTFILENAME 指定一个已经建立的字典文件。例如，下面的语句在执行 DBMS_LOGMNR.START_LOGMNR 过程时，指定了前面所创建的字典文件 e:\orcldata\logminer\sqltrace.ora。

```
SQL> execute dbms_logmnr.start_logmnr(dictfilename=>'e:\orcldata\logminer\
sqltrace.ora');
    PL/SQL 过程已成功完成。
```

如果不指定字典文件，那么生成的分析结果中将使用 Oracle 内部的对象标识和数据格式，这些数据的可读性非常差。指定字典文件后，Oracle 会将内部对象标识和数据类型转换为用户可读的对象名称和外部数据格式。

另外，如果在执行 DBMS_LOGMNR.START_LOGMNR 过程中没有指定其他参数，则在分析的结果中将包含重做日志文件的所有内容。因此，DBA 可以在启动 LogMiner 时，为其限定要分析的范围。DBMS_LOGMNR.START_LOGMNR 过程提供了基于分析日志时间和 SCN 号的参数，它们分别是：表示分析的起始 / 结束 SCN 号的 STARTSCN/ENDSCN；表示分析的起始 / 结束时间的 STARTTIME/ENDTIME。

例如，下面的语句在执行 DBMS_LOGMNR.START_LOGMNR 过程时，将过滤 2017 年 5 月 1 日以前的数据。

```
execute  dbms_logmnr.start_logmnr(dictfilename=>'e:\orcldata\logminer\
sqltrace.ora',
    starttime=>to_date('2017/05/01 01:00:00','yyyy/mm/dd hh:mi:ss'),
    endtime=>to_date('2017/05/10 10:30:00',' yyyy/mm/dd hh:mi:ss '));
```

在使用 SCN 号限定分析范围时，必须明确地知道事务的 SCN 范围，这通常可以从重做日志的基本信息中获取。

3. 查看分析结构

动态性能视图 V$LOGMNR_CONTENTS 中包含 LogMiner 分析得到的所有的信息。分析的结果中包含了执行的 SQL 语句、数据库对象名、会话信息、回退信息以及用户名等信息。

例如，下面的语句可以查看一个分析结果。

```
select operation,sql_redo from v$logmnr_contents;
```

如果仅想知道某个用户对于某张表的操作，则可以使用如下的 SQL 查询。

```
select sql_redo from v$logmnr_contents  where username='SCOTT' and table_
name='EMP';
```

需要强调的一点是，动态性能视图 V$LOGMNR_CONTENTS 中的分析结果仅在运行过程 DBMS_LOGMNR.START_LOGMNR 的会话的生命期中存在。因为所有的 LogMiner 分析结果都存储在 PGA 内存中，所有其他的进程是看不到它的，同时随着进程的结束，分析结果也随之消失。

4. 结束 LogMiner

在正常退出 LogMiner 会话时，必须使用 DBMS_LOGMNR.END_LOGMNR 过程。例如：

```
execute dbms_logmnr.end_logmnr;
```

过程 DBMS_LOGMNR.END_LOGMNR 将终止日志分析事务，并且释放 PGA 内存区域，分析结果也将随之不复存在。如果没有执行该过程，则 LogMiner 将保留所有它分配的资源，直到启动 LogMiner 的会话结束为止。

13.5 练习：备份控制文件

备份控制文件有两种方式：即二进制文件和脚本文件。在本练习中将备份控制文件分别为二进制文件形式和脚本文件形式。

操作步骤：

① 以二进制文件形式备份控制文件。

```
SQL> alter Database backup controlfile
  2   to 'd:\backup_controlfile\control.bkp';

数据库已更改。
```

② 以脚本文件形式备份控制文件。

```
SQL> alter Database backup controlfile to trace;

数据库已更改。
```

③ 查看脚本文件的存放位置。

```
SQL> show parameter user_dump_dest

NAME                     TYPE              VALUE
-----                    -----             -------
user_dump_dest           string            D:\APP\ORACL\PRODUCT\12.1.0\DB
                                            HOME_1\RDBMS\TRACE
```

④ 找到以脚本文件形式备份的控制文件，查看生成控制文件的脚本。

13.6 练习：控制归档

改变日志操作模式时，必须以 SYSDBA 和 SYSOPER 身份连接数据库。在本练习中将控制数据库的日志操作模式。

操作步骤：

① 检查当前日志操作模式。

```
SQL> select log_mode from v$Database;
```

```
LOG_MODE
----------------------------
NOARCHIVELOG
```

② 改变数据库到 MOUNT 状态。

```
SQL> shutdown immediate;
数据库已经关闭。
已经卸载数据库。
ORACLE 例程已经关闭。

SQL> startup mount
ORACLE 例程已经启动。

Total System Global Area      3858759680 bytes
Fixed Size                       3052624 bytes
Variable Size                  872418224 bytes
Database Buffers              2969567232 bytes
Redo Buffers                    13721600 bytes
数据库装载完毕。
```

③ 改变日志操作模式，然后打开数据库。

```
SQL> alter Database archivelog;

数据库已更改。

SQL> alter Database open;

数据库已更改。
```

④ 查看数据库是否已经处于归档模式。

```
SQL> archive log list;
数据库日志模式                   存档模式
自动存档                         启用
存档终点                         D:\app\Oracl\product\12.1.0\dbhome_1\RDBMS
最早的联机日志序列               27
下一个存档日志序列               29
当前日志序列                     29
```

13.7 新手训练营

练习 1：查看控制文件

本练习中，将通过查询 V$CONTROLFILE_RECORD_SECTION 视图，来查看控制文件信息。

```
SQL> select type,record_size,records_total,records_used
  2  from v$controlfile_record_section;

TYPE              RECORD_SIZE        RECORDS_TOTAL        RECORDS_USED
----              -----------        -------------        ------------
RESTORE POINT     212                2083                 0
Database BLOCK    CORRUPTION
                  80                 8384                 0
ACM OPERATION     104                64                   9
FOREIGN ARCHIVED  LOG
```

```
                     604              1002                0
PDB RECORD           684              10                  0
AUXILIARY DATAFILE COPY
584                  128              0
MULTI INSTANCE REDO APPLY
                     556              1                   0
PDBINC RECORD        144              113                 0
......
已选择 41 行。
```

练习 2：添加重做日志组

本练习中，将使用带 ADD LOGFILE 子句的 ALTER Database 语句，向数据库中添加了一个新的重做日志组。

```
SQL> alter Database add logfile
  2  ('d:\app\Administrator\oradata\orcl\redo05.log',
  3  'e:\oradata\orcl\redo05b.log')
  4  size 10m;

数据库已更改。
```

练习 3：增加归档进程的个数

本练习中，将通过改变初始化参数 LOG_ARCHIVE_MAX_PROCESSES 的值，动态地增加归档进程的个数。

```
SQL> alter system set log_archive_max_processes=8;

系统已更改。
```

第 14 章
视图、同义词和序列

本章内容

视图是一个虚拟表,并不在数据库中存储数据值,而数据库只会在数据字典中存储对视图的定义;运用视图不仅可以简化用户的数据查询和处理,而且还便于共享与重新组织数据。同义词是 Oracle 数据库中对象的别名,属于一种映射关系,不再用实际的存储空间,其作用是简化对象访问和提高对象访问的安全性。而序列是 Oracle 生成的一系列唯一数字的数据库对象,它是一个计数器,用于填充主键和计数。在本章中,将详细介绍视图、同义词和序列的基础知识和使用方法。

14.1 使用视图

视图是一个虚拟表，它由存储的查询构成，可以将它的输出看作一个表。视图同真实的表一样，也包含一系列带有名称的列和行数据。但是，视图并不在数据库中存储数据值，其数据值是来自定义视图的查询语句所引用的表，数据库只在数据字典中存储了视图的定义信息。

视图可以建立在关系表上，也可以在其他视图上，或者同时建立在两者之上。视图看上去非常像数据库中的表，甚至可以在视图中进行 INSERT、UDATE 和 DELETE 操作。通过视图修改数据时，实际上就是在修改基本表中的数据。与之相对应，改变基本表中的数据也会反映到由该表组成的视图中。

14.1.1 创建视图

创建视图是使用 CREATE VIEW 语句完成的。为了在当前用户模式中创建视图，要求数据库用户必须具有 CREATE VIEW 系统权限；如果要在其他用户模式中创建视图，则用户必须具有 CREATE ANY VIEW 系统权限。

创建视图最基本的语法如下。

```
create [ or replace] view <view_ name> [(alias[,alias]…)]
as <subquery>;
[with check option [constraint constraint_name]]
[with read only]
```

如上所示，ALIAS 用于指定视图列的别名；SUBQUERY 用于指定视图对应的子查询语句；WITH CHECK OPTION 子句用于指定在视图上定义 CHECK 约束；WITH READ ONLY 子句用于定义只读视图。在创建视图时，如果不提供视图列别名，Oracle 会自动使用子查询的列名或列别名；如果视图子查询包含函数或表达式，则必须定义列别名。下面通过示列，说明建立和使用视图的方法。

1. 简单视图

简单视图是指基于单个表建立的，不包含任何函数、表达式和分组数据的视图。下面的语句建立了一个用于显示某个部门的员工信息的视图。

```
SQL> create or replace view emp_sales_view as
  2  select empno,ename,job,sal,deptno
  3  from scott.emp
  4  where deptno=30;

视图已创建。
```

上述语句建立一个视图 EMP_SALES_VIEW。因为建立视图时没有提供列别名，所以视图的列名分别为：EMPNO、ENAME、JOB、SAL 和 DEPTNO。对于简单视图而言，不仅可以执行 SELECT 操作，还可以执行 INSERT、UPDATE、DELETE 等操作。例如：

```
SQL> insert into emp_sales_view
  2  values(7950,'mary','CLERK',1000,30);
已创建 1 行。
```

```
SQL> update emp_sales_view
  2    set sal=2000
  3    where empno=7950;
已更新 1 行。

SQL> select * from emp_sales_view;
EMPNO          ENAME          JOB            SAL          DEPTNO
-----          ------         ----           ----         --------
7950           mary           CLERK          2000         30
7499           ALLEN          SALESMAN       1600         30
7521           WARD           SALESMAN       1250         30
7654           MARTIN         SALESMAN       1250         30
7698           BLAKE          MANAGER        2850         30
7844           TURNER         SALESMAN       1500         30
7900           JAMES          CLERK          950          30
已选择 7 行。

SQL> delete from emp_sales_view where empno=7950;
已删除 1 行。
```

系统在执行 CREATE VIEW 语句创建视图时，只是将视图的定义信息存入数据字典，并不会执行其中的 SELECT 语句。在对视图进行查询时，系统才会根据视图的定义从基本表中获取数据。由于 SELECT 是使用最广泛、灵活的语句，通过它可以构造一些复杂的查询，从而构造一个复杂的视图。

2. 建立视图并定义 CHECK 约束

建立视图时可以指定 WITH CHECK OPTION 选项，该选项用于在视图上定义 CHECK 约束。当在视图上定义了 CHECK 约束后，如果在视图上执行 INSERT 和 UPDATE 操作，则要求新数据必须符合视图子查询中的约束。下面的语句重新定义视图 EMP_SALES_VIEW，在该视图上定义了 CHECK 约束。

```
SQL> create or replace view emp_sales_view as
  2      select empno,ename,job,sal,deptno
  3      from scott.emp
  4      where deptno=30
  5      with check option constraint chk_vu30;

视图已创建。
```

上述语句重新定义了视图 EMP_SALES_VIEW，并定义 CHECK 约束 CHK_VU30。这样当基于视图 EMP_SALES_VIEW 执行 INSERT 操作时，DEPTNO 列的值必须设置为 30；在基于视图 EMP_SALES_VIEW 执行 UPDATE 操作时，可以修改除 DEPTNO 列之外的所有列。

3. 建立只读视图

建立视图时可以指定 WITH READ ONLY 选项，该选项用于定义只读视图。定义了只读视图后，数据库用户只能在该视图上执行 SELECT 语句，而禁止执行 INSERT、UPDATE 和 DELETE 语句。

例如，下面的语句建立了一个只读视图 EMP_RESEARCH_VIEW，用于获得部门编号为 20 的员工信息。

```
SQL> create or replace view emp_research_view as
  2     select * from scott.emp
  3     where deptno=20
  4     with read only;

视图已创建。
```

用户只可以在该视图上执行 SELECT 操作，而禁止任何的 DML 操作。例如：

```
SQL> update emp_research_view
  2    set sal=1000
  3    where empno=7369;
set sal=1000
    *
第 2 行出现错误：
ORA-42399：无法对只读视图执行 DML 操作
```

4．复杂视图

复杂视图是指包含函数、表达式或分组数据的视图，使用复杂视图的主要目的是为了简化查询操作。需要注意，当视图子查询包含函数或表达式时，必须为其定义列别名。复杂视图主要用于执行查询操作，而当执行 DML 操作时必须符合特定条件。

例如，下面的语句建立一个复杂的视图 JOB_SAL_VIEW，该视图用于获得每个岗位的平均薪金、薪金总和、最高薪金和最低薪金。

```
SQL> create or replace view job_sal_view as
  2     select job 岗位,avg(sal) 平均薪金,sum(sal) 薪金总和,max(sal) 最高薪
金,min(sal) 最低薪金
  3     from scott.emp
  4     group by job;

视图已创建。
```

为了获取岗位薪金的统计信息，可以直接查询该视图。例如：

```
SQL> select * from job_sal_view
  2    where 岗位='CLERK';
```

岗位	平均薪金	薪金总和	最高薪金	最低薪金
CLERK	1101.66667	6610	1400	950

5．连接视图

连接视图是指基于多个表所建立的视图，使用连接视图的主要目的是为了简化连接查询。需要注意，建立连接视图时，必须在 WHERE 子句中指定有效的连接条件，否则结果就是毫无意思的笛卡尔积。

例如，下面的语句将创建一个连接视图 DEPT_EMP_VIEW，该视图用于获取部门代号为 20 的员工信息和部门信息。

```
SQL> create or replace view dept_emp_view as
  2     select t1.deptno,t1.dname,t1.loc,t2.empno,t2.ename,t2.sal
  3     from dept t1,emp t2
  4     where t1.deptno=t2.deptno and t1.deptno=10;
```

```
视图已创建。
```

建立连接视图 DEPT_EMP_VIEW 后，为了获取部门编号为 10 的部门及员工信息时，可以直接查询该视图。例如：

```
SQL> select * from dept_emp_view;

DEPTNO   DNAME        LOC          EMPNO        ENAME        SAL
------   ------       ---          ------       ------       -----
10       ACCOUNTING   NEW YORK     7951         MARY         1000
10       ACCOUNTING   NEW YORK     7954         ATG          1200
10       ACCOUNTING   NEW YORK     7782         CLARK        2550
10       ACCOUNTING   NEW YORK     7839         KING         5100
10       ACCOUNTING   NEW YORK     7934         MILLER       1400
```

14.1.2 管理视图

在创建视图后，用户还可以对视图进行管理，包括：查看视图的定义信息、修改视图定义、重新编译视图和删除视图。

1. 查看视图定义

前面介绍过，数据库并不存储视图中的数值，而是存储视图的定义信息。用户可以通过查询数据字典视图 USER_VIEWS，以获得视图的定义信息。数据字典视图 USER_VIEWS 的结构如下所示。

```
SQL> desc user_views
 名称                        是否为空？              类型
 -----                      --------               ----------------
 VIEW_NAME                  NOT NULL               VARCHAR2(30)
 TEXT_LENGTH                                       NUMBER
 TEXT                                              LONG
 TYPE_TEXT_LENGTH                                  NUMBER
 TYPE_TEXT                                         VARCHAR2(4000)
 OID_TEXT_LENGTH                                   NUMBER
 OID_TEXT                                          VARCHAR2(4000)
 VIEW_TYPE_OWNER                                   VARCHAR2(30)
 VIEW_TYPE                                         VARCHAR2(30)
 SUPERVIEW_NAME                                    VARCHAR2(30)
 EDITIONING_VIEW                                   VARCHAR2(1)
 READ_ONLY                                         VARCHAR2(1)
```

在 USER_VIEWS 视图中，TEXT 列存储了用户视图的定义信息，即构成视图的 SELECT 语句。

```
SQL>   select text
  2    from user_views
  3    where view_name=upper('employees_admin_view');

TEXT
--------------------------------------------------------------------
select employee_id,last_name,email,hire_date,job_id,salary
from hr.employees_copy
```

2．修改视图定义

建立视图后，如果要改变视图所对应的子查询语句，则可以执行 CREATE OR REPLACE VIEW 语句。例如：

```
SQL> create or replace view dept_emp_view as
  2     select t1.deptno,t1.dname,t1.loc,t2.empno,t2.ename,t2.sal
  3     from dept t1,emp t2
  4     where t1.deptno=t2.deptno and t1.deptno=10;
```

3．重新编译视图

在视图被创建后，如果用户修改了视图所依赖的基本表定义，则该视图会被标记为无效状态。当用户访问视图时，Oracle 会自动重新编译视图。除此之外，用户也可以使用 ALTER VIEW 语句手动编译视图。例如：

```
SQL> alter view dept_emp_view compile;
视图已变更。
```

4．删除视图

当视图不再需要时，用户可以执行 DROP VIEW 语句删除视图。用户可以直接删除其自身模式中的视图，但如果要删除其他用户模式中的视图，要求该用户必须具有 DROP ANY VIEW 系统权限。例如：

```
SQL> drop view dept_emp_view;
视图已删除。
```

执行 DROP VIEW 语句后，视图的定义将被删除，这对视图中所有的数据没有任何影响，它们仍然存储在基本表中。

14.2 使用序列

序列是 Oracle 提供的用于生成一系列唯一数字的数据库对象。序列会自动生成顺序递增的序列号，以实现自动提供唯一的主键值。序列可以在多用户并发环境中使用，并且可以为所有用户生成不重复的顺序数字，而不需要任何额外的 I/O 开销。

14.2.1 创建序列

序列与视图一样，并不占用实际的存储空间，只是在数据字典中保存它的定义信息。用户在自己的模式中创建序列时，必须具有 CREATE SEQUENCE 系统权限。如果要在其他模式中创建序列，必须具有 CREATE ANY SEQUENCE 系统权限。

1．创建普通序列

使用 CREATE SEQUENCE 语句，创建序列的语法如下。

```
create sequence <seq_name>
[start with n]
[increment by n]
[minvalue n | nomainvalue]
[maxvalue n | nomaxvalue]
[cache n | ncache]
[cycle | nocycle ]
[order | noorder];
```

CREATE SEQUENCE 语句各部分的意义如下。

※ SEQ_NAME：为创建的序列名。

※ INCREMENT：该子句是可选的，表示序列的增量。一个正数将生成一个递增的序列；一个负数将生成一个递减的序列。默认值是 1。

※ MINVALUE：可选的子句，决定一个序列生成的最小值。

※ MAXVALUE：可选的子句，决定序列的最大值。

※ START：可选的子句，指定序列的开始位置。默认情况下，递增序列的起始值为 MINVALUE，递减序列的起始值为 MAXVALUE。

※ CACHE：该选项决定是否产生序列号预分配，并存储在内存中。

※ CYCLE：可选的关键字，当序列到达最大值（MAXVALUE）或者最小值（MINVALUE）时可复位并继续下去。如果达到极限，生成的下一个数据将分别是最小值（MINVALUE）或者最大值（MAXVALUE）。如果使用 NOCYCLE 选项，那么在序列达到其最大值之后，如果再试图获取下一个值将返回一个错误。

※ ORDER：该选项可以保证生成的序列值是按顺序产生的。例如，ORDER 可以保证第一个请求得到的数为 1，第二个请求得到的数为 2，以此类推；而 NOORDER 只保证序列值的唯一性，不保证产生序列值的顺序。

建立序列时，必须为序列提供相应的名称。对于序列的其他子句而言，因为这些子句都具有默认值，所以既可以指定，也可以不指定。下面的语句创建一个序列 DENTNO_SEQ，使用这个序列可以为 DEPT 表中的 DEPTNO 列生成唯一的整数。

```
SQL> create sequence deptno_seq
  2   maxvalue 99
  3   start with 50
  4   increment by 10
  5   cache 10;

序列已创建。
```

对于上面创建的序列而言，序列 DEPTNO_SEQ 的第一个序列号为 50，序列增量为 10，因为指定其最大值为 99，所以将来生成的序列号为 50、60、70、80、90。

2. 使用序列伪列

使用序列时，需要用到序列的两个伪列 NEXTVAL 与 CURRVAL。其中 NEXTVAL 将返回序列生成的下一个序列号，而伪列 CURRVAL 则会返回序列的当前序列号。需要注意，首次引用序列时，必须使用伪列 NEXTVAL。例如，下面将使用序列 DEPTNO_SEQ 提供部门编号。

```
SQL> insert into scott.dept(deptno,dname,loc)
  2  values(deptno_seq.nextval,'DEVELOPMENT',default);

已创建 1 行。
```

执行以上语句后，会为 DEPT 表插入一条数据，并且 DEPTNO 列会使用序列 DEPTNO_SEQ 所生成的序列号。另外，如果用户要确定当前序列号，可以使用伪列 CURRVAL。例如：

```
SQL> select deptno_seq.currval from dual;

   CURRVAL
----------
        60
```

提示：

使用序列时需要注意，如果使用 CACHE 子句建立序列，虽然可以设置内存中预分配的序列号个数（该选项设置越大，序列的访问性能越好），但是会占用更多的内存空间。另外，如果执行 ROLLBACK 语句取消事务操作，则可能会导致序列缺口。

实际上，在为表生成主键值时，通常是为表创建一个行组触发器，然后在触发器主体中使用序列值替换用户提供的值。

14.2.2　编辑序列

创建序列之后，为满足用户需求，还需要对序列进行一系列的编辑操作。

1. 修改序列

使用 ALTER SEQUENCE 语句可以对序列进行修改。需要注意，除了序列的起始值 START WITH 不能被修改外，其他可以设置序列的任何子句和参数都可以修改。如果要修改序列的起始值，则必须先删除序列，然后再重建该序列。

例如，下面的语句将修改序列 DEPTNO_SEQ 的最大值为 200，缓存值为 5。

```
SQL> alter sequence deptno_seq
  2  maxvalue 200
  3  cache 3;

序列已更改。
```

对序列进行修改后，在缓存中的序列值将全部丢失。通过查询数据字典 USER_SEQUENCES 可以获知序列的信息，USER_SEQUENCES 的结构如下。

```
SQL> desc user_sequences;
 名称                      是否为空 ?            类型
 ----                     ---------            -----------------
 SEQUENCE_NAME            NOT NULL            VARCHAR2(30)
 MIN_VALUE                                    NUMBER
 MAX_VALUE                                    NUMBER
 INCREMENT_BY             NOT NULL            NUMBER
 CYCLE_FLAG                                   VARCHAR2(1)
 ORDER_FLAG                                   VARCHAR2(1)
```

CACHE_SIZE	NOT NULL	NUMBER
LAST_NUMBER	NOT NULL	NUMBER

2. 删除序列

当序列不再需要时，数据库用户可以执行 DROP SEQUENCE 语句删除序列。例如：

```
SQL> drop sequence deptno_seq;
序列已删除。
```

3. 自动增长列

Oracle 中没有自动增长编号的功能，但可以通过触发器模拟自动增长编号的功能。首先，需要创建一个表和序列。

```
SQL>create table RA(RA_id number,RA_desc varchar2(30));
SQL>create sequence RA_seq;
```

然后，在 RA 表中创建一个触发器，并设置该触发器通过序列自动为 RA_ID 列赋值。

```
SQL>create or replace trigger RA_bu_tr
before insert on RA
for each row
begin
select RA_seq.nextval into:new.RA_id form dual;
end;
/
```

创建触发器后，向 RA 表中添加两条记录。

```
SQL>insert into RA(RA_desc) values('B');
SQL>insert into RA(RA_desc) values('P');
```

此时，可通过查询该表来验证 RA_ID 列是否被自动赋予了序列。

```
SQL>select * from RA;
RA_ID            RA_DESC
------------     ------------------------------------------
1                B
2                P
```

4. 设置多重序列

在 Oracle 中，还可以设置多重序列。多重序列是通过设置起始值并将增量设置为 2 的方法，获得唯一值的一种序列方式。

```
SQL>create sequence RA_seq_sale start with 1 increment by 2;
SQL>create sequence RA_seq_even start with -1 increment by -2;
SQL>create sequence RA_seq_sale start with 2 increment by 2;
SQL>create sequence RA_seq_even start with -2 increment by -2;
```

上述序列生成的编号为永久性编号，而且各编号之间不存在重复性。但这种序列生成方法具有限制性，只限制在这 4 个序列范围内。若用户想创建 4 个以上的序列，则可以创建范围编号。

```
SQL>create sequence RA_seq_sale start with 1 increment by 1 maxvalue
1000000;
SQL>create sequence RA_seq_even start with 1000001 increment by 1 maxvalue
2000000;
```

上述序列可以为每个序列设置无数个不同的编号范围，但每个序列生成的唯一值都存在有限性。

5．重命名序列

创建序列之后，为适应数据库需要，会出现重命名序列的操作。此时，可通过下列代码对序列进行重命名。

```
SQL>rename RA_seq to RA_seq_new;

表已重命名。
```

虽然代码中显示的为"表已重命名"，但实际上是对序列进行了重命名。

14.3　使用同义词

同义词是表、索引、视图等模式对象的一个别名。通过模式对象创建同义词，可以隐藏对象的实际名称和所有者信息，或者隐藏分布式数据库中远程对象的位置信息，由此为对象提供一定的安全性保证。与视图、序列相同，同义词只在 Oracle 数据库的数据字典中保存其定义描述，因此同义词并不占用任何实际的存储空间。

14.3.1　创建同义词

在开发数据库应用程序时，应当尽量避免直接引用表、视图或其他数据库对象的名称，而改用这些对象的同义词。这样可以避免当管理员对数据库对象做出修改和变动之后，必须重新编译应用程序。使用同义词后，即使引用的对象发生变化，也只需要在数据库中对同义词进行修改，而不必对应用程序做任何改动。

Oracle 中的同义词分为两种类型——公有同义词和私有同义词。公有同义词被一个特殊的用户组 PUBLIC 拥有，数据库中所有的用户都可以使用公有同义词。而私有同义词只被创建它的用户所拥有，只能由该用户以及被授权的其他用户使用。

1．创建公有同义词

建立公有同义词是使用 CREATE PUBLIC SYNONYM 语句完成的。如果数据库用户要建立公有同义词，则要求该用户必须具有 CREATE PUBLIC SYNONYM 系统权限。下面的语句，建立基于 SCOTT.EMP 表的公共同义词 PUBLIC_EMP。

```
SQL> create public synonym public_emp for scott.emp;
同义词已创建。
```

执行以上语句后，会建立公共同义词 PUBLIC_EMP。因为该同义词属于 PUBLIC 用户组，所以所有用户都可以直接引用该同义词。需要注意，如果用户要使用该同义词，必须具有访问 SCOTT.EMP 表的权限。例如，下面的语句将使用同义词访问 SCOTT.EMP 表。

```
SQL> select ename,sal,job
```

```
  2   from public_emp
  3   where ename='SCOTT';

ENAME                    SAL              JOB
------                   ----             ---------
SCOTT                    3000             ANALYST
```

2. 创建私有同义词

建立私有同义词是使用 CREATE SYNONYM 语句完成的。如果在当前模式中创建私有同义词，那么数据库用户必须具有 CREATE SYNONYM 系统权限，如果要在其他模式中创建私有同义词，则数据库用户必须具有 CREATE ANY SYNONYM 系统权限。例如，下面的语句将创建私有同义词 PRIVATE_EMP。

```
SQL> create synonym private_emp for scott.emp;
同义词已创建。
```

私有同义词只有当前用户可以直接引用，其他用户在引用时必须带有模式名。例如：

```
SQL> select ename,sal,job
  2   from private_emp
  3   where ename='SCOTT';

ENAME                    SAL              JOB
------                   ----             ---------
SCOTT                    3000             ANALYST
```

14.3.2 编辑同义词

创建同义词之后，为满足用户需求，还需要对同义词进行一系列的编辑操作。

1. 删除同义词

当基础对象的名称和位置被修改后，用户需要重新为其建立同义词。用户可以删除自己模式中的私有同义词。要删除其他模式中的私有同义词时，用户必须具有 DROP ANY SYNONYM 系统权限。要删除公有同义词，用户必须具有 DROP PUBLIC SYNONYM 系统权限。

删除同义词需要使用 DROP SYNONYM 语句，如果删除公有同义词，还需要指定 PUBLIC 关键字。例如，上面的语句将删除私有同义词 PRIVATE_EMP。

```
SQL> drop synonym private_emp;
同义词已删除。
```

例如，下面的语句将删除公有同义词 PUBLIC_EMP。

```
SQL> drop public synonym public_emp;
同义词已删除。
```

删除同义词后，同义词的基础对象不会受到任何影响，但是所有引用该同义词的对象将处于 INVALID 状态。

2. 重命名同义词

创建同义词之后，为适应数据库需要，可以对同义词进行重命名操作。此时，可通过下列代码对同义词进行重命名。

```
SQL>rename public_emp to public_p;

表已重命名。
```

虽然代码中显示的是"表已重命名"，但实际上是对同义词进行了重命名。

14.4 使用物化视图

物化视图（Materialized View）又称为"快照"，是存储数据的副本或聚集，主要用于执行实时的 SQL 查询操作，并将查询操作的结果存储到表中。另外，物化视图还可以查询表、视图和其他物化视图。

14.4.1 创建物化视图

物化视图可以分为完全刷新和快速刷新两种方式，这两种方式是物化视图中最基础的方式。

1. 创建完全刷新的物化视图

完全刷新适用于在刷新间隔中大部分行都会改变的基础表。在创建完全刷新物化视图时，需要先确定主表，也就是创建主表，例如创建一个成绩表 REPORT。

```
SQL> create table report(
  2   report_id number,
  3   report_scr number,
  4   course_id number,
  5   report_dte date,
  6   constraint erport_pk primary key(report_id));

表已创建。
```

创建主表之后，开始为表输入数据。

```
SQL>insert into report values(1,90,1,sysdate-10);
SQL>insert into report values(2,80,2,sysdate-10);
SQL>insert into report values(3,70,3,sysdate-11);
SQL>insert into report values(4,88,4,sysdate-11);
SQL>insert into report values(5,75,5,sysdate-12);
SQL>insert into report values(6,92,6,sysdate-12);
SQL>commit;

提交完成。
```

下面使用 CREATE MATERIALIZED VIEW 语句创建物化视图。

```
SQL>create materialized view report_mv
  2   segment creation immediate
  3   refresh
```

```
 4   complete
 5   on demand
 6   as
 7   select
 8   sum(report_scr) report_scr,
 9   trunc(report_dte) report_dte
10    from report
11    group by trunc(report_dte);
```

实体化视图已创建。

上述代码中，在创建物化视图的同时也创建了段和区。创建完物化视图之后，可以使用 USER_MVIEWS 数据字典视图验证物化视图操作。

```
SQL> select mview_name,refresh_method,refresh
_mode,
 2  build_mode,fast_refreshable
 3  from user_mviews
 4  where mview_name='REPORT_DAILY_M
V';

MVIEW_NAME
------------------------------------------------
REFRESH_ REFRES BUILD_MOD FAST_REFRESHABLE
-------- ------ --------- -------------------
REPORT_DAILY_MV
COMPLETE DEMAND IMMEDIATE DIRLOAD_LIMITEDDML
```

除了验证物化视图之外，还可以使用 USER_OBJECTS 视图来查看已创建的物化视图和表对象。

```
SQL> select object_name,object_type
 2  from user_objects
 3  where object_name like 'REPORT_DAILY_MV'
 4  order by object_name;

OBJECT_NAME                 OBJECT_TYPE
------------                --------------------------------
REPORT_DAILY_MV             MATERIALIZED VIEW
REPORT_DAILY_MV             TABLE
```

在 Oracle 中，还可以通过下列代码来查看物化视图中包含的数据。

```
SQL> select report_scr,to_char(report_dte,'dd-mm-yyyy')from report_daily_mv;

REPORT_SCR          TO_CHAR(RE
-----------         ----------------------
167                 06-09-2017
158                 07-09-2017
170                 08-09-2017
```

此时，向主表中添加一些数据，来查看刷新情况。

```
SQL>insert into report values(7,66,7,sysdate-12);
SQL>insert into report values(8,84,8,sysdate-12);
SQL>commit;
提交完成。
```

然后，使用 DBMS_MVIEW 数据包刷新物化视图。其中，物化视图的名称为 REPORT_DAILY_MV，方法参数为 F（快速刷新）。

```
SQL> exec dbms_mview.refresh('REPORT_DAILY_MV','F');
```

PL/SOL 过程已成功完成。

2. 创建快速刷新的物化视图

快速刷新与完全刷新相同，都需要创建主表，如果主表内没有设置主键，还需要添加一个主键，便于创建物化视图。在创建物化视图之前，需要创建物化视图日志。

```
SQL> create materialized view log on report;
```

实体化视图日志已创建。

然后，创建快速刷新的物化视图。

```
SQL> create materialized view report_rep_mv
  2  segment creation immediate
  3  refresh
  4  with primary key
  5  fast
  6  on demand
  7  as
  8  select
  9  report_id,
 10  report_scr,
 11  trunc(report_dte) report_dte
 12  from report;
```

实体化视图已创建。

此时，用户可以使用 USER_OBJECTS 视图来查看物化视图有关的对象。除此之外，与完全刷新物化视图一样，还可以通过 DIAMANTE 查看物化视图中包含的数据，并向表中添加一些数据。

```
SQL>insert into report values(7,66,7,sysdate-12);
SQL>insert into report values(8,84,8,sysdate-12);
SQL>commit;
提交完成。
```

现在检查该表，通过上述添加的数据记录，查看表数据的更改方式。

```
SQL> select count(*) from mlog$_report;
```

此时，系统会自动更改两条数据的记录。

```
COUNT(*)
-------------
        2
```

现在，即可使用命令来快速刷新物化视图了。

```
SQL> exec dbms_mview.refresh('REPORT_REP_MV','F');
```

PL/SOL 过程已成功完成。

刷新完物化视图后，运用物化视图查询更改的两条数据记录。

```
SQL> select report_scr,to_char(report_dte,'dd-mm-yyyy')
  2  from report_rep_mv
  3  order by 2;
```

此时，系统会自动输出查询结果。

```
REPORT_SCR                    TO_CHAR(RE
----------                    ----------------
75                            07-09-2017
92                            07-09-2017
66                            07-09-2017
84                            07-09-2017
70                            08-09-2017
88                            08-09-2017
90                            09-09-2017
80                            09-09-2017
```

已选择 8 行。

物化视图执行刷新命令之后，MLOG 表中的数据将不复存在。再次执行查看命令，更改记录的显示次数将变为 0。

```
SQL> select count(*)from mlog$_report;

  COUNT(*)
----------
         0
```

14.4.2 物化视图中的高级功能

物化视图具有众多功能，包括存储、索引、压缩、加密等与表属性相关的功能，以及一些与刷新相关的功能。通过这些功能，可以协助用户提高对物化视图的利用率。

1. 创建索引

物化视图是将数据存储在普通表之中的，因此可以基于物化视图表来创建索引。在物化视图中创建索引的方法与在基础表中创建索引的方法大体一致，其语法是完全相同的。

```
SQL> create index report_daily_mv on report_daily_mv(report_dte) tablespace
users;

索引已创建。
```

此时，可通过查询 USER_INDEXES 视图显示刚创建的索引。

```
SQL> select a.table_name,a.index_name
  2  from user_indexes a,
  3  user_mviews b
  4  where a.table_name=b.mview_name;
```

其查询结果如下所示。

```
TABLE_NAME                    INDEX_NAME
----------                    ------------------------
REPORT_REP_MV                 SYS_C_SNAP$_22ERPORT_PK
REPORT_DAILY_MV               REPORT_DAILY_MV
REPORT_DAILY_MV               I_SNAP$_REPORT_DAILY_MV
```

2. 分区物化视图

在物化视图中，可以像分区表那样对其进行分区操作，以提高表的管理性和维护性。

```
SQL>create materialized view report_daily_mv
  2   partition by hash(report_id)
  3   partitions 2
  4   refresh on demand complete with rowed
  5   as
  6   select report_id,report_scr, course_id,report_dte
  7   form report;
```

对视图进行分区之后，可通过 USER_TAB_PARTITIONS 和 USER_RART_TABLES 视图查看分区结果。

3. 加密物化视图

创建物化视图后，可以对其进行加密操作。

```
SQL> create materialized view report_daily_mv
  2   (report_id encrypt no salt,
  3   report_scr encrypt)
  4   as
  5   select
  6   report_id,report_scr
  7   from report;
```

下面，打开数据库的加密包，使上述代码生效，达到真正的加密效果。

```
SQL> desc report_daily_mv
 名称                     是否为空？                       类型
 ----                     --------                        -----------
 REPORT_ID                NOT NULL                        NUMBER ENCRYPT
 REPORT_SCR                                               NUMBER ENCRYPT
```

4. 创建空数据的物化视图

在创建物化视图时，可以不对视图加载数据，也就是创建一个不包含数据的物化视图。创建后，用户再根据具体需求加载物化视图中的表数据。

```
SQL> create materialized view report_mv
  2   tablespace users
  3   build deferred
  4   refresh complete on demand
  5   as
  6   select report_id,report_scr
  7   from report;

 实体化视图已创建。
```

5. 删除物化视图

在 Oracle 中，对于不再使用的物化视图，可以使用 DROP MATERIALIZED VIEW 命令将其删除。

```
SQL> drop materialized view sale_mv;

 实体化视图已删除。
```

14.4.3 管理物化视图组

在 Oracle 中，可以通过物化视图组，在同一个时间点进行批量刷新，特别适用于以父子表关系的主表所创建的物化视图。

1. 创建物化视图组

在创建物化视图组时，需要创建组名称、设置刷新间隔和下次刷新日期。

```
SQL> begin
  2  dbms_refresh.make(
  3  name =>'REPORT_GRP',
  4  list =>'REPORT_MV,REPORT_DAILY_MV',
  5  next_date =>sysdate-10,
  6  interval =>'sysdate+1'
  7  );
  8  end;
  9  /
```

创建物化视图组之后，可通过执行下列命令，查看物化视图组的操作细节。

```
SQL> select rname,job,next_date,interval from user_refresh;
```

此时，系统会显示查询结果。

```
RNAME                    JOB NEXT_DATE              INTERVAL
------                   --------------            --------------
REPORT_GRP               2 09-9 月 -17              sysdate+1
```

2. 更改和刷新物化视图组

创建物化视图组之后，当用户需要更改组的刷新日期和间隔时，则需要执行下列代码。

```
SQL> exec dbms_refresh.change(name=>'REPORT_GRP',interval=>'sysdate+10');
```

而当用户需要刷新物化视图组时，则需要执行下列代码。

```
SQL> exec dbms_refresh.refresh('REPORT_GRP');
```

3. 添加 / 删除物化视图

对于物化视图组，不仅可以更改组中的刷新日期和事件间隔，而且还可以更改组中的物化视图。

若要在物化视图组中添加物化视图成员，则需要执行下列代码。

```
SQL> exec dbms_refresh.add(name=>'REPORT_GRP',
  2  list=>'RA_MV,RB_MV');
```

提示:

在添加物化视图时，需要使用逗号分隔物化视图名称；而新添加的物化视图会在物化视图组下次刷新时刷新。

若要在物化视图组中删除物化视图成员，则需要执行下列代码。

```
SQL> exec dbms_refresh.subtract(name=>'REPORT_GRP',list=>'RA_MV');
```

4．删除物化视图组

当用户不再需要所创建的某个物化视图组时，可通过执行下列代码将其删除。

```
SQL> exec dbms_refresh.destroy('REPORT_GRP');
```

在删除物化视图组时，组中所包含的物化视图并不会被删除。

提示：

用户可以使用 drop materialized view log on report; 命令，删除物化视图日志。

14.5　应用对象视图

对象视图是对象数据库的组成元素，其结构与数据库中的数据类型、视图相同。在使用对象视图之前，还需要先了解一下对象类型。

14.5.1　应用对象类型

应用对象数据库中的对象类型，可以将指定的列组成对象。下面示例中，首先通过 CREATE TYPE 命令创建一个有关业绩列组成的 SPF_TY 数据类型。

```
SQL> create type spf_ty as object(
  2    product varchar2(30),
  3    category varchar2(30),
  4    volume number);
  5    /

类型已创建。
```

创建 SPF_TY 对象类型后，即可使用该数据类型进行创建了。例如，下面示例中使用 CREATE TYPE 命令创建了 STA_TY 数据类型，并将该数据类型用于 SPF 列的数据类型。

```
SQL> create type sta_ty as object(
  2    name varchar2(30),
  3    spf spf_ty);
  4    /

类型已创建。
```

在上述代码中，由于 STA_TY 数据类型中的 SPF 列使用了 SPF_TY 数据类型，因此该处将保存为构成 SPF_TY 数据类型的 3 列的 3 个值。

创建类别后，即可创建基于 STA_TY 数据类型的表了。

```
SQL> create table supplier(
  2    supplier_id number,
  3    sta sta_ty);
```

```
表已创建。
```

然后，为所创建的表格插入数据。

```
SQL> insert into supplier values(1,sta_ty('wangx',spf_
ty('hongniu','Drinks',1500
)));
```

```
已创建 1 行。
```

下面通过执行 DESCRIBE 命令，查看表信息。

```
SQL> describe supplier
名称                      是否为空？                          类型
-----                    ---------                          ------
SUPPLIER_ID              NUMBER STA                          STA_TY
```

同样，还可以使用 SQL*Plus 中的 SET DESCRIBE DEPTH 命令显示表中的对象 - 关系特性的数据类型的属性。

```
SQL> set describe depth 5
SQL> desc supplier
名称                      是否为空？                          类型
-----                    ---------                          -------------
SUPPLIER_ID                                                  NUMBER
STA                                                          STA_TY
NAME                                                         VARCHAR2(30)
SPF                                                          SPF_TY
PRODUCT                                                      VARCHAR2(30)
CATEGORY                                                     VARCHAR2(30)
VOLUME                                                       NUMBER
```

上述代码中的 5 是表示显示的深度范围，其值介于 1~50。例如，将该值设置为 2，其结果将会改变。

```
SQL> set describe depth 2
SQL> desc supplier
名称                      是否为空？                          类型
-----                    ---------                          -------------
SUPPLIER_ID                                                  NUMBER
STA                                                          STA_TY
NAME                                                         VARCHAR2(30)
SPF                                                          SPF_TY
```

14.5.2 应用对象视图

如已经创建了关系数据库应用程序，并且想在该应用程序中实现对象 - 关系的概念时，则需要使用对象视图来实现。

首先，需要在新的模式下创建 SUPPLIER 表，该表被作为关键表，需使用内置的数据类型。

```
SQL> create table supplier(
  2  supplier_id number primary key,
  3  name varchar2(30),
  4  product varchar2(30),
  5  category varchar2(30),
  6  volume number);
```

表已创建。

创建 SUPPLIER 表后，便需要创建 SPF_TY 和 STA_TY 数据类型了，并通过对象视图将上述数据类型与 SUPPLIER 表关联起来。

SUPPLIER_OV 对象视图的创建方法，如下所示。

```
SQL> create view supplier_ov(supplier_id,sta) as
  2  select supplier_id,
  3  sta_ty(name,spf_ty(product,category,volume))
  4  from supplier;

视图已创建。
```

在上述代码中，首先为对象视图命名，然后创建对象视图的基础查询部分。同样，用户可以使用 SUPPLIER_OV 对象视图来更新 SUPPLIER 表中的数据，例如为表赋予数据等。

```
SQL> insert into supplier_ov values(1,sta_ty('chengxz',spf_ty('wuliangye','Alcohol',1200)));

已创建 1 行。
```

14.5.3　应用方法

在应用对象视图时，定义了基础表中的对象类型，这些对象类型除了可以定义数据类型之外，还可以定义数据类型的方法。

在创建方法之前，需要声明该方法，也就是创建数据类型。下面示例中，创建了一个名为 STUDENT_TY 的数据类型。

```
SQL> create or replace type student_ty as object(
  2  major varchar2(30),
  3  name varchar2(30),
  4  birth_date date,
  5  member function age (birth_date in date)return number);
  6  /

类型已创建。
```

上述代码中的 AGE 为函数，用于返回学生的年龄。在此，需要使用 CREATE TYPE BODY 命令定义该函数。

```
SQL> create or replace type body student_ty as
  2  member function age(birth_date date)return number is
  3  begin
  4  return round(sysdate-birth_date);
  5  end;
  6  end;
  7  /

类型主体已创建。
```

定义 AGE 函数之后，表明该函数与 STUDENT_TY 数据类型相关联了。此时，无论哪个表使用该对象类型，都会调用 AGE 函数。例如，将 AGE 函数用于 STUDENT 表的 STUDENT 列。

```
SQL> create table student(
  2  id number,
```

```
 3   student student_ty);

表已创建。
```

然后，为 STUDENT 表插入一行数据。

```
SQL> insert into student values(1,student_ty('Architecture','liuneng',to_
date('1
   1-02-1991','dd-mm-yyyy')));

已创建 1 行。
```

创建完 STUDENT 表之后，调用 AGE 函数，将会返回当时的系统日期。

```
SQL> select s.student.age(s.student.birth_date)
  2  from student s;

S.STUDENT.AGE(S.STUDENT.BIRTH_DATE)
-------------------------------------------------------------
                            9747
```

14.6 练习：创建视图

在本练习中，将在 HR 模式中练习如何创建视图、查询视图的定义，并对视图进行更新。

操作步骤：

① 在本练习中，首先在 HR 模式中创建 EMPLOYEES_IT 视图。

```
SQL> create or replace view employees_it as
  2  select *
  3  from employees
  4  where department_id =(
  5  select department_id from departments
  6  where departments.department_name='IT')
  7  with check option;

视图已创建。
```

② 创建一个连接视图 EMP_DEPT，它包含 EMPLOYEES 表中的列和 DEPARTMENTS 表中的 DNAME 列。

```
SQL> create or replace view emp_dept as
  2   select t1.employee_id,t1.first_name,t1.last_name,t1.email,
  3  t1.phone_number,t1.hire_date,t1.job_id,t1.salary,t2.department_name
  4  from employees t1,departments t2
  5  where t1.department_id=t2.department_id
  6  with check option;

视图已创建。
```

③ Oracle 针对创建的视图，只在数据字典中存储其定义。输入并执行如下的语句查看创建的视图定义。

```
SQL> select text from user_views
  2  where view_name=UPPER('emp_dept');
```

```
TEXT
----------------------------------------------------------------
select t1.employee_id,t1.first_name,t1.last_name,t1.email,
t1.phone_number,t1.hi
```

④　查看视图各个列是否允许更新。

```
SQL> col owner format a20
SQL> col table_name format a20
SQL> col column_name format a20
SQL> select *
  2  from user_updatable_columns
  3  where table_name=UPPER('emp_dept');
```

OWNER	TABLE_NAME	COLUMN_NAME	UPD	INS	DEL
HR	EMP_DEPT	EMPLOYEE_ID	YES	YES	YES
HR	EMP_DEPT	FIRST_NAME	YES	YES	YES
HR	EMP_DEPT	LAST_NAME	YES	YES	YES
HR	EMP_DEPT	EMAIL	YES	YES	YES
HR	EMP_DEPT	PHONE_NUMBER	YES	YES	YES
HR	EMP_DEPT	HIRE_DATE	YES	YES	YES
HR	EMP_DEPT	JOB_ID	YES	YES	YES
HR	EMP_DEPT	SALARY	YES	YES	YES
HR	EMP_DEPT	DEPARTMENT_NAME	NO	NO	NO

已选择 9 行。

14.7 练习：创建物化视图

在本练习中，将详细介绍基于 SALE 和 PRE 主表，创建相对应的物化视图和物化视图组的操作过程。

操作步骤：

①　首先创建 SALE 和 PRE 主表，并创建主键。

```
SQL> create table sale(
  2  sale_id number,
  3  sale_sum number,
  4  product_id number,
  5  sale_dtt date,
  6  constraint sales_pk primary key(sale_id));

表已创建。
SQL> create table pre(
  2  pre_id number,
  3  pre_scr number,
  4  region_id number,
  5  pre_dte date,
  6  constraint pre_pk primary key(pre_id));

表已创建。
```

②　为创建的主表输入表格数据。

```
SQL> insert into sale values(1,120,10,sysdate-10);
SQL> insert into sale values(2,130,20,sysdate-20);
SQL> insert into sale values(3,98,30,sysdate-30);
----
SQL> insert into pre values(1,60,1,sysdate-1);
SQL> insert into pre values(2,66,2,sysdate-2);
SQL> insert into pre values(3,89,3,sysdate-3);
```

③ 创建物化视图。使用同样的方法，创建 SALE_DAILY_MV、PRE_MV 和 PRE_DAILY_MV 物化视图。

```
SQL> create materialized view sale_mv
  2  segment creation immediate
  3  refresh
  4  complete
  5  on demand
  6  as
  7  select
  8  sum(sale_sum) sale_sum,
  9  trunc(sale_dtt) sale_dtt
 10  from sale
 11  group by trunc(sale_dtt);

实体化视图已创建。
```

④ 查看 SALE_MV 物化视图中包含的数据。

```
SQL> select sale_sum,to_char(sale_dtt,'dd-mm-yyyy')from sale_mv;

SALE_SUM         TO_CHAR(SA
--------         --------------
98               20-08-2017
120              09-09-2017
130              30-08-2017
```

⑤ 向 SALE 表中添加 2 行新的数据。

```
SQL> insert into sale values(4,130,4,sysdate);
SQL> insert into sale values(5,102,5,sysdate);
```

⑥ 执行代码，完全刷新物化视图。

```
SQL> exec dbms_mview.refresh('SALE_MV','C');

PL/SQL 过程已成功完成。
```

⑦ 创建物化视图组。

```
SQL> begin
  2  dbms_refresh.make(
  3  name=>'SALE_GR',
  4  list=>'SALE_MV,SALE_DAILY_MV',
  5  next_date=>sysdate-10,
  6  interval=>'sysdate+1'
  7  );
  8  end;
  9  /

PL/SQL 过程已成功完成。
```

⑧ 向物化视图组中添加物化视图成员。

```
SQL> exec dbms_refresh.add(name=>'SALE_GR',list=>'PRE_MV,PRE_DAILY_MV');

PL/SQL 过程已成功完成。
```

⑨ 刷新物化视图组。

```
SQL> exec dbms_refresh.refresh('SALE_GR');

PL/SQL 过程已成功完成。
```

⑩ 最后，查看物化视图组的细节内容。

```
SQL> select rname,job,next_date,interval from user_refresh;

RNAME              JOB NEXT_DATE          INTERVAL
---------          ------------------     --------------
SALE_GR            3 20-9 月 -17          sysdate+1
```

14.8 新手训练营

练习 1：基于 STAFF 表创建简单视图

本练习中，将基于 STAFF 表使用 CREATE VIEW 语句来创建一个简单视图。

```
SQL> create or replace view staff_view as
  2      select name,department,post,entrytime, vworkinglife,basepay,
positionwage,senioritywage
  3      from staff;

视图已创建。
```

练习 2：基于 STAFF 表创建复杂视图

本练习中，将基于 STAFF 表创建一个复杂的视图 STAFF_SAL_VIEW，该视图用于获得所属部门的平均值、总和值、最高值和最低值。

```
SQL> create or replace view staff_sal_view as
  2      select department 所属部门 ,avg(basepay) 平均薪金 ,sum(basepay) 薪金总
和 ,max(basepay) 最高薪金 ,min(basepay) 最低薪金
  3      from staff
  4      group by department;

视图已创建。
```

创建视图之后，可以通过查询该视图，获取所属部门的基本薪金的统计信息。

```
SQL> select * from staff_sal_view
  2  where 所属部门 =' 财务部 ';

所属部       平均薪金        薪金总和        最高薪金        最低薪金
---------    -----------     ------------    ---------     --------------
财务部       4300            8600            4300          4300
```

练习 3：基于 ACMT 表创建完全刷新的物化视图

本练习中，将基于 ACMT 表，使用 CREATE MATERIALIZED VIEW 语句来创建一个完全刷新的物化视图。

```
SQL>create materialized view acmt_mv
  2   segment creation immediate
  3   refresh
  4   complete
  5   on demand
  6   as
  7   select
  8   sum(volume) volume,
  9   trunc(commission) commission
 10   from acmt
 11   group by trunc(commission);

实体化视图已创建。
```

下面，使用 USER_OBJECTS 视图来查看已创建的物化视图和表对象。

```
SQL> select object_name,object_type
  2   from user_objects
  3   where object_name like 'ACMT_MV'
  4   order by object_name;

OBJECT_NAME          OBJECT_TYPE
----------------     ----------------------------
ACMT_MV              MATERIALIZED VIEW
ACMT_MV              TABLE
```

练习 4：基于 ACMT 表创建快速刷新的物化视图

本练习中，将基于 ACMT 表创建一个快速刷新的物化视图。在创建物化视图之前，需要创建物化视图日志。

```
SQL> create materialized view log on acmt;

实体化视图日志已创建。
```

然后，创建快速刷新的物化视图。

```
SQL> create materialized view acmt_rep_mv
  2   segment creation immediate
  3   refresh
  4   with primary key
  5   fast
  6   on demand
  7   as
  8   select
  9   id,
 10   volume,
 11   trunc(commission) commission
 12   from acmt;

实体化视图已创建。
```

第 15 章
数据库安全管理

本章内容

在访问 Oracle 数据库时，为了确保数据库的安全性，用户需要提供用户名和密码，才能连接数据库。此外，为了防止一些非法访问，还需要设置用户的权限、角色机制等权限操作。上述的这些保密策略，共同构成了 Oracle 数据库的安全机制。在本章中，将详细介绍管理数据库用户的方法，以及如何向用户授予权限，限制用户的非法访问。

oka

15.1 管理用户

Oracle 数据库提供了对用户非常有效的管理机制。管理员可以对用户账户设置各种安全参数，以防止授权用户、非授权用户对数据库进行非法的访问。可以设置的安全参数主要包括用户名 / 口令、用户默认表空间、用户临时表空间、空间存取限额和用户配置文件。

15.1.1 创建用户

创建一个新的数据库用户是使用 CREATE USER 语句完成的，该语句一般是由 DBA 用户来执行；如果要以其他用户身份创建用户，则要求用户必须具有 CREATE USDER 系统权限。

每个用户在连接数据库时，都需要进行身份验证。身份验证可以通过操作系统进行，也可以通过数据库进行，或者通过独立的网络服务器进行。数据库验证是指使用数据库来检查用户、密码以及连接用户的身份，该方式也是最常用的用户验证方式，因此本书重点介绍数据库验证方式。采用数据库验证具有如下优点。

※ 用户账号及其身份验证全部由数据库控制，不需要借助数据库外的任何控制。

※ 当使用数据库验证时，Oracle 提供了严格的密码管理机制，加强了密码的安全性。

如果使用数据库验证，则创建用户时必须提供连接密码，并且密码必须是单字节的字符。例如，在没有启动 PDB 功能的环境中创建了一个用户 ATG，并为该用户指定了登录密码、默认表空间、临时表空间。

```
SQL> connect system/password
已连接。
SQL> create user developer
  2    identified by developer
  3    default tablespace user01
  4    quota 10m on user01
  5    temporary tablespace temp;

用户已创建。
```

在上面的语句中，创建了一个名为 DEVELOPER 的用户。其中，子句 IDENTIFIED BY 指定用户密码，该密码是用户的初始密码，在用户登录数据库后可以对其进行修改；DEFAULT TABLESPACE 子句为用户指定默认表空间，这样在建立数据库对象（表、索引和簇）时，如果不指定 TABLESPACE 子句，Oracle 会自动在默认表空间上为这些对象分配空间；TEMPORARY TABLESPACE 子句用于为用户指定临时表空间，当用户所执行的 SQL 语句需要进行排序操作时，若临时数据尺寸超过 PGA 工作区，则会在该表空间上建立临时段；QUOTA 子句为用户指定表空间配额，即用户对象在表空间上可占用的最大空间。

> **提示：**
>
> 如果在安装 Oracle 时，默认启用了 PDB 功能，在创建用户名时则需要在用户名前面添加 C##。

在创建用户时需要注意，Oracle 不允许使用其他类型的表空间作为临时表空间使用，同样，也不允许使用临时表空间作为默认表空间，否则会出现如下所示的错误。

```
SQL> create user developer02
  2     identified by developer
  3     default tablespace USER01
  4     quota 128m on users
  5     temporary tablespace USERS;
create user atg02
*
第 1 行出现错误:
ORA-10615: Invalid tablespace type for temporary tablespace
```

在创建用户时，还可以增加 PASSWORD EXPIRE，这可以强制用户在每一次登录数据库后必须修改密码。例如:

```
SQL> create user developer02
  2     identified by developer
  3     default tablespace USER01
  4     quota 128m on users
  5     temporary tablespace TEMP
  6     password expire;

用户已创建。

SQL> connect developer02/ developer
ERROR:
ORA-28001: the password has expired

更改 developer02 的口令
新口令:
重新键入新口令:
```

在执行 CREATE USER 创建用户后，需要注意如下事项。

※ 初始建立的用户没有任何权限，不能执行任何数据库操作。

※ 如果建立用户时不指定 TEMPORARY TABLESPACE 子句，Oracle 会将数据库默认的临时表空间作为用户的临时表空间。

※ 如果建立用户时不指定 DEFAULT TABLESPACE 子句，Oracle 会将 USERS 表空间作为用户的默认表空间。

※ 如果建立用户时没有为表空间指定 QUOTA 子句，则用户在特定表空间上的配额为 0，用户将不能在相应表空间上建立数据对象。

因为初始建立的用户没有任何权限，所以为了使用户可以连接数据库，必须授予其 CREATE SESSION 权限。当采用数据库验证方式时，必须通过用户名和密码连接数据库。例如:

```
SQL> connect developer/ developer
ERROR:
ORA-01045: user DEVELOPER lacks CREATE SESSION privilege; logon denied

警告: 您不再连接 ORACLE。
SQL> connect system/admin
已连接。
 SQL> grant create session,create table to developer;
授权成功。
SQL> conn developer/ developer;
已连接。
```

当要在表空间上建立数据对象时，用户必须具有相应的空间配额，或者 UNLIMITED

TABLESPACE 系统权限。建立 DEVELOPER 用户时，由于没有为其在 USER03 表空间上指定空间配额，所以在 USER03 表空间上的空间配额为 0，即该用户不能使用 USER03 表空间。例如：

```
SQL> create table test2(col int) tablespace user03;
create table test2(col int) tablespace user03
*
第 1 行出现错误：
ORA-01950: 对表空间 'USER03' 无权限
```

这里有一个技巧，如果要回收某用户创建数据库对象的权限，可以修改其所有表空间中的配额为 0，这样用户已经创建的数据库对象仍然被保留，但是无法再创建新的数据库对象。

15.1.2 编辑用户

在创建用户后，还允许对其进行修改，修改用户信息是使用 ALTER USER 命令完成的。一般情况下，该命令是由 DBA 执行的，如果要以其他用户身份修改用户信息，则必须具有 ALTER USER 系统权限。对用户的修改包括：登录密码、用户默认表空间、临时表空间、磁盘的限额等。

1．修改密码

为了防止其他人员窃取用户密码，并以该用户的身份连接数据库执行非法操作，DBA 或用户应该定期改变用户密码。需要注意，普通用户可以执行 ALTER USER 修改其自身密码，而 DBA 用户可以执行该命令修改任何用户的密码。下面的语句将修改 DEVELOPER 用户密码。

```
SQL> connect developer/ developer;
已连接。
SQL> alter user developer identified by developer;
用户已更改。
```

2．修改表空间配额

表空间配额用于限制用户对象在表空间上可占用的最大空间，如果用户对象已经占据了表空间配额所允许的最大空间，将不能在该表空间上为用户对象分配新的空间。此时如果执行了涉及空间分配的 SQL 操作，将会显示如下错误信息。

```
ORA-01536:space quota exceeded for tablespace 'USERS'
```

当用户耗尽了空间配额时，为了使用户操作可以继续进行，必须由 DBA 为其分配更多配额。例如：

```
SQL> connect system/password
已连接。
SQL> alter user developer quota 10 on user01;
用户已更改。
```

3．锁定用户账户

为了禁止特定数据库用户访问数据库，DBA 可以锁定用户账户。下面以锁定 DEVELOPER 为例，说明如何使用 ATLER USER 命令锁定用户账户。

```
SQL> alter user developer account lock;
用户已更改。
```

锁定用户 DEVELOPER 后，该用户将无法访问数据库。此时如果以该用户账户的身份连接数据库，将会显示如下错误信息。

```
SQL> conn developer/ developer
ERROR:
ORA-28000: the account is locked
```

4. 解锁用户账户

为了使数据库用户可以访问数据库，DBA 可以解锁用户账户。下面的语句将解锁 DEVELOPER 用户账户。

```
SQL> alter user developer account unlock;
用户已更改。

SQL> conn developer/ developer;
已连接。
```

5. 修改用户的默认表空间

用户的默认表空间也可以通过 ALTER USER 语句来完成。例如：

```
SQL> alter user developer
  2    default tablespace EXAMPLE;

用户已更改。
```

修改用户的默认表空间后，先前已经创建的表仍然存储在原表空间中。如果再创建数据对象，则新创建对象将存储在新的默认表空间。

6. 修改用户的临时表空间

修改用户的临时表空间时需要注意，新的临时表空间必须是专用的临时表空间，不允许使用其他类型的表空间。例如：

```
SQL> alter user developer
  2    temporary tablespace temp;

用户已更改。
```

7. 删除用户

当删除一个用户时，系统会将该用户账号以及用户模式的信息从数据字典中删除。用户被删除后，用户创建的所有数据库对象也被全部删除，删除用户可以使用 DROP USER 语句。如果用户当前已连接数据库，则不能删除该用户，必须等该用户退出系统后再删除。

另外，如果要删除的用户模式中包含模式对象，则必须在 DROP USER 子句中指定 CASCADE 关键字，表示在删除用户时，也将该用户创建的模式对象全部删除。例如，删除用户 SCOTT 时，由于该用户已经创建了大量的模式对象，则在删除该用户时，系统将自动提示增加 CASCADE 选项，否则将返回如下的错误。

```
SQL> drop user scott
  2  /
drop user scott
*
第 1 行出现错误：
ORA-01922: 必须指定 CASCADE 以删除 'SCOTT'
```

提示：

在删除用户账户前，必须仔细检查该用户是否还具有使用价值，有一种安全的做法是为用户加锁，而不是删除用户。

15.2 资源配置 PROFILE

访问 Oracle 数据库时，必须提供用户名和密码，然后才能连接数据库。为了防止其他人员窃取用户密码，DBA 必须充分考虑用户密码的安全性，以防止非法人员连接数据库执行非法操作。对于大型数据库管理系统而言，数据库用户众多，并且不同用户担负不同的管理任务，为了有效利用服务器资源，还应该限制不同用户的资源占用。

15.2.1 使用 PROFILE 管理资源

PROFILE 作为用户配置文件，是密码限制、资源限制的命令集合。PROFILE 文件作为 Oracle 安全策略的重要组成部分，利用它可以对数据库用户进行基本的资源限制，并且可以对用户的密码进行管理。

在安装数据库时，Oracle 会自动建立名为 DEFAULT 的默认配置文件。如果没有为新创建的用户指定 DEFAUTL 文件，Oracle 将自动为它指定 DEFAULT 配置文件。初始的 DEFAULT 文件没有进行任何密码和资源限制，使用 PROFILE 文件时需要注意如下事项。

※ 建立 PROFILE 文件时，如果只设置了部分密码和资源限制选项，其他选项会自动使用默认值，即使 DEFAULT 文件中有相应选项的值。

※ 建立用户时，如果不指定 PROFILE 选项，Oracle 会自动将 DEFAULT 分配给相应的数据库用户。

※ 一个用户只能分配一个 PROFILE 文件。如果要同时管理用户的密码和资源，那么在建立 PROFILE 时，应该同时指定密码和资源选项。

※ 使用 PROFILE 管理密码时，密码管理选项总是处于激活状态，但如果使用 PROFILE 管理资源，则必须激活资源限制。

在大而复杂的多用户数据库环境中，因为用户众多，所以系统资源可能会成为影响性能的主要"瓶颈"。为了有效地利用系统资源，应根据用户所承担任务的不同为其分配合理的资源。PROFILE 不仅可用于管理用户密码，还可用于管理用户资源。需要注意，如果使用 PROFILE 管理资源，必须设置 RESOURCE_LIMIT 参数为 TRUE，以激活用户资源限制。由于该参数是动态参数，所以可以使用 ALTER SYSTEM 语句进行修改。

```
SQL> show parameter resource_limit

NAME                     TYPE           VALUE
---------------          -----------    -------------
resource_limit           boolean        FALSE
SQL> alter system set resource_limit=true;
系统已更改。
```

利用 PROFILE 配置文件，可以对以下系统资源进行限制。

※　CPU 时间：为了防止无休止地使用 CPU 时间，限制用户每次调用时使用的 CPU 时间，以及在一次会话期间所使用的 CPU 时间。

※　逻辑读取：为了防止过多使用系统的 I/O 操作，限制每次调用及会话时读取的逻辑数据块数目。

※　用户的并发会话数。

※　会话空闲的限制：当一个会话被空闲的时间达到限制值时，当前事务被回滚，会话被终止并且所占用的资源被释放。

※　会话可持续的时间：如果一个会话的总计连接时间达到该限制值，当前事务被回滚，会话被终止并释放被占用的资源。

※　会话所使用的 SGA 空间限制。

大部分资源限制都可以在两个级别进行——会话级和调用级。会话级资源限制是对用户在一个会话过程中所使用的资源进行限制；而调用级资源限制是对一个 SQL 语句，在执行过程中所能使用的资源进行限制。

当一个会话或 SQL 语句占用的资源超过 PROFILE 文件中的限制时，Oracle 将终止并回退当前的事务，然后向用户返回错误信息。如果受到的限制是会话级的，在提交或回退事务后用户会话会被终止；而当受到调用级限制时，用户会话还能够继续进行，只是当前执行的 SQL 语句将被终止。

下面是 PROFILE 文件中对各种资源限制的参数。

※　SESSION_PER_USER：用户可以同时连接的会话数量，如果用户的连接数达到该限制，则再试图登录时将产生一条错误信息。

※　CPU_PER_SESSION：限制用户在一次数据库会话期间可以使用的 CPU 时间，单位为 1/100s。当达到该时间值后，系统就会终止该会话。如果用户还需要执行操作，则必须重新建立连接。

※　CPU_PER_CALL：该参数用于限制每条 SQL 语句所能使用的 CPU 时间。参数值是一个整数，单位为 1/100s。

※　LOGICAL_READS_PER_SESSION：限制每个会话所能读取的数据块数量，包括从内存中读取的数据块和从磁盘中读取的数据块。

※　LOGICAL_READS_PER_CALL：限制每条 SQL 语句所能读取的数据块数。

※　PRIVATE_SGA：在共享服务器模式下，该参数限定用户的一个会话可以使用的内存 SGA 区的大小，单位为数据块。在专用服务器模式下，该参数不起作用。

※ CONNECT_TIME：限制每个用户能连接数据库的最长时间，单位为分钟，当连接时间超出该设置时，该连接终止。例如，如果设置 CONNECT_TIME 为 20min，则当用户连接数据库 20min 后，无论用户是否在该会话中执行了操作，系统都会终止该用户的连接。

※ IDLE_TIME：该参数限制每个用户会话能连接数据库的最长时间。超过该空闲时间的会话，系统会终止该会话。例如，某用户已经登录到数据库并且空闲了 20min，如果 IDLE_TIME 设为 15min，则该用户的连接在第 15min 后，已经被断开。

※ COMPOSITE_LIMIT：该参数是一项由多个资源限制参数构成的复杂限制参数，利用该参数可以对所有混合资源的限定作用进行设置。

例如，下面在创建 PROFILE 文件时，对用户可以访问的系统资源进行如下限制。

※ 用户最多只能建立 5 个数据库会话。

※ 每个会话持续连接数据库的最长时间为 16h。

※ 保持 30min 的空闲状态后会话被自动断开。

※ 会话中每条 SQL 语句最多只能读取 1000 个数据块。

※ 会话中每条 SQL 语句最多占用 100 个单位的 CPU 时间。

根据上面的资源限制要求，创建的 PROFILE 文件如下。

```
SQL> create profile resource_limit limit
  2     sessions_per_user 5
  3     cpu_per_session unlimited
  4     cpu_per_call 100
  5     connect_time 960
  6     idle_time 30
  7     logical_reads_per_session unlimited
  8     logical_reads_per_call 1000;

配置文件已创建
```

15.2.2 使用 PROFILE 管理密码

当操作人员要连接 Oracle 数据库时，需要提供用户名和密码。对于黑客或某些人而言，他们可能通过猜想或反复试验来破解密码。为了加强密码的安全性，可以使用 PROFILE 文件管理密码。PROFILE 文件提供了一些密码管理选项，它们提供了强大的密码管理功能，从而确保密码的安全。为了实现密码限制，必须先建立 PROFILE 文件。建立 PROFILE 文件是使用 CREATE PROFILE 语句完成的，一般情况下，该语句由 DBA 执行，如果要以其他用户身份建立 PROFILE 文件，则该用户必须具有 CREATE PROFILE 系统权限。

使用 PROFILE 文件可以实现 4 种密码管理功能：账户锁定、密码的过期时间、密码历史和密码的复杂度。

1. 账户锁定

账户的锁定策略是指用户在连续输入多少次错误密码后，Oracle 会自动锁定用户的账户，并且可以规定账户的锁定时间。Oracle 为锁定账户提供了以下两个参数。

※　FAILED_LOGIN_ATTEMPTS：该参数限制用户在登录 Oracle 数据库时允许失败的次数。一旦某用户尝试登录数据库的次数达到该值，系统会将该用户账户锁定。

※　PASSWORD_LOCK_TIME：用于指定账户被锁定的天数。

例如，下面创建的 PROFILE 文件设置连续连接失败次数为 3，超过该次数后，账户锁定时间为 10 天，并使用 ALTER USER 语句将 PROFILE 文件分配给用户 DEVELOPER。

```
SQL> create profile lock_account limit
  2      failed_login_attempts 3
  3      password_lock_time 10;
配置文件已创建

SQL> alter user developer profile lock_account;
用户已更改。
```

当建立 LOCK_ACCOUNT 文件后，并将该 PROFILE 分配给用户 DEVELOPER 后，如果以账户 DEVELOPER 身份连接数据库，并且连续连接失败 3 次后，Oracle 将自动锁定该用户账户。此时，即使为用户 DEVELOPER 提供正确的密码，也无法连接数据库。

在建立 LOCK_ACCOUNT 文件时，由于指定 PASSWORD_LOCK_TIME 的参数为 10，所以账户锁定天数达到 10 天后，Oracle 会自动解锁账户。如果建立 PROFILE 文件时没有提供该参数，将自动使用默认值 UNLIMITED。在这种情况下，需要 DBA 手动解锁用户账户。

2. 密码的过期时间

密码的过期时间是指强制用户定期修改自己的密码，当密码过期后，Oracle 会随时提醒用户修改密码。密码宽限期是指用户账户密码到期之后的宽限使用时间。默认情况下，建立用户并为其提供密码之后，密码会一直生效。为了防止其他人员破解用户账户的密码，可以强制普通用户定期改变密码，Oracle 提供了如下参数。

※　PASSWORD_LIFE_TIME：该参数用于设置用户密码的有效时间，单位为"天"。超过这一段时间，用户必须重新设置密码。

※　PASSWORD_GRACE_TIME：设置密码失效的"宽限时间"。如果密码达到 PASSWORD_LOGIN_TIME 设置的失效时间，设置宽限时间后，用户仍然可以使用。

为了强制用户定期改变密码，二者应该同时进行设置。下面创建一个 PROFILE 文件，以控制用户的密码有效期为 10 天，密码宽限期为 2 天。

```
SQL> create profile password_life_time limit
  2      password_life_time 10
  3      password_grace_time 2;

配置文件已创建
```

当建立 PASSWORD_LIFE_TIME LIMIT 配置文件时，并将该 PROFILE 文件分配给用户 DEVELOPER 后，如果用户 DEVELOPER 在 10 天之内没有改变密码，则会显示如下警告信息：

```
ORA-28002:the password will expire within 2 days
```

如果在第 10 天时没有改变密码，那么在第 11 天和第 12 天连接时，仍然会显示类似的警告信息。如果第 12 天后仍然没有改变密码，那么当第 13 天连接时，Oracle 会强制用户改变密码，否则不允许连接数据库。

3. 密码的历史

密码的历史用于控制账户密码的可重用次数或可重用时间。使用密码历史参数后，Oracle 会将密码修改信息存放到数据字典中。这样，当修改密码时，Oracle 会对新、旧密码进行比较，以确保用户不会重用过去已经用过的密码。关于密码历史有如下两个参数：

※ PASSWORD_REUSE_TIME：指定密码可重用的时间，单位为"天"。

※ PASSWORD_REUSE_MAX：设置密码在能够被重新使用之前，必须改变的次数。

在使用密码历史选项时，只能使用其中的一个参数，并将另一个参数设置为 UNLIMITED。例如，在下面创建的 PROFILE 文件中，强制该用户在密码终止 10 天之内，不能重用以前的密码。

```
SQL> create profile password_history limit
  2       password_life_time 10
  3       password_reuse_time 10
  4       password_reuse_max unlimited
  5       password_grace_time 2;

配置文件已创建
```

当创建 PASSWORD_HISTORY 配置文件并将其分配用户后，如果在前 12 天没有修改用户密码，那么在第 13 天连接数据库时，Oracle 会强制用户改变密码，但是如果此时仍然使用过去的密码，则密码修改不能成功。

4. 密码的复杂度

在 PROFILE 文件中，可以通过指定的函数来强制用户的密码必须具有一定的复杂度。例如，强制用户的密码不能与用户名相同。使用校验函数验证用户密码的复杂度时，只需要将这个函数的名称指定给 PROFILE 文件中的 PASSWORD_VERIFY_FUNCTION 参数，Oracle 就会自动使用该函数对用户的密码内容和格式进行验证。

在 Oracle 11g 中，验证密码复杂度的功能具有新的改进。在 $ORACLE_HOME/rdbms/admin 目录下创建了一个新的密码验证文件 UTLPWDMG.SQL，在其中不仅提供了先前的验证函数 VERIFY_FUNCTION，还提供了一个新增的 VERIFY_FUNCTION_11G 函数，并且在脚本末尾添加了如下的语句：

```
ALTER PROFILE DEFAULT LIMIT
PASSWORD_LIFE_TIME 180
PASSWORD_GRACE_TIME 7
PASSWORD_REUSE_TIME UNLIMITED
PASSWORD_REUSE_MAX UNLIMITED
FAILED_LOGIN_ATTEMPTS 10
PASSWORD_LOCK_TIME 1
PASSWORD_VERIFY_FUNCTION verify_function_11G;
```

在这部分脚本中，将该函数附加到配置文件 DEFAULT 中，这样，DBA 只需要运行该脚本以创建 11g 版的密码检查函数，该脚本将通过将自身附加到默认配置文件中的方式来启用密码验证功能。在脚本文件中提供了大量的注释，可以打开该脚本查看对密码复杂度的控制。

需要注意，当使用密码校验函数时，该密码校验函数不仅可以是系统预定义的校验函数，还可以使用自定义的密码校验函数。自定义校验函数必须符合如下规范：

```
function_name(
  userid_param in varchar2(30),
  password param in varchar2(30),
  old_password_param in varchar2(30)
) return boolean
```

其中，USERID_PARAMETER 用于标识用户名；PASSWORD_PARAMETER 用于标识用户的新密码；OLD_PASSWORD_PARAM 用于标识用户的旧密码。如果函数返回值为 TRUE，则表示新密码可以使用；如果函数返回值为 FALSE，则表示新密码不能使用。

提示：

如果要禁用密码校验函数，可以将 PASSWORD_VERIFY_FUNCTION 参数设置为 NULL。

15.2.3 编辑 PROFILE

在 Oracle 中，PROFILE 文件也是一种数据资源，也可以对其进行编辑操作。例如，修改 PROFILE 文件、删除 PROFILE 文件，以及显示 PROFILE 信息等。

1．修改 PROFILE 文件

在创建 PROFILE 文件之后，还可以使用 ALTER PROFILE 语句修改其中的资源参数和密码参数。例如，下面的语句对 PROFILE 文件的 RESOURCE_LIMIT 进行修改。

```
SQL> alter profile resource_limit limit
  2  cpu_per_session 15000
  3  sessions_per_user 5
  4  cpu_per_call 500
  5  password_life_time 30
  6  failed_login_attempts 5;

配置文件已更改
```

对配置文件所做的修改只有在用户开始新的会话时才会生效。另外，如果使用 ALTER PROFILE 语句对 DEFAULT 配置文件进行了修改，则所有配置文件中设置为 DEFAULT 的参数都会受到影响。

2．删除 PROFILE 文件

使用 DROP PROFILE 语句可以删除 PROFILE 文件。如果要删除的配置文件已经被指定给了用户，则必须在 DROP PROFILE 语句中使用 CASCADE 关键字。

例如，下面的语句将删除 PASSWORD_HISTORY 配置文件。

```
SQL> drop profile password_history;
配置文件已删除。
```

如果为用户指定的配置文件被删除，则 Oracle 将自动为用户重新指定 DEFAULT 配置文件。

3. 显示用户的 PROFILE 信息

建立或修改用户时，可以为用户分配 PROFILE 文件。如果没有为用户分配 PROFILE 文件，Oracle 会自动将 DEFAULT 分配给用户。通过查询数据字典视图 DBA_USERS，可以显示用户使用的 PROFILE 文件。例如，下面的语句将显示用户 DEVELOPER 所使用的 PROFILE 文件。

```
SQL> select profile
  2  from dba_users
  3  where username='DEVELOPER';
```

4. 显示 PROFILE 的密码和资源限制

建立或修改 PROFILE 文件时，Oracle 会将 PROFILE 参数存入数据字典中。通过查询 DBA_PROFILES，可以显示 PROFILE 的密码限制和资源限制信息。例如，下面的语句将显示 RESOURCE_LIMIT 文件的密码和资源限制。

```
SQL> column limit format a20
SQL> select resource_name,resource_type,limit
  2  from dba_profiles
  3  where profile='RESOURCE_LIMIT';

RESOURCE_NAME                   RESOURCE         LIMIT
-----------------               ----------       -------------
COMPOSITE_LIMIT                 KERNEL           DEFAULT
SESSIONS_PER_USER               KERNEL           5
CPU_PER_SESSION                 KERNEL           15000
CPU_PER_CALL                    KERNEL           500
LOGICAL_READS_PER_SESSION       KERNEL           UNLIMITED
LOGICAL_READS_PER_CALL          KERNEL           1000
IDLE_TIME                       KERNEL           30
CONNECT_TIME                    KERNEL           960
PRIVATE_SGA                     KERNEL           DEFAULT
FAILED_LOGIN_ATTEMPTS           PASSWORD         5
PASSWORD_LIFE_TIME              PASSWORD         30
PASSWORD_REUSE_TIME             PASSWORD         DEFAULT
PASSWORD_REUSE_MAX              PASSWORD         DEFAULT
PASSWORD_VERIFY_FUNCTION        PASSWORD         DEFAULT
PASSWORD_LOCK_TIME              PASSWORD         DEFAULT
PASSWORD_GRACE_TIME             PASSWORD         DEFAULT

已选择 16 行。
```

在上面创建的配置文件中可以看出，用户配置文件实际上是对用户使用的资源进行限制的参数集。一般来说，为了有效地节省系统硬件资源，在设置配置文件中的限制参数时，通常会设置 SESSION_PER_USER 和 IDLE_TIME，以防止多个用户使用同一个账户连接，并限制会话的空闲时间，而对于其他限制参数不进行设置。

15.3 管理权限

刚建立的用户是没有任何权限的，这也就意味着该用户不能执行任何操作。如果用户要执行特定的数据库操作，则必须具有系统权限。如果用户要访问其他模式中的对象，则必须具有相应的对象权限。

15.3.1　管理系统权限

权限（PRIVILEGE）是指执行特定类型的 SQL 语句，或访问其他模式对象的权利。Oracle
的权限可以分成两类——系统权限和对象权限。

系统权限是指执行特定类型 SQL 语句的权利。它用于控制用户可以执行的一个或一组数据
库操作，例如，当用户具有 CREATE TABLESPACE 权限时，可以在其模式中创建表；当用户具
有 CREATE ANY TABLE 权限时，可以在任何模式中创建表。系统权限是针对用户而设置的，用
户必须被授予相应的系统权限，才可以连接数据库进行相应的操作。

对象权限是指在对象级控制数据库的存取和使用的机制，即访问其他用户模式对象的权力。
例如，如果 HR 用户要访问 SCOTT.EMP 表，则必须在 SCOTT.EMP 表上具有对象权限。对象权
限一般是针对用户模式对象的。

此外，Oracle 数据库还允许传递权限，即允许已经具有权限的用户将其权限授予其他用户，
从而使数据的存取更加灵活。

系统权限是指执行特定类型 SQL 语句的权利。一般情况下，系统权限需要授予数据库管理
人员和应用程序开发人员。数据库管理人员还可以将系统权限授予其他用户，并允许用户将该
系统权限再授予另外的用户。同时，也可以从被授权用户手中收回系统权限。

1. 系统权限的分类

Oracle 提供了 200 多种系统权限，每一种系统权限分别能使用户进行某种或某一类特定的操
作。数据字典视图 SYSTEM_PRIVILEGE_MAP 中包括了 Oracle 数据库中的所有系统权限，通过
查询该视图可以了解系统权限的信息。

```
SQL> connect system/password
已连接。
SQL> select count(*) from system_privilege_map;

  COUNT(*)
----------
    206
```

数据库管理员可以将系统权限授予用户、角色、PUBLIC 公共用户组。一般情况下，系统权限只能授予值得信任的用户，以免系统权限被滥用，从而危及数据库的安全性。

> **提示：**
>
> PUBLIC 是在创建数据库时被自动创建的用户组。该用户组有什么权限，数据库中所有用户就有什么权限。可以利用这个特点，将公共权限授予数据库中所有的用户。

对于数据库管理员而言，如果要对数据库中的对象进行管理，必须具有如下表所示的系统权限。

系统权限	权限功能
ANALYZE ANY	允许对任何模式中的任何表、聚簇或者索引执行分析，查找其中的迁移记录和链接记录
CREATE ANY CLUSTER	在任何用户模式中创建聚簇
ALTER ANY CLUSTER	在任何用户模式中更改聚簇
DROP ANY CLUSTER	在任何用户模式中删除聚簇
CREATE ANY INDEX	在数据库中任何表上创建索引
ALTER ANY INDEX	在任何模式中更改索引
DROP ANY INDEX	在任何模式中删除索引
CREATE ANY PROCEDURE	在任何模式中创建过程、函数和包
ALTER ANY PROCEDURE	在任何模式中更改过程、函数和包
DROP ANY PROCEDURE	在任何模式中删除过程、函数或包
EXECUTE ANY PROCEDURE	在任何模式中执行或者引用过程
GRANT ANY PRIVILEGE	将数据库中任何权限授予任何用户，这是 DBA 授予系统权限的基本要求
ALTER ANY ROLE	修改数据库中任何角色
DROP ANY ROLE	删除数据库中任何角色
GRANT ANY ROLE	允许用户将数据库中任何角色授予数据库中的其他用户
CREATE ANY SEQUENCE	在任何模式中创建序列
ALTER ANY SEQUENCE	在任何模式中更改序列
DROP ANY SEQUENCE	在任何模式中删除序列
SELECT ANY SEQUENCE	允许使用任何模式中的序列
CREATE ANY TABLE	在任何模式中创建表
ALTER ANYTABLE	在任何模式中更改表
DROP ANY TABLE	允许删除任何用户模式中的表
COMMENT ANY TABLE	在任何模式中为任何表、视图或者列添加注释
SELECT ANY TABLE	查询任何用户模式中基本表的记录
INSERT ANY TABLE	允许向任何用户模式中的表插入新记录
UPDATE ANY TABLE	允许修改任何用户模式中表的记录
DELETE ANY TABLE	允许删除任何用户模式中表的记录
LOCK ANY TABLE	对任何用户模式中的表加锁
FLASHBACK ANY TABLE	允许使用 AS OF 子句对任何模式中的表、视图执行一个 SQL 语句的闪回查询
CREATE ANY VIEW	在任何用户模式中创建视图
DROP ANY VIEW	在任何用户模式中删除视图
CREATE ANY TRIGGER	在任何用户模式中创建触发器

系统权限	权限功能
ALTER ANY TRIGGER	在任何用户模式中更改触发器
DROP ANY TRIGGER	在任何用户模式中删除触发器
ADMINISTER Database TRIGGER	允许创建 ON Database 触发器。在能够创建 ON Database 触发器之前，还必须先拥有 CREATE TRIGGER 或 CREATE ANY TRIGGER 权限
CREATE ANY SYNONYM	在任何用户模式中创建专用同义词
DROP ANY SYNONYM	在任何用户模式中删除同义词

如果数据库管理员需要对数据库进行维护，则必须具有如下表所示的系统权限。

系统权限	权限功能
ALTER Database	修改数据库的结构权限，如打开数据库、管理日志文件等
ALTER SYSTEM	修改数据库系统的初始化参数
DROP PUBLIC SYNONYM	删除公共同义词
CREATE PUBLIC SYNONYM	创建公共同义词
CREATE PROFILE	创建资源配置文件
ALTER PROFILE	更改资源配置文件
DROP PROFILE	删除资源配置文件
CREATE ROLE	创建角色
ALTER ROLE	修改角色
DROP ROLE	删除角色
CREATE TABLESPACE	创建表空间
ALTER TABLESPACE	修改表空间
DROP TABLESPACE	删除表空间，包括表、索引和表空间的聚簇
MANAGE TABLESPACE	管理表空间，使表空间处于 ONLINE（联机）、OFFLINE（脱机）、BEGIN BACKUP（开始备份）、END BACKUP（结束备份）状态
UNLIMITED TABLESPACE	不受配额限制地使用表空间
CREATE SESSION	允许用户连接数据库
ALTER SESSION	修改用户会话
ALTER RESOURCE COST	更改配置文件中的计算资源消耗的方式
RESTRICTED SESSION	在数据库处于受限会话模式下连接数据库
CREATE USER	创建用户
ALTER USER	更改用户
BECOME USER	当执行完全装入时，成为另一个用户
DROP USER	删除用户
SYSOPER（系统操作员权限）	STARTUP SHUTDOWN ALTER Database MOUNT/OPEN ALTER Database BACKUP CONTROLFILE ALTER Database BEGIN/END BACKUP ALTER Database ARCHIVELOG RECOVER Database RESTRICTED SESSION CREATE SPFILE/PFILE
SYSDBA（系统管理员权限）	SYSOPER 的所有权限，并带有 WITH ADMIN OPTION 子句
SELECT ANY DICTIONARY	允许查询以 DBA_ 开头的数据字典

对于数据库开发人员而言，他们需要创建所有的数据库模式对象，例如，创建基本表、视图、同义词等，但是不能修改数据库结构。下表列出了数据库开发人员应具有的权限。

系统权限	权限功能
CREATE CLUSTER	在自己模式中创建聚簇
DROP CLUSTER	删除自己模式中的聚簇
CREATE PROCEDURE	在自己模式中创建存储过程、函数和包
DROP PROCEDURE	删除自己模式中的存储过程、函数和包
CREATE Database LINK	创建数据库链路权限，通过数据库链路允许用户存取远程的数据库
DROP Database LINK	删除数据库链路
CREATE SYNONYM	创建私有同义词
DROP SYNONYM	删除同义词
CREATE SEQUENCE	创建开发者所需要的序列
CREATE TIGER	创建、删除触发器的功能
CREATE TABLE	创建、删除表的权限
CREATE VIEW	创建、删除视图的权限
CREATE TYPE	创建、删除对象类型的权限

2. 系统权限的授权

一般情况下，授予系统权限是由 DBA 完成的。如果要以其他用户身份授予系统权限，则要求该用户必须具有 GRANT ANY PRIVILEGE 系统权限，或在相应系统权限上具有 WITH ADMIN OPTION 选项。向用户授予权限的 GRANT 语句的语法如下。

```
grant system_priv [,system_priv,...]
to { PUBLIC | role | user }[,{user|role|PUBLIC}]…
[with admin option]
```

其中，SYSTEM_PRIV 用于指定系统权限，如果指定多个系统权限，那么各系统权限之间用逗号隔开；USER 用于指定被授权的用户；ROLE 用于指定被授权的角色，如果要指定多个用户或角色，它们之间用逗号隔开。另外，在授予系统权限时可以附加 WITH ADMIN OPTION 选项，使用该选项后，被授权的用户、角色还可以将相应的系统权限授予其他用户、角色。

例如，以下的语句使用 GRANT 语句向用户 DEVELOPER 授予 CREATE SESSION、CREATE TABLE 和 CREATE VIEW 权限，并且前两个权限使用 WITH ADMIN OPTION 选项。

```
SQL> grant create session,create table to developer
  2  with admin option;
授权成功。

SQL> grant create view to developer;
授权成功。
```

将系统权限 CREATE SESSION 授予用户 DEVELOPER 后，该用户将可以登录数据库。由于，用户 DEVELOPER 在系统权限 CREATE SESSION 和 CREATE TABLE 上具有 WITH ADMIN OPTION 选项，所以可以将这两个权限授予其他用户。另外，由于在系统权限 CREATE VIEW 上不具备 WITH ADMIN OPTION 选项，所以用户 DEVELOPER 不能将 CREATE VIEW 授予其他用户。

3. 显示系统权限

Oracle 提供了一些数据字典，以记录数据库中各种权限信息。下表列出与系统权限相关的数据字典视图。

数据字典视图	描述
DBA_SYS_PRIVS	包含了数据库中所有的系统权限信息
SESSION_PRIVS	包含了当前数据库用户可以使用的权限信息
SYSTEM_PRIVILEGE_MAP	包含了系统中所有的系统权限信息

如果想查看用户拥有的系统权限，可以查询 DBA_SYS_PRIVS 数据字典视图。该数据字典视图的结构如下。

```
SQL> desc dba_sys_privs;
 名称                      是否为空？                      类型
 -------                  -----------                  ---------

 GRANTEE                  NOT NULL                      VARCHAR2(30)
 PRIVILEGE                NOT NULL                      VARCHAR2(40)
 ADMIN_OPTION                                           VARCHAR2(3)
```

其中，GRANTEE 表示拥有权限的用户或角色名；PRIVILEGE 表示相应的系统权限；ADMIN_OPTION 表示是否使用 WITH ADMIN OPTION 选项。

如果想了解当前会话可以使用的权限，可以查询 SESSION_PRIVS 数据字典视图。该数据字典视图仅一列，记录用户的权限。例如，以 SYSTEM 用户登录数据库后，查询会话可以使用的权限。

```
SQL> select * from session_privs;

PRIVILEGE
----------------------------------------
ALTER SYSTEM
AUDIT SYSTEM
CREATE SESSION
ALTER SESSION
...
```

4. 收回系统权限

一般情况下，收回系统权限都是由 DBA 完成的，如果要以其他用户身份收回系统权限，要求该用户必须具有相应的系统权限及其转授系统权限（WITH ADMIN OPTION）。收回系统权限是使用 REVOKE 语句完成的。

```
revoke system_priv[,system_priv] …
from { PUBLIC | role | user }[,{user | role | public}]…
```

例如，下面的语句将回收用户 DEVELOPER 的创建会话和创建基本表的权限。

```
SQL> revoke create session,create table from developer;
撤销成功。
```

用户的系统权限被回收后，经过传递获得权限的用户不受影响。例如，如果用户 A 将系统权限 a 授予了用户 B，用户 B 又将系统权限 a 授予了用户 C。那么，当删除用户 B 后或从用户 B 回收系统权限 a 后，用户 C 仍然保留着系统权限 a。

回收权限前

回收权限后

15.3.2 管理对象权限

对象权限指访问其他用户模式对象的权利。在 Oracle 数据库中，用户可以直接访问其模式对象，但如果要访问其他用户的模式对象时，必须具有相应的对象权限。

1. 对象权限的分类

根据不同的对象类型，Oracle 数据库设置了不同类型的对象权限。对象权限及对象之间的对应关系如下表所示。

	ALTER	DELETE	EX-ECUTE	INDEX	IN-SERT	RREAD	REFER-ENCE	SE-LECT	UPDATE
DIRECTORY						√			
FUNCTION			√						
PROCEDURE			√						
PACKAGE			√						
SEQUENCE	√							√	
TABLE	√	√		√	√		√	√	√
VIEW		√			√			√	√

其中，"√"表示某种对象所具有的对象权限；空格表示该对象没有某种权限。例如，对于基本表 TABLE，具有 ALTER、DELETE、INDEX、INSERT、REFERENCES、SELECT、UPDATE 权限，而没有 EXECUTE 权限。

多种权限组合在一起时，可以使用 ALL 关键字，表示该对象的全部权限，对于不同的对象，ALL 组合的权限数量是不同的。对于表 TABLE 而言，ALL 表示 ALTER、DELETE、INDEX、INSERT、REFERENCES、SELECT、UPDATE 权限；对于存储过程，ALL 只代表 EXECUTE 权限。

2. 授予对象权限

对象权限由该对象的拥有者为其他用户授权，非对象的拥有者不得向其他用户授予对象授权。将对象权限授出后，获权用户可以对对象进行相应的操作，没有授予的权限不得操作。从 Oracle 9i 开始，DBA 用户可以将任何对象权限授予其他用户。授予对象权限所使用的 GRANT 语句形式如下。

```
grant { object_priv [ (column_list) ] [,object_priv[(column_list)]]…
    | ALL [PRIVILEGES] ON [ schema.]object
TO { user | role | PUBLIC} [,{user | role | public}] …
[with grant option]
```

其中，OBJECT_PRIV 是对象权限；COLUMN_LIST 用于标识权限所对应列的列表；SCHEMA 表示模式名；USER 表示被授权的用户；ROLE 表示被授权的角色。对象权限不仅可以授予用户、角色，也可以授予 PUBLIC。将对象权限授予 PUBLIC 后，会使所有用户都具有该对象权限。授予对象权限时，可以带有 WITH GRANT OPTION 选项，若使用该选项，被授权用户可以将对象权限转授给其他用户。

提示：

需要注意，WITH GRANT OPTION 选项不能授予角色。

例如，以下的示例向用户 DEVELOPER 授予对 EMP 表的 SELECT 权限。

```
SQL> grant select on scott.emp
  2   to developer;
授权成功。

SQL> conn developer/developer
已连接。

SQL> select ename,job,sal
  2   from scott.emp
  3   where deptno=10;

ENAME                JOB               SAL
----------           ---------         ----------
MARY                 CLERK             1000
ATG                  CLERK             1200
CLARK                MANAGER           2550
KING                 PRESIDENT         5100
MILLER               CLERK             1400
```

在直接授予对象权限时，用户可以访问对象的所有列。在向用户授予对象权限时，还可以控制用户对模式对象列的访问，即列权限。需要注意，只能在 INSERT、UPDATE 和 REFERENCES 上授予列权限，例如，将更新 SAL 列的权限授予 DEVELOPER 用户后，该用户将只能更新 SAL 列。

```
SQL> grant update(sal) on scott.emp to developer;
授权成功。

SQL> conn developer/developer
已连接。
```

```
SQL> update scott.emp
  2    set sal=sal*1.1
  3    where deptno=10;
已更新 5 行。
```

3. 显示对象权限

授予对象权限时，Oracle 会将对象权限的信息存入数据字典中。下表列出与对象权限相关的数据字典视图。

数据字典视图	描述
DBA_TAB_PRIVS	显示所有用户或角色的对象权限信息
DBA_COL_PRIVS	显示所有用户或角色的列权限信息
ALL_COL_PRIVS_MADE	显示对象所有者或授权用户授出的所有列权限
ALL_COL_PRIVS_RECD	显示用户或 PUBLC 组被授予的列权限
ALL_TAB_PRIVS_MADE	显示对象所有者或授权用户所授出的所有对象权限
ALL_TAB_PRIVS_RECD	显示用户所具有的对象权限

例如，下面的语句将查询 DBA_TAB_PRIVS，显示 DEVELOPER 用户被授予的所有对象权限。

```
SQL> col grantor format a10
SQL> col object format a15
SQL> col privilege format a10
SQL> select grantor,owner || '.' ||table_name oject,privilege
  2  from dba_tab_privs
  3  where grantee='DEVELOPER';

GRANTOR          OJECT              PRIVILEGE
--------------   -----------        ---------------
SCOTT            SCOTT.EMP          SELECT
```

其中，GRANTOR 表示授权用户；OWNER 表示对象所有者；TABLE_NAME 为数据库对象；PRIVILEGE 表示相应的对象权限；GRANTEE 表示被授权的用户或角色。

4. 回收对象权限

一般情况下，收回对象权限是由对象的所有者完成的，如果以其他用户身份收回对象权限，则要求该用户必须是权限授予者。回收对象权限的 REVOKE 语句的形式如下。

```
revoke { object_priv [,object_priv]…| ALL [PRIVILEGES] }
ON [ schema.]object
FROM { user | role | PUBLIC};
[cascade constraints];
```

回收对象权限时需要注意，授权者只能从自己授权的用户那里回收对象权限。如果被授权用户基于一个对象权限创建了过程、视图，那么当回收该对象权限后，这些过程、视图将无效。

例如，下面的语句回收 DEVELOPER 用户的对象权限。

```
SQL> revoke select on scott.emp from developer;
撤销成功。

SQL> connect developer/developer
已连接。
SQL> select * from scott.emp;
```

```
select * from scott.emp
                *
第 1 行出现错误：
ORA-01031: 权限不足
```

在回收对象权限时，经过传递获得对象权限的用户将会受到影响，如下图所示。如果用户 A 将对象权限 a 授予了用户 B，用户 B 又将对象权限 a 授予了用户 C。那么，当删除用户 B 后或从用户 B 回收对象权限 a 后，用户 C 将不再具有该对象权限 a，并且用户 B 和 C 中与该对象权限有关的对象都将无效。

15.4 管理角色

Oracle 的权限非常多，这就为 DBA 有效地管理数据库权限带来了困难。另外，数据库的用户经常有几十个、几百个，甚至成千上万个。如果管理员为每个用户授予或者撤销相应的系统权限和对象权限，则这个工作量是巨大的。为简化权限管理，Oracle 提供了角色的概念。

15.4.1 角色的概念

角色是具有名称的一组相关权限的组合，即将不同的权限组合在一起形成角色。可以使用角色为用户授权，同样也可以从用户中回收角色。由于角色集合了多种权限，所以当为用户授予角色时，相当于为用户授予了多种权限，这样就避免了向用户逐一授权，从而简化了用户权限的管理。

例如，在下页图中，DBA 需要为 3 个用户授予 5 个不同的权限，在未使用角色时，需要为每个用户授予 5 个不同的权限，3 个用户一共需要执行 15 次才能完成。如果采用角色后，可以将这 5 个不同的权限组合成一个角色，然后将该角色分别授予上述 3 个用户。另外，如果需要为用户增加或减少权限，则只需要增加或减少角色的权限即可实现。

在为用户授予角色时，既可以向用户授予系统预定义的角色，也可以授予自定义角色。在创建角色时，可以为角色设置应用安全性，即为角色设置密码进行保护，这样只有提供正确的密码才允许修改或设置角色。

15.4.2 预定义角色

系统预定义角色就是在安装数据库后，由系统自动创建的一些角色，这些角色已经由系统授予了相应的权限。管理员不再需要先创建预定义角色，就可以将它们授予用户。下面介绍这些常用的系统预定义的作用。

1．CONNECT 角色

CONNECT 角色是在建立数据库时，由脚本 SQL.BSQ 自动建立的角色。该角色具有应用开发人员所需的大多数权限，它所具有的系统权限包括：

※　ALTER SESSION：修改会话。

※　CREATE CLUSTER：建立簇。

※　CREATE Database LINK：建立数据库链接。

※　CREATE SEQUENCE：建立序列。

※　CREATE SESSION：建立会话。

※　CREATE SYNONYM：建立同义词。

※　CREATE VIEW：建立视图。

※　CREATE TABLE：建立表。

2．RESOURCE 角色

RESOURCE 角色是在建立数据库时，由脚本 SQL.BSQ 自动建立的角色，该角色具有应用开发人员所需要的权限，如建立存储过程、触发器等。建立数据库用户后，一般情况下只要给用户授予 CONNECT 和 RESOURCE 角色就足够了。RESOURCE 角色还具有 UNLIMITED TABLESPACE 系统权限。

※　CREATE CLUSTER：建立聚簇。

※　CREATE PROCEDURE：建立过程。

※　CREATE SEQUENCE：建立序列。

※　CREATE TABLE：建立表。

※　CREATE TRIGGER：建立触发器。

※　CREATE TYPE：建立类型。

3. DBA 角色

DBA 角色具有所有系统权限和 WITH ADMIN OPTION 选项。默认 DBA 用户为 SYSTEM，该用户可以将系统权限授予其他用户。需要注意，DBA 角色不具备 SYSDBA 和 SYSOPER 特权，而 SYSDBA 特权自动具有 DBA 角色所有的权限。

4. EXP_FULL_Database

EXP_FULL_Database 角色是安装数据字典时执行 CATEX.SQL 脚本创建的角色，该角色用于执行数据库导出操作。该角色具有的权限和角色如下：

※　BACKUP ANY TABLE：备份任何表。

※　EXECUTE ANY PROCEDURE：执行任何过程、函数和包。

※　SELECT ANY TABLE：查询任何表。

※　EXECUTE ANY TYPE：执行任何对象类型。

※　ADMINISTER_RESOURCE_MANAGER：管理资源管理器。

※　EXECUTE_CATALOG_ROLE：执行任何 PL/SQL 系统包。

※　SELECT_CATALOG_ROLE：查询任何数据字典。

5. IMP_FULL_Database 角色

IMP_FULL_Database 角色用于执行数据库导入操作，它包含了 EXECUTE_CATALOG_ROLE、SELECT_CATALOG_ROLE 角色和大量的系统权限。

6. EXECUTE_CATALOG_ROLE 角色

该角色提供了对所有系统 PL/SQL 包的 EXECUTE 对象权限。

7. DELETE_CATALOG_ROLE 角色

该角色提供了系统审计表 SYS.AUD$ 上的 DELETE 对象权限。

8. SELECT_CATALOG_ROLE 角色

该角色提供了对所有数据字典（DBA_XXX）上的 SELECT 对象权限。

9. RECOVERY_CATALOG_OWNER 角色

该角色为恢复目录所有者提供了系统权限，该角色具有的权限和角色如下。

※　CREATE SESSION：建立会话。

※ ALTER SESSION：修改会话参数设置。

※ CREATE SYNONYM：建立同义词。

※ CREATE VIEW：建立视图。

※ CREATE Database LINK：建立数据库链接。

※ CREATE TABLE：建立表。

※ CREATE CLUSTER：建立簇。

※ CREATE SEQUENCE：建立序列。

※ CREATE TRIGGER：建立触发器。

※ CREATE PROCEDURE：建立过程、函数和包。

最后，通过查询数据字典 DBA_ROLES，可以显示数据库中全部的角色信息。例如：

```
SQL> select role,password_required from dba_roles;

ROLE                    PASSWORD
--------------------    -------------
CONNECT                 NO
RESOURCE                NO
DBA                     NO
...
已选择 51 行。
```

15.4.3 自定义角色

自定义角色是在建立数据库之后由 DBA 用户建立的角色。该类角色初始状态没有任何权限，为了使角色起作用，可以为其授予相应的权限。角色不仅可以简化权限管理，还可以通过禁止或激活角色控制权限提高效率。

1. 建立角色

如果预定义的角色不符合用户的需要，数据库管理员还可以根据自己的需求创建更多的自定义角色。创建角色是使用 CREATE ROLE 语句完成的，一般情况下，该语句由 DBA 执行，如果要以其他用户身份建立角色，则要求该用户必须具有 CREATE ROLE 系统权限。使用 CREATE ROLE 语句创建角色时，可以指定角色的验证方式是非验证方式，还是数据库验证方式。

如果角色是公用角色或用户的默认角色，可以采用非验证方式。建立角色时，如果不指定任何验证方式，表示该角色使用非验证方式，也可以通过指定 NOT IDENTIFIED 选项角色为非验证方式。例如：

```
SQL> create role public_role not identified;
角色已创建。
```

数据库验证是使用数据库来检查角色和密码的方式。采用这种验证方式时，角色名及密码被存入数据库。激活角色时，必须提供密码。对于用户所需的私有角色而言，建立角色时应为其提供密码。例如：

```
SQL> create role private_role identified by private;
角色已创建。
```

2. 角色授权

在角色建立时，它并不具有任何权限，为了使角色可以完成特定的任务，必须为其授予系统权限和对象权限。

为角色授权与给用户授权完全相同，但是需要注意，系统权限 UNLIMITED TABLESPACE 和对象权限的 WITH GRANT OPTION 选项不能授予角色；不能用一条 GRANT 语句同时授予系统权限和对象权限。

例如，下面的语句将系统权限和对象权限授予 PUBLIC_ROLE 和 PRIVATE_ROLE 角色。

```
SQL> grant create session to public_role with admin option;
授权成功。
SQL> grant select on scott.emp to public_role;
授权成功。
SQL> grant insert,update,delete on scott.emp to private_role;
授权成功。
```

因为将系统权限 CREATE SESSION 授予角色 PUBLIC_ROLE 时附带 WITH ADMIN OPTION 选项，所以具有该角色的用户可以将 CREATE SESSION 权限授予其他用户或角色。

为角色授予权限后，可以将角色分配给用户。一般情况下，分配角色是由 DBA 完成的，如果以其他用户分配角色，则要求该用户必须具有 GRANT ANY ROLE 系统权限或角色具有 WITH ADMIN OPTION 选项。例如：

```
SQL> grant public_role,private_role to developer
  2  with admin option;
授权成功。
```

3. 激活和禁止角色

激活角色是指使角色具有的权限生效；禁止角色是指使角色具有的权限临时失效。将系统权限或对象权限直接授予用户后，用户可以直接执行这些权限所对应的 SQL 操作；将角色分配给用户后，会间接地将角色所具有的权限授予用户。使用角色不仅可以简化权限管理，还可以控制权限的可用性。

由于用户可以具有多个角色，因此，可以指定某角色在用户登录数据库自动激活，这就是默认角色。如果使用角色进行权限限制，那么应该将公用角色设置为默认角色。设置默认角色一般是由 DBA 完成的，如果要以其他用户身份设置用户的默认角色，则要求该用户必须具有 ALTER USER 系统权限。为用户设置默认角色的语法如下。

```
alter user user_name default role
{role[,role]…| all [except role[,role]…] | none}
```

例如，下面的语句设置用户 DEVELOPER 的默认角色为 PUBLIC_ROLE。

```
SQL> alter user developer default role public_role;
用户已更改。
```

为用户设置了默认角色后，当以该用户身份登录时会自动激活默认角色。因为用户 DEVELOPER 的默认角色为 PUBLIC_ROLE，所以当以该用户身份登录时，只会激活角色

PUBLIC_ROLE，即用户 DEVELOPER 在初始登录时可以执行角色 PUBLIC_ROLE 具有的权限操作。例如：

```
SQL> conn developer/developer
已连接。
SQL> select ename,job,sal
  2  from scott.emp
  3  where ename='BLAKE';

ENAME                     JOB                       SAL
----------                ----------                ----------
BLAKE                     MANAGER                   2850
```

这也意味着，用户 DEVELOPER 在初始登录时不能执行角色 PRIVATE_ROLE 具有的权限操作。

在 SQL*Plus 中激活或禁止角色是使用 SET ROLE 语句完成的，而在其他应用环境中可以使用过程 DBMS_SESSION.SET_ROLE 激活或禁止角色。在激活角色时，如果角色未使用任何验证方式，则可以直接激活角色。例如：

```
SQL> set role public_role;
角色集

SQL> exec dbms_session.set_role('public_role');
PL/SQL 过程已成功完成。
```

4．修改和删除角色

修改角色是由语句 ALTER ROLE 完成的，对角色的修改主要就是设置角色是否为验证方式。

例如，修改角色 PRIVATE_ROLE 不使用任何验证方式，可以使用如下的 ALTER ROLE 语句形式。

```
SQL> alter role private_role not identified;
角色已丢弃。
```

同样，也可以修改非验证方式的角色为验证方式。例如：

```
SQL> alter role public_role identified by public;
角色已丢弃。
```

删除角色是使用 DROP ROLE 语句完成的。一般情况下，删除角色由 DBA 执行，如果要以其他用户身份删除角色，则要求该用户必须具有 DROP ANY ROLE 系统权限，或者在角色上具有 WITH ADMIN OPTION 选项。例如：

```
SQL> drop role private_role;
角色已删除。
```

5．显示角色信息

在建立角色时，Oracle 会将角色信息存放到数据字典中。下表列出了一些关于角色信息的数据字典视图。

数据字典视图	描述
DBA_ROLES	记录了数据库中所有的角色
DBA_ROLE_PRIVS	记录所有已经被授予用户和角色的角色
USER_ROLES	包含已经授予当前用户的角色信息
ROLE_ROLE_PRIVS	包含角色授予的角色信息
ROLE_SYS_PRIVS	包含为角色授予的系统权限信息
ROLE_TAB_PRIVS	包含为角色授予的对象权限信息
SESSION_ROLES	包含当前会话所包含的角色信息

如果要查看数据库中所有的角色，可以查询 DBA_ROLES 数据字典视图。DBA_ROLES 的结构信息如下。

```
SQL> desc dba_roles;
 名称                    是否为空？              类型
 ---------------        ---------              ----------

 ROLE                   NOT NULL               VARCHAR2(30)
 PASSWORD_REQUIRED                             VARCHAR2(8)
```

其中，PASSWORD_REQUIRED 列记录角色是否使用了验证方式。

如果要查看某个用户所拥有的角色，可以查看 DBA_ROLE_PRIVS 数据字典视图。DBA_ROLE_PRIVS 的结构信息如下。

```
SQL> desc dba_role_privs
 名称                是否为空？              类型
 -----------        ----------------        ---------

 GRANTEE                                    VARCHAR2(30)
 GRANTED_ROLE       NOT NULL                VARCHAR2(30)
 ADMIN_OPTION                               VARCHAR2(3)
 DEFAULT_ROLE                               VARCHAR2(3)
```

其中，GRANTEE 列记录被授予角色的用户或角色名；GRANTED_ROLE 表示授予的角色名；ADMIN_OPTION 表示授予角色时是否使用了 WITH ADMIN OPTION 选项；DEFAULT_ROLE 表示是否为用户的默认角色。

15.5 练习：创建用户账号

在本练习中，将创建一个用户 EXERCISE_USER，并为其分配相应的系统权限或角色，以便可以在数据库中执行相应的操作。

操作步骤：

① 使用 SYSTEM 身份连接数据库，创建用户账号 EXERCISE_USER，其密码为 exercise，默认表空间为 USERS，临时表空间为 TEMP，对表空间没有配额限制。

```
SQL> create user exercise_user
  2  identified by exercise
  3  default tablespace users
  4  temporary tablespace temp
```

```
    5  quota unlimited on users;
```

用户已创建。

② 创建一个用户配置文件 EXERCISE_PROFILE，包含的资源及密码限制如下。

※ 最多可以建立 3 个并发的会话连接。

※ 执行语句使用的 CPU 最长时间为 10min。

※ 空闲时间超过 15min 后，断开与用户的连接。

※ 限制用户每次调用 SQL 语句时，能够读取的数据库块为 100。

※ 限制用户在登录 Oracle 数据库时允许失败的次数为 3。

```
SQL> create profile exercise_profile limit
  2  sessions_per_user 3
  3  cpu_per_call 1000
  4  idle_time 15
  5  logical_reads_per_call 100
  6  failed_login_attempts 3;
```

配置文件已创建

③ 为用户 EXERCISE_USER 指定资源配置文件 PROFILE。

```
SQL> alter user exercise_user profile exercise_profile;
```

用户已更改。

④ 向用户授予连接数据库系统权限。

```
SQL> grant create session to exercise_user;
```

授权成功。

⑤ 向用户授予对象 HR.EMPLOYEES 的 SELECT 权限，并以 EXERCISE_USER 身份连接数据库，查询 EMPLOYEES 表。

```
SQL> grant select on hr.employees to exercise_user;
```

授权成功。

```
SQL> connect exercise_user/exercise;
已连接。
SQL>select * from hr.employees;
```

⑥ 以 SYSTEM 身份连接数据库，撤销向用户 EXERCISE_USER 授予的系统权限，并向用户授予 CONNECT 角色。

```
SQL> revoke select on hr.employees from exercise_user;
```

撤销成功。

```
SQL> revoke create session from exercise_user;
```

撤销成功。

```
SQL> grant connect to exercise_user;
```

授权成功。

15.6　练习：管理用户角色

在本练习中，将创建一个自定义角色 EM，并对其进行授权、激活和查询等操作，以便使用该角色可以在数据库中执行相应的操作。

操作步骤：

① 使用 SYSTEM 身份连接数据库，创建自定义角色 EM，其密码为 EM。

```
SQL> create role em identified by em;

角色已创建。
```

② 为角色进行授权。

```
SQL> grant create session to em with admin option;

授权成功。
```

③ 为角色授权之后，便可以指定用户了。

```
SQL> grant em to scott
  2  with admin option;

授权成功。
```

④ 指定用户 SCOTT 的默认角色为 EM。

```
SQL> alter user scott default role em;

用户已更改。
```

⑤ 删除 EM 角色。

```
SQL> drop role em;

角色已删除。
```

⑥ 查看角色信息。

```
SQL> desc dba_role_privs
 名称                   是否为空？              类型
 ------------------------------------------------------------------------
 GRANTEE                                        VARCHAR2(128)
 GRANTED_ROLE                                   VARCHAR2(128)
 ADMIN_OPTION                                   VARCHAR2(3)
 DELEGATE_OPTION                                VARCHAR2(3)
 DEFAULT_ROLE                                   VARCHAR2(3)
 COMMON                                         VARCHAR2(3)
```

15.7　新手训练营

练习 1：创建并锁定用户

本练习中，首先创建了用户 RHY，并为该用户指定了登录密码、默认表空间、临时表空间。

```
SQL> create user RHY
  2      identified by rhy
  3      default tablespace user01
  4      quota 10m on user01
  5      temporary tablespace temp;

用户已创建。
```

然后，使用 ATTER USER 命令锁定用户账户。

```
SQL> alter user rhy account lock;
用户已更改。
```

练习2：自定义角色

本练习中，首先创建一个不包含密码的 USE 角色。

```
SQL> create role use not identified;
角色已创建。
```

然后，为该角色授权。

```
SQL> grant create session to user with admin option;
授权成功。
```

最后，将该角色指定给 RHY 用户。

```
SQL> alter user rhy default role use;
用户已更改。
```

练习3：删除角色和用户

本练习中，首先删除 USE 角色。

```
SQL> drop role use;
角色已删除。
```

然后，删除 RHY 用户。

```
SQL> drop user rhy
用户已删除。
```

练习4：创建 PROFILE 文件

本练习中，将创建一个 PROFILE 文件，已满足下列资源所需要的限制。

※ 用户最多只能建立 3 个数据库会话。

※ 每个会话持续连接数据库的最长时间为 16h。

※ 保持 20min 的空闲状态后，会话被自动断开。

※ 会话中每条 SQL 语句最多只能读取 1000 个数据块。

※ 会话中每条 SQL 语句最多占用 100 个单位的 CPU 时间。

```
SQL> create profile resce_limit limit
  2      sessions_per_user 3
  3      cpu_per_session unlimited
  4      cpu_per_call 100
```

```
    5    connect_time 960
    6    idle_time 20
    7    logical_reads_per_session unlimited
    8    logical_reads_per_call 1000;
配置文件已创建
```

练习 5：获取用户系统权限信息

本练习中，将通过查询 SCOTT 用户视图了解系统权限的信息。

```
SQL> select count(*) from system_privilege_map;
COUNT(*)
----------
      206
```

第 16 章
导入与导出

本章内容

在数据库的应用过程中，经常需要将一个数据库中的数据移动到另一个数据库中，或从外部文件中直接提取数据到数据库中。为此，Oracle 提供了 Export 和 Import 工具，使用这两个命令行工具，不仅可以在 Oracle 数据库之间进行数据的导入/导出操作，而且还可以对数据库进行逻辑备份。除此之外，在 Oracle 中还可以使用数据泵（Data Dump Export），使 DBA 或应用开发人员可以将数据库的元数据（对角定义）和数据快速移动到另一个 Oracle 数据库，以及使用 SQL*Loader 工具从非 Oracle 数据库或其他任何能够生成 ASCII 文本文件的数据源加载数据。在本章中，将对这些常用的数据导出与导入工具进行详细介绍。

16.1 EXPDP 导出数据

Oracle 提供的 EXPDP 可以将数据库对象的元数据或数据导入转储文件中。EXPDP 可以导出表、用户模式、表空间和全数据库 4 种方式。

16.1.1 EXPDP 和 IMPDP 简介

数据泵导出是 Oracle 10g 新增的功能，它使用工具 EXPDP 将数据库对象的元数据（对象结构）或数据导入转储文件中。而数据泵导入则是使用工具 IMPDP，将转储文件中的元数据及其数据导入 Oracle 数据库中。假设 EMP 表被意外删除，那么可以使用 IMPDP 工具导入 EMP 的结构信息和数据。

使用数据泵导出或导入操作时，可以获得如下好处。

※　数据泵导出与导入可以实现逻辑备份和逻辑恢复。通过使用 EXPDP，可以将数据库对象备份到转储文件中；当表被意外删除或其他误操作时，可以使用 IMPDP 将转储文件中的对象和数据导入数据库。

※　数据泵导出和导入可以在数据库用户之间移动对象。例如，使用 EXPDP 可以将 SCOTT 模式中的对象导出存储在转储文件中，然后再使用 IMPDP 将转储文件中的对象导入其他数据库用户中。

※　使用数据泵导入可以在数据库之间移动对象。

※　数据泵可以实现表空间的转移，即将一个数据库中的表空间移动到另一个数据库中。

在 Oracle 中，进行数据导入或导出操作时，既可以使用传统的导出 / 导入工具 EXP 和 IMP 完成，也可以使用数据泵 EXPDP 和 IMPDP 导出 / 导入数据。但是，由于工具 EXPDP 和 IMPDP 的速度优于 EXP 和 IMP，所以建议在 Oracle 11g 中使用 EXPDP 执行数据泵导出，使用工具 IMPDP 执行数据导入。

使用数据泵导出 / 导入和传统的导出 / 导入工具时，还应该注意如下事项。

※　EXP 和 IMP 是客户端的工具程序，它们既可以在客户端使用，也可以在服务端使用。

※　EXPDP 和 IMPDP 是服务器端的工具程序，它们只能在 Oracle 服务器端使用，而不能在 Oracle 客户端使用。

※　IMPDP 只适用于 EXPDP 导出文件，而不适用于 EXP 导出文件。

16.1.2 调用 EXPDP

EXPDP 是服务端工具，这意味着该工具只能在 Oracle 服务器端使用，而不能在 Oracle 客户端使用。通过在命令提示符窗口中输入 EXPDP HELP 命令，可以查看 EXPDP 的帮助信息，从中可以看到如何调用 EXPDP 导出数据，如下所示。

```
C:\>expdp help=y
```

```
Export: Release 12.1.0.2.0 - Production on 星期六 11 月 4 10:25:30 2017

Copyright (c) 1982, 2014, Oracle and/or its affiliates.  All rights reserved.

数据泵导出实用程序提供了一种用于在 Oracle 数据库之间传输
数据对象的机制。该实用程序可以使用以下命令进行调用：

    示例：expdp scott/tiger DIRECTORY=dmpdir DUMPFILE=scott.dmp

您可以控制导出的运行方式。具体方法是：在 'expdp' 命令后输入
各种参数。要指定各参数，请使用关键字：

    格式：  expdp KEYWORD=value 或 KEYWORD=(value1,value2,...,valueN)
    示例：expdp scott/tiger DUMPFILE=scott.dmp DIRECTORY=dmpdir SCHEMAS=scott
              或 TABLES=(T1:P1,T1:P2)，如果 T1 是分区表

USERID 必须是命令行中的第一个参数。
```

数据泵导出包括导出表、导出模式、导出表空间和导出全数据库 4 种模式。需要注意，EXPDP 工具只能将导出的转储文件存放在 DIRECTORY 对象对应的 OS 目录中，而不能直接指定转储文件所在的 OS 目录。因此，使用 EXPDP 工具时，必须先建立 DIRECTORY 对象，并且需要为数据库用户授予使用 DIRECTORY 对象的权限。例如：

```
SQL> create or replace directory dump_dir
  2    as 'F:\Oracle\dump';
目录已创建。

SQL> grant read,write on directory dump_dir to scott;
授权成功。
```

在上面的语句中，建立了目录对象 DUMP_DIR，并且为 SCOTT 用户授予使用该目录的对象权限。

1. 导出表

导出表是指将一个或多个表的结构及其数据存储到转储文件中。普通用户只能导出自身模式中的表，如果要导出其他模式中的表，则要求用户必须具有 EXP_FULL_Database 角色或 DBA 角色。在导出表时，每次只能导出一个模式中的表。

例如，下面的语句将导出 SCOTT 模式中的 DEPT 和 EMP 表。

```
C:\Users\rhan>expdp scott/tiger dIRECTORY=dump_dir dumpfile=tab.dmp tables=dept,
  emp;

Export: Release 12.1.0.2.0 - Production on 星期六 11 月 4 10:25:30 2017

Copyright (c) 1982, 2014, Oracle and/or its affiliates.  All rights reserved.

连接：Oracle Database 12c Enterprise Edition Release 12.1.0.2.0 - 64bit
Production
  With the Partitioning, OLAP, Advanced Analytics and Real Application Testing
options
  启动 "SCOTT"."SYS_EXPORT_TABLE_01": scott/******** dIRECTORY=dump_dir
dumpfile=
```

```
tab.dmp tables=dept,emp;
正在使用 BLOCKS 方法进行估计 ...
处理对象类型 TABLE_EXPORT/TABLE/TABLE_DATA
使用 BLOCKS 方法的总估计 : 64 KB
处理对象类型 TABLE_EXPORT/TABLE/TABLE
处理对象类型 TABLE_EXPORT/TABLE/INDEX/INDEX
处理对象类型 TABLE_EXPORT/TABLE/CONSTRAINT/CONSTRAINT
处理对象类型 TABLE_EXPORT/TABLE/INDEX/STATISTICS/INDEX_STATISTICS
处理对象类型 TABLE_EXPORT/TABLE/TRIGGER
处理对象类型 TABLE_EXPORT/TABLE/STATISTICS/TABLE_STATISTICS
处理对象类型 TABLE_EXPORT/TABLE/STATISTICS/MARKER
. . 导出了 "SCOTT"."DEPT"       5.960 KB      5 行
   ...
```

上述命令将 DEPT 和 EMP 表的相关信息存储到转储文件 TAB.DMP 中，并且该转储文件位于 DUMP_IDR 目录对象所对应的 OS 目录中。

2. 导出模式

导出模式是指将一个或多个模式的所有对象结构及数据存储到转储文件中。要导出模式时，则要求用户必须具有 DBA 角色或 EXP_FULL_Database 角色。

例如，下面的语句将导出 SCOTT 模式中的所有对象。

```
C:\>expdp system/password directory=dump_dir dumpfile=schema.dmp
schemas=system,scott;

Export: Release 12.1.0.2.0 - Production on 星期六 11 月 4 10:25:30 2017

Copyright (c) 1982, 2014, Oracle and/or its affiliates.  All rights reserved.

连接 : Oracle Database 12c Enterprise Edition Release 12.1.0.2.0 - 64bit
Production
  With the Partitioning, OLAP, Advanced Analytics and Real Application Testing
options
  启动 "SYSTEM"."SYS_EXPORT_SCHEMA_01":  system/******** directory=dump_dir
dumpfile=schema.dmp schemas=system,scott;
正在使用 BLOCKS 方法进行估计 ...
处理对象类型 SCHEMA_EXPORT/TABLE/TABLE_DATA
使用 BLOCKS 方法的总估计 : 320 KB
处理对象类型 SCHEMA_EXPORT/USER
处理对象类型 SCHEMA_EXPORT/SYSTEM_GRANT
处理对象类型 SCHEMA_EXPORT/ROLE_GRANT
处理对象类型 SCHEMA_EXPORT/DEFAULT_ROLE
处理对象类型 SCHEMA_EXPORT/PRE_SCHEMA/PROCACT_SCHEMA
    ...
```

在执行上面的语句时，将在 SYSTEM 模式和 SCOTT 模式中的所有对象存储到转储文件 SCHEMA.DMP 中，并且该转储文件位于 DUMP_DIR 目录对象所对应的 OS 目录中。

3. 导出表空间

导出表空间是指将一个或多个表空间的所有对象及数据存储到转储文件中。导出表空间要求用户必须具有 DBA 或 EXP_FULL_Database 角色。例如：

```
    C:\>expdp system/admin directory=dump_dir dumpfile=tablespace.dmp
tablespaces-example

    Export: Release 12.1.0.2.0 - Production on 星期六 11 月 4 10:25:30 2017

    Copyright (c) 1982, 2014, Oracle and/or its affiliates.  All rights reserved.

    连接 : Oracle Database 12c Enterprise Edition Release 12.1.0.2.0 - 64bit
Production
    With the Partitioning, OLAP, Advanced Analytics and Real Application Testing
opttion
    启动 "SYSTEM"."SYS_EXPORT_TABLESPACE_01":  system/******** directory=dump_
dir dumpfile=tablespace.dmp tablespaces=example
    正在使用 BLOCKS 方法进行估计 ...
    处理对象类型 TABLE_EXPORT/TABLE/TABLE_DATA
    使用 BLOCKS 方法的总估计 : 50.68 MB
    处理对象类型 TABLE_EXPORT/TABLE/TABLE
    ...
```

4. 导出全数据库

导出全数据库是指将数据库的所有对象及数据存储到转储文件中，导出数据库要求用户必须具有 DBA 或 EXP_FULL_Database 角色。需要注意，导出数据库时，不会导出 SYS、ORDSYS、ORDPLUGINS、CTXSYS、MDSYS、LBACSYS 以及 XDB 等模式的对象。例如：

```
    C:\>expdp system/manager directory=dump_dir dumpfile=full.dmp full=y;
```

16.1.3 EXPDP 命令参数

在调用 EXPDP 工具导出数据时，可以为该工具附加多个命令行参数。事实上，只要通过在命令提示符窗口中输入 EXPDP HELP 命令，就可以了解 EXPDP 的各个参数信息。下面将介绍 EXPDP 工具的常用命令行参数及其作用。

1. CONTENT

该参数用于指定要导出的内容，默认值为 ALL，语法如下。

```
    CONTENT={ALL | DATA_ONLY | METADATA_ONLY}
```

当设置 CONTENT 参数为 ALL 时，将导出对象定义及其所有数据；当设置该选项为 DATA_ONLY 时，只导出对象数据；当设置该选项为 METADATA_ONLY 时，只导出对象定义。例如：

```
    C:\>expdp scott/tiger DIRECTORY=dump_dir DUMPFILE=dump_file.dmp
content=METADATA_ONLY;
```

2. DIRECTORY

指定转储文件和日志文件所在的目录，语法如下。

```
    DIRECTORY=directory_object
```

其中，DIRECTORY_OBJECT 用于指定目录对象名称。需要注意，目录对象是使用 CRE-

ATE DIRECTORY 语句建立的对象，而不是 OS 目录。例如：

```
C:\>expdp scott/tiger DIRECTORY=dump_dir DUMPFILE=dump_file.dump
```

3. DUMPFILE

该参数用于指定转储文件的名称，默认名称为 EXPDAT.DMP，语法如下。

```
DUMPFILE=[directory_object:]file_name [,…]
```

其中，DIRECTORY_OBJECT 用于指定目录对象名；FILE_NAME 用于指定转储文件名。需要注意，如果不指定 DIRECTORY_OBJECT，导出工具会自动使用 DIRECTORY 选项指定的目录对象。例如：

```
C:\>expdp scott/tiger DIRECTORY=dump_dir DUMPFILE=dump_file.dmp
```

4. EXCLUDE

该参数用于指定执行导出操作时要排除的对象类型或相关对象，语法如下。

```
EXCLUDE=object_type[:name_clause] [,…]
```

其中，OBJECT_TYPE 用于指定要排除的对象类型；NAME_CLAUSE 用于指定要排除的具体对象。需要注意，EXCLUDE 和 INCLUDE 不能同时使用。例如：

```
C:\>expdp scott/tiger DIRECTORY=dump_dir DUMPFILE=dump_file.dup EXCLUDE=VIEW
```

5. FILESIZE

该参数用于指定导出文件的最大尺寸，默认为 0（表示文件尺寸无限制），语法如下。

```
FILESIZE=integer
```

如果要将数据库及其数据导出到多个文件中，必须设置该参数。例如：

```
C:\>expdp scott/tiger DIRECTOTY=dump_dir DUMPFILE=dump_file.dmp filesize=3M
```

6. FLASHBACK_TIME

该参数用于指定导出特定时间点的表数据，语法如下。

```
FLASHBACK_TIME=" TO_TIMESTAMP(time_value)"
```

7. FULL

该参数用于指定以数据库模式导出，默认为 N，语法如下。

```
FULL={Y | N}
```

其中，当设置该选项为 Y 时，表示执行数据库导出。需要注意，执行数据库导出时，数据库用户必须具有 EXP_FULL_Database 或 DBA 角色。例如：

```
C:\>expdp scott/tiger DIRECTORY=dump_dir DUMPFILE=full.dmp FULL=Y
```

8. INCLUDE

该参数用于指定导出时要包含的对象类型及相关对象，语法如下。

```
INCLUDE = object_type[:name_clause] [,… ]
```

其中，OBJECT_TYPE 用于指定要导出的对象类型；NAME_CLAUSE 用于指定要导出的对象名。需要注意，INCLUDE 和 EXCLUDE 选项不能同时使用。

9. JOB_NAME

该参数用于指定要导出作业的名称，默认名称为 SYS_XXX，语法如下。

```
JOB_NAME=jobname
```

10. LOGFILE

该参数用于指定导出日志文件的名称，默认名称为 EXPORT.LOG，语法如下。

```
LOGFILE=[directory_object:]file_name
```

11. PARALLEL

该参数用于指定执行导出操作的并行进程个数，默认值为 1，语法如下。

```
PARALLEL=integer
```

通过执行并行导出操作，可以加快导出速度。

12. QUERY

该参数用于指定过滤导出数据的 WHERE 条件，语法如下。

```
QUERY=[schema.] [table_name:] query_clause
```

其中，SCHEMA 用于指定模式名；TABLE_NAME 用于指定表名；QUERY_CLAUSE 用于指定条件限制子句。需要注意，QUERY 参数不能与 CONNECT=METADATA_ONLY、EXTIMATE_ONLY、TRANSPORT_TABLESPACES 等参数同时使用。例如：

```
C:\>expdp scott/tiger directory=dump_dir dumpfiel=dump_file.dmp tables=emp
query='where deptno=20'
```

13. STATUS

该参数用于指定显示导出作业进程的详细状态，默认值为 0，语法如下。

```
STATUS=integer
```

INTEGER 用于指定显示导出作业状态的是时间间隔，单位为"秒"。指定该参数后，每隔特定时间间隔分别显示作业完成的百分比。

14. TABLES

该参数用于指定以表模式导出，语法如下。

```
TABLES=[schema_name.]table_name[:partition_name][,…]
```

其中，SCHEMA_NAME 用于指定模式名；TABLE_NAME 用于指定导出的表名；PARTI-TION_NAME 用于指定要导出的分区名。

15. TABLESPACES

该参数用于指定要导出的表空间列表。

16. TRANSPORT_TABLESPACES

该参数用于指定执行表空间模式导出。导出表空间时，要求数据库用户必须具有 EXP_FULL_Database 或 DBA 角色。

16.2 IMPDP 导入数据

IMPDP 是服务器端的工具，该工具只能在 Oracle 服务端使用，不能在 Oracle 客户端使用。与 EXPDP 相似，数据泵导入时，其转储文件被存放在 DIRECTORY 对象所对应的 OS 目录中，而不能直接指定转储文件所在的 OS 目录。

16.2.1 IMPDP 参数

同样，在调用 IMPDP 工具导出数据时，也可以为该工具附加多个命令行参数。通过在命令提示符窗口中输入 IMPDP HELP 命令，即可了解 IMPDP 的各个参数信息。其中，大部分参数与 EXPDP 的参数相同，在本节将主要介绍 IMPDP 所特有的参数。

1. REMAP_DATAFILE

该参数用于将源数据文件名转变为目标数据文件名，在不同平台之间移动表空间时可能需要该参数，以避免数据文件重名，语法如下。

```
REMAP_DATAFIEL=source_datafie:target_datafile
```

2. REMAP_SCHEMA

该参数用于将源模式中的所有对象装载到目标模式中，语法如下。

```
REMAP_SCHEMA=source_schema:target_schema
```

3. REMAP_TABLESPACE

该参数用于指定导入时更改表空间名称。在 10g 版本出现以前，该操作非常复杂。首先，因为没有写操作权限，必须移除原始表空间的限额，然后再设置表空间。在导入过程中，原始表空间中的对象可以存储在设置后的表空间中。当任务完成后，必须将表空间恢复到原来的状态。

在 10g 导入时，REMAP_TABLESPACE 参数的设置可以大幅简化该操作，这样只需要对目标表空间进行限额，而不需要其他条件。设置参数的语法如下：

```
REMAP_TABLESPACE=source_tablespace:target_tablespace
```

4. REUSE_DATAFILES

该参数用于指定建立表空间时，是否覆盖已存在的数据文件，默认为 N，语法如下。

```
REUSE_DATAFILES={Y | N}
```

5. SKIP_UNUSABLE_INDEXES

该参数用于指定导入时是否跳过不可使用的索引，默认为 N。

6. SQLFILE

IMPDP 允许用导出的 DMP 文件来创建 DMP 文件中包含对象的 DDL 脚本，以便之后使用。该参数用于指定将导入的 DDL 操作写入 SQL 脚本中，语法如下。

```
SQLFILE=[directory_object:]file_name
```

在 IMPDP 中使用该参数时，可以从 DMP 文件中提取对象的 DDL 语句，这样的 IMPDP 并不把数据导入数据库中，只是创建 DDL 语句文件。例如：

```
C:\>impdp scott/tiger DIRECTORY=dump_dir DUMPFILE=tab.dmp SQLFILE=sql_file.sql
```

7. STREAMS_CONFIGURATION

该参数用于指定是否导入流元数据，默认值为 Y。

8. TABLE_EXISTS_ACTION

该参数用于指定当表已经存在时，导入作业要执行的操作，默认为 SKIP。

```
TABLE_EXISTS_ACTION={SKIP | APPEND | TRUNCATE | FRPLACE }
```

当设置该参数为 SKIP 时，导入作业会跳过已存在表，处理下一个对象；当设置为 APPEND 时，会追加数据；设置为 TRUNCATE 时，导入作业会截断表，然后为其追加新数据；当设置为 REPLACE 时，导入作业会删除已存在的表，重建表并追加数据。

> **提示：**
>
> TRUNCATE 选项不适用于簇表和 NETWORK_LINK 选项。

9. TRANSFORM

该参数用于指定是否应用于适用对象的元数据转换，有效的转换关键字为：SEGMENT_ATTRIBUTES、STORAGE、OID 和 PCTSPACE，语法如下。

```
TRANSFORM=transform_name:value[:object_type]
```

其中，TRANSFORM_NAME 用于指定转换名；SEGMENT_ATTRIBUTES 用于标识段属性（物理属性、存储属性、表空间、日志等信息）；STORAGE 用于标识段存储属性；VALUE 用于指定是否包含段属性或段存储属性；OBJECT_TYPE 用于指定对象类型。例如：

```
C:\>impdp scott/tiger directory=dump dumpfile=tab.dmp transform=segment_
attributes:n:table
```

10. TRANSPORT_DATAFILE

该参数用于指定移动空间时要被导入目标数据库的数据文件，语法如下。

```
TRANSPORT_DATAFILE=datafile_name
```

其中，DATAFILE_NAME 用于指定被复制到目标数据库的数据文件。例如：

```
C:\>impdp system/password directory=dump dumpfile=tts.dmp transport_
datafiles='/user01/data/tbs.f'
```

16.2.2 调用 IMPDP

与 EXPDP 类似，调用 IMPDP 时只需要在命令提示符窗口中输入 IMPDP 命令，即可调用 IMPDP 工具。同样，IMPDP 也可以进行 4 种类型的导入操作——导入表、导入用户模式、导入表空间和导入全数据库。

1. 导入表

导入表是指将存放在转储文件中的一个或多个表的结构及数据装载到数据库中，导入表是使用 TABLES 参数完成的。普通用户只可以将表导入其自身模式中，但如果以其他用户身份导入表，则要求该用户必须具有 IMP_FULL_Database 或 DBA 角色。导入表时，既可以将表导入源模式中，也可以将表导入其他模式中。

例如，下面的语句将表 DEPT、EMP 分别导入其自身模式 SCOTT 和模式 SYSTEM 中。

```
C:\>impdp scott/tiger DIRECTORY=dump_dir dumpfile=tab.dmp tables=dept,emp
C:\>impdp system/admin DIRECTORY=dump_dir dumpfile=tab.dmp tables=scott.
dept,scott.emp REMAP_SCHEMA=SCOTT:SYSTEM
```

其中，第一种方法表示将 DEPT 和 EMP 表导入 SCOTT 模式中；第二种方法表示将 DEPT 和 EMP 表导入 SYSTEM 模式中。

> **提示：**
>
> 如果要将表导入其他模式，则必须指定 REMAP_SCHEMA 参数。

2. 导入模式

导入模式是指将存放在转储文件中的一个或多个模式的所有对象装载到数据库中，导入模式时需要使用 SCHEMAS 参数。普通用户可以将对象导入其自身模式中，但如果以其他模式导入用户模式时，则要求该用户必须具有 IMP_FULL_Database 角色或 DBA 角色。导入模式时，既可以将模式的所有对象导入源模式中，也可以将模式中所有对象导入其他模式中。

例如，下面的语句将 SCOTT 模式中的所有对象分别导入其自身模式 SCOTT 和模式 SYSTEM：

```
C:\>impdp scott/tiger directory=dump_dir dumpfile=schema.dmp schemas=scott
C:\>impdp system/password  directory=dump_dir dumpfile=schema.dmp schemas=scott remap_schema=scott:system
```

如上所示，第一种方法表示将 SCOTT 模式中的所有对象导入其自身模式中；第二种方法表示将 SCOTT 模式中的所有对象导入 SYSTEM 模式。

> **提示：**
>
> 如果要将模式中的所有对象导入其他模式中，则必须指定 REMAP_SCHEMA 参数。

3．导入表空间

导入表空间是指将存放在转储文件中的一个或多个表空间中的所有对象装载到数据库中，导入表空间时需要使用 TABLESPACE 语句完成。例如，下面的语句将 EXAMPLE 表空间中的所有对象都导入数据库中。

```
C:\>impdp system/password directory=dump_dir dumpfile=tablespace.dmp tablespaces=example
```

4．导入数据库

导入数据库时指将存放在转储文件中的所有数据库对象及相关数据装载到数据库中，导入数据库是使用 FULL 参数设置的。

需要注意，如果导出转储文件时要求用户必须具有 EXP_FULL_Database 或 DBA 角色，则导入数据库时要求用户必须具有 IMP_FULL_Database 或 DBA 角色。例如：

```
C:\>Impdp system/password DIRECTORY=dump_dir DUMPFILE=full.dmp FULL=y
```

16.2.3 移动表空间

使用 EXPDP 和 IMPDP 还可以实现移动表空间，即将表空间从一个数据库移动到另一个数据库中。在 Oracle 10g 前，移动表空间只能在相同的操作系统平台之间进行。在 Oracle 11g 中，不仅允许在相同平台之间移动表空间，还允许在不同平台之间移动表空间。通过查询动态性能视图 V$TRANSPORTABLE_PLATFORM，可以显示在哪些 OS 平台之间移动表空间。例如：

```
SQL> select platform_name from v$transportable_platform;

PLATFORM_NAME
------------------------------------------------------------
Solaris[tm] OE (32-bit)
```

```
Solaris[tm] OE (64-bit)
Microsoft Windows IA (32-bit)
Linux IA (32-bit)
AIX-Based Systems (64-bit)
HP-UX (64-bit)
HP Tru64 UNIX
HP-UX IA (64-bit)
Linux IA (64-bit)
HP Open VMS
Microsoft Windows IA (64-bit)
IBM zSeries Based Linux
Linux 64-bit for AMD
Apple Mac OS
Microsoft Windows 64-bit for AMD
Solaris Operating System (x86)
IBM Power Based Linux
HP IA Open VMS
Solaris Operating System (AMD64)

已选择 19 行。
```

在 Oracle 10g 前,移动表空间是使用传统导出 / 导入工具 EXP 和 IMP 实现的。从 Oracle 11g 开始,不仅可以使用传统导出 / 导入工具 EXP 和 IMP 移动表空间,还可以使用数据泵导出 / 导入工具 EXPDP 和 IMPDP 移动表空间,并且使用数据泵导出 / 导入工具 EXPDP 和 IMPDP 的速度更快。移动表空间具有以下限制。

※ 源数据库和目录数据库必须具有相同的数据库字符集和民族字符集,通过查询数据字典视图 NLS_Database_PARAMETERS,DBA 可以取得数据库字符集 NLS_CHARACTERSET 和民族字符集 NLS_NCHAR_CHARACTERSET。

※ 不能将表空间移动到具有同名表空间的目标数据库中,这可以通过使用 ALTER TABLESPACE RENAME 语句修改源数据库表空间的名称,或者修改目标数据库表空间的名称。

※ 不能移动 SYSTEM 表空间和 SYS 用户对象所在的表空间。

※ 如果要将表空间移动到其他 OS 平台,必须将初始化参数 COMPATIBLE 设置为 10.0 以上。

在两个数据库之间移动表空间的具体操作步骤如下。

① 确定自包含表空间集合。

自包含表空间集合是指具有关联关系的表空间集合。移动表空间时,如果两个表空间之间存在关联关系,必须同时移动这两个表空间。

假设表空间 A 包含表 EMP,表空间 B 包含 EMP 表的索引 EMP_PK,如果要移动表空间 B,则必须同时移动表空间 A,此时表空间 A 和 B 为自包含表空间集合。违反自包含表空间集合的最常见情况如下。

※ 索引在这个表空间集合内,但是索引指向的表在其他表空间之外。

※ 分区表的部分分区在移动表空间之外。

※ 完整性约束的参考对象在迁移表空间之外。

※ 表中包含的 LOB 对象存储在表空间集合之外。

移动表空间之前，为了确保特定的表空间集合可以被移动，必须先检查表空间集合是否为"自包含"，通过执行 DBMS_TTS 包中的 TRANSPORT_SET_CHECK 过程，可以检查一个表空间集合是否是自包含的。DBMS_TTS.TRANSPORT_SET_CHECK 过程的语法如下。

```
dbms_tts.transport_set_check(ts_list in varchar2,
                incl_constrations in BOOLEAN,
                full_closure  in BOOLEAN DEFAULT FALSE);
```

其中，第一个参数是表空间名称的列表；第二个参数表示是否检查完整性约束；第三个参数表示检查迁移表空间集合内参考集合外的同时，反过来检查迁移表空间集合外的表空间是否引用了集合内的对象，一般情况下为默认值 FALSE。

执行该过程后，系统会将违反自包含表空间集合的信息写入临时表 TRANSPORT_SET_VIOLATIONS 中。查询该临时表时，如果没有返回任何信息，则说明表空间集合是自包含的，否则会返回违反自包含表空间集合的详细信息。需要注意，执行 DBMS_TTS 包要求用户必须具有 EXECUTE_CATALOG_ROLE 角色。

例如，下面的语句将检查表空间 EXAMPLE 是否为自包含的表空间集合。

```
SQL> connect / as sysdba
已连接。
SQL> execute dbms_tts.transport_set_check ('EXAMPLE',true);
PL/SQL 过程已成功完成。

SQL> select * from transport_set_violations;
未选定行
```

② 设置要移动的表空间为 READ ONLY 状态。

确定自包含表空间集合后，为了生成要移动的表空间集合，必须先将所有移动的表空间转变为只读状态，以确保其内容不会发生改变。例如：

```
SQL> alter tablespace example read only;
表空间已更改。
```

③ 导出表空间。

将表空间切换到只读状态后，即可使用数据库泵导出工具导出要移动的表空间集合。需要注意，在导出移动表空间集合时，要求用户必须具有 EXP_FULL_Database 或 DBA 角色。例如：

```
C:\>expdp system/password directory=dump_dir dumpfile=transport.dmp
transport_tablespaces=example

Export: Release 12.1.0.2.0 - Production on 星期六 11 月 4 10:25:30 2017
Copyright (c) 1982, 2014, Oracle and/or its affiliates.  All rights reserved.

连接 : Oracle Database 12c Enterprise Edition Release 12.1.0.2.0 - 64bit
Production
With the Partitioning, OLAP, Advanced Analytics and Real Application Testing
opttion
启动 "SYSTEM"."SYS_EXPORT_TRANSPORTABLE_01": system/******** directory=dump_
dir
  dumpfile=transport.dmp transport_tablespaces=example
处理对象类型 TRANSPORTABLE_EXPORT/PLUGTS_BLK
处理对象类型 TRANSPORTABLE_EXPORT/TYPE/TYPE_SPEC
处理对象类型 TRANSPORTABLE_EXPORT/TABLE
处理对象类型 TRANSPORTABLE_EXPORT/GRANT/OWNER_GRANT/OBJECT_GRANT
处理对象类型 TRANSPORTABLE_EXPORT/INDEX
```

```
处理对象类型 TRANSPORTABLE_EXPORT/CONSTRAINT/CONSTRAINT
处理对象类型 TRANSPORTABLE_EXPORT/INDEX_STATISTICS
处理对象类型 TRANSPORTABLE_EXPORT/COMMENT
处理对象类型 TRANSPORTABLE_EXPORT/CONSTRAINT/REF_CONSTRAINT
处理对象类型 TRANSPORTABLE_EXPORT/TRIGGER
   ...
****************************************************************
SYSTEM.SYS_EXPORT_TRANSPORTABLE_01 的转储文件集为：
  F:\ORACLE 11G\DUMP\TRANSPORT.DMP
****************************************************************
可传输表空间 EXAMPLE 所需的数据文件：
  D:\APP\ADMINISTRATOR\ORADATA\ORCL\EXAMPLE01.DBF
 作业 "SYSTEM"."SYS_EXPORT_TRANSPORTABLE_01" 已于 15:18:55 成功完成
```

④ 传送导出文件和数据文件。

生成转储文件时，可以使用任何复制工具将转储文件和自包含表空间集合的数据文件传送到目标数据库所在计算机的合适位置。

在所有导出表空间集合的数据文件已经复制到指定位置后，可以将原数据库中的表空间设置为 READ WRITE 状态。

⑤ 导入表空间到目标数据库中。

将转储文件和表空间的数据文件传送到目标数据库后，即可使用数据库泵导入工具 IMPDP，将表空间 EXAMPLE 导入目标数据库中。如果目标数据库存在同名表空间，则需要执行 ALTER TABLESPACE RENAME 语句修改表空间名称。

```
C:\>impdp system/password directory=dump_dir dumpfile=transport.dmp
transport_datafles=d:\oracle\example.dbf rename_schema=soctt:hr
```

执行上述命令后，就会将 EXAMPLE 表空间插入目标数据库中，因为该表空间处于只读状态，为了在该表空间上执行 DML 和 DDL 操作，还应该将该表空间转变为可读写状态。例如：

```
SQL> alter tablespace example read write;
表空间已更改。
```

16.3 SQL*Loader 导入外部数据

在上面介绍的数据泵和 EXP/IMP 工具仅可以实现从一个 Oracle 数据库到另一个 Oracle 数据库之间的数据传输，而 SQL*Loader 工具则可以实现将外部数据或其他数据库中的数据添加到 Oracle 数据库。例如，将 ACCESS 中的数据加载到 Oracle 数据库。

16.3.1 SQL *Loader 概述

Oracle 提供的数据加载工具 SQL*Loader 可以将外部文件中的数据加载到 Oracle 数据库中，SQL*Loader 支持多种数据类型（如日期型、字符型、数据字型等），可以将多种数据类型加载到数据库。

使用 SQL*Loader 导入数据时，必须编辑一个控制文件（.CTL）及一个数据文件（.DAT）。控制文件用于描述要加载的数据信息，包括数据文件名、数据文件中数据的存储格式、文件中的数据要存储到哪一个字段、哪些表和列要加载数据、数据的加载方式等。

根据数据的存储格式，SQL*Loader 所使用的数据文件可以分为两种，即固定格式存储和自由格式存储。固定格式存储的数据按一定规律排列，控制文件通过固定长度将数据分割；自由格式则是由规定的分隔符来区分不同字段的数据。

在 SQL*Loader 执行结束后，系统会自动产生一些文件，这些文件包括日志文件、坏文件以及被丢掉的文件。其中，日志文件中存储了在加载数据过程中的所有信息；坏文件中包含了 SQL*Loader 或 Oracle 拒绝加载的数据；丢掉文件中记录了不满足加载条件而被过滤掉的数据，用户可以根据这些信息了解加载是否成功。

在使用 SQL*Loader 加载数据时，可以使用系统提供的一些参数控制数据加载的方法。调用 SQL*Loader 的命令为 SQLLDR，SQLLDR 命令的形式如下。

```
C:\>sqlldr
```

16.3.2 加载数据

使用 SQL*Loader 加载数据的关键是编写控制文件，控制文件决定要加载的数据格式。在控制文件中，根据数据文件的格式，控制文件也分为自由格式与固定格式。如果数据文件中的数据是按一定规律排列的，这时可以使用固定格式加载，控制文件通过数据的固定长度将数据分割。如果要加载的数据没有一定格式，则可以使用自由格式加载，控制文件将用分割符将数据分隔分不同字段中的数据。

1. 自由格式加载

在本示例中将使用自由格式加载 TXT 文件。

① 创建一个空表结构，以存储要加载的数据。这里创建了一个基表 EMPLOYEES，其结构如下。

```
SQL> create table employees (
  2     empno   number(4),
  3     ename   varchar2(20),
  4     job     varchar2(20),
  5     sal     number(7,2),
  6     deptno  number(4)
  7  );
表已创建。
```

② 整理数据文件 EMPLOYEES.TXT，整理后的格式如下。

```
198        OConnell      SH_CLERK       2860.00        50
199        Grant         SH_CLERK       2860.00        50
200        Whalen        AD_ASST        4840.00        10
201        Hartstein     MK_MAN         14300.00       20
202        Fay           MK_REP         6600.00        20
203        Mavris        HR_REP         7150.00        40
204        Baer          PR_REP         11000.00       70
205        Higgins       AC_MGR         13200.00       110
206        Gietz         AC_ACCOUNT     9130.00        110
```

③ 编辑控制文件 EMPLOYEES.CTL，确定加载数据的方式，创建的控制文件的格式如下。

```
load    data
  infile 'f:\employees.txt'
  into    table    employees_copy
  (empno   position(01:04) integer external,
   ename   position(05:16) char,
   job     position(17:27) char,
   sal     position(28:36) decimal external,
   deptno position(40:45)           integer external)
```

其中，INFILE 指定源数据文件，INTO TABLE 指定添加数据的目标基本表，还可以使用关键字 APPEND 表示向表中追加数据，或使用关键字 REPLACE 覆盖表中原来的数据。加载工具通过 POSITION 控制数据的分割，以便将分隔后的数据添加到表中的各个列。

④ 调用 SQL*Loader 加载数据。

在命令行中设置控制文件名，以及运行后产生的日志信息文件。

```
C:\>sqlldr system/admin control=f:\employees.ctl log=f:\emp_log
```

⑤ 检查日志文件，确认是否有错误数据。

检查日志文件，以确认数据加载是否成功。可以根据日志文件中的提示信息，修改产生错误的原因。

2. 固定格式加载 Excel 数据

Excel 保存数据的一种格式为"CSV（逗号分隔）"，该文件类型通过指定的分隔符隔离各列的数据，这就为通过 SQL*Loader 工具加载 Excel 中的数据提供了可能。在本示例中将通过 SQL*Loader 加载 Excel 中的数据。

① 打开 Excel，输入下表的数据。

10	Administration
20	Marketing
30	Purchasing
40	Human Resources
50	Shipping
60	IT

② 保存 Excel 文件 DEPARTMENTS.CSV，注意保存文件的格式为"CSV（逗号分隔）"。

③ 创建一个与 Excel 数据相对应的表。

```
SQL> create table departments_copy(
  2   deptno   number(4),
  3   dname    varchar2(20));

表已创建。
```

④ 编辑控制文件 DEPT.CTL，内容如下。

```
load data
infile 'f:\departments.csv'
append into table departments
fields terminated by ','
```

```
(deptno,dname)
```

其中 FIELDS TERMINATED BY 指定数据文件中的分隔符为逗号","。数据的加载方式为 APPEND，表示在表中追加新数据。

⑤ 调用 SQL*Loader 来加载数据。

```
C:\>sqlldr system/admin control=f:\department.ctl
```

加载数据后，用户可以连接 SQL*Plus，查询基本表 DEPT，查看是否有数据。

16.4 练习：调用 EXP 和 IMP 备份数据库

在本练习中，将使用 EXP 工具按用户模式方式对 SCOTT 模式中的对象进行备份，并使用该备份恢复被用户删除的表。

操作步骤：

① 在命令提示符窗口输入命令，启动 EXP 工具按用户模式方式备份 SCOTT 模式中的对象。

```
exp userid=scott/tiger file=e:\oracle_data\scott_2008_6_2.bak log=e:\oracle_
data\scott.log
```

② 模拟一个故障，删除表 EMP 中的所有数据。

```
SQL> delete emp;

已删除 14 行。
```

③ 使用 IMP 工具按用户方式恢复 EMP 表中的数据。

```
imp userid= scott/tiger  ignore=y  fromuser=scott touser=scott file=e:\
oracle_data\scott_2008_6_2.bak
```

用户可以使用同样的方法调用 EXPDP 和 IMPDP 工具，完成对数据库的备份与恢复。

16.5 练习：调用 SQL*Loader 导入外部数据

在本练习中，将使用 SQL*Loader 工具导入外部数据到数据库。

操作步骤：

① 打开 Excel，制作基础数据表。

120	急救中心
110	报警中心
114	号码百事通
119	火警中心

② 保存 Excel 文件"应急电话.CSV"，注意保存文件的格式为"CSV（逗号分隔）"。

③ 创建与 Excel 数据相对应的表。

```
SQL> create table 应急电话(
  2  num number(4),
  3  name varchar2(90));

表已创建。
```

④　创建控制文件"应急电话.CTL"。

```
load data
infile 'f:\应急电话.csv'
append into table 应急电话
fields terminated by ','
(num,name)
```

⑤　调用 SQL*Loader 来加载数据。

```
c:\>sqlldr system/password control=f:\应急电话.ctl
```

16.6 新手训练营

练习 1：加载 TXT 数据

本练习中，将使用 SQL*Loader，以自由格式加载 TXT 文件。

首先，创建一个名为 EMP 的空表结构，以存储要加载的数据。

```
SQL> create table emp(
  2  emid number(4),
  3  name varchar2(20),
  4  department varchar2(20),
  5  vworkinglife number,
  6  basepay number
  7  );

表已创建。
```

然后，整理数据文件 EMP.TXT。

1101	金鑫	财务部	12	6550
1102	赵恒	人事部	9	5050
1103	刘能	销售部	5	5100
1104	王雄	策划部	6	6000
1105	陈然	人事部	10	6000

下面，创建控制文件 EMP.CTL，确定加载数据的方式。

```
load    data
  infile 'f:\emp.txt'
  into   table   emp_copy
  (emid  position(01:04) integer external,
  ename  position(05:16) char,
  department  position(17:27) char,
  vworkinglife  position(28:36) char,
  basepay  postion(32:45) decimal external,
deptno position(40:45)          integer external)
```

最后，调用 SQL*Loader 加载数据。在命令行中设置控制文件名，以及运行后产生的日志信息文件。

```
C:\>sqlldr system/admin control=f:\emp.ctl log=f:\emp_log
```

练习 2：加载 Excel 数据

本练习中，将使用 SQL*Loader，以自由格式加载 Excel 文件。

首先，制作 Excel 表，保存 Excel 文件 DE.CSV，注意保存文件的格式为"CSV（逗号分隔）"。其中，Excel 表内容如下所示。

110	财务部
120	人事部
130	销售部
140	策划部
150	后勤部

然后，创建一个与 Excel 数据相对应的表。

```
SQL> create table de_copy(
  2   deptno  number(4),
  3   dname   varchar2(20));

表已创建。
```

下面，创建控制文件 DE.CTL。

```
load data
infile 'f:\de.csv'
append into table de
fields terminated by ','
(deptno,dname)
```

最后，调用 SQL*Loader 来加载数据。

```
C:\>sqlldr system/admin control=f:\de.ctl
```

练习 3：导出 HR 对象中的所有对象

本练习中，将运用 EXPDP 导出 HR 对象中的所有对象。

```
C:\>expdp system/password directory=dump_dir dumpfile=schema.dmp
schemas=system,hr;

Export: Release 12.1.0.2.0 - Production on 星期六 11 月 4 10:25:30 2017

Copyright (c) 1982, 2014, Oracle and/or its affiliates.  All rights reserved.

连接 : Oracle Database 12c Enterprise Edition Release 12.1.0.2.0 - 64bit
Production
With the Partitioning, OLAP, Advanced Analytics and Real Application Testing
options
启动 "SYSTEM"."SYS_EXPORT_SCHEMA_01":  system/******** directory=dump_dir
dumpfi
le=schema.dmp schemas=system,hr;
正在使用 BLOCKS 方法进行估计 ...
处理对象类型 SCHEMA_EXPORT/TABLE/TABLE_DATA
```

```
使用 BLOCKS 方法的总估计：220 KB
处理对象类型 SCHEMA_EXPORT/USER
处理对象类型 SCHEMA_EXPORT/SYSTEM_GRANT
处理对象类型 SCHEMA_EXPORT/ROLE_GRANT
处理对象类型 SCHEMA_EXPORT/DEFAULT_ROLE
处理对象类型 SCHEMA_EXPORT/PRE_SCHEMA/PROCACT_SCHEMA
    ...
```

第 17 章
备份与恢复

本章内容

任何数据库在长期使用过程中，都会存在一定的安全隐患。对于数据库管理员而言，这不能仅寄希望于计算机操作系统的安全运行，而要建立一整套数据库备份与恢复机制。当任何人为的或自然灾难一旦出现，导致数据库崩溃、物理介质损坏等故障时，管理员就可以及时恢复系统中重要的数据，尽可能地避免数据损失，使数据库正常运行。如果没有可靠的备份和恢复机制，就可能会使系统瘫痪、数据丢失。本章将介绍数据库的备份与恢复的概念，以及如何使用 RAMN 进行数据库备份与恢复。

17.1 RMAN 概述

RMAN 是随 Oracle 服务器软件一同安装的 Oracle 工具软件，它专门用于对数据库进行备份、修复和恢复操作。如果使用 RMAN 作为数据库备份与恢复工具，那么所有的备份和恢复操作都可以在 RMAN 环境下使用 RMAN 命令完成，这样可以减少 DBA 在对数据库进行备份与恢复时产生的错误，提高备份与恢复的效率。在了解 RMAN 之前，还需要先来了解一下恢复与备份的基础知识。

17.1.1 备份与恢复概述

为了保证数据库的高可用性，Oracle 数据库提供了备份与恢复机制，以便在数据库发生故障时完成对数据库的恢复操作，避免损失重要的数据资源。

丢失数据可以分为物理丢失和逻辑丢失。物理丢失是指操作系统的数据库组件丢失，例如，数据文件、控制文件、重做日志以及归档日志。引起物理数据丢失的原因可能是磁盘驱动毁损，也可能是有人意外删除了一个数据文件或者修改关键数据库文件所造成的配置变化。逻辑丢失就是例如表、索引和表记录等数据库组件的丢失。引起逻辑数据丢失的原因可能是有人意外删除了不该删除的表、应用出错或者在 DELETE 语句中使用不适当的 WHERE 子句。毫无疑问，Oracle 能够实现物理数据备份与逻辑数据备份。

虽然两种备份模式可以互相替代，但是在备份计划内有必要包含两种模式，以避免数据丢失。物理数据备份主要是针对如下文件的备份。

※ 数据文件

※ 控制文件

※ 归档重做日志

物理备份通常按照预定的时间间隔运行，以防止数据库的物理丢失。当然，如果想保证能够把系统恢复到最后一次提交时的状态，必须以物理备份为基础，同时还必须有自上次物理备份以来累积的归档日志与重做日志。

备份一个 Oracle 数据库有 3 种标准方式——导出、脱机备份和联机备份。导出方式是数据库的逻辑备份，其他两种备份方式都是物理文件备份。在 Oracle 中，EXP 和 EXPDP 工具就是用来完成数据库逻辑备份的，若要恢复需要调用 IMP 或 IMPDP 导入先前的逻辑备份文件。

Oracle 中的导出工具（EXPDP 和 EXP）可以读取数据库，并把其中的数据写入二进制形式的转储文件中。可以导出整个数据库、指定用户模式或指定表。在导出期间，可以选择是否导出与表相关的数据字典信息，如权限、索引和与其相关的约束条件。

在对数据库进行导出备份时，可以进行完全导出备份，也可以进行增量导出备份。增量导出有两种不同类型：Incremental（增量备份）和 Cumnlative（累积备份）。Incremental 导出将导出上次导出后修改过的全部数据，而 Cumnlative 导出将导出上次全导出后修改过的数据。EXP 和 EXPDP 还可以用来压缩数据段碎片。

将数据导出后，就可以通过 IMP 或 IMPDP 工具将其导入。已导出的数据不必导入同一个数据库中，也不必导入生成导出转储文件相同的模式中。如果导入一个全导出的整个导出转储文件，则所有数据库对象——包括表空间、数据文件和用户都会在导入时创建。

物理备份就是复制数据库中的文件，而不管其逻辑内容如何。由于使用操作系统的文件备份命令，所以这些备份也称为"文件系统备份"。Oracle 支持两种不同类型的物理文件备份——脱机备份和联机备份。

当数据库正常关闭时，对数据库的备份称为"脱机备份"。关闭数据库后，可以对如下文件进行脱机备份。

※ 所有数据文件

※ 所有控制文件

※ 所有联机重做日志文件

※ 参数文件（可选择）

当数据库关闭时，对所有这些文件进行备份可以得到一个数据库关闭时的完整镜像。以后可以从备份中获取整个文件集，并使用该文件集恢复数据库。除非执行一个联机备份，否则当数据库打开时，不允许对数据库执行文件系统备份。当数据库处于 ARCHIVELOG 模式时，可以对数据库进行联机备份。联机备份时需要将表空间设为备份状态，然后再备份其数据文件，最后再将表空间恢复为正常状态。

数据库可以从一个联机备份中完全恢复，并且可以通过归档的重做日志，恢复到任意时刻。数据库打开时，可以联机备份如下文件。

※ 所有数据文件

※ 归档的重做日志文件

※ 控制文件

联机备份具有两个优点：第一，提供了完全的时间点恢复；第二，在文件系统备份时允许数据库保持打开状态。因此，即使在用户要求数据库不能关闭时也能备份文件系统。保持数据库打开状态，还可以避免数据库的 SGA 区被重新设置。避免内存重新设置可以减少数据库对物理 I/O 数量的要求，从而改善数据库性能。

为了简化数据库的备份与恢复，Oracle 提供了恢复管理器执行备份和恢复。

17.1.2 RMAN 组件

RMAN 是执行备份和恢复操作的客户应用程序。最简单的 RMAN 只包括两个组件：RMAN 命令执行器与目标数据库。DBA 就是在 RMAN 命令执行器中执行备份与恢复操作，然后由 RMAN 命令执行器对目标数据库进行相应的操作。在比较复杂的 RMAN 中会涉及更多的组件，下页图显示了一个典型的 RMAN 运行时所使用的各个组件。

1. RMAN 命令执行器（RMAN Executable）

RMAN 命令执行器提供了对 RMAN 实用程序的访问，它允许 DBA 输入执行备份和恢复操作所需的命令，DBA 可以使用命令行或图形用户界面（GUI）与 RMAN 交互。开始一个 RMAN 会话时，系统将为 RMAN 创建一个用户进程，并在 Oracle 服务器上启动两个默认进程，分别用于提供与目标数据库的链接和监视远程调用。除此之外，根据会话期间执行的操作命令，系统还会启动其他进程。

启动 RMAN 最简单的方法是从操作系统中运行 RMAN，不为其提供连接请求参数。在运行 RMAN 之后，再设置连接的目标数据库等参数。不指定参数启动 RMAN 的具体步骤如下。

① 在操作系统上执行【开始】|【运行】命令，当"运行"对话框出现时，在文本框中输入 RMAN，然后单击【确定】按钮。

② 在显示 RMAN> 提示符窗口后，输入 SHOW ALL 命令，可以查看当前 RMAN 的配置，如下所示。

```
恢复管理器：Release 12.1.0.2.0 - Production on 星期二 5 月 8 09:15:27 2017

Copyright (c) 1982, 2014, Oracle and/or its affiliates.  All rights reserved.

RMAN> show all;

使用目标数据库控制文件替代恢复目录
RMAN-00571: ===========================================================
RMAN-00569: =============== ERROR MESSAGE STACK FOLLOWS ===============
RMAN-00571: ===========================================================
RMAN-03002: show 命令（在 01/08/2017 09:16:42 上）失败
RMAN-06171: 没有连接目标数据库
```

在运行 RMAN 时，还可以指定连接的目标数据库、连接用户等参数。例如，在"运行"对话框中输入 RAMN TARGET SYSTEM/NOCATALOG，指定当前默认数据库为 RMAN 的目标数据库。

```
RMAN> show all;
使用目标数据库控制文件替代恢复目录
db_unique_name 为 ORCL 的数据库的 RMAN 配置参数为：
CONFIGURE RETENTION POLICY TO REDUNDANCY 1; # default
CONFIGURE BACKUP OPTIMIZATION OFF; # default
 ...
```

输入 SHOW ALL 命令显示当前的配置，因为 RMAN 连接了一个目标数据库，所以显示了几个配置信息。

2．目标数据库（Target Database）

目标数据库也就是要执行备份、转储和恢复的数据库。RMAN 将使用目标数据库的控制文件来收集关于数据库的相关信息，并使用控制文件来存储相关的 RMAN 操作信息。另外，实际的备份和恢复操作是由目标数据库中的进程执行的。

3．RMAN 恢复目录（RMAN Recover Catalog）

恢复目录是 RMAN 在数据库上建立的一种存储对象，它由 RMAN 自动维护。当使用 RMAN 执行备份和恢复操作时，RMAN 将从目标数据库的控制文件中自动获取信息，包括数据库结构、归档日志、数据文件备份信息等，这些信息都将被存储到恢复目录中。

4．RMAN 资料档案库（RMAN Repository）

在使用 RMAN 进行备份与恢复操作时，需要使用的管理信息和数据称为"RMAN 的资料档案库"。RMAN 的资源档案库可以完全保存在目标数据库的控制文件中，也可以保存在一个可选的恢复目录中。资料档案库包括如下信息。

※ 备份集：备份操作输出的所有文件。

※ 备份段：备份集中的各个文件。

※ 镜像副本：数据文件的镜像副本。

※ 目标数据库结构：目标数据库的控制文件、日志文件和数据文件信息。

※ 配置信息：在覆盖备份集之前，应该将备份集存储多长时间、自动信息等。

5．介质管理子系统（Media Management Subsystem）

主要由第三方提供的介质管理软件和存储设备组成，RMAN 可以利用介质管理软件将数据库备份到类似磁带的存储设备中。

6．备用数据库（Standby Database）

备用数据库是对目标数据库的一个精确复制，通过不断地对应由目标数据库生成的归档重做日志，可以保持它与目标数据库的同步。RMAN 可以利用备份来创建一个备用数据库。

7. 恢复目录数据库

用来保存 RMAN 恢复目录的数据库，它是一个独立于目标数据库的 Oracle 数据库。

17.1.3 RMAN 通道

RMAN 具有一套配置参数，这类似于操作系统中的环境变量。这些默认配置将被自动应用于所有的 RMAN 会话，通过 SHOW ALL 命令可以查看当前所有的默认配置。DBA 可以根据自己的需求，使用 CONFIGURE 命令对 RMAN 进行配置。与此相反，如果要将某项配置设置为默认值，则可以在 CONFIGURE 命令中指定 CLEAR 关键字。

对 RMAN 的配置主要针对其通道进行设置。RMAN 在执行数据库备份与恢复操作时，都要使用服务器进程，启动服务器进程是通过分配通道来实现的。当服务器进程执行备份和恢复操作时，只有一个 RMAN 会话与分配的服务器恢复进行通信，如下图所示。

一个通道是与一个设备相关联的，RMAN 可以使用的通道设备包括磁盘（DISK）和磁带（TAPE）。通道的分配可以分为自动分配通道和 RUN 命令手动分配通道。通常情况下，DBA 将 RMAN 配置为在执行 BACKUP、RESTORE 等命令的任何时候自动分配通道。但是，在更改通道设备时，大多数 DBA 都会手动分配需要更改的通道。实际上，如果没有指定通道，那么将使用 RMAN 存储的自动分配通道。

1. 手动分配通道

手动分配通道时，必须使用 RUN 命令。在 RMAN 中，RUN 命令会被优先执行，也就是说，如果 DBA 手动分配了通道，则 RMAN 将不再使用任何自动分配通道。

RUN 命令的格式为：

```
RUN { 命令 ;}
```

当在 RMAN 命令执行器中执行类似 BACKUP、RESTORE 或 DELETE 等需要进行磁盘 I/O 操作时，可以将这些命令与 ALLOCATE CHANNEL 命令包含在一个 RUN 命令块内部，利用 ALLOCATE CHANNEL 命令为其手动分配通道。

例如，下面的语句手动分配了一个名称为 CH1 的通道，通过这个通道创建的文件都具有统一的名称格式：F:\ORACLEBACKUP\%U_%C.BAK，随后利用这个通道对表空间 SYSTEM 和 USERS 进行备份。

```
RMAN> run{
2> allocate channel ch1 device type disk
3> format='f:\oracle_backup\%u_%c.bak';
4> backup tablespace system,users channel ch1;
5> }

释放的通道：ORA_DISK_1
释放的通道：ORA_DISK_2
释放的通道：ORA_DISK_3
分配的通道：ch1
通道 ch1: SID=132 设备类型=DISK

启动 backup 于 09-5 月 -17
通道 ch1: 正在启动全部数据文件备份集
通道 ch1: 正在指定备份集内的数据文件
输入数据文件：文件号=00001 名称=D:\APP\USER\ORADATA\ORCL\SYSTEM01.DBF
输入数据文件：文件号=00004 名称=D:\APP\USER\ORADATA\ORCL\USERS01.DBF
通道 ch1: 正在启动段 1 于 09-5 月 -17
通道 ch1: 已完成段 1 于 09-5 月 -17，有 2 个副本和标记 TAG20170109T102841
段 handle=F:\ORACLEBACKUP\03J5NDQP_1 comment=NONE
段 handle=F:\ORACLEBACKUP\03J5NDQP_2 comment=NONE
通道 ch1: 备份集已完成，经过时间:00:01:35
完成 backup 于 09-5 月 -17

启动 Control File and SPFILE Autobackup 于 09-5 月 -17
段 handle=D:\APP\USER\FLASH_RECOVERY_AREA\ORCL\AUTOBACKUP\2017_01_09\O1_MF_
S_643545027_3R8DGFG5_.BKP comment=NONE
完成 Control File and SPFILE Autobackup 于 09-5 月 -17
释放的通道：ch1
```

在 RMAN 执行的每一条 BACKUP、COPY、RESTORE、DELETE 或 RECOVER 命令时，要求每个命令至少使用一个通道。

2. 自动通道配置

在下面两种情况下，由于没有手动为 RMAN 命令分配通道，RMAN 将利用预定义的设置来为命令自动分配通道。

※ 在 RUN 外部使用 BACKUP、RESTORE、DELETE 命令。

※ 在 RUN 命令块内部执行 BACKUP 等命令之前，未使用 ALLOCATE CHANNEL 命令手动分配通道。

例如：

```
RMAN>backup tablespace users;
2>run {restore tablespace examples;}
```

在使用自动分配通道时，RMAN 将根据下面这些命令的设置自动分配通道。

※ CONFIGURE DEVICE TYPE sbt/disk PARALLELISM n

※ CONFIGURE DEFAULT DEVICE TYPE TO disk/sbt

※　CONFIGURE CHANNEL DEVICE TYPE

※　CONFIGURE CHANNEL n DEVICE TYPE

CONFIGURE DEVICE TYPE … PARALLELISM n 命令定义了 RMAN 使用的通道数量。例如，下面的命令分配了 3 个磁盘通道和两个磁带通道。

```
RMAN>configure device type disk parallelism 3;
RMAN>configure device type sbt parallelism 2;
```

在指定自动通道数量时，各个通道的命名格式为：ORA_DEVICETYPE_N。其中，DEVICETYPE 为设备类型，N 为通道号。例如，在上面分配的通道中，各通道名称依次为：ORA_DISK_1、ORA_DISK_2、ORA_DISK_3、ORA_SBT_1 和 ORA_SBT_2。另外，管理员可以运行 SHOW DEVICE TYPE 命令查看并行度的默认设置。

命令 CONFIGURE DEFAULT DEVICE TYPE TO disk/sbt 用于指定自动通道的默认设备。例如，当数据库使用磁盘备份时，可以进行如下设置。

```
RMAN>configure default device type to disk;
```

命令 CONFIGURE CHANNEL DEVICE TYPE 用于设置自动通道的参数。例如：

```
RMAN>configure channel device type disk format='/backup/%U' maxpiecesize 200M;
RMAN>configure channel device type sbt format='/store/%U.dbf' maxpiecesize
200M;
```

其中，FORMAT 参数用于指定备份集的存储目录及格式，MAXPIECESIZE 指定每个备份集的最大字节数。

也可以指定某一个通道的配置，例如，设置通道 ORA_DISK_2 的参数。

```
RMAN>configure channel 2 device type sbt format='%s_%t.dbf' maxpiecesize 200M
```

清除自动分配通道设置，将通道清除为默认状态，清除命令的格式如下。

```
CONFIGURE DEVICE TYPE DISK CLEAR;
CONFIGURE DEFAULT DEVICE TYPE CLEAR;
CONFIGRUE CHANNER DEVICE TYPE disk/sbt CLEAR;
```

3. 通道配置参数

无论是自动通道还是手动通道，每个通道都可以设置一些参数，以控制通道备份时备份集的大小。通道配置参数包括如下几个。

* **FILESPERSET 参数**

该参数用于限制备份时备份集的文件个数。例如，分配一个自动通道，并限制该通道每两个文件备份成为一个备份集。

```
RMAN>backup Database filesperset=2;    #指定每两个文件备份为一个备份集。
```

* **CONNECT 参数**

CONNECT 参数用于设置数据库实例，RMAN 允许连接多个不同的数据库实例。例如，定义了 3 个磁盘通道，分别连接 3 个数据库实例 Orac1、Orac2 和 Orac3。

```
RMAN>configure channel 1 device type disk connect='sys/passwc@Orac1';
RMAN>configure channel 2 device type disk connect='sys/passwc@Orac2';
RMAN>configure channel 3 device type disk connect='sys/passwc@Orac3';
```

- FORMAT 参数

FORMAT 参数用于设置备份文件存储格式以及存储目录。在定义 FORMAT 的格式时，可以在 BACKUP 语句中定义，也可以在通道 CHANNEL 语句中定义。例如：

```
RMAN>backup Database format '/oracle/backup/%U';
```

或者如下：

```
run{
allocate channel ch1 device type disk format '/disk1/%d_backups/%U';
allocate channel ch2 device type disk format '/disk2/%d_backups/%U';
allocate channel ch3 device type disk format '/disk3/%d_backups/%U';
backup Database;
}
```

FORMAT 格式化字符串以及各字符的意义，如下表所示。

字符串	说明	字符串	说明
%c	表示备份段中的文件备份段号	%d	指定数据库名
%D	以 DD 格式显示日期	%M	以 MM 格式显示月份
%Y	以 YYYY 格式显示年度	%F	结合数据库标识 DBID、日、月、年及序列构成的唯一的自动产生的名称
%n	字符串在数据库名右侧添加若干字母构成 8 个字符长度的字符串，如 ora11g 自动形成为 ora11gXXX	%p	文件备份段号，在备份集中的备份文件片编码，从 1 开始，每次增加 1
%s	备份集号，此数字是控制文件中随备份集增加的一个计数器，从 1 开始	%t	指定备份集的时间戳，是一个 4 字节值的秒数值。%t 与 %s 结合构成唯一的备份集名称
%T	指定年、月、日，格式为 YYYYMMDD	%u	指定备份集编码及备份集创建的时间构成的 8 个字符的文件名称
%U	指定一个便于使用的由 %u_%p_%c 构成的确保不会重复的备份文件名称，RMAN 默认使用 %U 格式	%%	指定字符串 '%'，如 %%Y 表示为 %Y

- RATE 参数

参数 RATE 用于设置通道的 I/O 限制。自动分配通道时，可以按如下的方法设置。

```
configure channel 1 device type disk rate 200k;
configure channel 2 device type disk rate 300k;
```

- MAXSETSIZE 参数

参数 MAXSETSIZE 用于配置备份集的最大尺寸。

```
RMAN> configure maxsetsize to 1G;
```

- MAXPIECESIZE 参数

默认情况下，一个备份集包含一个备份段，通过配置备份段的最大值，可以将一个备份集划分为几个备份段。MAXPIECESIZE 参数用于配置备份段的最大尺寸，设置自动通道的方法如下。

```
RMAN> configure channel device type disk maxpiecesize 500M;
```

17.1.4 RMAN 命令

RMAN 的操作命令非常简单，也无特定的技巧，只需要理解各个命令的含义，就可以灵活使用。在本节中，将介绍一些 RMAN 中的基本命令，以及如何利用这些基本命令来完成各种操作。

1. 连接目标数据库

在使用 RMAN 时，首先需要连接数据库。如果 RMAN 未使用恢复目录，则可以使用如下形式的命令连接目标数据库。

```
$rman nocatalog
$rman target sys/nocatalog
$rman target /
connect target sys/password@ 网络连接串
```

如果目标数据库与 RMAN 不在同一台服务器上时，必须使用 "@ 网络连接串" 的方法。

如果为 RMAN 创建了恢复目录，则可以按如下几种方法连接目标数据库。如果目标数据库与 RMAN 不在同一个服务器上，则需要添加网络连接串。

```
$rman target /catalog rman/rman@rman
$rman target sys/change_on_install catalog rman/rman
connect catalog sys/passwd@ 网络连接串
```

在 RMAN 连接数据库后，还需要注册数据库。注册数据库就是将目标数据库的控制文件存储到恢复目录中，同一个恢复目录中只能注册一个目标数据库。注册目标数据库所使用的语句为 REGISTER Database，例如：

```
C:\>rman target system/admin catalog rman/manager

恢复管理器 : Release 12.1.0.2.0 - Production on 星期五 5 月 9 16:06:33 2017
Copyright (c) 1982, 2014, Oracle and/or its affiliates.  All rights reserved.
连接目标数据库 : ORCL (DBID=1168250550)
连接恢复目录数据库

RMAN> register Database;

注册在恢复目录中的数据库
正在启动全部恢复目录的 resync
完成全部 resync
```

到这里为止，RMAN 恢复目录与目标数据库已经连接成功，如果要取消已注册的数据库信息，可以连接 RMAN 恢复目录数据库，查询数据库字典 DB，获取 DB_KEY 与 DB_ID，再执行 DBMS_RCVCAL.UNREGISTERDatabase 命令注销数据库。

```
C:\>sqlplus rman/manager

SQL*Plus: Release 12.1.0.2.0 - Production on 星期五 5 月 9 16:14:54 2017
Copyright (c) 1982, 2014, Oracle and/or its affiliates.  All rights reserved.
```

```
连接：
Oracle Database 12c Enterprise Edition Release 12.1.0.2.0 - 64bit Produc
With the Partitioning, OLAP, Advanced Analytics and Real Application Testing
opttion

SQL> select * from db;
DB_KEY          DB_ID          CURR_DBINC_KEY
----------      ----------     --------------
1               1181003783     2
SQL> exec dbms_rcvcat.unregisterDatabase(1, 1181003783);
PL/SQL 过程已成功完成。
```

为了维护恢复目录与目标数据库控制文件之间的同步，在 RMAN 连接目标数据库之后，必须运行 RESYNC CATALOG 命令，将目标数据库的同步信息输入恢复目录。

```
RMAN>resync catalog;
```

如果目标数据库中的表空间、数据文件发生改变，则必须进行一次同步化过程。除手动同步外，还可以增加参数 CONTROL_FILE_RECORD_KEEP_TIME，设置同步时间，该参数默认为 7 天，即每 7 天系统自动同步一次。

2. 启动与关闭目标数据库

在 RMAN 中对数据库进行备份与恢复，经常需要启动和关闭目标数据库。因此，RMAN 也提供了一些与某些 SQL 语句完全相同的命令，利用这些命令可以在 RMAN 中直接启动或关闭数据库。启动和关闭数据库的命令包括：

```
RMAN>shutdown immediate;
RMAN>startup;
RMAN>startup mount;
RMAN>startup pfile= 'd:\app\oracle\product\initora11g.ora';
RMAN>alter Database open;
```

17.2 使用 RMAN 备份数据库

使用 RMAN 备份为数据库管理员提供了更灵活的备份选项。在使用 RMAN 进行备份时，DBA 可以根据需要进行完全备份（Full Backup）与增量备份（Incremental Backup）、联机备份和脱机备份。

17.2.1 RMAN 备份策略

RMAN 可以进行两种类型的备份，即完全备份（Full Backup）和增量备份（Incremental Backup）。在进行完全备份时，RMAN 会将数据文件中除空白的数据块之外，所有的数据块都复制到备份集中。需要注意，在 RMAN 中可以对数据文件进行完全备份或者增量备份，但是对控制文件和日志文件只能进行完全备份。

与完全备份相反，在进行增量备份时，RMAN 也会读取整个数据文件，但是只会备份与上一次备份相比发生了变化的数据块。RMAN 可以对单独的数据文件、表空间，或者整个数据库进行增量备份。

使用 RMAN 进行增量备份可以获得如下好处。

※　在不降低备份频率的基础上能够缩小备份的尺寸,从而节省磁盘或磁带的存储空间。

※　当数据库运行在非归档模式时,定时的增量备份可以提供类似归档重做日志文件的功能。

在 RMAN 中建立的增量备份可以具有不同的级别(Level),每个级别都使用一个不小于 0 的整数来标识,例如级别 0、级别 1 等。

级别为 0 的增量备份是所有增量备份的基础,因为在进行级别为 0 的备份时,RMAN 会将数据文件中所有已使用的数据块都复制到备份集中,类似于建立完全备份,级别大于 0 的增量备份将只包含与前一次备份相比发生了变化的数据块。

增量备份有两种方式:差异备份与累积备份。差异备份是默认的增量备份类型,差异备份会备份上一次进行的同级或者低级备份以来所有变化的数据块。而累积备份则备份上次低级备份以来所有的数据块。例如,周一进行了一次 2 级增量备份,周二进行了一次 3 级增量备份,如果周四进行 3 级差异增量备份时,那么只备份周二进行的 3 级增量备份以后发生变化的数据块;如果进行 3 级累积备份,那么就会备份上次 2 级备份以来变化的数据块。

上图显示了一系列差异增量备份的情况,在该备份策略中,一周之内各天的备份方法如下。

※　每周日进行一次 0 组增量备份,RMAN 将对数据文件中所有非空白的数据块进行备份。

※　每周一进行一次级别为 2 的差异方式增量备份。由于不存在任何最近一次建立的级别为 2 或级别为 1 的增量备份,RMAN 将会与周日建立的 0 级增量备份相比较,保存发生变化的数据块,即备份周日以后发生变化的数据。

※　每周二进行一次级别为 2 的差异增量备份。RMAN 只会保存那些与周一建立的级别为 2

的增量备份相比较发生变化的数据块，即备份从周一开始发生变化的数据。

※ 每周三进行一次级别为 2 的差异增量备份。RMAN 将对那些与周二建立的级别为 2 的备份进行比较，保存发生变化的数据块，即备份从周二开始发生变化的数据。

※ 每周四进行一次级别为 1 的差异增量备份。RMAN 将保存那些与周日建立的 0 级增量备份相比发生变化的数据块。即备份从周日以来发生变化的所有数据块，包括周一、周二、周三以来发生变化的数据块。该处备份的好处为：如果周五发生故障，则只需要利用周四的 1 级备份和周日的 0 级备份，即可以完成对数据库的恢复。

※ 每周五进行一次级别为 2 的差异增量备份。RMAN 将把那些与周四建立的 1 级增量备份相比发生变化的数据块保存到备份集中，即只备份从周四开始发生变化的数据。

※ 每周六进行一次级别为 2 的差异增量备份，RMAN 只备份从周五开始发生变化的数据。

在相同的情况下，累积方式的备份集通常要比差异方式的备份集大，因为它使用比自己低一个级别的增量备份作为比较基准，而不是像差异增量备份那样，使用与自己同级别的增量备份作为比较基准。

上图显示了累积增量备份的情况，该备份策略在一周内的备份情况如下。

※ 每周日进行一次 0 级累积增量备份，这时 RMAN 将对数据文件中所有非空白数据块进行备份。

※ 每周一进行一次 2 级累积增量备份。由于不存在任何最近一次建立的 1 级增量备份，RMAN 将周日的 0 级增量备份作为基准，保存之后发生变化的数据块，即只备份从周日以来发生变化的数据。

※ 每周二进行一次 2 级累积增量备份。由于不存在任何最近一次建立的级别为 1 的增量备份，RMAN 将以周日建立的 0 级备份作为基准，保存发生变化的数据块，即只备份从周日开始发生变化的数据。需要注意，在周二建立的 2 级增量备份中，实际上包含了周一的 2 级增量备份，因此这种增量备份方式称为"累计方式"。

※ 每周三进行一次 2 级累积增量备份。由于不存在任何最近一次建立的 1 级别增量备份，RMAN 将以周日建立的 0 级备份为基准，即备份从周日以来发生变化的数据。

※ 每周四进行一次 1 级累积增量备份。RMAN 将以周日建立的 0 级增量备份为基准，保存之后发生变化的数据。

※ 每周五进行一次 2 级累积增量备份。由于存在最近一次级别为 1 的增量备份，RMAN 将以周四建立的增量备份为基准，将之后发生变化的数据块复制到备份集中，即备份从

周四以来发生变化的数据。

※　每周六进行一次级别为 2 的累积增量备份。RMAN 将以周四建立的 1 级增量备份为基准，备份之后发生变化的数据块，即备份周四以来发生变化的数据。

17.2.2　使用 RMAN 备份数据库文件和归档日志

当数据库打开时，可以使用 RMAN BACKUP 命令备份如下对象。

※　数据库
※　表空间
※　数据文件
※　归档重做日志
※　控制文件
※　备份集

> **提示：**
>
> BACKUP 命令只能对数据文件、归档重做日志文件和控制文件进行备份，如果要对其他重要的数据文件进行备份，则可以在操作系统中对其进行物理备份。

在使用 BACKUP 命令备份数据文件时，可以为其设置参数、定义备份段的文件名、文件数和每个输入文件的通道。

1. 备份数据库

如果备份操作是在数据库被安全关闭之后进行的，那么对整个数据库的备份是一致的；与之相对应，如果数据库是在打开状态下对整个数据库进行的备份，则该备份是非一致的。非一致性备份整个数据库的操作步骤如下。

① 启动 RMAN 并连接目标数据库，输入 BACKUP Database 命令备份数据库。在 BACKUP 命令中可以指定 FORMAT 参数，为 RMAN 生成的每个备份片段指定一个唯一的名称，以及存储的位置。

```
C:\>rman target system/admin nocatalog
RMAN> backup Database format 'f:\oracle_backup\ora11g_%Y_%M_%D_%U.bak'
maxsetsize=2G;
```

还可以为 BACKUP 命令指定 TAG 参数，为备份片段定义备份标签。例如：

```
RMAN>backup Database tag='weekly_backup';
```

② 如果建立的是非一致性备份，那么必须在完成备份后对当前的联机重做日志进行归档，因为使用备份恢复数据库需要使用当前重做日志中的重做记录。

```
RMAN>sql'alter system archive log current';
```

③ 在 RMAN 中执行 LIST BACKUP OF Database 命令，查看建立的备份集与备份片段的信息。

```
RMAN> list backup of Database;
```

如果需要对整个数据库进行一致性备份，则首先需要关闭数据库，并启动数据库到 MOUNT 状态。例如：

```
RMAN>shutdown immediate
RMAN>startup mount
RMAN>backup Database format='f:\oracle_backup\%d_%s.bak';
RMAN>alter Database open;
```

如果想要对某个表空间以外的整个数据库进行备份，则可以使用如下命令。

```
// 设定在备份数据库的时候排除 USER01;
RMAN>configure exclude for tablespace user01;
RMAN>backup Database format=' f:\oraclebackup \%d_%s.bak';
RMAN>sql 'alter system archive log current';
```

2. 备份表空间

当数据库打开或关闭时，RMAN 还可以对表空间进行备份。但是，所有打开的数据库备份都是非一致的。如果在 RMAN 中对联机表空间进行备份，则不需要在备份前执行 ALTER TABLESPACE … BEGIN BACKUP 语句，将表空间设置为备份模式。

执行表空间备份的具体步骤如下。

① 启动 RMAN 并连接目标数据库，在 RMAN 命令提示符中执行 BACKUP TABLESPACE 命令。例如，下面的示例将使用手动分配的通道对两个表空间进行备份。

```
C:\>rman target system/admin nocatalog
RMAN> run{
2>   allocate channel ch1 type disk;
3>   backup tablespace example,user01
4>   format 'f:\oracle_backup\%d_%p_%t_%c.dbf';
5>   }
```

② 执行 LIST BACKUP OF TABLESPACE 命令，查看建立的表空间备份信息。

```
RMAN> list backup of tablespace example,user01;
```

3. 备份数据文件及数据文件的复制文件

在 RMAN 中可以使用 BACKUP DATAFILE 命令对单独的数据文件进行备份，备份数据文件时既可以使用其名称指定数据文件，也可以使用其在数据库中的编号指定数据文件，另外，还可以使用 BACKUP DATAFILECOPY 命令备份数据文件的复制文件。

备份数据文件及数据文件的复制文件语法为：

```
RMAN> backup datafile 1,2,3 filesperset 3;
RMAN>backup datafilecopy '\oracle_backup\copy\df.cop';
```

查看备份结果：

```
RMAN>list backup of datafile 1,2,3;
```

4. 备份控制文件

在 RMAN 中对控制文件进行备份的方法有很多种，最简单的方法是设置 CONFIGURE

CONTROLFILE AUTOBACKUP 为 ON，这样将启动 RMAN 的自动备份功能。启动控制文件的自动备份功能后，当在 RMAN 中执行 BACKUP 或 COPY 命令后，RMAN 都会对控制文件进行一次自动备份。

如果没有启动自动备份功能，那么必须利用手动方式对控制文件进行备份。手动备份控制文件的方法有如下几种。

```
RMAN>backup current controlfile;
RMAN>backup tablespace users include current controlfile;
```

在完成对数据库文件的备份后，可以利用 LIST BACKUP OF CONTROLFILE 命令来查看包含控制文件的备份集与备份段的信息。例如：

```
RMAN>list backup of controlfile;
```

5. 备份归档重做日志

归档重做日志是成功进行介质恢复的关键，需要周期性地进行备份。在 RMAN 中，可以使用 BACKUP ARCHIVELOG 命令对归档重做日志文件进行备份，或者使用 BACKUP PLUS ARCHIVELOG 命令，对数据文件、控制文件进行同时备份。

当使用 BACKUP ARCHIVELOG 命令对归档重做日志文件进行备份时，备份的结果为一个归档重做日志备份集。如果将重做日志文件同时归档到多个归档目标中，RMAN 并不会在同一个备份集中包含具有相同日志序列号的归档重做日志文件，一般情况下，BACKUP ARCHIVELOG ALL 命令会对不同日志序列号备份一个复制文件。

可以在 BACKUP 命令中定义 DELETE INPUT 参数，在备份以后删除归档日志。这样，管理员可以将归档日志备份到磁带上，并清除磁盘上旧的日志。如果定义了 DELETE ALL INPUT 参数，则 RMAN 对每个特定的日志序列执行备份，同时删除备份的归档重做日志。

使用 BACKUP ARCHIVELOG 命令备份归档重做日志的步骤如下。

① 启动 RMAN 后，在 RMAN 命令提示中运行 BACKUP ARCHIVELOG 命令，下面的示例将使用配置的通道备份归档日志到磁带上，并删除磁盘上的所有复件。

```
RMAN> backup archivelog all delete all input;
```

在使用 BACKUP ARCHIVELOG ALL 命令进行备份时，RMAN 会在备份过程中进行一次日志切换，因此备份集中将包含当前联机重做日志。

需要注意，在备份归档日志时，还可以限制备份的归档重做日志文件的范围。可以指定的范围包括：时间范围、顺序号范围或 SCN 范围。例如，下面的语句将对一周前生成的归档日志文件进行备份。

```
RMAN> backup archivelog from time 'sysdate-8'
2> until time 'sysdate-1';
```

② 可以使用 LIST BACKUP OF ARCHIVELOG ALL 命令，查看包含归档重做日志文件的备份集与备份片段信息。

```
RMAN> list backup of archivelog all;
```

在对数据库、控制文件或其他数据库对象进行备份时，如果在 BACKUP 命令中指定了 PLUS ARCHIVELOG 参数，也可以同时对归档重做日志文件进行备份。例如，下面的语句在备份整个数据库时对归档重做日志文件进行备份。

```
backup Database plus archivelog;
```

17.2.3 多重备份

为了避免灾难、介质破坏或者人为操作失误所带来的损失，可以维护备份的多个复件。在 RMAN 中可以通过如下几种命令形式对数据库进行多重备份。

※ 在 RMAN 中执行 BACKUP 命令时使用 COPIES 参数指定多重备份。

※ 在 RUN 命令块中使用 SET BACKUP COPIES 命令设置多重备份。

※ 通过 CONFIGURE … BACKUP COPIES 命令配置自动通道为多重备份。

在 BACKUP 命令中使用 COPIES 参数时，会覆盖任何其他的多重备份设置。例如，下面将在磁盘目录中备份两套备份集。

```
RMAN> backup copies 2 tablespace 'EXAMPLE'
2> format 'f:\oracle_backup\oracle11g_%d_%c.bak','e:\oracle_backup\
oracle11g_%d_%c.bak';
```

利用 LIST BACKUP SUMMARY 命令查看所有备份集的信息，从这里可以看出各备份段的副本数量。

在一个 RUN 命令块中，通过设置 SET BACKUP COPIES 命令控制多重备份的数量。例如：

```
RMAN> run{
2> set backup copies=3;
3> backup device type disk
4> format 'f:\oracle_backup\oracle11g_%d_%c.bak','e:\orcle_backup\
oracle11g_%d_%c.bak',
5> 'd:\orcle_backup\oracle11g_%d_%c.bak'
6> tablespace users;
7> }
```

CONFIGURE … BACKUP COPIES 命令配置自动通道的备份数量的语句形式如下：

```
CONFIGURE DEVICE TYPE disk PARALLELISM 1;
CONFIGURE DEFAULT DEVICE TYPE TO disk;
CONFIGURE DATAFILE BACKUP COPIES FOR DEVICE TYPE disk TO 2;
CONFIGURE ARCHIVELOG BACKUP COPIES FOR DEVICE TYPE disk TO 2;
```

17.2.4 BACKUP 增量备份

在 RMAN 中可以通过增量备份的方式对整个数据库、单独的表空间或单独的数据文件进行备份。如果数据库运行在归档模式下时，既可以在数据库关闭状态下进行增量备份，也可以在数据库打开状态下进行增量备份。而当数据库运行在非归档模式下，则只能在关闭数据库后进行增量备份，因为增量备份需要使用 SCN 来识别已经更改的数据块。

例如，下面的语句对 SYSTEM、SYSAUX 和 USERS 表空间进行了一次 0 级差异增量备份。

```
RMAN> run{
2> allocate channel ch1 type disk;
```

```
3> backup incremental level=0
4> format 'f:\oracle_backup\oracle11g_%M_%D_%c.bak'
5> tablespace system,sysaux,users;
6> }
```

而下面的语句将为 SYSTEM 表空间进行 1 级的增量备份。

```
RMAN> backup incremental level=1
2> format 'f:\oracle_backup\oracle11g_%Y_%M_%D_%c.bakf'
3> tablespace system;
```

如果仅在 BACKUP 命令中指定 INCREMENTAL 参数，默认创建的增量备份为差异增量备份。如果想要建立累积增量备份，还需要在 BACKUP 命令中指定 CUMULATIVE 选项。例如，下面的命令对表空间 EXAMPLE 进行了 2 级累积增量备份。

```
RMAN> backup incremental level=2 cumulative tablespace example
2> format 'f:\oracle_backup\oracle11g_%T_%c.bak';
```

17.2.5 镜像复制

在 RMAN 中还可以使用 COPY 命令创建数据文件的镜像准确副本，COPY 命令可以处理数据文件、归档重做日志文件和控制文件副本。当在 RMAN 中使用 COPY 命令创建文件的镜像副本时，它将复制所有数据块，包括空闲数据块。这与使用操作系统命令复制文件相同，不过 RMAN 会检查创建的镜像副本是否正确。

镜像副本可以用作完全或增量备份策略的一部分，但是在增量备份策略中，因为 COPY 命令复制了所有数据块，所以只能在 0 级增量备份中创建。COPY 命令的基本语法如下。

```
copy [full | level 0] <input file> to <location>;
```

其中，INPUT FILE 是被备份的文件，主要包括：DATAFILE、ARCHIVELOG 和 CURRENT CONTROLFILE。如前所说，镜像副本可以是一个完全备份，也可以是增量备份策略中的 0 级增量备份。如果没有指定备份类型，则默认为 FULL。

使用 COPY 命令备份数据库时，具体的操作步骤如下。

① 在 RMAN 中使用 REPORT 获取需要备份的数据文件信息。

```
RMAN> report schema;
```

② 使用 COPY 命令对数据文件进行备份。

```
RMAN> copy
2> datafile 1 to 'f:\oracle_backup\tbs_1.cpy',
3> datafile 2 to 'f:\oracle_backup\tbs_2.cpy',
4>current controlfile to f:\oracle_backup\controlyfile_01.cpy';
```

③ 使用 LIST COPY OF Database 命令查看镜像复制备份的信息。

```
RMAN> list copy of Database;
```

17.3 RMAN 完全恢复

RMAN 作为一个管理备份和恢复的 Oracle 实用程序，在使用它对数据库执行备份后，如果数据库发生故障，则可以通过 RMAN 使用备份对数据库进行恢复。在使用 RMAN 进行恢复时，它可以自动确定最合适的一组备份文件，并使用该备份文件对数据库进行恢复。根据数据库在恢复后的运行状态不同，Oracle 数据库恢复可以分为完全数据库恢复和不完全数据库恢复。完全数据库恢复可以使数据库恢复到出现故障的时刻，即当前状态；不完全数据库恢复会使数据库恢复到出现故障前的时刻，即过去某一时刻的数据库同步状态。

17.3.1 RMAN 恢复机制

RMAN 完全恢复是指当数据文件出现介质故障后，通过 RMAN 使用备份信息将数据文件恢复到失败点。下图显示了完全恢复的过程，从图中可以看出，对数据库进行恢复大致分为两个步骤。

① 当发生介质故障后，利用备份修复被损坏或丢失的数据文件，在图中假设数据文件 3 被损坏。

② 修复数据文件 3 后，因为被修复的数据文件与其他数据文件相比要"旧"，所以这时数据库中的数据文件并不同步（文件头部信息中的检查点号 SCN 不同）。由于数据文件之间不一致，数据库仍然无法打开，这时就需使用归档日志对数据库进行恢复。恢复过程又包含两个主要步骤：缓存恢复和事务恢复。在缓存恢复完成后，数据库即可打开。但此时数据库中可能含有提交的事务，因此，在事务恢复后，将提交所有的事务，使数据库进入一致状态。

提示：

上面的恢复操作仅适用于归档模式下的数据库，如果数据库运行在非归档模式下，那么，即使只损坏或丢失了一个数据文件，也必须使用全数据库脱机备份进行修复，然后不经恢复过程直接打开数据库。

正是由于归档日志中记录了数据库的所有修改操作，从而保证了在数据库出现介质故障后，使用归档日志和备份就可以将数据库恢复到最近的状态。

在 RMAN 中使用 RESTORE 命令修复数据库时，RMAN 将启动一个服务器进程，通过磁盘中的备份集或镜像副本来修复数据文件、控制文件以及归档重做日志文件。在使用 RMAN 进行数据库修复时，可以根据出现的故障，选择修复整个数据库、单独的表空间、单独的数据文件或控制文件以归档重做日志文件。例如，如果需要修复表空间 USERS，RMAN 将从备份集或镜像副本中查找 USERS 表空间的备份，然后将它复制到控制文件指定的位置。

使用 RMAN 进行修复操作时，RMAN 会通过恢复目录或者目标数据库的控制文件来获取所有的备份，并从中选择最合适的备份来完成恢复操作。RMAN 选择备份的准则为：距离恢复目标时刻最近的备份，并优先选用镜像副本。当执行 RESTORE 命令进行恢复时，如果 RMAN 没有找到符合要求的备份，则 RMAN 将返回一个错误。在完成对数据库的修复后，还需要对数据库进行恢复，恢复就是为数据文件应用联机或归档重做日志，从而将修复的数据库文件更新到当前时刻或指定时刻下的状态。

下图显示了利用 RMAN 进行介质恢复的全部过程。首先 DBA 执行 RESTORE 命令，这时 RMAN 从恢复目录或目标数据库的控制文件中获取备份的相关信息，在图中使用恢复目录中保存的资料档案库，恢复目录从目标数据库的控制文件中获取所需的信息，并根据资料档案库中的信息，决定采用哪些备份集或镜像副本来修复数据库，然后，DBA 执行 RECOVER 命令对数据库进行恢复，这时 RMAN 将使用归档重做日志文件或增量备份来对数据库进行介质恢复，RMAN 是调用目标数据库中的一个服务进程来执行实际的修复与恢复操作的。

17.3.2　恢复 NOARCHIVELOG 模式的数据库

当数据库处于 NOARCHIVELOG 模式时，如果出现介质故障，则在最后一次备份之后对数据库所做的任何操作都将丢失。通过 RMAN 执行恢复时，只需要执行 RESTORE 命令将数据库文件修复到正确的位置，然后就可以打开数据库了。也就是说，对于处于 NOARCHIVELOG 模式下的数据库，管理员不需要执行 RECOVER 命令。

> **提示：**
>
> 在备份 NOARCHIVELOG 数据库时，数据库必须处于一致的状态，这样才能保证使用备份信息恢复数据后，各个数据文件是一致的。

下面将展示 NOARCHIVELOG 模式下备份和恢复数据库所需要的操作步骤。

① 使用具有 SYSDBA 权限的账号登录 SQL*Plus，并确认数据库处理 NOARCHIVELOG 模式。

```
SQL> select log_mode from v$Database;
LOG_MODE
------------
NOARCHIVELOG
```

② 输入 EXIT 命令，退出 SQL*Plus。

③ 运行 RMAN，并连接目标数据库。

```
C:\>rman target system/password nocatalog
```

④ 在 RMAN 中关闭数据库，然后再启动数据库到 MOUNT 状态。

```
RMAN> shutdown immediate
RMAN> startup mount
```

⑤ 在 RMAN 中输入下面的命令，以备份整个数据库。

```
RMAN> run{
2> allocate channel ch1 type disk;
3> backup Database
4> format 'f:\oracle_backup\2017-5-15\orcl11g_%T_%U.bak';
5> }
```

⑥ 在备份过程完成后打开数据库。

⑦ 现在有数据库的一致性备份后，为了演示一个介质故障，将关闭数据库并删除 USERS01.DBF 文件。需要注意，介质故障通常是在打开数据库时发生的。但是如果想要通过删除数据文件来模拟介质故障，则必须关闭数据库，因为操作系统不能删除目前正在使用的文件。

⑧ 删除数据文件 USERS01.DBF 后启动数据库，因为 Oracle 无法找到数据文件 USERS01. DBF，所以会出现如下的错误信息。

```
ORA-01157: 无法标识/锁定数据文件 4 - 请参阅 DBWR 跟踪文件
ORA-01110: 数据文件 4: 'D:\APP\USER\ORADATA\ORCL\USERS01.DBF'
```

⑨ 当 RMAN 使用备份恢复数据库时，必须使目标数据库处于 MOUNT 状态才能访问控制文件。当设置数据库到 MOUNT 状态后，就可以执行 RESTORE 命令，让 RMAN 决定最新的有效备份集，并使用备份集修复损坏的数据库文件。

```
RMAN> startup mount
RMAN> run{
2> allocate channel ch1 type disk;
3> restore Database;
4> }
```

⑩　恢复数据库后，执行 ALTER Database OPEN 命令打开数据库。

```
RMAN> alter Database open;
数据库已打开
```

17.3.3　恢复 ARCHIVELOG 模式的数据库

完全恢复处于 ARCHIVELOG 模式的数据库，与恢复 NOARCHIVELOG 模式的数据库相比而言，基本的区别是：恢复处于 ARCHIVELOG 模式的数据库时，管理员还需要将归档重做日志文件的内容应用到数据文件上。在恢复过程中，RMAN 会自动确定恢复数据库所需的归档重做日志文件。

例如，下面的示例演示了如何恢复 ARCHIVELOG 模式下的数据库。

①　确认数据库处于 ARCHIVELOG 模式下。

②　启动 RMAN，并连接目标数据库。

③　在 RMAN 中输入如下命令，对表空间 USERS 进行备份。

```
RMAN> run{
2> allocate channel ch1 type disk;
3> allocate channel ch2 type disk;
4> backup tablespace users
5> format 'f:\oracle_backup\2017-5-15\user\user_tablespace_%U.bak';
6> }
```

④　现在模拟介质故障，可以关闭目标数据库，并通过操作系统删除表空间 USERS 对应的数据文件。

⑤　启动数据库到 MOUNT 状态。

⑥　运行下面的命令恢复表空间 USERS。

```
RMAN> run{
2> allocate channel ch1 type disk;
3> restore tablespace users;
4> recover tablespace users;
5> }
```

⑦　恢复完成后打开数据库。

在恢复 ARCHIVELOG 模式数据库时，可以使用如下形式的 RESTORE 命令修复数据库。

※　restore datafile：修复数据文件。

※　restore tablespace：修复一个表空间。

※　restore Database：修复整个数据库中的文件。

※　restore controlfile to：将控制文件的备份恢复到指定的目录。

※　restore archivelog all：表示将全部的归档日志复制到指定的目录，以便后续的 RECOVER 命令对数据库实施修复。

使用 RECOVER 命令恢复数据库的语法形式如下。

※　recover datafile：恢复数据文件。

※ recover tablespace：恢复表空间。

※ recover Database：恢复整个数据库。

17.4 RMAN 不完全恢复

如果需要将数据库恢复到引入错误之前的某个状态时，DBA 就可以执行不完全恢复。完全恢复 ARCHIVELOG 模式数据库时，对于还没有更新到数据文件和控制文件的任何事务，RMAN会将全部的归档日志或联机日志全部应用到数据库。而在不完全恢复过程中，DBA 决定了这个更新过程的终止时刻。不完全数据库恢复可以将数据库恢复到一个指定的时刻，RMAN 执行的不完全恢复可以是基于时间的恢复、基于撤销的恢复和基于更改（SCN 号）的恢复。

17.4.1 基于时间的不完全恢复

对于基于时间的不完全恢复，由 DBA 指定存在问题的事务时间。这也意味着如果知道存在问题的事务的确切发生时间时，执行基于时间的不完全恢复是非常合适的。例如，假设用户在上午 9:30 将大量的数据库加载到了一个错误的表中，如果没有一种合适的方法从表中删除这些数据，那么 DBA 可以执行基于时间的恢复，数据库恢复到上午 9:29 时的状态。当然，这些工作是基于用户知道将事务提交到数据库的确切时间。

基于时间的不完全恢复有许多不确定因素。例如，根据将数据库加载到表中所使用的方法，可能会涉及多个事务，而用户只注意到了最后一个事务的提交时间。此外，事务的提交时间是由 Oracle 服务器上的时间决定的，而不是由单个用户的计算机时间决定的。这些因素都可能会导致数据库恢复不到正确的加载数据之前的状态。

在对数据库执行不完全恢复后，必须使用 RESETLOGS 选项打开数据库，这将导致以前的任何重做日志文件都变得无效。如果恢复不成功，那么将不能再次尝试恢复，因为重做日志文件是无效的。这就需要在不完全恢复之前从备份中恢复控制文件、数据文件以及重做日志文件，以便再次尝试恢复过程。

在 RMAN 中执行基于时间的不完全恢复的命令为 SET UNTIL TIME。对于用户管理的基于时间的恢复，时间参数是作为 RECOVER 命令的一部分指定的，但是在 RMAN 中执行恢复时，对恢复时间的指定则在 RECOVER 命令之前进行设置。下面通过一个实例来演示基于时间的不完全恢复。

① 启动 RMAN，并连接目标数据库。

② 关闭数据库，并重新启动数据库到 MOUNT 状态。

③ 在 RMAN 中执行如下命令块，创建数据库的一个备份。

```
RMAN> run{
2> allocate channel ch1 type disk;
3> allocate channel ch2 type disk;
4> backup Database
5> format 'f:\oracle_backup\2017-5-16\Database\Database_%T_%u_%c.bak';
6> backup archivelog all
```

```
7> format 'f:\oracle_backup\2017-5-16\archive\archivle_%T_%u_%c.arc';
8> }
```

④ 对数据库完成备份后打开数据库。接下来就需要模拟一个错误，以便确认不完全恢复。

⑤ 启动 SQL*Plus，查看 Oracle 服务器的当前时间。

```
SQL> select to_char(sysdate,'hh24:mi:ss')
  2  from dual;

TO_CHAR(
--------
10:30:24
```

⑥ 在 SQL*Plus 中向 SCOTT.EMP 表添加几行数据。

```
SQL> alter session set nls_date_format = 'yyyy-mm-dd';
会话已更改。
SQL> insert into scott.emp(empno,ename,job,hiredate,sal)
  2  values(8000,'刘丽','salesman','1980-12-17',2000);
已创建 1 行。
SQL> insert into scott.emp(empno,ename,job,hiredate,sal)
  2  values(8034,'董笑可','clerk','1995-10-17',2500);
已创建 1 行。
SQL> commit;
提交完成。
```

现在假设上述操作是误操作，DBA 需要执行基于时间的不完全恢复，将数据库恢复到发生错误之前的状态。

⑦ 在 RMAN 中关闭目标数据库。

⑧ 使用操作系统创建数据库的一个脱机备份，包括控制文件的所有副本、数据文件和归档的重做日志文件，以防止不完全恢复失败。

⑨ 启动数据库到 MOUNT 状态。

⑩ 在 RMAN 中输入如下命令，执行基于时间的不完全恢复。

```
RMAN> run{
2> sql' alter session set nls_date_format="YYYY-MM-DD HH24:MI:SS"';
3> allocate channel ch1 type disk;
4> allocate channel ch2 type disk;
5> set until time '2017-05-16 10:30:24';
6> restore Database;
7> recover Database;
8> sql'alter Database open resetlogs';
9> }
```

在 SQL*Plus 中连接数据库，确认数据库中不再包括错误的项目。

```
SQL> select empno,ename from scott.emp
  2  order by empno desc;
已选择 14 行。
```

17.4.2 基于撤销的不完全恢复

而基于撤销的不完全恢复，则是由 DBA 指定用来终止恢复过程的日志文件序列号，当恢复过程需要将特定的重做日志文件中包含的事务更新到数据库之前终止时，可以执行基于撤销的不完全恢复。因为所指定的重做日志文件的全部内容，以及随后的任何重做日志的内容都将丢失，所以这种方法通常会导致大量的数据丢失。

基于撤销的不完全恢复主要用于当联机重做日志文件被破坏时，将数据库恢复到重做日志文件中包含的事务之前的状态。基于撤销的不完全恢复所使用的命令为 SET UNTIL SEQUENCE，该命令的语法形式如下。

```
set until sequence logseq=l thread =t;
```

其中，LOGSEQ 表示重做日志文件的序列号，它用来终止恢复过程；THREAD 为线程号。

例如，在下面的示例，将演示对重做日志文件的"破坏"（删除一个重做日志文件），并使用基于撤销的不完全恢复来恢复数据库。

① 在 SQL*Plus 中连接数据库，查询当前日志的序列号。

```
SQL> select group#,thread#,sequence#,status from v$log;

GROUP#          THREAD#        SEQUENCE#      STATUS
-------------   ----------     ----------     -------------
1               1              1              ACTIVE
2               1              2              CURRENT
3               1              3              ACTIVE
```

② 选择一个重做日志文件作为恢复过程，记录该文件的组号、线程号以及序列号。注意，不要选当前的联机重做日志文件。

③ 查询联机重做日志文件的名称和位置。

```
SQL> select group#,member from v$logfile;
```

④ 根据日志文件组号，删除相应的日志文件。

在尝试恢复数据库之前，需要创建一个数据库的脱机备份，以防止在恢复过程中出现错误。

⑤ 在 RMAN 中关闭目标数据库，并重新启动数据库到 MOUNT 状态。

⑥ 输入如下命令恢复数据库。

```
RMAN> run{
2> allocate channel ch1 type disk;
3> set until logseq=1;
4> restore Database;
5> recover Database;
6> sql'alter Database open resetlogs';
7> }
```

在完成恢复之后，RMAN 将会重新创建被删除的联机重做日志文件，可以查询 V$LOGFILE 视图，确认所有联机重做日志文件都是可用的。

17.4.3 基于更改的不完全恢复

对于基于更改的不完全恢复，则是以存在问题的事务的 SCN 号来终止恢复过程，在恢复数据库之后，将包含低于指定 SCN 号的所有事务。在 RMAN 中执行基于更改的不完全恢复时，可以使用 SET UNTIL SCN 命令来指定恢复过程的终止 SCN 号。其他的操作步骤与执行基于时间的恢复，或者基于撤销的不完全恢复完全相同。执行基于更改的不完全恢复时，DBA 唯一需要考虑的是适当的 SCN 号。LogMiner 是确认事务 SCN 号的常用工具。

例如，假设某用户不小心删除了 SCOTT.EMP 表中的所有记录，DBA 需要查看删除数据的事务的 SCN 号，以执行基于更改的不完全恢复，恢复被用户误删除的数据。下面是具体的操作步骤。

① 在 SQL*Plus 中连接数据库，并删除 SCOTT.EMP 表中所有数据。

```
SQL> delete scott.emp;
SQL> commit;
SQL> alter system switch logfile;
```

② 使用 DBMS_LOGMNR_D.BUILD 过程提取数据字典信息。

```
SQL> exec dbms_logmnr_d.build('e:\orcldata\logminer\director.ora','e:\
orcldata\logminer');
```

③ 使用 DBMS_LOGMNR.ADD_LOGFILE 过程添加分析的日志文件。如果不能确定哪一个日志文件包含了删除 SCOTT.EMP 表中数据的事务，则必须对每个重做日志文件进行分析。

```
SQL>exec dbms_logmnr.add_logfile(' d:\app\Administrator\oradata\orcl\redo01a.
log',dbms_logmnr.new);
SQL>exec dbms_logmnr.add_logfile('d:\app\Administrator\oradata\orcl\redo02a.
log',dbms_logmnr.addfile);
SQL>exec dbms_logmnr.add_logfile('d:\app\Administrator\oradata\orcl\redo03a.
log',dbms_logmnr.addfile);
```

④ 启动 LogMiner，开始分析日志。

```
SQL> exec dbms_logmnr.start_logmnr(dictfilename=>'e:\orcldata\logminer\
director.ora');
```

⑤ 查询 V$LOGMNR_CONTENTS 视图，查看为 DELETE SCOTT.EMP 语句分配的 SCN 号。为了减少搜索范围，可以限制只返回那些引用了名为 EMP 的段的记录。

```
SQL> select scn,sql_redo
2   from v$logmnr_contents
3   where seg_name='EMP';
```

⑥ 结束 LogMiner 会话并释放为其分配的所有资源。

```
SQL> exec dbms_logmnr.end_logmnr;
```

⑦ 关闭数据库，并创建数据库的脱机备份，以防止不完全恢复失败。

⑧ 使用 RMAN 连接目标数据库。

⑨ 在 RMAN 中启动数据库到 MOUNT 状态。

⑩ 输入如下的命令恢复数据库。

```
RMAN> run{
2> allocate channel ch1 type disk;
3> allocate channel ch2 type disk;
4> set until scn 3503266;
5> restore Database;
6> recover Database;
7> sql'alter Database open resetlogs';
8> }
```

恢复数据库之后，可以通过在 SQL*Plus 中查看 SCOTT.EMP 表的内容，确认是否成功恢复了数据库。在恢复数据库后，应该立即创建数据库的一个备份，以防止随后出现的错误。

17.5 维护 RMAN

RMAN 在恢复目录或控制文件中存储了关于目标数据库的备份与恢复信息等数据，正是通过这些数据，RMAN 才会在恢复数据库时选择最合适的备份副本。但是，RMAN 记录的大量信息有一个缺点，即当一个备份集不再可用时，与该备份集相关的数据仍然会包含在恢复目录中，这时就需要对恢复目录进行维护。管理维护 RMAN 主要包括：交叉验证备份、删除备份、删除备份引用、添加备份信息、查看备份信息和设置 RMAN 备份策略。

17.5.1 交叉验证备份 CROSSCHECK

在使用 RMAN 创建数据库备份后，用户可能无意地通过操作系统物理地删除了备份文件，这时 RMAN 的资料档案库中仍然会保留与这些文件相关的信息。为了验证 RMAN 引用的备份集和镜像副本中包含的物理文件是否可用，可以使用 CROSSCHECK 命令进行交叉验证。

备份文件的 3 种可能的状态分别为：AVAILABLE、UNAVAILABLE 和 EXPIRED。EXPIRED 表示无法在所引用的位置找到物理文件，可以从 RMAN 中删除该信息；AVAILABLE 表示成功找到了物理备份文件；UNAVAILABLE 表示在预定的位置找到了物理文件，但是该文件不可用。

例如，下面对使用 COPY 命令建立的镜像副本进行验证。

```
RMAN>crosscheck copy;
```

对 BACKUP 文件进行验证。

```
RMAN>crosscheck backup;
```

验证所有的日志文件的备份文件。

```
RMAN> crosscheck backup of archivelog all;
```

可以通过 LIST 命令显示交叉验证的结果，或者直接查询 V$BACKUP_FILES、RC_DATA-FILE_COPY、RC_ARCHIVED_LOG 等数据字典和动态性能视图，查看交叉验证的结果。

17.5.2 查看备份信息

有两种方式可以查看备份信息，一种是使用 LIST 命令以列表的形式显示存储在 RMAN 资料档案库中的备份集、备份文件的状态信息；另一种是通过 REPORT 命令以报告的形式显示数据库中备份的对象，包括数据库、表空间、数据文件等。但是，在查看备份信息之前，还需要先对操作系统进行备份。

1. 添加操作系统备份

如果用户已经通过操作系统创建了数据库文件的备份，则可以通过 RMAN 提供的

CATALOG 命令，将备份文件的信息添加到 RMAN 的资料档案库。CATALOG 命令的用法如下。

将数据文件的备份添加到 RMAN 资料档案库。

```
RMAN> catalog datafilecopy 'f:\oracle_backup\2017-5-16\orcl\system01.dbf';
```

也可以分别使用 ARCHIVELOG 和 CONTROLFILECOPY 关键字替换 DATAFILECOPY 关键字，将归档重做日志文件和控制文件的备份副本添加到资料档案库。例如：

※ catalog archivelog

※ catalog controlfilecopy

2. LIST 命令

LIST 命令用于显示在资料档案库中的备份集、镜像副本文件的状态信息。在使用 LIST 命令时必须已经连接了目标数据库，如果没有为 RMAN 建立恢复目录，则由于 RMAN 资料档案库将存储在目标数据库的控制文件中，因此还要求目标数据库必须已经加载。使用 LIST 命令查看备份集信息的示例如下。

概述可用的备份：

```
RMAN> list backup summary;

备份列表
===============
关键字   TY  LV  S    设备类型     完成时间     段数    副本数    压缩标记
------  --  --  --   -------     --------    -----   ----     ----
1B      F   A   DISK 08-1月-08 1            1       NO       TAG20170108T160800
3B      F   A   DISK 09-1月-08 1            1       NO       TAG20170109T103027
4B      F   X   DISK 10-1月-08 1            2       NO       TAG20170110T181518
5B      F   A   DISK 10-1月-08 1            2       NO       TAG20170110T181518
        ...
```

其中，B 表示 BACKUP；F 表示 FULL 全备份；A 表示 ARCHIVE LOG。

LIST 命令可以按备份类型列出备份信息，即按照数据文件备份、归档日志备份、控制文件备份、服务器参数文件备份分组列出：

```
RMAN> list backup by file;

数据文件备份列表
=======================
...
已存档的日志备份列表
==========================
...
控制文件备份列表
=======================
...
SPFILE 备份的列表
=================
...
```

列出详细备份：

```
RMAN>list backup;
```

列出过期的备份信息：

```
RMAN>list expired backup;
```

列出特定表空间和数据文件的备份信息：

```
RMAN>list backup of tablespace users;
RMAN>list backup of datafile 3;
```

列出归档日志备份的简要信息：

```
RMAN>list archivelog all;
```

列出归档日志备份的详细信息：

```
RMAN>list backup of archivelog all;
```

列出控制文件和服务器参数文件：

```
RMAN>list backup of controfile;
RMAN>list backup of spfile;
```

使用 LIST COPY 命令可以显示存储在资料档案库中由 COPY 命令建立的镜像副本信息。它可以显示全部备份信息、特定表空间、控制文件、日志文件信息。LIST COPY 命令的组合形式包括：

```
RMAN>list copy;
RMAN>list copy of Database;
RMAN>list copy of tablespace system;
RMAN>list copy of controlfile;
RMAN>list copy of archivelog all;
```

3．REPORT 命令

REPORT 命令同样可以查询 RMAN 资料档案库，并且 REPORT 命令获得的信息更有用，尤其是还可以将输出信息保存到重做日志文件中。

使用 REPORT NEED BACKUP 命令报告数据库需要备份的对象信息：

```
RMAN> report need backup;
```

报告最近 3 天没有被备份的数据文件：

```
RMAN> report need backup days=3;
```

REPORT UNRECOVERABLE 命令可以列出所有数据库中不能恢复的文件信息：

```
RMAN> report unrecoverable Database;
RMAN> report unrecoverable tablespace users;
```

报告目标数据库中一周前的对象信息：

```
RMAN> report schema at time 'sysdate-7';
```

17.5.3 定义保留备份的策略

为了简化对 RMAN 的管理，可以为 RMAN 设置备份保留策略，这样 RMAN 会自动判断哪些备份集或镜像副本文件不必再保留，这些备份文件将会被标记为"废弃（OBSOLETE）"。通过 REPORT OBSOLETE 命令可以查看当前处于废弃状态的备份文件，或者通过 DELETE OBSOLETE 命令删除这些废弃的备份。充分利用保留备份策略可以消除一些管理难题，这样就不必在每次执行维护操作时，都需要确定应该从资料档案库中删除哪些引用。

有两种类型的保留备份策略：基于时间的备份保存策略和基于备份数量的冗余备份保存策略，并且这两种策略是互相排斥的。基于时间的备份保留策略，可以将数据库恢复到设置的几天前的状态。例如，将恢复时间段设置为 7 天，那么 RMAN 保留的备份可以保证能够恢复到一周内任何时刻下的那些文件。

设置基于时间的备份保留策略也是通过 CONFIGURE 命令设置的，例如：

```
RMAN> configure retention policy to recovery window of 7 days;
```

可以通过 SHOW ALL 查看配置参数。

执行该命令后，RMAN 将始终保留那些可以将数据库恢复到特定时间前状态时需要用到的备份。任何不满足上述条件的备份都将被 RMAN 废弃，并且可以通过 DELETE OBSOLETE 命令删除。

基于冗余数量的保留备份策略实质上保留某个数据文件一定的备份数量。如果某个数据文件的冗余备份数量超出了指定数量，RMAN 将废弃最旧的备份。同样，基于数量的备份保留策略也是通过 CONFIGURE 命令设置的，例如：

```
RMAN> configure retention policy to redundancy 3;
```

如果在备份时希望备份集不受保留策略的影响，则可以在 BACKUP 命令中使用 KEEP 参数，例如：

```
RMAN>backup Database keep forever;
RMAN>backup Database keep 5 days;
```

17.6 练习：RMAN 备份数据库

在本练习中，将使用 RMAN 对数据库中的主要对象进行备份。

操作步骤：

① 备份数据库。启动 RMAN 并连接目标数据库，输入 BACKUP Database 命令备份数据库。

```
C:\>rman target system/password nocatalog
RMAN> backup Database format 'f:\oracle_backup\ora11g_%Y_%M_%D_%U.bak';
RMAN> list backup of Database;
```

② 备份表空间。启动 RMAN 并连接目标数据库，在 RMAN 命令提示符中执行 BACKUP TABLESPACE 命令。

```
C:\>rman target system/password nocatalog
run{
allocate channel ch1 type disk;
backup tablespace example,user01
format 'f:\oracle_backup\%d_%p_%t_%c.dbf';
}
RMAN> list backup of tablespace example;
```

③ 备份数据文件。在 RMAN 中可以使用 BACKUP DATAFILE 命令对单独的数据文件进行备份。

```
RMAN> backup datafile 1,2,3 filesperset 3;
```

```
RMAN>backup datafilecopy '\oracle_backup\copy\df.cop';
```

④ 手动备份控制文件。

```
RMAN>backup current controlfile;
RMAN>backup tablespace users include current controlfile;
RMAN>list backup of controlfile;
```

17.7 练习：RMAN 恢复数据库

在本练习中，将使用 RMAN 对数据库进行基于时间的不完全恢复。

操作步骤：

① 启动 RMAN，并连接目标数据库。

② 启动 SQL*Plus，查看 Oracle 服务器的当前时间。

```
select to_char(sysdate,'hh24:mi:ss')
from dual;
```

③ 在 SQL*Plus 中向 HR.EMPLOYEES 表添加几行数据。

④ 在 RMAN 中关闭目标数据库。

⑤ 启动数据库到 MOUNT 状态。

⑥ 在 RMAN 中执行基于时间的不完全恢复。

```
run{
sql' alter session set nls_date_format="yyyy-mm-dd hh24:ss"';
allocate channel ch1 type disk;
set until time '  ';
restore Database;
recover Database;
sql'alter Database open resetlogs';
}
```

17.8 新手训练营

练习 1：为表空间进行增量备份

本练习中，将为 USERS 表空间进行 1 级和 2 级增量备份。

```
RMAN> backup incremental level=1
2> format 'f:\oracle_backup\oracle11g_%Y_%M_%D_%c.bakf'
3> tablespace users;
```

下面的命令对表空间 USERS 进行了 2 级累积增量备份。

```
RMAN> backup incremental level=2 cumulative tablespace users
2> format 'f:\oracle_backup\oracle11g_%T_%c.bak';
```

练习 2：镜像复制数据文件

本练习中，将使用 COPY 命令对数据文件进行镜像复制。

首先，在 RMAN 中使用 REPORT 获取需要备份的数据文件信息。

```
RMAN> report schema;
```

然后，使用 COPY 命令对数据文件进行备份。

```
RMAN> copy
2> datafile 1 to 'f:\oracle_backup\tbs_1.cpy',
3> datafile 2 to 'f:\oracle_backup\tbs_2.cpy',
4>current controlfile to f:\oracle_backup\controlyfile_01.cpy';
```

最后，使用 LIST COPY OF Database 命令，查看镜像复制备份的信息。

```
RMAN> list copy of Database;
```

练习 3：添加备份资料

本练习中，将数据文件的备份添加到 RMAN 资料档案库。

```
RMAN> catalog datafilecopy 'f:\oracle_backup\2017-8-16\orcl\system02.dbf';
```

练习 4：查看备份信息

本练习中，将使用 REPORT NEED BACKUP 命令报告数据库需要备份的对象信息。

```
RMAN> report need backup;
```

报告最近 3 天没有被备份的数据文件。

```
RMAN> report need backup days=3;
```

REPORT UNRECOVERABLE 命令可以列出所有数据库中不能恢复的文件信息。

```
RMAN> report unrecoverable Database;
RMAN> report unrecoverable tablespace users;
```

报告目标数据库中一周前的对象信息。

```
RMAN> report schema at time 'sysdate-7';
```

第 18 章

数据库的高级应用

本章内容

在前面的章节中，已经详细介绍了数据库的基础知识，本章将介绍一些数据库的高级应用，包括可插拔数据库、自动化作业、闪回查询以及本地动态 SQL 和 DBMS_SQL 等技术。其中，可插拔数据库为 Oracle 12c 的新增功能，可以实现数据库在容器插拔功能，并允许一个容器可承载多个可插拔数据库，从而实现多租户同时运行；而自动化作业则可以多次执行相同的任务，可以获得更高的工作效率和更低的出错率；闪回查询可以查看提交前存在的数据，以及使用闪回查询的结果还原数据；而本地动态 SQL 和 DBMS_SQL 则可以通过创建通用过程，在 PL/SQL 中执行 DDL 命令，减少复杂的工作程序。

18.1　可插拔数据库

可插拔数据库（Pluggable Database，PDB）是 Oracle 12c 推出的新特性，它是可移植的模式、模式对象和非模式对象的集合，可以有效地平衡资源，加速数据库部署。而一个或多个 PDB 合称为"容器数据库"（Container Database，CDB），CDB 又称为"多租户数据库"，用于同时管理多个数据库，并百分百与 12c 之前的数据库版本保持向后兼容。而针对安全性保障，Oracle 在两个 PDB 之间的安全性级别同两个普通的 Oracle 数据库相同。

18.1.1　可插拔数据库概述

可插拔数据库（Pluggable Database，PDB）作为单独的数据库显示到 Oracle Net 客户端，实现了数据库（PDB）在容器数据库（CDB）上的插拔功能，既可以提高系统资源的利用率，又可以简化数据库的管理和迁移工作。

1. PDB 的体系结构

在 Oracle 12c 中，可以将可插拔数据库（PDB）看成用于复制、迁移和模板的环境，或是简化了的表空间传输，它可以在容器数据库中创建并维护多个可插拔数据库。

可插拔数据库（PDB）是将用户数据库插入容器数据库（CDB）中，而容器数据库（CDB）则作为数据库的实例，包含数据库操作、元数据和函数，一个容器数据库（CDB）最多可以插入 250 个可插拔数据库（PDB）。

所有包含一组主数据文件和元数据的容器数据库（CDB）都属于根容器，每个容器数据库（CDB）同样包含了用于创建其他可插拔数据库模板的子容器。而每个容器数据库（CDB）都是由一个根容器（ROOT）、一个种子容器（SEED）和零至多个可插拔数据库（PDB）组成的。

容器数据库（CDB）主要的作用是将根容器（ROOT）、种子容器（SEET）和可插拔数据库（PDB）封装起来，通过指定命令将其从容器数据库（CDB）中拔出和插入。其中：

※　根容器（ROOT）：主要用于放置与可插拔数据库（PDB）相关的元数据，可以直接与容器数据库（CDB）进行连接。

※　种子容器（SEED）：用于创建可插拔数据库（PDB）的模板，该容器内的可插拔数据库（PDB）为只读模式。

※　可插拔数据库（PDB）：可插拔数据库（PDB）需要使用独立的命名，在其内部可以使

用非 CDB 数据库的命名规则。该数据库还拥有本身的 SYSEM 和 SYSAUX 表空间及临时表空间。

※ SYS 用户权限：使用该用户可连接根容器，但连接可插拔数据库（PDB）时，无法操作 CDB 实例。

※ 表空间：CDB 内包含了名为 UNDO 的表空间，所有的可插拔数据库（PDB）都可以使用该表空间。

※ 闪回功能：特权用户连接根容器后，只能启用和禁止闪回数据库功能，但无法启用可插拔数据库（PDB）的闪回功能。

可插拔数据库还具有安全分隔功能，每个可插拔数据库之间都是彻底分离的，用户无法进行直接访问，也就是说无论什么级别的用户都只能连接容器数据库（CDB）中的一个可插拔数据库（PDB）。

可插拔数据可以在同一个 CDB 中进行轻松地复制，并可将复制的数据库在 CDB 中传输，为新建数据库、升级数据库、平衡负载及移动数据任务提供了极大的方便。另外，可插拔数据库还可以在 CDB 之间轻松、快速地移动可插拔数据库，也就是说可以在 CDB 中拔下当前的可插拔数据库，将其插入到另一个 CDB 之间。

2. PDB 的优点与功能

可插拔数据库（PDB）不仅拥有私有的数据字典，而且还包含了 Oracle 系统数据字典，也就是 PDB 拥有全局数据字典（CDB 数据字典）和本地数据字典（PDB 数据库字典）。除此之外，PDB 还同时拥有全局数据库参数（CDB 数据库参数）和本地数据库参数（PDB 数据库参数），本地数据库参数（PDB 数据库参数）会随着 PDB 的迁移而迁移。

同样，PDB 的数据库用户和临时表空间也同时拥有全局和本地的；而 RODE 日志和 UNDO 表空间却只包含全局的。

可插拔数据库（PDB）作为 Oracle 12c 新推出的特性之一，不仅具有强大的数据库管理功能，而且还具有下列优点。

※ 可以将多个 PDB 集成在 CDB 中。

※ 可以快速克隆已有的 PDB。

※ 可以快速将已有的数据库迁移到新的 CDB 中。

※ 可以一次性地完成多个 PDB 数据库补丁或升级操作。

※ 可以通过拔插 PDB 到高版本的 CDB 中，来完成补丁或升级 PDB 的操作。

※ 可以在同一个 CDB 中分离某个 PDB。

可插拔数据库（PDB）除了具有上述优点之外，还具有下列功能。

※ 单个容器数据库（CDB）中可以同时容纳多个可插拔数据库（PDB）。

※ 可插拔数据库（PDB）高度兼容 12c 之前的版本。

※ 可插拔数据库（PDB）和客户端及数据库对象是对应的。

※ 对于容器数据库（CDB）中的多个可插拔数据库（PDB），用户只能看到当前连接的可

插拔数据库（PDB）。

※ 同一个可插拔数据库（PDB）可以迁移到不同的容器数据库（CDB）中。

※ 可插拔数据库（PDB）具有跨容器数据库（CDB）的克隆功能。

※ 可以通过 SQL 语句实现对可插拔数据库（PDB）的创建、插拔及克隆等一系列的操作。

※ 可对所有的可插拔数据库（PDB）进行备份，并可单独恢复某个可插拔数据库（PDB）。

18.1.2　创建 CDB 和 PDB

在 Oracle 中，既可以通过 DBCA 创建 CDB 和 PDB，又可以通过 CREATE Database 命令和 CREATE PLUGTABLE Database 命令来创建 CDB 和 PDB。

1. 检查 CDB 的创建情况

一般情况下在安装 Oracle 12c 时，会随着数据库一起安装一个可插拔数据库。为了安全起见，还需要通过 SQL 查询 CDB 和 PDB 的安装情况。

通过下面的查询命令，可以检查当前数据库中是否已安装了 CDB，如若已创建 CDB，将会在 V$Database 视图中的 CDB 列中显示 YES 值。

```
SQL> select name,cdb from v$Database;

NAME          CDB
---------     --------
CDB88         YES
```

通过上述语句代码，发现该数据库中已经创建了 CDB。通常在 CDB 中会包含根容器和种子容器，可以使用下面语句来查询上述两种容器。

```
SQL> select con_id,name from v$containers;

    CON_ID    NAME
----------    ----------------------------
         1    CDB$ROOT
         2    PDB$SEED
         3    PDT8
```

在上述语句代码中，CDB$ROOT 表示根容器，PDB$SEED 表示种子容器（只可读），而 PDT8 表示用户创建的可插拔数据库。

查询根容器和种子容器之后，可通过下列语句查询与各容器相关联的数据库文件。

```
SQL> select con_id,file_name from cdb_data_files order by 1;

CON_ID    FILE_NAME
-------    ------------------------------------------------------------
     1     APP\RAN\ORADATA\CDB88\DATAFILE\O1_MF_USERS_DWPLKR60_.DBF
     1     APP\RAN\ORADATA\CDB88\DATAFILE\O1_MF_UNDOTBS1_DWPLKSD5_.DBF
     1     APP\RAN\ORADATA\CDB88\DATAFILE\O1_MF_SYSTEM_DWPLJBSY_.DBF
     1     APP\RAN\ORADATA\CDB88\DATAFILE\O1_MF_SYSAUX_DWPLH7JB_.DBF
     3     APP\RAN\ORADATA\CDB88\D35DC8EB5D3E45B19C7DC93188BAC08B\DATAFILE\O1_
MF_SYSTEM_
```

```
    DWPM7XB7_.DBF
    3              APP\RAN\ORADATA\CDB88\D35DC8EB5D3E45B19C7DC93188BAC08B\
DATAFILE\O1_MF_SYSAUX_
    DWPM7XDD_.DBF
    3              APP\RAN\ORADATA\CDB88\D35DC8EB5D3E45B19C7DC93188BAC08B\
DATAFILE\O1_MF_USERS_D
    WPM8Y1C_.DBF
```

另外，如果只查询 DBA_DATA_FILES 视图，则只会显示下列 4 个与根容器相关的数据库文件。

```
SQL> select file_name from dba_data_files;

FILE_NAME
--------------------------------------------------------------------------------
APP\RAN\ORADATA\CDB88\DATAFILE\O1_MF_USERS_DWPLKR60_.DBF
APP\RAN\ORADATA\CDB88\DATAFILE\O1_MF_UNDOTBS1_DWPLKSD5_.DBF
APP\RAN\ORADATA\CDB88\DATAFILE\O1_MF_SYSTEM_DWPLJBSY_.DBF
APP\RAN\ORADATA\CDB88\DATAFILE\O1_MF_SYSAUX_DWPLH7JB_.DBF
```

2. 创建 CDB

在 Oracle 中，可以使用 DBCA 提供的导航来创建 CDB，该创建方法类似于普通数据库的创建方法，唯一不同的是需要将数据库指定为 CDB。

启动安装导航，在弹出的【选择数据库操作】选项卡中，选择所需创建的数据库类型，在此选中【创建数据库】选项，并单击【下一步】按钮。

然后，在弹出的【选择数据库创建模式】选项卡，设置全局数据库名称、管理口令和可插入容器数据库名称，单击【下一步】按钮。

最后，在弹出的【概要】选项卡中，检查安装情况，单击【完成】按钮，即可进行安装。

3. 创建 PDB

创建 CDB 后，即可创建 PDB 了。PDB 的创建方法类似于 CDB，也是使用 DBCA 提供的导航进行创建的。

启动导航，在弹出的【选择数据库操作】选项卡中，选中【管理可插入数据库】选项，并单击【下一步】按钮。

然后，在弹出的【管理插接式数据库】选项卡中，选中【创建可插入数据库】选项，并单击【下一步】按钮。

在弹出的【选择源数据库】选项卡中，选择需要创建插接式数据库的容器数据库，如需要还需指定用户名和口令，单击【下一步】按钮。

在弹出的【创建插接式数据库】选项卡中，选中【创建新的插接式数据库】选项，并单击【下一步】按钮。

在弹出的【插接式数据库选项】选项卡中，设置可插入数据库的名称、管理员用户和管理员口令，并单击【下一步】按钮。

在【概要】选项卡中，查看插接式数据库的概要，单击【完成】按钮开始安装数据库。

18.1.3 使用根容器

在对根容器进行一系列的管理操作之前，需要先连接根容器，根容器的连接方式既可以使用本地 SYS 用户进行连接，又可以通过 OS 验证方式进行连接。连接根容器之后，便可以开始使用根容器了。

1. 查看根容器的连接情况

连接根容器之后，可通过下列查询语句查看根容器的连接状态。

```
SQL> show user con_id con_name user
USER 为 "SYS"

CON_ID
-------------------------------
1

CON_NAME
-------------------------------
CDB$ROOT
USER 为 "SYS"
```

通过上述语法代码会发现当前的用户已连接根容器，在该信息中显示了容器 ID、名称和用户等信息。

除了上述查询语句之外，用户还可以使用下列查询方法，来查看根容器的连接状态。

```
SQL> SELECT SYS_CONTEXT('USERENV','CON_ID')AS con_id,
  2  SYS_CONTEXT('USERENV','CON_NAME')AS cur_container,
  3  SYS_CONTEXT('USERENV','SESSION_USER')AS cur_user
  4  FROM DUAL;

CON_ID          CUR_CONTAINER              CUR_USER
----------      ------------------         ------------------
1               CDB$ROOT                   SYS
```

2. 启用根容器

在 Oracle 中，只有特权用户连接根容器后，才可以启用根容器。若要启动根容器，则需要执行下列命令。

```
SQL> startup;
ORACLE 例程已经启动。

Total System Global Area      2533359616 bytes
Fixed Size                    3835256 bytes
Variable Size                 738200200 bytes
Database Buffers              1778384896 bytes
Redo Buffers                  12939264 bytes
数据库装载完毕。
数据库已经打开。
```

启用根容器之后，并不能同时启用所有相关的可插拔数据库。此时，还需要执行下列命令，来启用根容器下所有的可插拔数据库。

```
SQL> alter pluggable Database all open;

插接式数据库已变更。
```

3. 停止根容器

如若停止根容器，则需要执行下列命令。

```
SQL> shutdown immediate;
数据库已经关闭。
已经卸载数据库。
ORACLE 例程已经关闭。
```

提示：

当用户停止根容器之后，连接它们的用户也会被断开。

18.1.4 创建公用用户和角色

可插拔数据库环境中包含了本地用户和公用用户两种用户形式，而公用用户是 Oracle 12c 新增的功能，仅适用于可插拔数据库环境中。

1. 创建公用用户

Oracle 中的本地用户是指，可以在插拔数据库中创建的普通用户，而公用用户是指存储在根容器和所有可插拔数据库中的用户。

公用用户的名称必须使用 C## 开头，下面的代码中创建了名为 DBT 的公用用户。

```
SQL> create user c##dbt identified by foo;

用户已创建。
```

创建完公用用户之后，还需要为用户授权。例如，下面语法代码中为 C##DBT 用户进行了授权。

```
SQL> grant dba to c##dbt identified by bighero container=all;

授权成功。
```

> **提示：**
>
> SYS 和 SYSTEM 用户是在创建可插拔数据库时自动创建的公用用户。

2. 创建公用角色

公用角色的作用是传递公用用户的权限到可插拔数据库中，用户可以将根容器中的所有可插拔数据库的权限授权给公用角色。

公用角色与公用用户一样，创建时也必须以 C## 开头，否则会出现错误。例如，下面语法代码中创建了名为 C##DBTPC 的公用角色。

```
SQL> create role c##dbtpc container=all;

角色已创建。
```

为公用角色授权之后，还需要将角色分配给所创建的公用用户。例如，下列代码中将 C##DBTPC 角色分配给了 C##DBT 用户。

```
SQL> grant c##dbtpc to c##dbt container=all;

授权成功。
```

3. 删除公用用户和角色

创建公用用户之后，如不再使用该公用用户，则需要执行下列代码，删除指定的公用用户。

```
SQL> drop user c##dbt;

用户已删除。
```

公用角色与公用用户一样，也可通过执行下列代码进行删除。

```
SQL> drop role c##dbaprics;

角色已删除。
```

18.1.5 切换容器

切换容器是在使用公用用户连接 CDB 之后，切换到该用户有权访问的另外一个容器内，例如可插拔数据库等。在切换容器之前，还需要先来了解当前容器空间的相关信息。

1. 查看容器空间信息

容器是指 CDB 中的所有容器，其容器的空间信息也是包含根容器、可插拔数据库和种子容器等所有容器的信息。

例如，下面的代码中，使用查询命令查询了 CDB 中所有容器的空间信息。

```
SQL> SET LINES 132 PAGES 100
SQL> COL con_name FORM A15 HEAD "Container|Name"
SQL> COL tablespace_name FORM A15
SQL> COL fsm FORM 999,999,999,999 HEAD "Free|Space Meg."
SQL> COL apm FORM 999,999,999,999 HEAD "Alloc|Space Meg."

SQL> COMPUTE SUM OF fsm apm ON REPORT
SQL> BREAK ON REPORT ON con_id ON con_name ON tablespace_name
SQL> WITH x AS (SELECT c1.con_id, cf1.tablespace_name, SUM(cf1.
bytes)/1024/1024 fsm
  2    FROM cdb_free_space cf1
  3     ,v$containers c1
  4    WHERE cf1.con_id=c1.con_id
  5    GROUP BY c1.con_id, cf1.tablespace_name),
  6    y AS (SELECT c2.con_id, cd.tablespace_name, SUM(cd.bytes)/1024/1024
apm
  7    FROM cdb_data_files cd
  8     ,v$containers c2
  9    WHERE cd.con_id=c2.con_id
 10    GROUP BY c2.con_id,
 11    cd.tablespace_name)
 12   SELECT x.con_id, v.name con_name, x.tablespace_name, x.fsm, y.apm
 13    FROM x, y, v$containers v
 14    WHERE x.con_id=y.con_id
 15   AND x.tablespace_name=y.tablespace_name
 16   AND v.con_id=y.con_id
 17   UNION
 18   SELECT vc2.con_id, vc2.name, tf.tablespace_name, null, SUM(tf.
bytes)/1024/1024
 19   FROM v$containers vc2, cdb_temp_files tf
 20   WHERE vc2.con_id=tf.con_id
 21   GROUP BY vc2.con_id, vc2.name, tf.tablespace_name
 22   ORDER BY 1,2;
```

此时，系统会自动显示查询结果。

CON_ID	Container Name	TABLESPACE_NAME	Free Space Meg.	Alloc Space Meg.
1	CDB$ROOT	SYSAUX	38	670
		SYSTEM	0	780
		TEMP	197	
		UNDOTBS1	357	770
		USERS	4	5
**********	****************	***************	----------------	------------------

sum	399	2,422

提示：

在查询容器的空间信息时，需要确保所有可插拔数据库都处于运行状态。

---

2. 在容器间切换

查看完容器的空间信息之后，便可以使用公用用户进行容器切换了。例如，下面的语法代码中，便将容器切换到了 PDT8 中。

```
SQL> alter session set container=PDT8;

会话已更改。
```

切换到 PDT8 容器之后，还可以使用下列代码，将容器切换到根容器中。

```
SQL> alter session set container=cdb$root;

会话已更改。
```

在 Oracle 中，只有公用用户拥有相应的权限，可以来回切换容器。而切换容器时，无须运行监听。

18.1.6 管理可插拔数据库

创建 CDB 之后，便可以在该容器中管理众多的可插拔数据库了。例如，拔出和插入可插拔数据库，以及监控 PDB 和删除 PDB 等一系列的管理操作。

1. 拔出 PDB

在拔出 PDB 之前，需要先关闭 PDB。拔出 PDB 的指令如下所示。

```
SQL> alter pluggable Database ORCLPDB2 close immediate;
插接式数据库已变更。
```

关闭 PDB 之后，便可以从 CDB 中拔出 PDB 了。在拔出 PDB 时需要指定用于保存数据库元数据的 XML 文件名。

```
SQL> alter pluggable Database ORCLPDB2
  2  unplug into '/uu/app/pdb/orclpdb2.xml';
插接式数据库已变更
```

2. 删除 PDB

拔出 PDB 之后，便可以使用下列命令对其进行删除了。

```
SQL> drop pluggable Database ORCLPDB2 keep datafiles;
```

在上述代码中，表示删除了 PDB 但保留了数据文件，以防止用户要恢复一些不想删除的数据库。

3. 插入 PDB

如若用户想恢复已删除的数据库，则可以使用下列命令将拔出的数据库插回去。

```
SQL> create pluggable Database ORCLPDB2
  2   using '/uu/app/pdb/orclpdb2.xml' nocopy;
```

4. 监控 PDB

除了插拔 PDB 之外，还可以监控 PDB，通过一系列的视图对 PDB 和 CDB 进行监控和维护。

```
SQL> select username,status,server,con_id
  2   from v$session
  3   where username is not null;

USERNAME         STATUS           SERVER           CON_ID
---------        --------         ---------        -------------
SYS              ACTIVE           DEDICATED        5
```

上述代码汇总的 CON_ID 是指容器 ID，可使用下列命令显示 DBA_PDBS 视图。

```
SQL> select pdb_id,pdb_name,status from dba_pdbs;

PDB_ID           PDB_NAME         STATUS
----------       -----------      ---------------
5                ORCLPDB2         NORMAL
```

18.2 自动化作业

在大部分数据库环境中，DBA 会依赖于自动化作业，通过每次执行相同的任务，获得更高的工作效率和更低的出错率。在 Oracle 12c 中，可以通过 Oracle Scheduler 和 cron 来实现自动化作业。

18.2.1 创建自动化作业

用户可以通过 Oracle Scheduler 来创建自动化作业，它是一种实现自动化作业的工具，它可以提供一系列的调度作业。

1. 创建自动化作业

一般情况下，DBMS_SCHEDULER 内部的 PL/SQL 可以实现 Oracle Scheduler，可以通过 CREATE_JOB 过程来创建自动化作业。

```
SQL> BEGIN
  2   DBMS_SCHEDULER.CREATE_JOB(
  3   job_name=>'RAN_BAC',
  4   job_type=>'EXECUTABLE',
  5   job_action=>'/orahome/oracle/bin/ranbac.bsh',
  6   repeat_interval=>'FREQ=DAILY;BYHOUR=8;BYMINUTE=30',
  7   start_date=>to_date('15-09-2017','dd-mm-yyyy'),
```

```
 8   job_class=>'"DEFAULT_JOB_CLASS"',
 9   auto_drop=>FALSE,
10   comments->'RAN bac job',
11   enabled=>TRUE);
12  END;
13  /

PL/SQL 过程已成功完成。
```

在上述代码中 REPEAT_INTERVAL 参数用于设置作业运行的具体时间，在此设置为上午的 8 时 30 分运行；而 JOB_CLASS 参数用于设置作业的类型，如若没有创建该参数，则会使用默认的作业类型。

2. 查看自动化作业

创建自动化作业之后，可以使用下列命令查看作业的具体配置。

```
SQL> SELECT job_name,
  2   last_start_date,
  3   last_run_duration,
  4   next_run_date,
  5   repeat_interval
  6   from dba_scheduler_jobs
  7   where job_name='RAN_BAC';
```

18.2.2 管理自动化作业

创建自动化作业之后，便可以对其进行一系列的管理操作了，包括暂停作业、启动作业、删除作业等操作。

1. 暂停作业

如若某个作业未能正确运行，则可以使用 DISABLE 过程对其进行暂停操作。

```
SQL> exec dbms_scheduler.disable('RAN_BAC');

PL/SQL 过程已成功完成。
```

如若某个作业正在运行，则可以使用 DISABLE 过程中的 FORCE 选项来暂停该作业。

```
SQL> exec dbms_scheduler.disable(name=>'RAN_BAC',force=>true);

PL/SQL 过程已成功完成。
```

除了可以暂停作业之外，还可以通过 STOP_JOB 过程停止某个作业。

```
SQL> exec dbms_scheduler.stop_job(job_name=>'RAN_BAC');
```

2. 启动作业

停止作业之后，可以通过 ENABLE 过程重启作业。

```
SQL> exec dbms_scheduler.enable(name=>'RAN_BAC');
```

```
PL/SQL 过程已成功完成。
```

3. 手动运行作业

除了自动化作业之外，用户还可以手动方式运行作业，其手动运行作业的语法格式如下所示。

```
SQL> BEGIN
  2  dbms_scheduler.run_job(
  3  job_name=>'RAN_BAC',
  4  use_current_session=>FALSE);
  5  END;
  6  /

PL/SQL 过程已成功完成。
```

4. 删除作业

当某个作业不再需要时，可以通过 DROP_JOB 过程永久地删除该作业。

```
SQL> BEGIN
  2  dbms_scheduler.drop_job(job_name=>'RAN_BAC');
  3  END;
  4  /

PL/SQL 过程已成功完成。
```

18.3 闪回查询

Oracle 中的闪回查询，可以查询提交前存在表空间内的回滚数据，并可以还原所查询的数据。使用闪回技术除了可查询暂存的信息之外，还可以将该技术应用到表和数据库中，从而简化和增加数据的恢复工作。

18.3.1 基于时间闪回

基于时间的闪回是在指定的时间内查询回滚信息，并将所查找到的数据进行保存。

1. 查询并删除表数据

在基于时间进行闪回操作时，需要先查找当前表空间内的某个表，并将该表删除。首先查询指定的表，例如查询名为 SALE_ACCOUNT 的表。

```
SQL> column title format a30
SQL> select * from sale_account;

   ACCOUNT NAME
---------- --------------------
       134 金鑫
       234 刘能
       366 王芳
```

然后，执行删除表操作。

```
SQL> delete from sale_account;

已删除 3 行。

SQL> commit;

提交完成。
```

2. 查询旧数据

删除表格之后，可以使用 SELECT 命令来查询指定时间内的旧数据。首先，查看所删除表内的数据是否为空。

```
SQL> select count(*) from sale_account;

  COUNT(*)
----------
         0
```

然后，指定查询 5min 之前的数据。

```
SQL> select count(*) from sale_account
  2  as of timestamp (sysdate-5/1440);

  COUNT(*)
--------------
             3
```

提示：

如果提交数据的时间超过了 5min，那么上述查询将返回空结果。

3. 保存数据

查询出数据之后，便需要保存数据了，也就是根据旧数据来创建表。

```
SQL> create table sale_account_old
  2  as select*from sale_account
  3  as of timestamp (sysdate-5/1440);

表已创建。
```

此时，执行查询命令，查看该表中的行数。

```
SQL> select count(*) from sale_account_old;

  COUNT(*)
----------
         3
```

通过上述结果可以发现，该表中的内容与之前删除的表内容几乎相同。下面来验证表的具体数据，是否与之前的表数据完全相同。

```
SQL> column title format a30
SQL> select*from sale_account_old;
```

```
    ACCOUNT NAME
---------- --------------------
       134 金鑫
       234 刘能
       366 王芳
```

18.3.2 基于 SCN 闪回

在 Oracle 中，还可以基于 SCN 进行闪回操作。基于 SCN 闪回与基于时间的操作大体相同。首先，需要获取准确的 SCN 值，以方便更加精确的闪回。

```
SQL> commit;

提交完成。
SQL> variable scn_flash number;
SQL> execute:scn_flash:=dbms_flashback.get_system_change_number;

PL/SQL 过程已成功完成。
SQL> print scn_flash

 SCN_FLASH
-------------------
   2660118
```

获取 SCN 值之后，便可以使用 DELETE 命令来提交结果了。

```
SQL> delete from sale_account_old;

已删除 3 行。

SQL> commit;

提交完成。
```

此时，便可以使用闪回技术来查询结果了。

```
SQL> select count(*) from sale_account_old;

  COUNT(*)
-------------
         0

SQL> select count(*) from sale_account_old
  2  as of scn (:scn_flash);

  COUNT(*)
---------------
         3
```

查询完结果之后，可使用 AS OF SCN 字句，使用指定表中的旧数据填充表。

```
SQL> insert into sale_account_old
  2  select*from sale_account_old
  3  as of scn(:scn_flash);

已创建 3 行。
```

```
SQL> commit;
```

提交完成。

18.3.3 查看每行的 SCN

查看每行的 SCN 是运用闪回技术查看数据库中与每行相关联的 SCN。

首先，查询指定表 SALE_ACCOUNT 中的数据，查看该表中是否还具有数据，如果有则删除。

```
SQL> delete from sale_account;
```

已删除 0 行。

通过上述代码，发现该表中已无数据存在，执行删除操作显示删除 0 行。此时，使用恢复表 SALE_ACCOUNT_OLD 中的数据来创建 SALE_ACCOUNT 表数据。

```
SQL> insert into sale_account
  2  select * from sale_account_old;
```

已创建 3 行。

```
SQL> commit;
```

提交完成。

创建表之后，便可以使用 ORA_ROWSCN 命令来查询每行中的 SCN 了。

```
SQL> select account,ora_rowscn from sale_account;

ACCOUNT       ORA_ROWSCN
----------    --------------------
134           2662481
234           2662481
366           2662481
```

通过上述代码，所有行的 SCN 都是一样的。此时，在该表中添加一行新数据。

```
SQL> insert into sale_account values(412,'张珍');
```

已创建 1 行。

然后，使用 ORA_ROWSCN 命令来查询每行中的 SCN，查看是否存在编号。

```
SQL> select account,ora_rowscn from sale_account;

ACCOUNT       ORA_ROWSCN
-----------   ----------------------
134           2662481
234           2662481
366           2662481
412           2662481
```

提示：

由于 Oracle 是通过行所在的块来跟踪 SCN 的，因此所获取的 ORA_ROWSCN 值并不是很精确。

除了查看每行相关联的 SCN，还可以查看每行 SCN 的映射时间。

```
SQL> select scn_to_timestamp(2662481) from dual;

SCN_TO_TIMESTAMP(2662481)
-----------------------------------------------------
11-10 月 -17 02.55.29.000000000 下午
```

除此之外，还可以执行下列命令，来查看每行 SCN 的映射时间。

```
SQL> select account,scn_to_timestamp(ora_rowscn)
  2  from sale_account;

ACCOUNT        SCN_TO_TIMESTAMP(ORA_ROWSCN)
------------   -----------------------------------------------------
134            11-10 月 -17 02.55.29.000000000 下午
234            11-10 月 -17 02.55.29.000000000 下午
366            11-10 月 -17 02.55.29.000000000 下午
412            11-10 月 -17 02.55.29.000000000 下午
4012           11-10 月 -17 02.55.29.000000000 下午
```

18.4 本地动态 SQL 和 DBMS_SQL

在 Oracle 中，编译 PL/SQL 程序分为前期联编和后期联编两种情况，而后期联编是动态 SQL 采用的一种编译方式，是 SQL 语句只能在其运行阶段才能建立的。用户可以使用本地动态 SQL 来创建通用过程，并通过执行 DDL 命令实现一些无须创建程序而构建的 SQL 命令。

18.4.1 使用本地动态 SQL

动态 SQL 是指 DDL 和不确定的 DML，它的绑定参数列表为输入参数列表，而输出参数列表则为动态 SQL 执行后所返回的参数列表。

1. 执行 DDL

Oracle 提供了 EXECUTE IMMEDIATE 语句来执行动态 SQL，如下列实例中所创建的 STR 过程。

```
SQL> create or replace procedure str(string in varchar2) as
  2  begin
  3  execute immediate (string);
  4  end;
  5  /

过程已创建。
```

在上述代码中，可以发现 STR 过程中只存在"SQL 命令"的输入变量，也就是说在执行该过程时，会执行 SQL 传递的命令，例如通过 EXECUTE 命令来执行该过程。

如若通过动态 SQL 执行 DDL 命令，则首先需要为角色授予相应的系统权限。下面示例中，将通过 EXECUTE 命令来创建 SALE 表。

```
SQL> execute str('create table sale (bro_id number,volume number)');

PL/SQL 过程已成功完成。
```

然后，为所创建的 SALE 表赋予数据。

```
SQL> execute str('insert into sale values(11,810)');

PL/SQL 过程已成功完成。

SQL> execute str('insert into sale values(12,900)');

PL/SQL 过程已成功完成。
```

创建表并为表赋予数据之后，便可以通过 SELECT 命令来验证上述命令的执行情况。

```
SQL> select * from sale;

BRO_ID                    VOLUME
------------              ------------
11                        810
12                        900
```

2. 输入传递参数

除了通过过程执行 DDL 之外，还可以通过传递 SQL 的输入参数编写动态 SQL，来实现一系列的动态操作。

首先，创建名为 SALE_TRX 表，并为该表赋值。

```
SQL> create table sale_trx(
  2  bro_id number,
  3  category varchar2(20),
  4  volume number,
  5  product varchar2(20));

表已创建。
SQL>insert into sale_trx values(11,'Alcohol',810,'wuliangye');
SQL> insert into sale_trx values(12,'Drinke',860,'cinghongcha');
SQL> insert into sale_trx values(13,'Milk',660,'yili');
SQL> insert into sale_trx values(15,'Alcohol',900,'wangchao');
SQL> insert into sale_trx values(16,'Alcohol',1600,'qingdao');
SQL> insert into sale_trx values(17,'Drinks',890,'hongniu');
SQL> insert into sale_trx values(18,'Drinks',1200,'Bingllvcha');
SQL> insert into sale_trx values(19,'Milk',1820,'beisu');
SQL>commit;
```

然后，通过传递参数编写动态 SQL。

```
SQL> declare
  2  category varchar2(4) :='MILK';
  3  begin
  4  execute immediate 'delete from sale_trx where category= :catrgory'
  5  using category;
  6  end;
  7  /

PL/SQL 过程已成功完成。
```

在上述代码中，将 CATEGORY 的变量设置为 MILK，并通过 USING 字句将该变量值传递给 DELECT 命令。

在下面的示例，将通过 DELROW 过程删除表中的所有行，以及在过程中通过加入 WHERE_CLAUSE 值，来设置过程中所需要执行的条件。

```
SQL> create or replace procedure delrow(
  2  table_name in varchar2,
  3  condition in varchar2 default null) as
  4  where_clause varchar2(50):='where'||condition;
  5  begin
  6  if condition is null then where_clause:=null;end if;
  7  execute immediate 'delete from'||table_name||where_clause;
  8  end;
  9  /

过程已创建。
```

该过程可以删除表中的行，并且可以在任何时候在另一个过程或应用程序中被调用。

18.4.2 使用 DBMS_SQL

DBMS_SQL 程序包适用于旧版本的 Oracle，它比本地动态 SQL 要复杂得多。

下列示例中将使用 DBMS_SQL 创建 STR 过程，该过程只包含一个输入变量。

```
SQL> create or replace procedure str(string in varchar2) as
  2  cursor_name integer;
  3  ret integer;
  4  begin
  5  cursor_name:=dbms_sql.open_cursor;
  6  dbms_sql.parse(cursor_name,string,dbms_sql.native);
  7  ret:=dbms_sql.execute(cursor_name);
  8  dbms_sql.close_cursor(cursor_name);
  9  end;
 10  /

过程已创建。
```

在上述代码中，OPEN_CURSOR 函数用于打开游标，并将游标的 ID 返回给程序，而游标的变量则被定义为 INTEGER 数据类型。

然后，为所创建的 SALE 表赋予数据。

```
SQL> execute str('create table sale (bro_id number,volume number)');

PL/SQL 过程已成功完成。

SQL> execute str('insert into sale values(11,810)');

PL/SQL 过程已成功完成。
```

创建表并为表赋予数据之后，便可以通过 SELECT 命令来验证上述命令的执行情况了。

```
SQL> select * from sale;

BRO_ID        VOLUME
----------    -------------
11            810
```

18.5　嵌套表和可变数组

嵌套表和可变数组使用对象类型，是 Oracle 中收集器的成员。可变数组允许存储记录的重复属性，而嵌套表为表中的表，可以存在多行。

18.5.1　可变数组

Oracle 中的可变数组，允许在一行数据中存储一条记录的重复属性。可变数组只允许重复变化的列值，既可以节约存储空间，又可以精确地表示对象类型之间的关系。

例如，创建 STAFF 表，并将表中的 NAME 值和 SECTOR 值设置为主键，这样便可以在每条记录中重复出现了。

```
SQL> create table staff(
  2  name varchar2(30),
  3  productr varchar2(30),
  4  constraint staff_pk primary key(name, product));

表已创建。
```

1．创建可变数组

创建完 STAFF 表之后，便可以基于该表和数据类型来创建可变数组了。创建可变数组之前需要先创建一个对象类型，例如下列示例中创建了名为 PRODUCT_TY 的对象类型。

```
SQL> create type product_ty as object(
  2  productname varchar2(30));
  3  /

类型已创建。
```

在上述代码中创建的对象类型中，只包含了一列数值，该对象类型限制了可变数字为一列值。

提示：

在 Oracle 中，可以通过嵌套表在可变数组中实现多列值。

下面使用 AS VARRAY() 字句，来创建可变数组。

```
SQL> create or replace type products_va as varray(3) of varchar2(30);
  2  /

类型已创建。
```

在上述示例代码中，VARRAY(3) 表示可变数组中的每条记录项的数目，而 VA 表示为可变数组。

创建完可变数组之后，便可以将该数组作为列进行定义了。

```
SQL>drop table staff;
表已删除。
```

```
SQL> create table staff(
  2  name varchar2(30),
  3  product products_va,
  4  constraint staff_pk primary key(name));
```

表已创建。

2. 查看可变数组

创建可变数组之后，STAFF 表将为每一名员工创建一条记录，无论该员工拥有多少产品都会进行记录。员工拥有的产品将被存储在 PRODUCT 列中，可通过下列示例代码查看 STAFF 表。

```
SQL> desc staff
 名称                   是否为空？                类型
 ------              ---------              ------------------
 NAME                NOT NULL               VARCHAR2(30)
 PRODUCT                                    PRODUCTS_VA
```

除此之外，用户还可以通过 USER_TAB_COLUMNS 数据字典视图查看 STAFF 表。

```
SQL> column data_type format a12
SQL> select column_name,
  2  data_type
  3  from user_tab_columns
  4  where table_name='STAFF';

COLUMN_NAME                        DATA_TYPE
---------------                    --------------------------
PRODUCT                            PRODUCTS_VA
NAME                               VARCHAR2
```

下面示例代码，用于查看 PRODUCTS_VA 可变数组，在该数组中将不存在任何属性。

```
SQL> select typecode,
  2  attributes
  3  from user_types
  4  where type_name='PRODUCTS_VA';

TYPECODE                     ATTRIBUTES
--------------------         ------------------------
COLLECTION                   0
```

同样，也可以使用 USER_COLL_TYPES 数据字典视图查看可变数组。

```
SQL> select coll_type,
  2  elem_type_owner,
  3  elem_type_name,
  4  upper_bound,
  5  length
  6  from user_coll_types
  7  where type_name='PRODUCTS_VA';

COLL_TYPE                    ELEM_TYPE_OWNER
---------------              ------------------------------------

ELEM_TYPE_NAME               UPPER_BOUND                LENGTH
------------------           ------------------         ------------
VARYING ARRAY
VARCHAR2                     3                          30
```

在上述代码中，由于 PRODUCTS_VA 使用了 VARCHAR2 数据类型而不是对象类型，因此在 ELEM_TYPE_OWNER 列中的值为 NULL。

3. 为可变数组插入数据记录

可变数组为对象类型，在为其插入数据记录时需要使用构造方法。下列实例代码中，向 SATFF 表中插入了一条数据记录。

```
SQL> insert into staff values('wangxc',proudcts_va('Alcohol','Drinks','Milk'));
已创建 1 行。
```

从上述代码中，可以发现所插入的数据记录包含了 NAME 列中的 1 个值和 PRODUCT 列中的 3 个值。其中，PRODUCT 列使用了可变数组 PRODUCTS_VA，因此该处需要使用构造方法来插入数值。另外，由于在前面创建可变数组 PRODUCTS_VA 时，指定了其值为 3 个值，因此在插入记录数据时最多只能输入 3 个值。

4. 查看可变数组的数据记录

在 Oracle 中，可以通过 STAFF 表直接查看可变数组的数据记录。

```
SQL> select proudct from staff;

PRODUCT
------------------------------------------------
PRODUCTS_VA('Alcohol', 'Drinks', 'Milk')
```

除此之外，还可以使用 FROM 中的 TABLE 函数来查看可变数组中不同行的数据记录。

```
SQL> select s.name,n.*
  2  from staff s,table(s.proudct) n;

NAME                COLUMN_VALUE
-----------         -----------------------------
Wangxc              Alcohol
Wangxc              Drinks
Wangxc              Milk
```

18.5.2 嵌套表

通过对可变数组的了解，用户已明白可变数组是受列项所限制的。如若想达到不限制行中列项的效果，则可以使用嵌套表。

嵌套表，就是在一个表中嵌入一个表，所嵌入的表可以是某一列。由于嵌套表可以对应主表中的每一行，因此嵌套表可以拥有多行。

例如，一个关于学生所学课程的表，可以使用一个嵌套表，将学生和课程信息存储在嵌套表中。下面示例中，创建了 STUDY_TY 数据类型。

```
SQL> create or replace type study_ty as object(
  2  coures varchar2(30),
  3  name varchar2(30),
```

```
    4  birthdate date);
    5  /
```

类型已创建。

所创建的 STUDY_TY 数据类型为每名学生创建了一条记录，包括课程、姓名和出生日期。下面示例中，创建了 STUDY_NT 数据类型，作为嵌套表的基础。

```
SQL> create type study_nt as table of study_ty;
  2  /
```

类型已创建。

在上述示例代码中，AS TABLE OF 字句表明了该类型将作为嵌套表的基础，而 NT 表示为嵌套表。

下面示例中，使用了 STUDY_NT 创建班级表 CLASS 表。

```
SQL> create table class(
  2  class_name varchar2(30),
  3  study study_nt)
  4  nested table study store as study_nt_tab;
```

表已创建。

在 CLASS 表中，第 1 列为 CLASS_NAME，第 2 列为 STUDY，该列被定义为嵌套表 STUDY_NT。此时，CLASS_NAME 列和 STUDY 列中的数据分别存储在不同的表中。

1. 指定嵌套表的表空间

在创建嵌套表时，其嵌套的表将存储在父表所在的表空间中，除此之外用户还可以为嵌套表指定表空间。

```
SQL> drop table class;
SQL> create table class(
  2  class_name varchar2(30),
  3  study study_nt)
  4  nested table study store as study_nt_tab(tablespace user01);
```

表已创建。

在上述示例代码中，将嵌套表的表空间指定为 USER01。

2. 查看嵌套表

```
SQL> insert into class values('A class',study_nt(
  2  study_ty('Chinese lesson','wangxi',to_date('05-08-91','dd-mm-yy')),
  3  study_ty('Chinese lesson','chenmeng',to_date('08-11-92','dd-mm-yy')),
  4  study_ty('Chinese lesson','jinxin',to_date('12-12-90','dd-mm-yy'))));
```

已创建 1 行。

下面，通过 DESCRIBE 命令，来查看嵌套表的数据类型。

```
SQL> set describe depth 2
SQL> desc class
 名称              是否为空？            类型
 ----------       -------------        ---------------
```

CLASS_NAME	VARCHAR2(30)
STUDY	STUDY_NT
COURES	VARCHAR2(30)
NAME	VARCHAR2(30)
BIRTHDATE	DATE

3. 使用嵌套表

在嵌套表中可以进行各种查询，但由于嵌套表属于表中的某一列，因此在对嵌套表进行各种查询之前还需要引入 TABLE 函数，也就是将 TABLE 函数应用于嵌套表中的某列，例如下列的示例代码。

```
SQL> select class_name,n.name,n.birthdate
  2  from class,table(class.study) n;

CLASS_NAME            NAME              BIRTHDATE
------------          ---------         ----------------
A class               wangxi            05-8 月 -91
A class               chenmeng          08-11 月 -92
A class               jinxin            12-12 月 -90
```

当然，用户也可以根据学生姓名对嵌套表中的数据进行查询。

```
SQL> select class_name,n.name,n.birthdate
  2  from class,table(class.study) n
  3  where n.name='chenmeng';

CLASS_NAME            NAME          BIRTHDATE
----------------      -------       --------------------
A class               chenmeng      08-11 月 -92
```

嵌套表与普通表一样，也可以删除选定的数据。

```
SQL> delete table(select study
  2  from class
  3  where class_name='A class') N
  4  where n.name='chenmeng';

已删除 1 行。
```

此时，执行查询操作，发现嵌套表中的数据少了一行。

```
SQL> select class_name,n.name,n.birthdate
  2  from class,table(class.study) n;

CLASS_NAME            NAME          BIRTHDATE
----------------      -------       ------------------------
A class               wangxi        05-8 月 -91

A class               jinxin        12-12 月 -90
```

除了可以删除嵌套表中的数据之外，还可以为其添加数据。

```
SQL> insert into table(select study
  2  from class
  3  where class_name='A class')
  4  values(study_ty('Chinses lesson','liyan',to_date('11-12-92','dd-mm-yy')));

已创建 1 行。
```

插入数据之后，执行查询操作，发现嵌套表中的数据多了一行。

```
SQL> select class_name,n.name,n.birthdate
  2  from class,table(class.study) n;

CLASS_NAME           NAME          BIRTHDATE
----------------     --------      ------------------------
A class              wangxi        05-8 月 -91
A class              jinxin        12-12 月 -90
A class              liyan         11-12 月 -92
```

18.6 练习：创建可变数组

可变数组既可以节约存储空间，又可以精确地表示对象类型之间的关系。在本练习中，将通过创建 SEC_TY 可变数组，来详细介绍可变数组的使用方法。

操作步骤：

① 创建 ASSESSMENT 表，并将表中的两个值设置为主键。

```
SQL> create table assessment(
  2  project varchar2(30),
  3  investment number,
  4  constraint assessment_pk primary key(project, investment));

表已创建。
```

② 创建名为 ASS_TY 的对象类型。

```
SQL> create type ass_ty as object(
  2  investmentname number);
  3  /

类型已创建。
```

③ 使用 AS VARRAY() 字句创建可变数组 ASSE_VA。

```
SQL> create or replace type asse_va as varray(4) of number;
  2  /

类型已创建。
```

④ 删除 ASSESSMENT 表，将数组 ASSE_VA 作为列进行定义，重新创建 ASSESSMENT 表。

```
SQL> drop table assessment;
表已删除。

SQL> create table assessment(
  2  project varchar2(30),
  3  investment asse_va,
  4  constraint assessment_pk primary key(project));

表已创建。
```

⑤ 创建可变数组和 ASSESSMENT 表之后，便可以向可变数组中插入数据了。

```
SQL> insert into assessment values(' 方案A',asse_va(3.07,27.14,0.27,1.6));
```

```
已创建 1 行。
SQL> insert into assessment values(' 方案 B',asse_va(2.8,34.63,0.31,1.76));
已创建 1 行。
SQL> insert into assessment values(' 方案 C',asse_va(3.18,18.32,0.22,1.4));
已创建 1 行。
SQL> insert into assessment values(' 方案 D',asse_va(3.14,16.77,0.22,1.37));
已创建 1 行。
```

⑥　通过 ASSESSMENT 表直接查看可变数组的数据记录。

```
SQL> select investment from assessment;

INVESTMENT
----------------------------------------
ASSE_VA(3.07, 27.14, .27, 1.6)
ASSE_VA(2.8, 34.63, .31, 1.76)
ASSE_VA(3.18, 18.32, .22, 1.4)
ASSE_VA(3.14, 16.77, .22, 1.37)
```

⑦　使用 FROM 中的 TABLE 函数来查看可变数组中不同行的数据记录。

```
SQL> select s.project,n.*
  2  from assessment s,table(s.investment) n;

PROJECT         COLUMN_VALUE
-----------     ----------------------------------
方案 A           3.07
方案 A           27.14
方案 A           .27
方案 A           1.6
方案 B           2.8
方案 B           34.63
方案 B           .31
方案 B           1.76
方案 C           3.18
方案 C           18.32
方案 C           .22
方案 C           1.4
方案 D           3.14
方案 D           16.77
方案 D           .22
方案 D           1.37

已选择 16 行。
```

18.7　练习：创建嵌套表

嵌套表，可以对应主表中的每一行，它可以拥有多行。在本练习中，将通过创建一个将库存和销售存储在同 INCOICING 表中的嵌套表，来详细介绍嵌套表的创建和使用方法。

操作步骤：

①　首先，创建 COMMODITY_TY 数据类型。

```
SQL> create or replace type commodity_ty as object(
  2  waresname varchar2(30),
```

```
 3    stock number,
 4    sale number);
 5    /
```

类型已创建。

② 创建 COMMODITY_NT 数据类型，作为嵌套表的基础。

```
SQL> create type commodity_nt as table of commodity_ty;
 2    /
```
类型已创建。

③ 创建数据类型之后，可以使用了 COMMODITY_NT 创建进销存表 INCOICING 表。

```
SQL> create table incoicing(
 2    id number,
 3    commodity commodity_nt)
 4    nested table commodity store as commodity_nt_tab;
```

表已创建。

④ 为嵌套表插入数据。

```
SQL> insert into incoicing values(101,commodity_nt(
 2    commodity_ty('五粮液',39032,52000),
 3    commodity_ty('茅台',43410,62000),
 4    commodity_ty('张裕',9210,19200)));
```

已创建 1 行。

⑤ 通过 DESCRIBE 命令，查看嵌套表的数据类型。

```
SQL> set describe depth 2
SQL> desc incoicing
```

名称	是否为空？	类型
INCOICING_ID		NUMBER
COMMODITY		COMMODITY_NT
WARESNAME		VARCHAR2(30)
STOCK		NUMBER
SALE		NUMBER

⑥ 使用 TABLE 函数，查看嵌套表数据。

```
SQL> select incoicing_id,n.waresname,n.sale
 2    from incoicing,table(incoicing.commodity) n;
```

INCOICING_ID	WARESNAME	SALE
101	五粮液	52000
101	茅台	62000
101	张裕	19200

18.8 新手训练营

练习 1：闪回被删除的表数据

本练习中，将闪回被删除的表数据。首先查询指定的表，例如查询名为 ACC 的表。

```
SQL> column title format a30
SQL> select * from acc;

DEPARTMENT                      NAME
----------------                -------
财务部                          金鑫
人事部                          刘能
销售部                          王芳
```

然后，执行删除表操作。

```
SQL> delete from acc;
已删除 3 行。

SQL> commit;
提交完成。
```

使用 SELECT 命令来查询 5min 之前的旧数据。

```
SQL> select count(*) from acc
  2  as of timestamp (sysdate-5/1440);

   COUNT(*)
--------------
          3
```

练习 2：基于 ACMTE 表创建可变数组

本练习中，将基于 ACMTE 表来创建可变数组。首先，创建 ACMTE 表。

```
SQL> create table Acmte(
  2  name varchar2(30),
  3  department varchar2(30),
  4  constraint acmte_pk primary key(name, department));

表已创建。
```

然后，创建 DEPARTMENT_TY 的对象类型。

```
SQL> create type department_ty as object(
  2  post varchar2(30));
  3  /

类型已创建。
```

使用 AS VARRAY() 字句，来创建可变数组。

```
SQL> create or replace type department_va as varray(3) of varchar2(30);
  2  /

类型已创建。
```

创建完可变数组之后，便可以将该数组作为列进行定义了。

```
SQL>drop table acmte;
表已删除。

SQL> create table acmte(
  2   name varchar2(30),
  3   department department_va,
  4   constraint acmte_pk primary key(name));

表已创建。
```

练习 3：创建 DBT 过程

本练习中，将通过 EXECUTE IMMEDIATE 语句来执行动态 SQL，创建 DBT 过程。

```
SQL> create or replace procedure dbt(string in varchar2) as
  2   begin
  3   execute immediate (string);
  4   end;
  5   /

过程已创建。
```

然后，通过 EXECUTE 命令来创建 SAE 表。

```
SQL> execute dbt('create table sae (bro_id number,volume number)');

PL/SQL 过程已成功完成。
```